U0142948

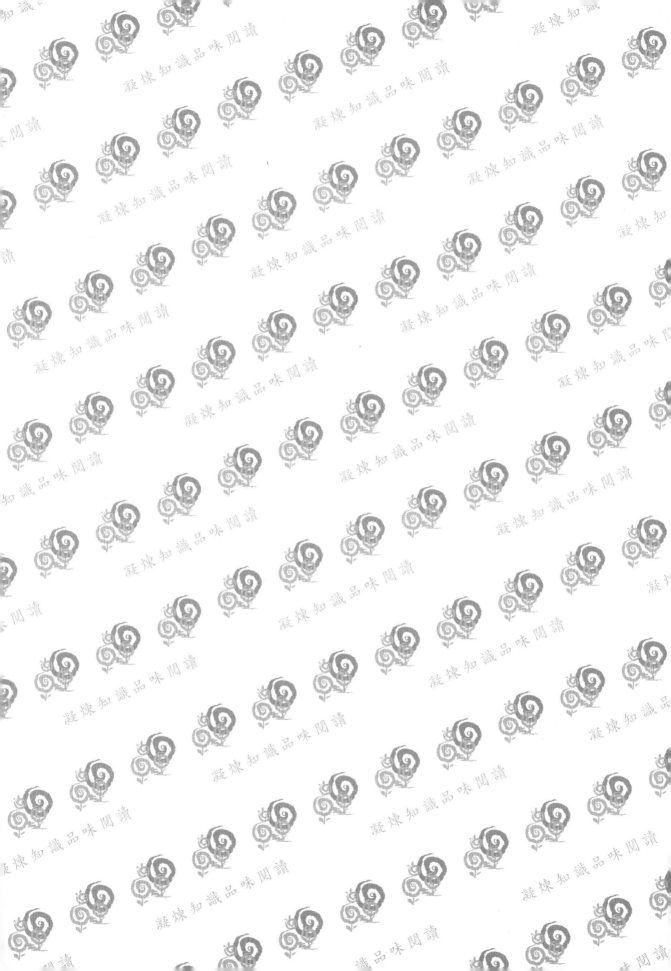

會計學

Accounting

─第六版─

馬嘉應————著

五南圖書出版公司 印行

自 序

　　會計是一門社會應用科學，也就是說，因為社會需求而發展出之學問，其常會隨著社會經濟日益複雜程度而改變（如安隆案，對員工選擇權之會計處理，應列為費用否）。故會計學經常需要修改或增加（由財務會計公報增加及修改之速度即可知）。所以要學好會計是一種挑戰，亦是一門藝術。

　　如何學好會計？

(一) 首先，要學好會計，應該常問自己下列問題：

　　1.為什麼要學會計學？

　　2.使用者為何？

　　3.使用之資料為何？

　　4.企業為何編製此資料？

　　5.企業如何編製此資料？

　　若你回答得出來，或了解此問題之內涵後，即可進入(二)之程序。

(二) 其次，則應加強了解會計之能力與其中之關聯性。最好將其相關性連接起來；如，會計報表、財務分析與報表使用者之關聯性。

(三) 應重點學習並勤作習題：

　　1.歸納出基礎會計學習之重點，如基本概念。若剛開始未將下列問題學好，則會困擾不已，因為疑惑將一直跟著你。

　　　(1)何謂會計循環？

　　　(2)何謂借貸法則——有借必有貸，借貸必相等？

　　　(3)何謂會計科目？

　　2.了解考試重點：會計就是那麼奇妙，光看，考試就是不會，故勤作題目最重要。

(1) 學習英文。

(2) 勤作題目。

(3) 了解原則。

(四) 最後，要相信自己，並隨時調整自己，同學們按此方法將事半功倍。做（習題）就對了；做（習題）就對了！

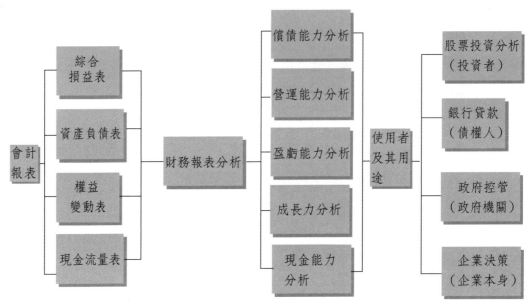

📖 會計報表、財務分析與報表使用者關聯圖

目　錄

自　序 ……………………………………………………………………… I

第一章　會計學之基本概念 ……………………………………… 001

1-1　何謂會計及其使用者 • 003

1-2　會計之分類 • 004

1-3　會計之功能 • 006

1-4　財務報表 • 006

1-5　財務會計之理論架構 • 007

1-6　制訂會計之權威機構 • 013

1-7　企業之組織型態與經營活動 • 016

1-8　證券發行人財務報告編製準則及商業會計法之規定 • 018

習題與解答 • 022

第二章　會計科目與借貸法則 ……………………………………… 025

2-1　前　言 • 027

2-2　會計恆等式 • 027

2-3　會計科目 • 028

2-4　借貸法則 • 040

2-5　財務報表之意義、格式及其相關性 • 046

2-6　會計科目、借貸法則及財務報表關聯性 • 049

2-7　證券發行人財務報告編製準則及商業會計法之規定 • 051

習題與解答 • 073

第三章　會計循環 ⋯⋯⋯⋯⋯⋯⋯⋯⋯⋯⋯⋯⋯⋯⋯⋯⋯⋯⋯⋯⋯⋯⋯⋯ 077

3-1 營業循環與會計循環 • 079

3-2 分錄（分解）• 081

3-3 過帳（結合）• 085

3-4 試算（調整前試算表）• 089

3-5 調整（調整分錄及其過帳）• 091

3-6 試算（調整後試算表）• 099

3-7 結帳（結帳分錄及其過帳）• 100

3-8 編製財務報表（綜合損益表、權益變動表、資產負債表、現金流量表）• 108

3-9 工作底稿 • 110

3-10 商業會計法之規定 • 112

習題與解答 • 115

第四章　會計憑證、帳簿組織與傳票制度 ⋯⋯⋯⋯⋯⋯⋯⋯⋯⋯⋯⋯ 145

4-1 會計憑證 • 147

4-2 傳票制度 • 148

4-3 帳簿組織 • 149

4-4 商業會計法之規定 • 158

習題與解答 • 161

第五章　現　金 ⋯⋯⋯⋯⋯⋯⋯⋯⋯⋯⋯⋯⋯⋯⋯⋯⋯⋯⋯⋯⋯⋯⋯⋯⋯ 173

5-1 現金之定義 • 175

5-2 現金之管理與內部控制制度 • 176

5-3 零用金制度 • 177

5-4 銀行存款調節表（兩欄式調節表與四欄式調節表）• 178

5-5 證券發行人財務報告編製準則、商業會計法及商業會計處理準則之規定 • 186

習題與解答 • 190

第六章　應收款項 ──────────────────────── 199

6-1　前　言 • 201

6-2　應收帳款之意義與評價 • 201

6-3　壞帳之會計處理 • 205

6-4　應收帳款之後續處理 • 213

6-5　應收票據之意義與評價 • 214

6-6　應收票據貼現 • 217

6-7　證券發行人財務報告編製準則、商業會計法及商業會計處理準則之
　　　規定 • 220

習題與解答 • 225

第七章　存　貨 ──────────────────────── 237

7-1　存貨之認定 • 239

7-2　存貨成本之原始評價 • 241

7-3　存貨盤存制度與存貨之入帳方式 • 241

7-4　存貨成本之計算與存貨成本流動計價方法 • 244

7-5　存貨之續後評價 • 249

7-6　存貨之估計方法 • 254

7-7　存貨表達方式與盤點計畫表 • 257

7-8　證券發行人財務報告編製準則、商業會計法及商業會計處理準則之
　　　規定 • 262

習題與解答 • 264

第八章　不動產、廠房及設備 ──────────────────── 287

8-1　不動產、廠房及設備之定義 • 289

8-2　不動產、廠房及設備之特性與成本 • 289

8-3　不動產、廠房及設備折舊之定義與處理 • 291

8-4　資產減損 • 296

8-5 非貨幣性資產交換・299

8-6 續後支出（增添、改良與重置、重整、維修）之處理・301

8-7 不動產、廠房及設備之處分・303

8-8 不動產、廠房及設備之表達・305

8-9 證券發行人財務報告編製準則、商業會計法及商業會計處理準則之規定・307

習題與解答・310

第九章 天然資源與無形資產 329

9-1 天然資源之定義與成本之認列・331

9-2 天然資源之折耗處理・332

9-3 無形資產之定義與項目・333

9-4 無形資產之成本認列・333

9-5 無形資產之攤銷處理・335

9-6 證券發行人財務報告編製準則、商業會計法及商業會計處理準則之規定・336

習題與解答・340

第十章 投資（長短期投資） 351

10-1 短期投資之定義及相關簡介・353

10-2 長期投資之定義及相關簡介・353

10-3 短、長期股權投資之會計處理・354

10-4 短、長期債券投資之會計處理・359

10-5 證券發行人財務報告編製準則及商業會計法之規定・361

習題與解答・363

第十一章 其他資產 387

11-1 投資性不動產・389

11-2 政府補助及政府輔助・401

第十二章　流動負債 --- 403

12-1 流動負債之定義及種類 • 405

12-2 確定負債之會計處理 • 407

12-3 或有負債之會計處理 • 410

12-4 應收應付款對應分錄 • 412

12-5 票據貼現之相關對應分錄 • 413

12-6 證券發行人財務報告編製準則、商業會計法及商業會計處理準則
之規定 • 414

習題與解答 • 421

第十三章　長期負債 --- 427

13-1 複利現值、複利終值、年金現值與年金終值 • 429

13-2 應付公司債之定義與會計處理 • 432

13-3 長期應付票據 • 440

13-4 證券發行人財務報告編製準則、商業會計法及商業會計處理準則
之規定 • 441

習題與解答 • 446

第十四章　股東權益──股本、資本公積、保留盈餘 ------------------------------ 459

14-1 組織型態 • 461

14-2 股東權益之定義 • 464

14-3 股東權益之組成項目 • 465

14-4 發行股票與其會計處理 • 465

14-5 資本公積之介紹及其規定 • 467

14-6 庫藏股之定義與會計處理 • 469

14-7 保留盈餘之介紹及其他股東權益項目 • 471

14-8 股利之介紹 • 474

14-9 股利發放之會計處理 • 476

14-10 每股價值之介紹及每股盈餘之會計處理 • 476

14-11 證券發行人財務報告編製準則、商業會計法及公司法
之規定 • 481

習題與解答 • 489

第十五章　會計變動與錯誤更正 ────────────────── 501

15-1 會計原則與錯誤之分類及其處理方法 • 503

15-2 會計原則變動之意義與會計處理 • 505

15-3 會計估計變動之意義與會計處理 • 506

15-4 報表個體之變動（編製報表主體之變動）之意義與會計處理 • 506

15-5 會計錯誤之意義與其更正之會計處理 • 506

15-6 證券發行人財務報告編製準則之規定 • 508

習題與解答 • 511

第十六章　現金流量表 ──────────────────────── 519

16-1 現金流量表之目的與功能 • 521

16-2 現金流量表之內容 • 521

16-3 現金流量表之編製基礎與其分類 • 523

16-4 現金流量表之格式與其編製 • 530

16-5 現金流量表編製倒推之公式法 • 535

16-6 證券發行人財務報告編製準則之規定 • 539

習題與解答 • 540

第十七章　財務報表分析 ─────────────────────── 559

17-1 財務報表分析之意義與功能 • 561

17-2 比率分析之方法與項目 • 562

17-3 財務比率之使用者與用途 • 569

17-4 財務比率之限制 • 569

習題與解答 • 570

參考文獻 -- 585

附錄一 -- 587

附錄二 -- 595

第一章

會計學之
基本概念

1-1

何謂會計及其使用者

美國會計學會對會計之定義為「會計是對經濟資訊之認定、衡量與溝通之程序，以協助該資訊之使用者作出正確之決策。」（見圖1-1）。

美國會計師協會對會計之定義為「會計為一項服務性之活動，其功能為提供相關經濟（企業）個體之數量化資訊予使用者，以期使用者於各種選擇之方案中，作出正確之決策。」（見圖1-1）。

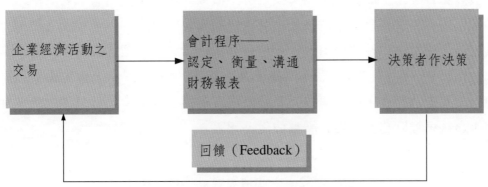

📖 圖1-1　會計定義流程

會計資訊之使用者，一般而言，可分為內部使用者及外部使用者。所謂內部使用者，包括企業管理階層、員工與董事會之成員等，而其使用之目的為對企業內部之經營管理作出正確決策；而所謂外部使用者，包括債權人、投資者及政府機關等，而其使用目的為作出對投資與授信標的之正確決策及管理。其相關處理見表1-1。

📖 表1-1　使用者之種類及目的

使用者	種　類	目　的
內部使用者	企業管理階層、員工與董事會成員等	對企業內部管理經營之決策
外部使用者	債權人、投資者、政府機關等	決定決策者與企業間關係（如投資、授信等）之決策

1-2

會計之分類

會計之種類很多，依不同使用者、不同業務及不同組織，可分為許多不同之會計種類。

1. 以使用者區分

依使用者不同，會計可分為財務會計、稅務會計與管理會計。財務會計依一般公認會計原則而編製，以供投資者與債權人作決策，而其主要之使用者為外部使用者；稅務會計依稅法及相關法規而編製，以作為申報稅務之依據，而其主要之使用者為外部使用者；管理會計依企業之經營理念編製，以達企業內部決策目標，而其使用者為內部使用者（見表1-2）。實務上會先編製以財務會計為基礎之報表，接著再依財務報表之資料編製管理會計為基礎之管理性報表，之後再以財務報表帳外調整成稅務報表。

表1-2　以使用者區分之會計種類

種　類	依　據	主要目的	主要使用者
財務會計	一般公認會計原則（如，證券發行人財務報表編製準則、商業會計法、財務會計準則等）	供投資者與債權人作決策	外部使用者（投資者、債權人、政府機構——金管會與商業司等）
稅務會計*	稅法及相關法規	報稅	外部使用者（稽徵機關）
管理會計	經營理念（可不依一般公認會計準則編製）	達成企業內部決策目標	內部使用者（企業管理者）

* 以財務會計之立場並沒稅務會計，因為企業應先編製財務報表後，再經過帳外調整之方式，調成稅務報表。但仍有些中小企業僅編製稅務報表，而不編製財務報表。

2. 以業務性質區分

依營業性質不同，會計有營利會計與非營利會計。營利會計以營業為目
的，計算一般營利企業之損益，其種類為適用營利事業之財務會計、成本會計
等；另為非營利會計，其目的以非營利為目的，並計算非營利機構之損益所用
之會計原則，如政府會計、非營利會計等（見表1-3）。

表1-3　以業務性質區分之會計種類

種　　類	目　　的	損　　益	項　　目
營利會計	以營業為目的（如上市上櫃公司）	計算企業之損益所使用之會計原理	如企業商業財務會計、成本會計、銀行會計等
非營利會計	非以營業為目的（如醫院及學校）	計算非營利機構之損益所使用之會計原理	如財團法人非營利機構之會計處理、政府會計等

3. 以企業組織區分

依企業性質不同，會計有獨資會計、合夥會計與公司會計。獨資會計為計
算獨資企業損益所適用之會計原理；合夥會計為計算合夥企業損益所適用之會
計原理；公司會計為應用最普遍之會計，因為組織中公司占大多數，其為計算
公司損益所適用之會計原理（見表1-4）。

表1-4　以企業組織區分之會計種類

種　　類	組　　織	型　　態
獨資會計	一人出資	單獨負擔損益之企業，所採用之會計
合夥會計	兩人以上共同出資	合夥人共同負擔之企業，所採用之會計
公司會計	依公司法規定	依公司法規定成立組織之企業，所採用之會計

1-3

會 計 之 功 能

其功能包括：

1. 表達企業之資產、負債、業主權益及其變動狀況，以利分析及改進之缺失。
2. 幫助投資及授信決策。
3. 表達企業之經營狀況與現金流量。
4. 表達企業之償債能力、流動性及資金之流量。
5. 提供稅務機關作為企業課稅之依據。
6. 提供政府機關（金管會、商業司）作為監督企業之依據。
7. 解釋企業財務資料，防止弊端發生，以達到內部稽核及控制之目的。
8. 評估企業管理當局運用資源之責任與績效。

若以使用者之功能區分可分為：

1. 對內部使用者之功能：
   (1) 提供財務紀錄，以增進對企業之了解。
   (2) 提供管理資訊，以利分析及改進缺失。
   (3) 防止弊端發生，以達到內部稽核及控制目的。
2. 對於外部使用者之功能：
   (1) 提供徵信資料，以證明會計資訊之正確性。
   (2) 提供投資者所需資訊，以利正確投資決策。
   (3) 提供納稅資訊，以便政府作課稅之依據。

1-4

財 務 報 表

財務報表包括資產負債表、綜合損益表、權益變動表、現金流量表、財務報表附註或附表。而企業都以季報、半年報與年報之方式表達（上市上櫃公司應公布季報、半年報與年報；而公開發行公司僅須公布年報）。

1-5

財務會計之理論架構

　　任何學問皆有其理論架構，而其架構表現出二大基礎，一為財務報表之基本要素，另一為會計資訊之品質特性，此基礎建構出會計之實體性，而其最後目的要提供財務報表之使用者作決策。也就是要建構好企業會計架構，才能作出正確決策。

　　財務會計之理論架構見圖1-2及圖1-3：

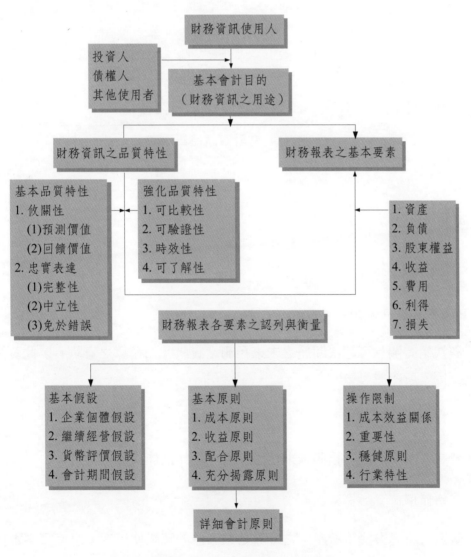

📖 圖1-2　財務會計理論圖

會計資訊之使用人

廣泛性限制

與使用人有關之品質

最高品質

與決策有關之主要品質

基本品質之組成要素

強化品質

會計認列之門檻

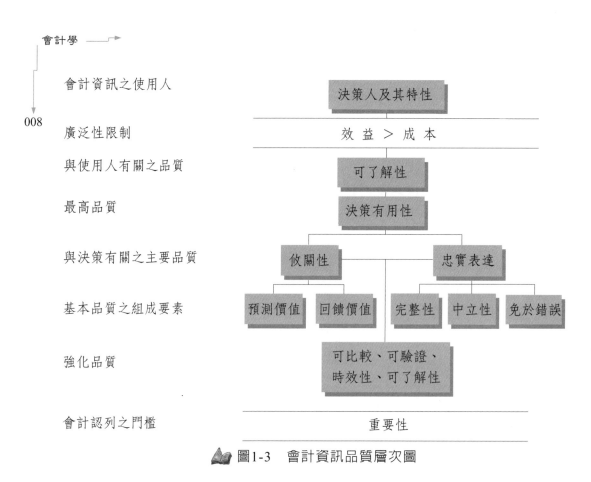

圖1-3　會計資訊品質層次圖

(一)品質特性

1. 基本品質特性

(1) 攸關性（未來性）

與決策有關且可解決問題之未來預測之資訊（如預算之資訊），此資訊由下列三因素所組成：

①預測價值

資訊可幫助決策者預測未來性之結果，以作最佳決策。

②回饋價值

資訊可將過去決策所產生之實際結果回饋於資訊使用者，可使實際數與預

估數予以比較分析，以利未來決策。

(2) 忠實表達（過去性）

可避免財務報表之資訊錯誤與偏差，並可忠實表達（企業已查核之過去之財務報表）。此資訊由下列因素所組成：

①完整性

財務資訊應完整表達企業之經營情況。

②中立性

企業提供財務資訊應以真實表達為基礎，而非有其他有利任何一方之偏差。

③免於錯誤

財務資訊沒有錯誤或遺漏，且報導資訊之程序的適用與方法的選擇並無錯誤。

2. 強化品質特性

(1) 比較性

任何資訊都能在相同之基礎方法下編製，所以不同之企業個體之財務資訊能作比較（如相似的公司所採用之相同之折舊方法）。

(2) 可驗證性

任何人對同一企業財務資訊作驗證，都得到相同之結果。

(3) 時效性

資訊可及時提供給決策者，在作決策之前予以參考。

(4) 可了解性

財務資訊清楚、簡潔分類表達，使資訊使用者易於了解。

(二)基本假設

1. 企業個體假設

就法律而言,每個企業皆為法律個體,且皆有其自己之報表;但就會計而言,應以經濟實質之個體(數個公司)為一個實質公司。如母子公司(一個經濟個體,兩個法律個體)應編製一個經濟個體之合併報表(自己之報表),而非兩個法律個體之兩份報表。此乃會計重經濟實質而非於法律形式所致。

2. 繼續經營假設

企業編製財務報表,一定要假設此企業能一直生存下去才有意義,否則企業適用會計將無意義。故企業不得以清算價值作計價之基礎,並按此期間劃分為流動與非流動項目。如企業不動產、廠房及設備之折舊,要在企業能一直生存下去,每年折舊才有意義。

3. 貨幣評價假設

任何企業皆應以相同可衡量之貨幣來表達企業之價值(如企業有各種外幣,但皆應以新臺幣為統一與標準之衡量貨幣,因為日幣、美金、馬克,其價值與新臺幣不同,放在一起表達將造成報表使用者之困擾),且其貨幣之價值不變或變動不大(故會計之一般會計原則並未採用通貨膨脹之會計處理)。故以臺灣而言,企業應以新臺幣為統一計價基礎。

4. 會計期間假設

就報表之使用者而言,若不將報表按期間區隔劃分,將造成使用者對企業之經營績效與財務狀況之評估、分析、了解不易。故一般而言,企業編製報表以一年(從1月1日至12月31日)為其一會計期間,但亦有某些特殊行業之會計期間為從3月1日至2月29(28)日,或從7月1日至6月30日。

(三)基本原則

1. 成本原則

亦稱歷史成本原則。即資產取得時，應以其取得時之成本為入帳與評價之基礎，而不得隨意更改。如購買之機器以購入時之成本入帳，雖市場價值浮動，但不得修改其機器之成本。但此原則被報表使用者（投資人）大力批判，因為如此將無法反映企業之真實價值（如通貨急速膨脹或緊縮時間，易引起財務資訊之扭曲），會影響決策之判定。

2. 收益原則

依據美國財務會計準則委員會所發布之「財務會計觀念公報」規定，收益應符合下列兩條件時，始可認列：(1)已實現或可實現：已實現為商品或勞務已交換現金或對現金之請求權。 可實現為商品或勞務有公開市場及明確市價時， 隨時可出售變現，而無須支付重大損失；(2)已賺得：賺取收益之活動全部或大部分已完成，所需投入成本亦已全部或大部分投入。 由上述可知，交易雙方當權利義務完成時，即可認列收益。如出售商品但未收現時，即認列收入，因為收益已賺得（商品出售活動全部或大部分已完成，所需投入產品成本亦已全部投入）且已實現（商品或勞務已交換對現金之請求權──應收帳款或應收票據），符合收益原則。

但某些特殊情況下，其收益原則將會改變。如，農產品有保障收購價格，故生產完成時，以淨變現價值來承認收入；分期付款銷貨按每期收款數額占全部價款的比例來認列已實現之毛利。

3. 配合原則

當一收益已經在某一會計期間認列時，與該收益有關之成本（費用）應同時（期間）認列。如，出售商品，除認列銷貨收入外，亦應認列銷貨成本。而此原則之方式有三：

(1)有因果關係而直接認列：如，出售商品除認列銷貨收入外，亦應認列銷貨成本。

(2)有系統而可合理分攤者：如不動產、廠房及設備提列折舊。

(3)立即認列爲費用：如員工薪資。

4. 充分揭露原則

財務報表之編製者應用各種方法提供資訊予使用者，如財務報表及其附註、補充報表、括弧說明、科目引註。將所有具有相關性資訊提供予使用者。

(四)操作限制

1. 成本效益關係

所有資訊之編製或處理皆應考慮其成本與效益。即提供資訊所花之成本高於使用者使用之效益時，得不提供或編製。但實務上，很難判斷什麼是成本效益關係，即什麼資訊不符合此限制，而不提供財務資訊。

2. 重要性及彙總

爲簡化會計程序與節省成本，若會計資訊遺漏或錯誤，但金額或性質不重要，則可不予討論或修改。故財務會計公報皆揭示公報並不適用重要性項目。由此可知，會計事項或金額若不重要，則可不依一般公認會計原則處理。如某項支出金額小，即使此效益長達未來數年，亦可不視爲資產，故可直接列入費用處理。又如所得稅法規定，資產在耐用年限二年以內或超過二年但支出未超過$80,000者，可列入費用。

財務報表於重要性與彙總達的考量，應從會計科目與列帳金額兩方面:會計科目表達，企業對於類似項目的重大或重要類別應單獨表達；對不同性質或功能之項目，應分別表達。若一般資產設有質押，應以受限制資產表達，不應彙總於一般資產項合計表達。入帳金額應總額表達，不應將資產與負債或收益與費損相互抵銷，除非企業會計準則公報另有規定（如第十二號所得稅資產與所得稅負債互抵之條件），若企業以淨額列帳更能反映交易實質，應將同一交易所產生之收益與費損淨額表達，如投資及營業資產之處分利益及損失。

3. 穩健原則

當企業有多種可選擇之會計原則適用時，但求保守起見，應選擇影響獲利
最小的方法來處理，故就資產負債而言，資產應採用評價最低的評價方法，而
負債應採用帳列最高者認列。而認列未實現損失，而不認列未實現利益，故會
計認列損失而非利益，亦為穩健原則之表現，此點為投資機構之財務分析師所
強烈不同意，因為有低估企業價值之情況。

4. 行業特性

某些行業須採用特殊之會計方法，以使該財務報表達到最有用性。如營建
業之會計期間長於一年以上，一般而言為三年。而其建築物列為存貨。

1-6

制訂會計之權威機構

1. 美國

(1) 財務會計準則委員會（Financial Accounting Standards Board, FASB）

於1973年後取代會計原則委員會，擔任制訂會計準則之機構。其委員會
成員為七人，來自產官學界，為發布美國財會準則之單位。其共發布四種公報
（具強制性），包括：
  * 財務會計觀念公報（Statements of Financial Accounting Concepts,
    SFAC）
  * 財務會計準則公報（Statements of Financial Accounting Standards,
    SFAS），強制性之準則
  * 解釋公報（Interpretation）
  * 技術公報（Technical Bulletins）

(2) 美國會計師協會（American Institute of Certified Public Accountants, AICPA）

其為美國執業會計師所成立之專業機構，其下成立多個委員會。在財務會

計準則委員會未成立前，其擔任制訂會計準則之機構。

①會計程序委員會（Committee on Accounting Procedures, CAP）：會計師協會於1938年接受證管會之委託，成立此委員會，此會於1938～1959年間共發布了51號會計研究公報（Accounting Research Bulletins, ARB）（不具強制性）。

②會計原則委員會（Accounting Principles Board, APB）：會計師協會於1959年成立該委員會以取代會計程序委員會，該會於1959～1973年共發布31號意見書（Opinions），另發布第4號公報（Statements）（具強制性）。

表1-5　美國制訂會計機構之演變

期　　間	機　　構	公　　報	強制否
1938～1959	美國會計師協會所成立之會計程序委員會	共發布了51號會計研究公報（Accounting Research Bulletins, ARB）	不具強制性
1959～1973	美國會計師協會所成立之會計原則委員會	共發布31號意見書（Opinions），另發布4號公報（Statements）	具強制性
1973～現在	財務會計基金會所成立之財務會計準則委員會	*財務會計觀念公報（Statements of Financial Accounting Concepts, SFAC） *財務會計準則公報（Statements of Financial Accounting Standards, SFAS），強制性之準則 *解釋公報（Interpretation） *技術公報（Technical Bulletins）	具強制性

(3) 美國會計學會（American Accounting Association, AAA）

大多為大學教授所組成，研究並發表文章以提升會計理論等。

(4) 美國證券管理委員會（Security Exchange Committee, SEC）

為政府機構，管理上市、上櫃公司，並公告相關法令以茲管理。

2. 臺灣

(1) 會計研究發展基金會（The Foundation of Accounting Research and Development）

1984年成立之獨立制訂會計原則之機構。其下設有財務會計準則委員會，以制訂財務會計準則。其發布之公報種類如下：
* 財務會計準則公報
* 財務會計解釋公報
* 財務會計問題解釋函

(2) 經濟部商業司

頒布「商業會計法」以管理各組織。

(3) 證券期貨局（簡稱證期局）

證券期貨局成立於民國49年，當時稱「證券管理委員會」（簡稱證管會，SEC），原來隸屬於經濟部，民國70年7月1日改隸財政部。民國86年4月2日更名為「證券暨期貨管理委員會」。民國93年7月1日改設為「金融監督管理委員會」（簡稱金管會），下設「證券期貨局」（簡稱證期局）。證期局統籌證券及期貨之相關事務，為證券市場之主管機關。

(4) 會計師公會

底下設數個相關之委員會，以對證管會與會計研究發展基金會提出建言。

3. 國際（美國以外之國家，以歐洲國家為主）

・國際會計準則委員會（International Accounting Committee, IAC）

以融合及統一世界之各國會計為主，並發布國際會計準則公報（International Accounting Statements, IAS）。

另以國內企業應適用之相關會計法令及原則有哪些？其適用優先順序為何？

企業適用會計法原則與各原則之優先順序不論企業規模大小均同，但有些法令在規模小之企業不適用，茲將其適用優先順序列明如下：

1. 證券交易法（僅公開發行公司適用）。

2. 公司法（僅行號不適用）。

3. 商業會計法。

4. 證券發行人財務報告編製準則（僅公開發行公司適用）。

5. 商業會計處理準則。

6. 財務會計準則公報。

7. 財務會計準則公報之解釋。

8. 國際財務會計準則公報。

9. 會計學理。

10.會計文獻。

1-7

企業之組織型態與經營活動

1. 企業之組織型態

一般而言，可將組織型態分為獨資、合夥與公司。而企業之組織90%以上皆為公司組織。而公司中又以股份有限公司占公司之95%以上。以下介紹相關組織。

(1) 獨資（如，小雜貨店）

為一人出資獨自經營，法律視獨資企業與資本主為單一個體，且獨資不具法人地位，惟會計則視為兩個個體。依法律規定資本主對獨資企業負無限清償責任（賠償之金額可能將你個人私有資產賠光，而非僅出資額）。

(2) 合夥（如，會計師或律師事務所）

兩人或兩人以上，共同出資，共負利益與風險。法律上對合夥亦不視為具有法人地位，且合夥人須對合夥組織負無限清償責任。會計上應將合夥組織與合夥人之資產與負債分開列示。一般而言，會計師事務所之服務項目為：①財務報表之查核；②所得稅結算申報書之查核及簽證；③投資及工商登記服務；④管理顧問服務；⑤其他（跨國投資架構、租稅規劃及海外上市股務

等）。

(3) 公司（如，上市公司）

依公司法規定辦理並成立之公司，法律上公司具有獨立人格（法人），享權利與義務。股東（投資人）依其股東之性質分別負相關之清償責任。如有限責任股東負有限清償責任（以出資額爲限，賠到出資額爲止）；而無限責任股東則負無限清償責任，其賠償之金額可能將你個人私有資產賠光，而非僅出資額爲限。

依公司法規定，其型態有四種，分別爲：股份有限公司、有限公司、無限公司，與兩合公司（包含有限責任股東及無限責任股東）。

又依股份有限公司籌資之資本額大小，可將股份有限公司分爲中小企業、公開發行公司與上市上櫃公司三類。故可知股份有限公司在目前組織之重要性。因爲大企業皆爲股份有限公司之型態，且依目前法令規定，只有股份有限公司才可上市上櫃。

2. 企業之經營活動

依其性質可分爲服務業、買賣業與製造業。就會計處理之複雜度，其排列爲製造業、買賣業與服務業。

(1) 服務業

提供服務與專業知識予顧客（他人）之行業。此行業之特性爲無存貨，無須大的工作場所及資本額，如會計師事務所與快遞公司等（如聯邦快遞）。

(2) 買賣業

企業先購買商品（無須再加工或再生產之產品），再將此商品出售予顧客（他人）。此行業之特性爲存貨爲可直接出售之商品存貨，俗稱通路，如超商（統一超商）、百貨公司等。

(3) 製造業

購買原物料，再請員工生產、製造、加工、組合與包裝，成爲新的產品，

再出售予客戶。此行業之特性為存貨包括原物料、在製品與製成品,需要較大之工作場所及資本額,如成衣廠、晶圓廠(台積電)、腳踏車廠等。

1-8

證券發行人財務報告編製準則及商業會計法之規定

(一)證券發行人財務報告編製準則(民國111年11月24日)

第3條

發行人財務報告之編製,應依本準則及有關法令辦理之,其未規定者,依一般公認會計原則辦理。

前項所稱一般公認會計原則,係指經本會認可之國際財務報導準則、國際會計準則、解釋及解釋公告。

第4條

財務報告指財務報表、重要會計項目明細表及其他有助於使用人決策之揭露事項及說明。

財務報表應包括資產負債表、綜合損益表、權益變動表、現金流量表及其附註或附表。

前項主要報表及其附註,除新成立之事業、第四項所列情況,或本會另有規定者外,應採兩期對照方式編製。主要報表並應由發行人之董事長、經理人及會計主管逐頁簽名或蓋章。

當發行人追溯適用會計政策或追溯重編其財務報告之項目,或重分類其財務報告之項目時,應依國際會計準則第一號相關規定辦理。

本準則所稱重大,係指財務報告資訊之遺漏、誤述或模糊可被合理預期將影響一般用途財務報告主要使用者以該財務報告資訊所作決策之情形。重大之判斷取決於資訊之量化因素或質性因素,量化因素應考量認列於財務報表之影響金額,及可能影響主要使用者對發行人財務狀況、財務績效及現金流量整體評估之未認列項目(包括或有負債及或有資產);質性因素至少應考量發行人

特定因素及外部因素，包括關係人之參與、不普遍之交易、非預期之差異或趨勢變動、所處之地理位置、其產業領域或營運所在地之經濟情況等。

第5條

　　財務報告之內容應公允表達發行人之財務狀況、財務績效及現金流量，並不致誤導利害關係人之判斷與決策。

　　財務報告有違反本準則或其他有關規定，經本會查核通知調整者，應予調整更正。調整金額達本會規定標準時，並應將更正後之財務報告重行公告；公告時應註明本會通知調整理由、項目及金額。

(二)商業會計法（民國103年06月18日）

第6條（會計年度）

　　商業以每年1月1日起至12月31日止為會計年度。但法律另有規定，或因營業上有特殊需要者，不在此限。

第7條（記帳本位）

　　商業應以國幣為記帳本位，至因業務實際需要，而以外國貨幣記帳者，仍應在其決算報表中，將外國貨幣折合國幣。

第8條（文字記載）

　　商業會計之記載，除記帳數字適用阿拉伯字外，應以我國文字為之；其因事實上之需要，而須加註或併用外國文字，或當地通用文字者，仍以我國文字為準。

第27條（財務報表）

　　會計項目應按財務報表之要素適當分類，商業得視實際需要增減之。

第28條

　　財務報表包括下列各種：

一、資產負債表。

二、綜合損益表。

三、現金流量表。

四、權益變動表。

前項各款報表應予必要之附註，並視為財務報表之一部分。

第28-1條

資產負債表係反映商業特定日之財務狀況，其要素如下：

一、資產：指因過去事項所產生之資源，該資源由商業控制，並預期帶來經濟效益之流入。

二、負債：指因過去事項所產生之現時義務，預期該義務之清償，將導致經濟效益之資源流出。

三、權益：指資產減去負債之剩餘權利。

第28-2條

綜合損益表係反映商業報導期間之經營績效，其要素如下：

一、收益：指報導期間經濟效益之增加，以資產流入、增值或負債減少等方式增加權益。但不含業主投資而增加之權益。

二、費損：指報導期間經濟效益之減少，以資產流出、消耗或負債增加等方式減少權益。但不含分配給業主而減少之權益。

第29條

財務報表附註，係指下列事項之揭露：

一、聲明財務報表依照本法、本法授權訂定之法規命令編製。

二、編製財務報表所採用之衡量基礎及其他對瞭解財務報表攸關之重大會計政策。

三、會計政策之變更，其理由及對財務報表之影響。

四、債權人對於特定資產之權利。

五、資產與負債區分流動與非流動之分類標準。

六、重大或有負債及未認列之合約承諾。

七、盈餘分配所受之限制。

八、權益之重大事項。

九、重大之期後事項。

十、其他為避免閱讀者誤解或有助於財務報表之公允表達所必要說明之事項。

商業得視實際需要，於財務報表附註編製重要會計項目明細表。

第30條

財務報表之編製，依會計年度為之。但另編之各種定期及不定期報表，不在此限。

第32條

年度財務報表之格式，除新成立之商業外，應採二年度對照方式，以當年度及上年度之金額併列表達。

習題與解答

選擇題

(　) 1. 申報所得稅時，若會計帳上之淨利與課稅所得兩者不符時，應依稅法作　(A)不必調整　(B)帳內調整　(C)帳外調整　(D)被查出後再調整。

(　) 2. 若會計人員在帳上以直線法（平均法）提列折舊，而當申報所得稅時改用「工作時間法」，其作法是　(A)逃稅行為　(B)內外帳行為　(C)違反商業會計法及稅法之規定　(D)屬於合法行為，但是在申報書內作帳外調整。

(　) 3. 財務會計最主要的目的是　(A)提供公司管理當局財務資訊，以幫助決策　(B)防止弊端與強化內部牽制　(C)提供政府稅捐機關核定全年課稅所得額所需之資料　(D)提供債權人與投資者作決策時所需的參考資訊。

(　) 4. 下列何者為會計資訊之內部使用者？　(A)債權人　(B)職員　(C)企業管理者　(D)股東。

(　) 5. 依「我國營利事業所得稅結算申報查核準則」之規定，當支出之金額在若干元以內，得列為當期費用？　(A)$100,000　(B)$60,000　(C)$20,000　(D)$10,000。

(　) 6. 下列何者會計係屬於只記收支而不計損益的會計制度？　(A)獨資會計　(B)合夥會計　(C)公用事業會計　(D)政府會計。

(　) 7. 政府會計　(A)既有資本事項，又有損益計算　(B)既無資本事項，又無損益計算　(C)無資本事項，但須作損益計算　(D)有資本事項，但無損益計算。

(　) 8. 在我國專業團體中，目前研究發布財務會計準則公報的是　(A)金融監督管理委員會　(B)經濟部　(C)會計師公會　(D)會計研究發展基金會。

(　) 9. 會計師所執行之業務不包括　(A)審計　(B)預算編製　(C)稅務服務　(D)管理諮詢服務。

(　) 10. 欲使會計資訊具有提供之價值，必須　(A)會計資訊所產生之效益>會計資訊所產生之成本　(B)會計資訊所產生之效益＝會計資訊所產生之成本　(C)會計資訊所產生之效益<會計資訊所產生之成本　(D)會計資訊所產生之效益≤會計資訊所產生之成本。

(　) 11. 下列對財務報表主要品質特性的敘述，何者正確？　(A)財務報表的主要品質特性包括可了解性、攸關性、可靠性及中立性　(B)財務報表的主要品質特性包括可了解性、攸關性、審慎性及中立性　(C)財務報表的主要品質特性包括重大性、攸關性、可靠性及時效性　(D)財務報表的主要品質特性包括可了解性、攸關性、可靠性及可比性。

(　) 12. 會計資訊之認列門檻　(A)重要性　(B)忠實表達　(C)可驗證性　(D)比較性。

(　) 13. 業主個人之財產及損益應與企業之帳分開，係基於　(A)企業個體慣例　(B)繼續經營慣例　(C)會計期間慣例　(D)貨幣評價慣例。

(　) 14. 資產負債表上對於不動產、廠房及設備價值之表示應為　(A)現值　(B)市價（重置成本）　(C)淨變現價值　(D)繼續經營價值。

(　) 15. 企業以員工向企業借款所出具之借據作為外來憑證，係基於　(A)企業個體慣例　(B)繼續經營慣例　(C)會計期間慣例　(D)幣值不變慣例。

(　) 16. 流動負債與長期負債之劃分，係根據　(A)一貫性原則　(B)繼續經營慣例　(C)企業個體慣例　(D)配合原則。

(　) 17. 會計數字並非絕對精確，有時必須加以估計，係基於　(A)重要性原則　(B)企業個體慣例　(C)會計期間慣例　(D)貨幣評價慣例。

(　) 18. 收入與費用配合原則，係基於　(A)企業個體慣例　(B)繼續經營慣例　(C)會計期間慣例　(D)貨幣評價慣例。

(　) 19. 不動產、廠房及設備之評價，按成本減累計折舊計算，係基於　(A)穩健原則　(B)重要性原則　(C)配合原則　(D)繼續經營慣例。

(　) 20. 資產負債表附有存貨明細表，係下列何項原則之應用？　(A)配合原則　(B)客觀性原則　(C)充分揭露原則　(D)重要性原則。

( ) 21. 會計上對於資產的評價採歷史成本，排除了清算價值的使用，此乃基於 (A)企業個體假設 (B)貨幣評價假設 (C)繼續經營假設 (D)穩健原則。

( ) 22. 保險公司之短期投資採市價法評價，係根據 (A)穩健原則 (B)配合原則 (C)重要性原則 (D)行業特性原則。

( ) 23. 相似資產交換，若未收現金，只承認損失，不承認利益，係根據 (A)客觀性原則 (B)重要性原則 (C)收益實現原則 (D)穩健原則。

( ) 24. 我國稅法規定，扣繳稅額在$2,000以下免予扣繳，係符合 (A)保守原則 (B)客觀性原則 (C)配合原則 (D)重要性原則。

( ) 25. 起運點交貨之進貨，年底尚在途中，故進貨及期末存貨皆漏未記帳，係違反 (A)重要性原則 (B)穩健原則 (C)配合原則 (D)客觀性原則。

( ) 26. 企業提列「折舊」及「售後服務費用」是符合 (A)繼續經營慣例 (B)重要性原則 (C)一貫性原則 (D)配合原則。

( ) 27. 期末將應付費用調整入帳，係基於 (A)配合原則 (B)充分表達原則 (C)成本原則 (D)一貫性原則。

( ) 28. 在現金收付制下，賒購商品簽發票據支付，則 (A)不必記帳 (B)交易金額大時才記帳 (C)交易金額小時才記帳 (D)無論金額大小皆須記帳。

( ) 29. 所得稅法第22條：會計基礎，凡屬公司組織者應採用 (A)現金收付基礎 (B)權責發生基礎 (C)聯合基礎 (D)虛實同記法。

( ) 30. 員工紅利依一般公認會計原則之規定屬於費用性質，但依我國法令規定為 (A)費用 (B)負債 (C)盈餘之分配 (D)資產。

解答：

1.(C) 2.(D) 3.(D) 4.(C) 5.(B) 6.(D) 7.(B) 8.(D) 9.(B)
10.(A) 11.(D) 12.(A) 13.(A) 14.(D) 15.(A) 16.(B) 17.(C) 18.(C)
19.(D) 20.(C) 21.(C) 22.(D) 23.(D) 24.(D) 25.(C) 26.(D) 27.(A)
28.(A) 29.(B) 30.(C)

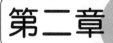

第二章

會計科目與
借貸法則

2-1

前　言

要了解會計之運作，應先了解會計恆等式、會計科目與借貸法則等，如此才能進入會計之世界。對企業交易之會計處理，首先應將企業之交易化成會計語言——分錄，最後才能以財務報表之方式表達。而要了解分錄，則應了解會計科目與借貸法則（注意：若本章學不好，將造成未來學習會計之困難，請加強學習及了解）。

2-2

會計恆等式

將企業之交易化成會計恆等式之方式表示：

> ・資產 = 負債 + 業主權益
> ・其特性為左右方一定要相等

此恆等式為複式簿記。所謂複式簿記為一個交易以二種方式表示，如用現金買車，則表示資產（車）增加，但資產（現金）減少。而會計恆等式可表示企業之所有之交易。如，一企業籌資（發行股票）且向銀行借款而募集資金，使得企業之現金（資產 $1,000,000）增加，而欠股東的錢（股東權益 $500,000）增加，及欠銀行的錢（負債 $500,000）增加，故其會計恆等式為：

> 資產（現金）= 負債（銀行借款）+ 業主權益（股本及資本公積）

$ 1,000,000 = \$ 500,000 + \$ 500,000

$ 1,000,000 = \$ 1,000,000

左右方一定要相等。

$$資產＝負債＋業主權益$$

$$倒推出→資產＝負債＋股本＋期初保留盈餘 ＋ 收入 － 費用＋利得 － 損失 （假設企業無支付現金股利）$$

2-3

會計科目

現在依財務會計準則第1號公報之規定將會計科目簡分爲七大類，介紹資產、負債、業主權益、收入、費用、利得及損失如下：

(1) 資產

企業透過交易或其他事項所獲得之經濟資源，能以貨幣衡量，並預期未來能提供經濟效益者，如現金、應收帳款等。

(2) 負債

過去之交易或其他經濟事項所產生之經濟義務，能以貨幣衡量，並將以提供勞務或支付經濟資源之方式償付者，如應付帳款、應付公司債等。

(3) 業主權益（股東權益）

企業之全部資產減除全部負債後，其餘額屬於企業所有人，稱之爲業主權益（股東權益），如股本、資本公積與保留盈餘。

(4) 收入

爲主要中心業務（出售商品或提供勞務）所產生之資產增加或負債減少者，如銷貨收入（如生產腳踏車之公司所出售腳踏車所得之收入，則屬之）、勞務收入等。

(5) 費用

爲主要中心業務（購買存貨或支付勞務）所產生之資產減少或負債增加者。如銷貨成本、管理費用等。

(6) 利得

附屬交易（非主要中心業務）所產生之資產增加或負債減少者。如出售廠房利得、出售證券利得等。

(7) 損失

附屬交易（非為主要中心業務）所產生之資產減少或負債增加者。如兌換損失、投資損失等。

另依商業會計法第28-1條、第28-2條及證券發行人財務報表編製準則第2章之規定，將上述會計科目再依資產負債表及綜合損益表項目之分類細分如下：

甲、資產
　1.流動資產
　2.基金及長期投資
　3.不動產、廠房及設備
　4.投資性不動產
　5.無形資產
　6.其他資產
乙、負債
　1.流動負債
　2.長期負債
　3.其他負債
丙、業主權益
　1.資本或股本（含庫藏股，列為減項）
　2.資本公積
　3.保留盈餘或累積虧損
　4.長期股權投資未實現跌價損失
　5.累積換算調整數
丁、營業收入
戊、營業成本

己、營業費用

庚、營業外收入及費用

辛、非常損益

壬、所得稅

(一)資產類（Assets）

企業的資產，按其流動性（變現時間性）大小（長短），又可分為流動資產及非流動資產（不動產、廠房及設備、無形資產與其他資產）。

1. 流動資產（Current Assets）

(1) 現金（Cash）及約當現金（Cash Equivalent）

現金包含庫存現金、零用金、即期支票與匯票、銀行本票、活期存款、可轉讓定期存單、可解約之定期存款、支票存款等。若另設「銀行存款」之會計科目，則現金僅指庫存現金與零用金。而約當現金包括從投資日起至到期日三個月內之商業本票與國庫券。

(2) 公允價值變動列入損益之金融資產－流動

企業取得該金融資產時係分類為交易目的，主要目的為短期內出售或再買回，另外未能符合避險會計之衍生性金融商品亦應分類到此項下。原始認列時，以公允價值衡量，交易成本列為當年度費用，其後續評價及處分損益皆以公允價值之變動據以衡量。

(3) 持有至到期日金融資產－流動

係指具有固定或可決定之收取金額及固定到期日，且企業其有積極意圖及能力持有至到期日。原始取得時，以公允價值衡量，加計交易成本，後續評價採用利息法攤銷折溢價後之成本衡量。持有至到期日金融資產可歸類為流動及非流動，若將於一年內到期，則應由非流動轉為流動項下。反之，則歸類為非流動。

(4) 備供出售金融資產－流動

企業原始取得時即指定爲備供出售，或非屬持有至到期日之投資、公允價值變動列入損益之金融資產以及放款及應收款等類別。原始認列時，以公允價值衡量，且加計交易成本。後續評價時，以公允價值衡量，變動數列入權益調整項目；處分時，累積之損益一併列入當年度損益。備供出售金融資產亦可分類爲流動及非流動，分類方法同上述持有至到期日金融資產。

上述持有至到期日金融資產及備供出售金融資產，應注意其有到期之問題者，僅有債券投資，權益證券投資並無到期日之問題，於分類時應加以注意。

(5) 應收票據（Notes Receivable, N/R）

因賒銷商品或勞務而取得客戶所開立之匯票、本票、支票等書面憑證，稱爲應收票據。惟實務上之交易以支票較多。

(6) 應收帳款（Accounts Receivable, A/R）

因賒銷商品或勞務而產生對顧客未付款之現金請求（求償）權，稱爲應收帳款。

(7) 備抵壞帳（Allowance for Doubtful Account）

在應收票據與應收帳款中，估計無法收回帳款之累積數，稱爲備抵壞帳。在資產負債表上，列爲應收款項的減項，以抵銷部分可能無法回收之應收帳款或應收票據，因此稱其爲一抵銷科目（Contra Account）。在一般情況下，此科目爲貸餘。

(8) 應收收益（Accrued Revenue）

凡收益已實現或已賺得但尚未收取者，均屬此項目。例如，應收利息、應收租金等。

(9) 存貨（Inventory）

企業所擁有之資產，能供正常營業出售之用。就買賣業而言，稱「商品存

貨」，此存貨無須投入生產，而可直接供營業出售之用；而就製造業而言，依其生產完成程度可分為「原物料」、「在製品」及「製造品」三類。原物料為尚未投入生產者；在製品為投入生產但尚未完工者；製成品為生產完成者。在一會計期間內已出售的部分應轉入銷貨成本，尚未出售的部分則為該期期末存貨。

(10)用品盤存（Supplies）

企業買入供日常使用之文具用品。購入時以「文具用品」之科目記載屬綜合損益表科目，期末盤存尚未使用的部分轉入「用品盤存」科目。亦有公司採用相反之程序，即購入時以「用品盤存」科目入資產負債表，期末盤點後再將使用之部分轉入「文具用品」科目。

(11)預付費用（Prepaid Expenses）

尚未享受其他個體所提供的產品或勞務（權利）前，先行支付的款項（義務），稱為預付費用。此項資產將隨著勞務之取得享用而消耗，而轉入××費用之中，如預付保險費、預付房租等。

(12)其他流動資產（Other Current Assets）

未能屬於上述前項之項目，如質押之銀行存款、進項稅額等。

2. 基金及長期投資（Funds and Long-Term Investments）

指為特定用途而提撥之各類基金及因業務目的而為之長期性投資。

3. 基金及投資

(1) 持有至到期日金融資產—非流動：未於一年內到期之持有至到期日金融資產。
(2) 備供出售金融資產—非流動：未於一年內到期之備供出售金融資產。
(3) 採權益法之長期股權投資：係為取得控制權或其他財產權，以達其營業目的。具有重大影響力之長期投資應採取權益法評價，被投資公司發生淨利或淨損時，應認列投資損益。此外，投資成本與股權淨值之

差額，應進行分析，將投資成本超過可辨認淨資產公允價值部分列為
商譽，每年定期進行減損測試。

(4) 以成本衡量之金融資產：不具重大影響力，且無客觀公平市價之基金
及股票等，以原始認列成本衡量。後續若發生減損，應認列減損損
失，此損失不得迴轉。

4. 不動產、廠房及設備

(1) 土地（Land）

企業購買供營業使用之土地，而非供出售者。

(2) 建築物（Building）

屬於「房屋或廠房」，供營業所使用之房屋、廠房等均屬之，供出售者非
屬之。

(3) 機器設備（Machinery and Equipment）

供生產部門營業使用之各種設備，非主要供出售者。

(4) 儀器設備

供研發測試營業使用之各種設備，非供主要出售者。

(5) 運輸設備（Transportation Equipment）

購買供營業使用之大小客貨車或供董事長或主管使用之公務車均屬之，非
供主要出售者。

(6) 生財器具或辦公設備（Office Equipment）

供辦公或營業使用之各項辦公設備均屬之，如桌、椅、沙發、電腦等，非
供主要出售者。

(7) 累計折舊（Accumulated Depreciation）

034

上述之建築物、機器設備、儀器設備、運輸設備及生財器具等項目（不含土地），隨著使用及時間等因素而磨損，效用逐漸減少，依據配合原則，每年應將資產成本按一定之方式分攤之，並轉為折舊費用。而避免違反歷史成本原則，不得改變資產之原始成本，故另設一抵銷科目位於原資產之下，稱之為「累計折舊」，以抵銷資產成本之一部分。

5. 投資性不動產

指為賺取租金或資本增值或兩者兼具，而由所有者或融資租賃之承租人所持有之不動產。

6. 無形資產（Intangible Assets）

無形資產指企業所有無實體存在之經濟資源，可供營業使用，並產生經濟效益者。包括專利權（Patent）、商標（Trademark）、商譽（Goodwill）、特許權（Franchises）、版權（Copyright）、開辦費（Organization Costs）等。無形資產按原始成本入帳，其後因經濟效益之遞減而須將其成本分攤，稱之為攤銷（Amortization）。無形資產在資產負債表上之表達方式為成本減去累計攤銷後之淨額列帳，由於無形資產無實體且未來價值不明確，故不另設「累計攤銷」科目以作為抵銷科目。此為與不動產、廠房及設備之表達方式不同之處。

7. 其他資產（Other Assets）

凡不屬於上列之各類資產者，則列入其他資產項目內。如「存出保證金」、「遞延所得稅資產—非流動」科目、「生物性資產」等科目。

(二)負債類（Liabilities）

企業之負債，按到期日之先後及性質不同，可分為流動負債、長期負債與其他負債。

1. 流動負債（Current Liabilities）

於一年或一個營業週期內償還的債務。

(1) 銀行透支（Bank Overdrafts）

與往來銀行約定，當企業之支票存款不足兌付時，由銀行代為暫時墊付者。

(2) 短期借款（Short-Term Loans）

向金融機構或他人借入款項，而須於一年或一個營業週期內以流動資產償還者。

(3) 應付票據（Notes Payable, N/P）

企業賒購材料、商品或勞務或融資所簽發之匯票、本票、支票等書面憑證，一般而言，實務上使用支票為多。

(4) 透過損益按公允價值衡量之金融負債－流動

其發生主要目的為短期內再買回。

(5) 應付帳款（Accounts Payable, A/P）

企業賒購材料、商品或勞務而產生應付而未付之債務，稱為應付帳款。

(6) 應付費用（Accrued Expenses）

其他非因賒購商品或勞務所產生應付而未付之債務，如應付薪資、應付利息、應付所得稅等。

(7) 預收收益（Unearned Revenue）

指預先收取款項而尚未提供財貨或勞務予其他個體者，如預收雜誌收益、預收房租等。此項負債將隨著財貨或勞務之提供而逐漸轉出為相關收益。

2. 長期負債（Long-Term Liabilities）

一年或一個營業週期以上方需償付之債務。

(1) 應付公司債（Bonds Payable）

企業發行公司債時，約定一定日期，支付一定本金，並按期支付一定利息給公司債購買人。公司債償還日期通常在若干年以上，故屬長期負債。若時間的經過，公司債償付日為下一年或下一個營業週期內，則應將應付公司債由長期負債中轉出而移至流動負債項下。

(2) 長期借款（Long-Term Loans）

指企業借貸之款項，其到期日在一年或一個營業週期以上者。若時間之經過，公司借款之償付日在下一年度或下一個營業週期內，則應將長期借款由長期負債轉入流動負債項下。

(3) 其他負債（Other Liabilities）

凡不屬於上列流動與長期負債者，均屬於其他負債，如「存入保證金」、「遞延所得稅負債－非流動」。

(三)業主權益類（Owners' Equity）

業主權益為資產扣除負債後之剩餘價值，又稱為淨資產（Net Assets）或淨值。隨著企業組織之不同型態而有其不同名稱：

1. 獨資企業

業主權益又稱為業主資本，其下設有「資本主往來」或「業主往來」科目，以因應資本主提用。

2. 合夥企業

稱為合夥人資本，其下設有「合夥人往來」科目，以因應合夥人之經常性資本往來，各合夥人均應分別設置「資本」帳戶與「資本主往來」帳戶。

3. 公司組織

公司組織之業主權益又稱爲股東權益，其下主要可分爲股本、資本公積、
及保留盈餘等。

(1) 股本（Capital Stock）

依法登記並經政府主管機關核准，由股東繳足之資本總額，稱之爲股本。
股本可分爲普通股股本（Common Stock）與特別股股本（Preferred Stock）
兩種。

・庫藏股

企業購入自家之股票而尚未出售或註銷，庫藏股列爲股本之減項。

(2) 資本公積（Paid-in Capital in Excess of Par）

繳入之股本超過面值的部分，皆屬於此一項目，例如：股本溢價、庫藏股
票交易、資產重估增值等。

(3) 保留盈餘（Retained Earnings）

企業營運所產生之盈餘，尚未以股利方式分配給股東，而保留下來供企業
使用者，稱爲保留盈餘，其中包括法定盈餘公積、特別盈餘公積及未分配盈
餘。

(4) 長期投資未實現跌價損失（Unrealized Capital Gains or Losses）

長期股權投資，若以成本與市價孰低法處理者，股票市價下跌時應認列
「未實現跌價損失」，此科目爲股東權益之減項。

(5) 累積換算調整數

因外幣交易或外幣財務報表換算而產生者。

(四)收入類（Revenue）

企業之收入，依性質來源之不同，可分為營業收入與營業外收入。

1. 營業收入（Operating Revenue）

(1) 銷貨收入（Sales）

銷售貨品之所得，為企業主要或中心營業（公司登記中主要營業項目）範圍，無論是現銷或賒銷所得，均屬於銷貨收入，如華碩出售其主機板所得之收入，為銷貨收入。

(2) 銷貨退回（Sales Return）

企業售出之貨品，因品質不良或損壞而遭顧客退回稱之。銷貨退回為銷貨收入之減項。如客戶因IBM之電腦有問題而予以退貨（錢），則就IBM公司而言，此為銷貨退回。

(3) 銷貨折讓（Sales Allowance）

企業售出之貨品，因品質不良或部分損壞，而由顧客要求折減價格稱之。折讓亦為銷貨收入之減項，往往與銷貨退回合併為一「銷貨退回與折讓」科目。如客戶購買瑕疵品，但若其價格為正常價之八成，故此二成之價格為銷貨折讓。

(4) 銷貨折扣（Sales Discount）

企業銷貨時，為及早取得現金所給予顧客之折扣，又稱現金折扣，如企業為使客戶可提早還款，而在某一時點之前償還者，給予一定比率之優待（如僅需償還款項之98%，而2%則為現金折扣）。

(5) 勞務收入（Service Revenue）

企業提供勞務而獲取之報酬稱之，如快遞公司收取之快遞服務款項，屬勞務收入。

2. 營業外收入（Non-Operating Revenue）

為企業主要或中心營業活動外所產生之收益。一般而言，包括：利息收入、佣金收入、房租收入、兌換收益、商品盤盈、其他收入等。

(五)費用類（Expenses）

費用係指企業為產生收入而投入對財貨勞務之支出或耗用。若一項支出於發生時即為企業帶來經濟效益，而此經濟效益並不及於未來，則歸之為「費用」項目；若一項支出的發生對企業產生未來的經濟效益，則應將此支出資本化，作為「資產」的一部分，而不歸類為費用，此為資本支出（資產）與收益支出（費用）之劃分。費用依其性質可分為銷貨成本、營業費用與營業外費用，故屬收益支出。

1. 銷貨成本（Cost of Goods Sold）

企業製造或購買貨品以供銷售，賺取利潤。在一定會計期間內，已售出的存貨部分即為銷貨成本，未售出的部分轉為期末存貨。買賣業其銷貨成本之組成項目為期初存貨、本期進貨、進貨運費、進貨退出與折讓（減項）、進貨折扣（減項）與期末存貨（減項）。而製造業十分複雜，以後再述明。

2. 營業費用（Operating Expenses）

又稱為銷管研費用，為企業因銷貨、管理與研發活動所產生之支出。費用以部門劃分，一般而言，總經理室、財會部、總務部、管理部、資訊部等屬管理費用，業務部屬銷售費用，研發部門屬研發費用，行銷企劃部有的企業分為銷售費用，有的企業分為管理費用。

(1) 銷售費用

為業務部門所發生之所有費用，其中包括薪資、銷貨運費、佣金支出、廣告支出、壞帳費用、交際費、水電費、郵電費、差旅費、保險費、折舊、稅捐等。

(2) 管理費用

為管理部門所發生之費用,其中包括薪資費用、文具用品、租金支出、水電費、郵電費、差旅費、保險費、修理維護費用、折舊、折耗、攤銷、稅捐等。

(3) 研發費用

為研發部門所發生之所有費用,其中包括薪資費用、文具用品、租金支出、水電費、郵電費、差旅費、保險費、修理維護費用、折舊、折耗、攤銷、稅捐等。

3. 營業外費用（Non-Operating Expenses）

企業正常營運活動外所產生的支出,例如:利息支出、投資損失、兌換損失、商品盤損、其他損失等。

2-4

借貸法則

借貸法則為一種增加及減少之計算方法,其原則為有借必有貸,借貸必相等。就像天平一樣,左邊為借方,右邊為貸方。資產、費用及股利為列在天平之左方(其中資產之借方為加項,其貸方為減項),負債、業主權益及收入列在天平之右邊(其中負債及業主權益之借方為減項,其貸方為加項),如圖2-1所示。而由表2-1可知,任何交易透過借貸法則應使借貸平衡,故可推出符合相關借貸法則之各項目組合。

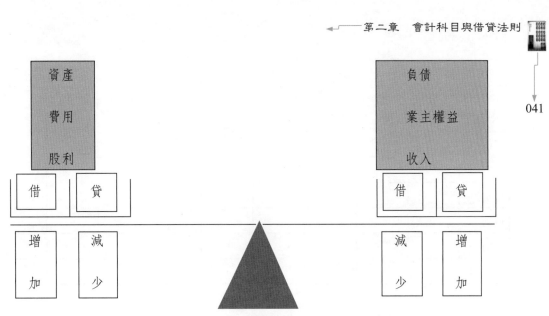

📖 圖2-1　借貸法則天平圖

📖 表2-1　借貸之項目組合

資產		負債		業主權益		收入		費用	
借 （增加）	貸 （減少）	借 （減少）	貸 （增加）	借 （減少）	貸 （增加）	借 （減少）	貸 （增加）	借 （增加）	貸 （減少）
(1)+	−								
(2)+			+						
(3)+					+				
(4)+							+		
(5)+									−
(6)	−	−							
(7)	−			−					
(8)	−					−			
(9)	−							+	
(10)		−	+						
(11)		−			+				
(12)		−					+		
(13)		−							−
(14)			+	−					
(15)			+				−		

資產		負債		業主權益		收入		費用	
借 （增加）	貸 （減少）	借 （減少）	貸 （增加）	借 （減少）	貸 （增加）	借 （減少）	貸 （增加）	借 （增加）	貸 （減少）
(16)			+					+	
(17)				−			+		
(18)				−					
(19)				−	+				
(20)					+	−			
(21)					+			+	

(1) 企業以現金購買土地$1,000：

（借）土地　　　　1,000

（貸）現金　　　　　　　1,000

(2) 企業向銀行借款$1,000：

（借）現金　　　　1,000

（貸）短期借款　　　　　1,000

(3) 企業現金增資$1,000：

（借）現金　　　　1,000

（貸）股本　　　　　　　1,000

(4) 企業出售商品收現$1,000：

（借）現金　　　　1,000

（貸）銷貨收入　　　　　1,000

(5) 很少發生。

(6) 企業償還銀行借款$1,000：

（借）短期借款　　1,000

（貸）現金　　　　　　　1,000

(7) 企業支付現金股利$1,000：

　　（借）股利　　　　1,000
　　　　（貸）現金　　　　　　1,000

(8) 很少發生。

(9) 企業支付薪資費用$1,000：

　　（借）薪資費用　　1,000
　　　　（貸）現金　　　　　　1,000

(10)企業借款以債還債$1,000：

　　（借）應付帳款　　1,000
　　　　（貸）短期借款　　　　1,000

(11)企業借款轉增資，股東往來轉股本$1,000：

　　（借）股東往來　　1,000
　　　　（貸）股本　　　　　　1,000

(12)很少發生。

(13)很少發生。

(14)企業股東會通過股利分配案$1,000：

　　（借）股利　　　　1,000
　　　　（貸）應付股利　　　　1,000

(15)很少發生。

(16)企業貨款賒帳$1,000：

　　（借）存貨　　　　1,000
　　　　（貸）應付帳款　　　　1,000

(17)很少發生。

(18)很少發生。

(19)企業保留盈餘轉增資$1,000：

（借）保留盈餘　　　1,000

　　（貸）股本　　　　　　　　1,000

(20)很少發生。

(21)很少發生。

另可簡單解釋借貸法則：

　　‧有借必有貸，借貸必相等（見表2-2及表2-3）

　　‧資產＝負債＋業主權益（見表2-4）

表2-2　會計科目與借貸法則表

資產類科目		負債類科目		業主權益類科目			
（借）增加	（貸）減少	（借）減少	（貸）增加	（借）減少		（貸）增加	
				費用類科目		收益類科目	
				（借）增加	（貸）減少	（借）減少	（貸）增加

實帳戶 / 虛帳戶

綜合借貸法則之科目與借貸關係如表2-3：

表2-3　會計科目與借貸關係表

科目	增加	減少	正常為借貸方
資產	借	貸	借
負債	貸	借	貸
業主權益	貸	借	貸
收入	貸	借	貸
費用	借	貸	借
股利	借	貸	借

我們可將會計科目、借貸法則融入會計恆等式中，由表2-4可知其交易如下：

(1) 企業現金增資計$990,000。

(2) 企業發行本票借款$400,000。

(3) 企業以現金購買土地$100,000。

(4) 企業以現金購買建築物$300,000。

(5) 企業借款他人並收到他人本票$6,000。

(6) 企業賒購機器設備$60,000。

(7) 企業現購機器設備$125,000。

(8) 企業出售機器設備並償還應付帳款$2,000。

(9) 企業償還應付帳款$40,000。

表2-4 會計恆等式表

資產					=	負債	+	業主權益
現金	應收票據	機器設備	土地	建築物		應付帳款	應付票據	股本
990,000								990,000
400,000							400,000	
-100,000			100,000					
-300,000				300,000				
-6,000	6,000							
		60,000				60,000		
-125,000		125,000						
		-2,000				-2,000		
-40,000						-40,000		
819,000	6,000	183,000	100,000	300,000		18,000	400,000	990,000
$1,408,000						$1,408,000		

2-5

財務報表之意義、格式及其相關性

(一)財務報表之意義

資產負債表表示企業之資產、負債與股東權益之總累積狀況，此報表表達之數字為累積數，表示存量之概念，且屬靜態報表。

綜合損益表表示企業某期間內之經營情況，此報表表達之數字為當期數，表示流量之概念，且屬動態報表。

權益變動表表示企業股東之總權益狀況，此報表表達之數字為累積數，表示存量之概念，且屬靜態報表。而權益變動表可包含保留盈餘表，一般而言，初會中以保留盈餘表表達。

現金流量表表示企業某段期間內營業活動、投資活動與融資活動之淨現金流量，此報表表達之數字為當期數，表示流量之概念，且屬動態報表。

財務報表之格式如下：

東吳公司
綜合損益表
X2年1月1日至12月31日

銷貨收入		$ ******
銷貨成本		(******)
銷貨毛利		$ ******
營業費用：		
薪資費用	$ ******	
水電費用	*****	
旅費	*****	
廣告費	*****	
折舊費用	******	(******)
本期淨利		$ ******

東吳公司
保留盈餘表
X2年12月31日

期初保留盈餘	$　　　*
本期淨利	*******
期末保留盈餘	$*******

東吳公司
資產負債表
X2年12月31日

資產：　　　　　　　　　　　　　　　　負債：

流動資產：　　　　　　　　　　　　　　流動負債：

現金　　　　　　　$********　　應付帳款 $　*******

應收票據　　　　　　　******

存貨　　　　　　　　　******　　長期負債：

不動產、廠房及設備　　　　　　　　　　長期借款　　********

土地　　　　　　　　********　　負債總額 $　*******

建築物　　　$********

累積折舊—建築物　（*****）*******　業主權益：

機器設備　　$********　　　　　　股本　　　$********

　　　　　　　　　　　　　　　　　　資本公積　　　*****

累積折舊—機器設備　（*****）*******　保留盈餘　　　******

　　　　　　　　　　　　　　　　　業主權益總額 $********

資產總額　　　　　　$*********　負債與業主權益總額 $*********

東吳公司
現金流量表
X2年12月31日

營業活動之現金流量：	
本期淨利	$ *******
折舊費用	******
減應收票據增加數	(******)
減存貨增加數	(******)
加應付帳款增加數	_____ ******
營業活動之淨現金增加（減少數）	$ (******)
投資活動之現金流量：	
購買機器設備	(********)
購買土地與建築物	_____ (********)
投資活動之淨現金增加（減少數）	$ (*******)
融資活動之現金流量	
發行股份	_____ *********
融資活動之淨現金增加（減少數）	$*********
本期現金增減數	$ ********
期初現金數	_____ *****
期末現金數	$ ********

(二)財務報表之相關性

　　由圖2-2可知財務報表有其關聯性，綜合損益表之本期淨利將結轉至保留盈餘表項下之本期淨利，而保留盈餘表之期末保留盈餘，將列示於資產負債表之業主權益項下之保留盈餘，而現金流量表之結餘數（期末現金數）等於資產負債表之現金數。由此可知，資產負債表是所有資料之綜合數，資料產生之順序為：(1)綜合損益表產生之本期淨利結轉至保留盈餘表項下之本期淨利；(2)保留盈餘表之期末保留盈餘結轉至資產負債表之保留盈餘；(3)利用資產負

債表之現金數，編製現金流量表之結餘數（期末現金數）。亦可知其編製順序
為：(1)綜合損益表；(2)保留盈餘表；(3)資產負債表；(4)現金流量表。

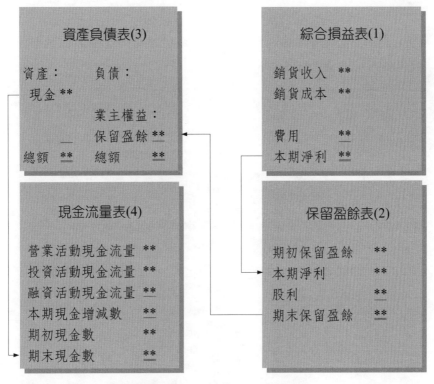

圖2-2　財務報表關聯圖

2-6

會計科目、借貸法則及財務報表關聯性

依圖2-3所示，當會計交易發生時，應先放入會計恆等式中，並找出適用
之會計科目及其適用之借貸法則，以期會計恆等式符合此會計交易，之後即可
得出資產負債表、綜合損益表、保留盈餘表及現金流量表，而財務報表之關聯
性為綜合損益表之本期淨利會流入保留盈餘表中，而保留盈餘表之期末保留盈
餘將會列入資產負債表中股東權益中之保留盈餘科目。而資產負債表之現金應
列入現金流量表之期末現金數。

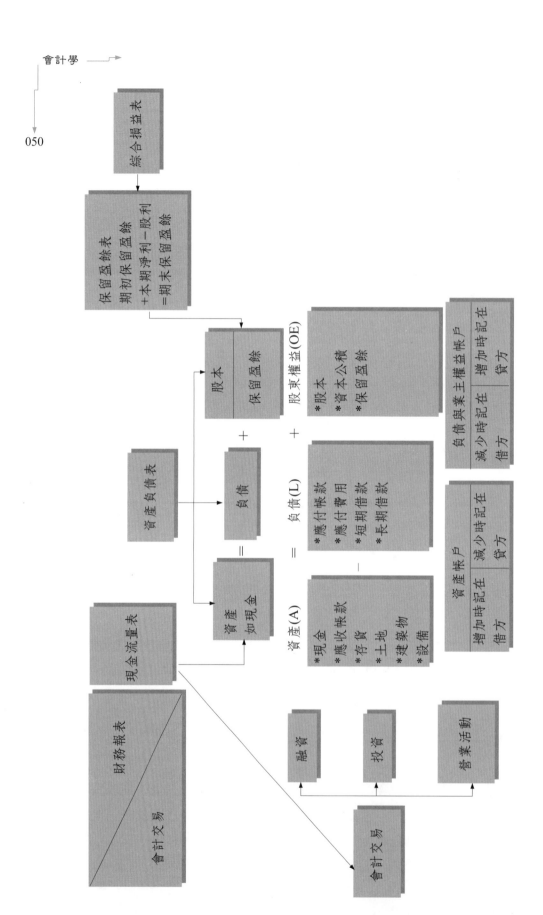

△ 圖2-3　財務報表、會計科目與借貸法則之關聯圖

2-7

證券發行人財務報告編製準則及商業會計法之規定

(一)證券發行人財務報告編製準則（民國111年11月24日）

第一節　資產負債表

第9條（資產）

　　資產應作適當之分類。流動資產與非流動資產應予以劃分。但如按流動性之順序表達所有資產能提供可靠而更攸關之資訊者，不在此限。

　　各資產項目預期於資產負債表日後十二個月內回收之總金額，及超過十二個月後回收之總金額，應分別在財務報告表達或附註揭露。

　　流動資產係指企業預期於其正常營業週期中實現該資產，或意圖將其出售或消耗；主要為交易目的而持有該資產；預期於資產負債表日後十二個月內實現該資產；現金或約當現金，但不包括於資產負債表日後逾十二個月用以交換、清償負債或受有其他限制者。流動資產至少應包括下列各項目：

一、現金及約當現金：

　　(一) 庫存現金、活期存款及可隨時轉換成定額現金且價值變動風險甚小之短期並具高度流動性之定期存款或投資。

　　(二) 發行人應揭露現金及約當現金之組成部分，及其用以決定該組成項目之政策。

二、透過損益按公允價值衡量之金融資產－流動：

　　(一) 指非屬按攤銷後成本衡量或透過其他綜合損益按公允價值衡量之金融資產。

　　(二) 屬按攤銷後成本衡量或透過其他綜合損益按公允價值衡量之金融資產，依國際財務報導準則第九號規定可指定為透過損益按公允價值衡量之金融資產。

三、透過其他綜合損益按公允價值衡量之金融資產－流動：

　　(一) 指同時符合下列條件之債務工具投資：

　　　　1.發行人係在以收取合約現金流量及出售爲目的之經營模式下持
　　　　　有該金融資產。

　　　　2.該金融資產之合約條款產生特定日期之現金流量，完全爲支付
　　　　　本金及流通在外本金金額之利息。

　　(二) 指原始認列時作一不可撤銷之選擇，將公允價值變動列報於其他
　　　　綜合損益之非持有供交易之權益工具投資。

四、按攤銷後成本衡量之金融資產－流動，指同時符合下列條件者：

　　(一) 發行人係在以收取合約現金流量爲目的之經營模式下持有該金融
　　　　資產。

　　(二) 該金融資產之合約條款產生特定日期之現金流量，完全爲支付本
　　　　金及流通在外本金金額之利息。

五、避險之金融資產－流動：依避險會計指定且爲有效避險工具之金融資
　　產。

六、合約資產：

　　(一) 指企業依合約約定，已移轉商品或勞務予客戶，惟仍未具無條件
　　　　收取對價之權利。

　　(二) 合約資產備抵損失之認列及衡量，應依國際財務報導準則第九號
　　　　規定辦理。

七、應收票據，指應收之各種票據：

　　(一) 應收票據應依國際財務報導準則第九號規定衡量。但未附息之短
　　　　期應收票據若折現之影響不大，得以原始發票金額衡量。

　　(二) 應收票據業經貼現或轉讓者，應就該應收票據之風險及報酬與控
　　　　制之保留程度，評估是否符合國際財務報導準則第九號除列條
　　　　件。

　　(三) 因營業而發生之應收票據，應與非因營業而發生之其他應收票據
　　　　分別列示。

　　(四) 金額重大之應收關係人票據，應單獨列示。

　　(五) 提供擔保之票據，應於附註中說明。

　　(六) 發行人應揭露應收票據之帳齡分析。

八、應收帳款：指依合約約定，已具無條件收取因移轉商品或勞務所換得
　　對價金額之權利：

(一) 應收帳款應依國際財務報導準則第九號規定衡量。但未付息之短期應收帳款若折現之影響不大，得以原始發票金額衡量。

(二) 應收帳款業經貼現或轉讓者，應就該應收帳款之風險及報酬與控制之保留程度，評估是否符合國際財務報導準則第九號除列條件。

(三) 金額重大之應收關係人帳款，應單獨列示。

(四) 設定擔保應收帳款應於附註中揭露。

(五) 發行人應揭露應收帳款之帳齡分析。

九、其他應收款，指不屬於應收票據、應收帳款之其他應收款項。

十、本期所得稅資產：與本期及前期有關之已支付所得稅金額超過該等期間應付金額之部分。

十一、存貨：

(一) 符合下列任一條件之資產：

　　1. 持有供正常營業過程出售者。

　　2. 正在製造過程中以供正常營業過程出售者。

　　3. 將於製造過程或勞務提供過程中消耗之原料或物料（耗材）。

(二) 存貨之會計處理，應依國際會計準則第二號規定辦理。

(三) 存貨應以成本與淨變現價值孰低衡量，當存貨成本高於淨變現價值時，應將成本沖減至淨變現價值，沖減金額應於發生當期認列為銷貨成本。

(四) 存貨有提供作質、擔保或由債權人監視使用等情事，應予註明。

十二、預付款項：包括預付費用及預付購料款等。

十三、待出售非流動資產：

(一) 指依出售處分群組之一般條件及商業慣例，於目前狀態下，可供立即出售，且其出售必須為高度很有可能之非流動資產或待出售處分群組內之資產。

(二) 待出售非流動資產及待出售處分群組之衡量、表達與揭露，應依國際財務報導準則第五號規定辦理。

(三) 分類為待出售之資產或處分群組於不符合國際財務報導準則第五號規定條件時，應停止將該資產或處分群組分類為待出售。

(四) 資產或處分群組符合待分配予業主之定義時，應自待出售重分類

為待分配予業主，並視為原始處分計畫之延續，適用新處分方式之分類、表達及衡量規定。分類為待分配予業主之資產或處分群組於不符合國際財務報導準則第五號規定條件時，應停止將該資產或處分群組分類為待分配予業主。

十四、其他流動資產：不能歸屬於以上各類之流動資產。

非流動資產係指流動資產以外，具長期性質之有形、無形資產及金融資產。

非流動資產至少應包括下列各項目：

一、採用權益法之投資：

(一) 採用權益法之投資之評價及表達應依國際會計準則第二十八號規定辦理。

(二) 認列投資損益時，關聯企業編製之財務報告若未符合本準則，應先按本準則調整後，再據以認列投資損益，採用權益法所用之關聯企業財務報告日期應與投資者相同，若有不同時，應對關聯企業財務報告日期與投資者財務報告日期間所發生之重大交易或事件之影響予以調整，在任何情況下，關聯企業與投資者之資產負債表日之差異不得超過三個月。若會計師依審計準則三二〇號規定判斷關聯企業對投資者財務報告公允表達影響重大者，關聯企業之財務報告應經會計師依照會計師查核簽證財務報表規則與審計準則之規定辦理查核。

(三) 採用權益法之投資有提供作質，或受有約束、限制等情事者，應予註明。

二、不動產、廠房及設備：

(一) 指用於商品、農業產品或勞務之生產或提供、出租予他人或供管理目的而持有，且預期使用期間超過一個會計年度或一營業週期之有形資產項目，包括生產性植物。

(二) 不動產、廠房及設備之後續衡量應採成本模式，其會計處理應依國際會計準則第十六號規定辦理。

(三) 不動產、廠房及設備之各項組成若屬重大，應單獨提列折舊，且折舊方法之選擇應反映未來經濟效益預期消耗型態，若該型態無法可靠決定，應採用直線法，將可折舊金額按有系統之基礎於其

耐用年限內分攤。

(四) 不動產、廠房及設備具有不同耐用年限，或以不同方式提供經濟效益，或適用不同折舊方法、折舊率者，應在附註中分別列示重大組成部分之類別。

三、使用權資產：

(一) 指承租人於租賃期間內對標的資產具有使用控制權之資產。

(二) 使用權資產之會計處理應依國際財務報導準則第十六號規定辦理。

四、投資性不動產：

(一) 指為賺取租金或資本增值或兩者兼具，而由所有者所持有或具使用控制權承租人所持有之不動產。

(二) 投資性不動產之會計處理應依國際會計準則第四十號規定辦理，後續衡量採用公允價值模式者，應依下列規定辦理：

1. 公允價值之評價應採收益法。但未開發之土地無法以收益法評價者，應採用土地開發分析法。

2. 採收益法評價應依下列規定辦理：

(1) 現金流量：應依現行租賃契約、當地租金或市場相似比較標的租金行情評估，並排除過高或過低之比較標的，有期末價值者，得加計該期末價值之現值。

(2) 分析期間：收益無一定期限者，分析期間以不逾十年為原則，收益有特定期限者，則應依剩餘期間估算。

(3) 折現率：限採風險溢酬法，以一定利率為基準，加計投資性不動產之個別特性估算。所稱一定利率為基準，不得低於中華郵政股份有限公司牌告二年期郵政定期儲金小額存款機動利率加三碼。

3. 公允價值之評價應依下列規定辦理：

(1) 持有投資性不動產單筆金額未達實收資本額百分之二十及新臺幣三億元者，得採自行估價或委外估價。

(2) 持有投資性不動產單筆金額達實收資本額百分之二十或新臺幣三億元以上者，應取得專業估價師出具之估價報告，或自行估價並請會計師就合理性出具複核意見。

(3) 持有投資性不動產單筆金額達總資產百分之十以上者，應取具二家以上專業估價師出具之估價報告，或取具聯合估價師事務所二位估價師出具之估價報告，或取具一位專業估價師出具之估價報告，並請會計師就合理性出具複核意見。

4. 發行人應於資產負債表日依下列規定檢討評估公允價值之有效性，以決定是否重新出具估價報告，達本目之 3、(2)、(3)標準者均應至少每年取具專業估價師估價報告及會計師合理性複核意見：

(1) 採委外估價者，應請估價師檢視原估價報告，或請會計師就原委外估價報告之有效性出具複核意見。

(2) 採自行估價並請會計師就合理性出具複核意見者，應請會計師就原自行估價報告之有效性出具複核意見。

(3) 未達本準則規定應委外估價或請會計師複核之標準，並採自行估價者，得自行評估原估價報告之有效性，或請會計師就原自行估價報告之有效性出具複核意見。

(三) 投資性不動產後續衡量採公允價值模式者，其揭露除依國際會計準則第四十號規定辦理外，應於附註揭露下列資訊：

1. 勘估標的之現行租賃契約重要條款、當地租金行情及市場相似比較標的評估租金行情。

2. 投資性不動產目前狀態、過去收益之數額及變動狀態、目前合理淨收益推估之依據及理由。

3. 未來各期現金流入與現金流出之變動狀態如何決定及決定之依據。

4. 收益資本化率或折現率之調整及決定之依據及理由。

5. 收益價值推估過程、引用計算參數及估價結果之適當及合理性說明。

6. 採土地開發分析法之理由、土地開發分析計畫重點、總體經濟情形之預估、估計銷售總金額、利潤率及資本利息綜合利率。

前揭資訊與前期如有重大差異時，應說明理由及其對公允價值之影響。

7. 採委外估價者，應揭露委外估價之估價事務所、估價師姓名及估價日期。經會計師出具合理性複核意見者，應揭露複核會計師及所屬事務所之名稱、複核結論及複核報告日等資訊。

8. 應分別揭露委外估價與自行估價之公允價值評價結果。經會計師就合理性出具複核意見者，應予註明。

(四) 公允價值採委外估價者，應由具備我國不動產估價師資格且符合下列條件之估價師進行估價，並應遵循不動產估價師法、不動產估價技術規則等相關規定，及參考財團法人中華民國會計研究發展基金會（以下簡稱會計基金會）發布之相關評價準則公報辦理：

1. 須具備四年以上之不動產估價實務經驗，如具備不動產估價相當科系畢業領有畢業證書，須具備三年以上之不動產估價實務經驗。

2. 未曾因不動產估價業務上有關詐欺、背信、侵占、偽造文書等犯罪行為，經法院判決有期徒刑以上之罪。

3. 最近三年無票信債信不良紀錄及最近五年無遭受不動產估價師懲戒委員會懲戒之紀錄。

4. 不得為發行人之關係人或有實質關係人之情形。

(五) 公允價值採自行估價者，除依本準則規定外，應參考會計基金會發布之相關評價準則公報，並依下列規定辦理：

1. 建立估價之作業流程並納入內部控制制度，包括估價人員之專業資格與條件、取得及分析資訊、評估價值、估價報告之製作及相關文件之保存。

2. 估價報告之內容應列示所依據資訊及結論之理由，並由權責人員簽章，其內容至少應包括勘估標的之基本資料、估價基準日、標的物區域內不動產交易之比較實例、估價之假設及限制條件、估價方法及估價執行流程、估價結論及估價報告日等。

(六) 具備會計師法規定執業資格之會計師就發行人委外估價或自行估價報告之合理性出具複核意見者，應符合下列條件：

1. 具備四年以上辦理發行人財務報告查核簽證之經驗，或具備四年以上辦理財務報告查核簽證之經驗並參加評價相關訓練達

九十小時以上且取得及格證書。

2. 未曾因辦理發行人財務報告查核簽證或出具不動產估價合理性複核意見業務上有關詐欺、背信、侵占、偽造文書等犯罪行為，經法院判決有期徒刑以上之罪。

3. 最近三年無票信債信不良紀錄及最近五年無遭受會計師懲戒委員會懲戒之紀錄。

4. 不得為發行人、出具估價報告之估價師或於發行人自行估價報告簽章之權責人員之關係人或有實質關係人之情形，或為發行人財務報告之簽證會計師。

(七) 會計師就發行人委外估價或自行估價報告之合理性出具複核意見者，應依本準則及下列規定辦理：

1. 承接案件前應審慎評估專業能力與訓練、實務經驗及獨立性。執行複核案件前應充分瞭解財務報告編製相關法令、國際財務報導準則及不動產估價等與所複核案件相關之規定，並不得接受委任提出公允價值結論。

2. 進行複核案件應妥善規劃及執行適當作業流程，以形成結論並據以出具複核意見書；相關執行程序、蒐集資料及作成結論應詳實登載於複核案件工作底稿。

3. 執行複核程序時，應就估價報告之範圍、所使用之資料來源、估價所使用參數及估價方法、估價所採用之資訊及所執行之調查、估價人員所作各項調整、估價推論過程等事項逐項評估其適當性及合理性，並確認符合本準則及相關法令規定。複核發行人自行估價報告時應另就發行人自行估價之作業流程等內部控制制度設計與執行之有效性逐項分析。

4. 發行人委外估價或自行估價報告使用假設、估計、參數或土地開發分析使用資訊與前期有重大差異時，應予分析確定有合理依據，與不動產估價師或自行估價人員有不同意見者，應提出理由。

5. 複核報告內容至少應包括委任人、複核會計師及所屬事務所之名稱及地址、複核之目的及用途、複核案件之重大假設及限制、所執行複核工作之範圍、複核程序所採用之主要資訊、複

核結論、複核報告日等，並聲明複核意見眞實且正確、具備專業性與獨立性及遵循主管法令規定等事項。

(八) 發行人之子公司持有投資性不動產者，亦應依本款規定辦理。

(九) 發行人股票無面額或每股面額非屬新臺幣十元者，本款第二目之3有關單筆投資性不動產金額達實收資本額百分之二十之估價標準，以資產負債表歸屬於母公司業主之權益百分之十計算之。

五、無形資產：

(一) 指無實體形式之可辨認非貨幣性資產，並同時符合具有可辨認性、可被企業控制及具有未來經濟效益。

(二) 無形資產之後續衡量應採成本模式，其會計處理應依國際會計準則第三十八號規定辦理。

(三) 無形資產攤銷方法之選擇應反映未來經濟效益預期消耗型態，若該型態無法可靠決定，應採用直線法，將可攤銷金額按有系統之基礎於其耐用年限內分攤。

六、生物資產：指與農業活動有關具生命之動物或植物，生物資產之會計處理應依國際會計準則第四十一號規定辦理。但生產性植物應分類為不動產、廠房及設備，其會計處理應依國際會計準則第十六號規定辦理。

七、遞延所得稅資產：指與可減除暫時性差異、未使用課稅損失遞轉後期及未使用所得稅抵減遞轉後期有關之未來期間可回收所得稅金額。

八、其他非流動資產：不能歸類於以上各類之非流動資產。探勘及評估資產之後續衡量應採成本模式，其會計處理應依國際財務報導準則第六號規定辦理。

前二項有關透過損益按公允價值衡量之金融資產、透過其他綜合損益按公允價值衡量之金融資產、按攤銷後成本衡量之金融資產、避險之金融資產、應收票據、應收帳款、其他應收款項目之會計處理、備抵損失之認列及衡量，應依國際財務報導準則第九號規定辦理。備抵損失應分別列為按攤銷後成本衡量之金融資產、應收票據、應收帳款及其他應收款之減項。各該項目如為更明細之劃分者，備抵損失亦比照分別列示。

發行人應於資產負債表日對第四項有關採用權益法之投資、不動產、廠房及設備、使用權資產、探成本模式衡量之投資性不動產、無形資產、探勘及評

估資產等項目評估是否有減損之客觀證據，若存在此類證據，應依國際會計準則第三十六號規定，認列減損損失金額。非金融資產之可回收金額以公允價值減處分成本衡量者，應揭露該公允價值衡量之額外資訊，包括公允價值層級、評價技術及關鍵假設等；可回收金額以使用價值衡量者，應揭露衡量使用價值之折現率。

第三項及第四項有關透過損益按公允價值衡量之金融資產、透過其他綜合損益按公允價值衡量之金融資產、按攤銷後成本衡量之金融資產、避險之金融資產、應收票據、應收帳款、其他應收款、待出售非流動資產、投資性不動產、生物資產等項目有關公允價值之衡量及揭露，應依國際財務報導準則第十三號規定辦理。

第三項及第四項有關透過損益按公允價值衡量之金融資產、透過其他綜合損益按公允價值衡量之金融資產、按攤銷後成本衡量之金融資產、避險之金融資產、合約資產、生物資產等項目，應依流動性區分為流動與非流動。

第10條（負債）

負債應作適當之分類。流動負債與非流動負債應予以劃分。但如按流動性之順序表達所有負債能提供可靠而更攸關之資訊者，不在此限。

各負債項目預期於資產負債表日後十二個月內清償之總金額，及超過十二個月後清償之總金額，應分別在財務報告表達或附註揭露。

流動負債係指企業預期於其正常營業週期中清償該負債；主要為交易目的而持有該負債；預期於資產負債表日後十二個月內到期清償該負債，即使於資產負債表日後至通過財務報告前已完成長期性之再融資或重新安排付款協議；企業不能無條件將清償期限遞延至資產負債表日後至少十二個月之負債，負債之條款可能依交易對方之選擇，以發行權益工具而導致其清償者，並不影響其分類。流動負債至少應包括下列各項目：

一、短期借款：

　　(一) 包括向銀行短期借入之款項、透支及其他短期借款。

　　(二) 短期借款應依借款種類註明借款性質、保證情形及利率區間，如有提供擔保品者，應註明擔保品名稱及帳面金額。

　　(三) 向金融機構、股東、員工、關係人及其他個人或機構之借入款項，應分別註明。

二、應付短期票券：

(一) 為自貨幣市場獲取資金，而委託金融機構發行之短期票券，包括應付商業本票及銀行承兌匯票等。

061

(二) 應付短期票券應以有效利息法之攤銷後成本衡量。但未付息之短期應付短期票券若折現之影響不大，得以原始票面金額衡量。

(三) 應付短期票券應註明保證、承兌機構及利率，如有提供擔保品者，應註明擔保品名稱及帳面金額。

三、透過損益按公允價值衡量之金融負債－流動：

(一) 持有供交易之金融負債：

1. 其發生主要目的為短期內再買回。

2. 於原始認列時即屬合併管理之可辨認金融工具組合之一部分，且有證據顯示近期該組合為短期獲利之操作模式。

3. 除財務保證合約或被指定且為有效避險工具外之衍生金融負債。

(二) 指定透過損益按公允價值衡量之金融負債。

(三) 透過損益按公允價值衡量之金融負債應按公允價值衡量。但指定為透過損益按公允價值衡量之金融負債，其公允價值變動金額屬信用風險所產生者，除避免會計配比不當之情形或屬放款承諾及財務保證合約須認列於損益外，應認列於其他綜合損益。

四、避險之金融負債－流動：依避險會計指定且為有效避險工具之金融負債。

五、合約負債：指企業依合約約定已收取或已可自客戶收取對價而須移轉商品或勞務予客戶之義務。

六、應付票據，指應付之各種票據：

(一) 應付票據應以有效利息法之攤銷後成本衡量。但未付息之短期應付票據若折現之影響不大，得以原始發票金額衡量。

(二) 因營業而發生與非因營業而發生之應付票據，應分別列示。

(三) 金額重大之應付銀行、關係人票據，應單獨列示。

(四) 已提供擔保品之應付票據，應註明擔保品名稱及帳面金額。

(五) 存出保證用之票據，於保證之責任終止時可收回註銷者，得不列為流動負債，但應於財務報告附註中說明保證之性質及金額。

七、應付帳款：

(一) 因賒購原物料、商品或勞務所發生之債務。

(二) 應付帳款應以有效利息法之攤銷後成本衡量。但未付息之短期應付帳款若折現之影響不大，得以原始發票金額衡量。

(三) 因營業而發生之應付帳款，應與非因營業而發生之其他應付款項分別列示。

(四) 金額重大之應付關係人款項，應單獨列示。

(五) 已提供擔保品之應付帳款，應註明擔保品名稱及帳面金額。

八、其他應付款：不屬於應付票據、應付帳款之其他應付款項，如應付稅捐、薪工及股利等。依公司法規定經董事會或股東會決議通過之應付股息紅利，如已確定分派辦法及預定支付日期者，應加以揭露。

九、本期所得稅負債：指尚未支付之本期及前期所得稅。

十、負債準備－流動：

(一) 指不確定時點或金額之負債。

(二) 負債準備之會計處理應依國際會計準則第三十七號規定辦理。

(三) 負債準備應於發行人因過去事件而負有現時義務，且很有可能需要流出具經濟效益之資源以清償該義務，及該義務之金額能可靠估計時認列。

(四) 發行人應於附註中將負債準備區分為員工福利負債準備及其他項目。

十一、與待出售非流動資產直接相關之負債：指依出售處分群組之一般條件及商業慣例，於目前狀態下，可供立即出售，且其出售必須為高度很有可能之待出售處分群組內之負債。

十二、其他流動負債：不能歸屬於以上各類之流動負債。

非流動負債係指非屬流動負債之其他負債，至少應包括下列各項目：

一、應付公司債（含海外公司債）：發行人發行之債券。

(一) 發行債券須於附註內註明核定總額、利率、到期日、擔保品名稱、帳面金額、發行地區及其他有關約定限制條款等。如所發行之債券為轉換公司債者，並應註明轉換辦法及已轉換金額。

(二) 應付公司債之溢價、折價為應付公司債之評價項目，應列為應付公司債之加項或減項，並按有效利息法，於債券流通期間內加以

攤銷，作為利息費用之調整項目。

二、長期借款：

(一) 包括長期銀行借款及其他長期借款或分期償付之借款等。長期借款應註明其內容、到期日、利率、擔保品名稱、帳面金額及其他約定重要限制條款。

(二) 長期借款以外幣或按外幣兌換率折算償還者，應註明外幣名稱及金額。

(三) 向股東、員工及關係人借入之長期款項，應分別註明。

(四) 長期應付票據及其他長期應付款項應以有效利息法之攤銷後成本衡量。

三、租賃負債：

(一) 係指承租人尚未支付租賃給付之現值。

(二) 租賃負債之會計處理應依國際財務報導準則第十六號規定辦理。

四、遞延所得稅負債：指與應課稅暫時性差異有關之未來期間應付所得稅金額。

五、其他非流動負債：不能歸屬於以上各類之非流動負債。

前二項有關透過損益按公允價值衡量之金融負債、避險之金融負債、應付票據、應付帳款、其他應付款項目之會計處理，應依國際財務報導準則第九號規定辦理。

第三項及第四項有關透過損益按公允價值衡量之金融負債、避險之金融負債、應付票據、應付帳款、其他應付款、與待出售非流動資產直接相關之負債、應付公司債、長期借款等項目有關公允價值之衡量及揭露，應依國際財務報導準則第十三號規定辦理。

第三項及第四項有關透過損益按公允價值衡量之金融負債、合約負債、避險之金融負債、租賃負債、負債準備等項目，應依流動性區分為流動與非流動。

第11條（權益）

資產負債表之權益項目與其內涵及應揭露事項如下：

一、歸屬於母公司業主之權益：

(一) 股本：

1. 股東對發行人所投入之資本，並向公司登記主管機關申請登記者。但不包括符合負債性質之特別股。

2. 股本之種類、每股面額、額定股數、已發行且付清股款之股數、期初與期末流通在外股數之調節表、各類股本之權利、優先權及限制、由發行人或由其子公司或關聯企業持有發行人之股份、保留供選擇權與股票銷售合約發行（轉讓、轉換）之股份及特別條件等，均應附註揭露。

3. 發行可轉換特別股及海外存託憑證者，應揭露發行地區、發行及轉換辦法、已轉換金額及特別條件。

(二) 資本公積：指發行人發行金融工具之權益組成部分及發行人與業主間之股本交易所產生之溢價，通常包括超過票面金額發行股票溢價、受領贈與之所得及其他依本準則相關規範所產生者等。資本公積應按其性質分別列示，其用途受限制者，應附註揭露受限制情形。

(三) 保留盈餘（或累積虧損）：由營業結果所產生之權益，包括法定盈餘公積、特別盈餘公積及未分配盈餘（或待彌補虧損）等。

1. 法定盈餘公積：依公司法之規定應提撥定額之公積。

2. 特別盈餘公積：因有關法令、契約、章程之規定或股東會決議由盈餘提撥之公積。

3. 未分配盈餘（或待彌補虧損）：尚未分配亦未經指撥之盈餘（未經彌補之虧損為待彌補虧損）。

4. 盈餘分配或虧損彌補，應依公司法規定經董事會或股東會決議通過後方可列帳。但有盈餘分配或虧損彌補之議案者，應於當期財務報告附註揭露。

(四) 其他權益：包括國外營運機構財務報表換算之兌換差額、透過其他綜合損益按公允價值衡量之金融資產未實現損益、避險工具之損益、重估增值等累計餘額。

(五) 庫藏股票：庫藏股票應按成本法處理，列為權益減項，並註明股數。

二、非控制權益：

(一) 指子公司之權益中非直接或間接歸屬於母公司之部分。

(二) 企業於併購時，有關被併購者之非控制權益組成部分，應依國際
　　財務報導準則第三號規定衡量。

(三) 發行人應依國際財務報導準則第十二號規定揭露具重大性之非控
　　制權益之子公司及該非控制權益等資訊。

　　發行人得選擇將確定福利計畫之再衡量數認列於保留盈餘或其他權益並於
附註中揭露。確定福利計畫之再衡量數認列於其他權益者，後續期間不得重分
類至損益或轉入保留盈餘。

第二節　綜合損益表
第12條

　　發行人應將某一期間認列之所有收益及費損項目表達於單一綜合損益表，
其內容包含損益之組成部分及其他綜合損益之組成部分。

　　前項認列於損益之收入及費用應以功能別為分類基礎，並揭露性質別之額
外資訊，包括折舊與攤銷費用及員工福利費用等。

　　當收益或費損項目重大時，發行人應於綜合損益表或附註中單獨揭露其性
質及金額。

　　綜合損益表至少包括下列項目：

一、收入：

　　(一) 營業收入：包括商品銷售收入及勞務提供收入等。

　　(二) 其他收入：包括他人使用企業資產產生之利息、權利金及股利收
　　　　入等。

　　(三) 客戶合約收入之認列及衡量應依國際財務報導準則第十五號規定
　　　　辦理。企業於特定商品或勞務移轉予客戶前，即控制該商品或勞
　　　　務，應按總額認列收入；反之，應按淨額認列收入。

二、營業成本：本期內因移轉商品或勞務予客戶所應負擔之成本。

三、除列按攤銷後成本衡量之金融資產淨損益：係指企業自帳上除列原已
　　認列之按攤銷後成本衡量之金融資產所產生之淨損益。

四、財務成本：包括各類負債之利息、公允價值避險工具與調整被避險
　　項目之損益、現金流量避險工具公允價值變動自權益分類至損益等項
　　目，扣除符合資本化部分。

五、預期信用減損損失（利益）：依國際財務報導準則第九號認列之預期

信用損失（或迴轉）金額。

六、採用權益法認列之關聯企業及合資損益之份額：發行人按其所享有關聯企業及合資權益之份額，以權益法認列關聯企業及合資權益之損益。

七、金融資產重分類淨損益，係指依國際財務報導準則第九號規定，符合下列條件之一者：

(一) 自按攤銷後成本衡量重分類至透過損益按公允價值衡量所產生之淨利益（損失）。

(二) 自透過其他綜合損益按公允價值衡量重分類至透過損益按公允價值衡量所產生之累計淨利益（損失）。

八、所得稅費用（利益）：指包含於決定本期損益中，與當期所得稅及遞延所得稅有關之彙總數。

九、停業單位損益：

(一) 指停業單位之稅後損益，及構成停業單位之資產或處分群組於按公允價值減出售成本衡量時或於處分時所認列之稅後利益或損失。

(二) 停業單位損益之表達與揭露應依國際財務報導準則第五號規定辦理。

十、本期損益：本報導期間之盈餘或虧損。

十一、其他綜合損益，係按性質分類之其他綜合損益之各組成部分，包括採用權益法認列之關聯企業及合資之其他綜合損益份額：

(一) 後續可能重分類至損益之項目：包括國外營運機構財務報表換算之兌換差額、透過其他綜合損益按公允價值衡量之債務工具投資未實現評價損益、避險工具之損益等。

(二) 不重分類至損益之項目：包括重估增值、透過其他綜合損益按公允價值衡量之權益工具投資未實現評價損益、確定福利計畫之再衡量數、避險工具之損益等。

十二、綜合損益總額。

十三、本期損益歸屬於非控制權益及母公司業主之分攤數。

十四、本期綜合損益總額歸屬於非控制權益及母公司業主之分攤數。

十五、每股盈餘：

(一) 歸屬於母公司普通股權益持有人之繼續營業單位損益及歸屬於母公司普通股權益持有人之損益之基本與稀釋每股盈餘。

(二) 每股盈餘之計算及表達，應依國際會計準則第三十三號規定辦理。

第三節　權益變動表

第13條

權益變動表至少應包括下列內容：

一、本期綜合損益總額，並分別列示歸屬於母公司業主之總額及非控制權益之總額。

二、各權益組成部分依國際會計準則第八號所認列追溯適用或追溯重編之影響。

三、各權益組成部分期初與期末帳面金額間之調節，並單獨揭露來自下列項目之變動：

(一) 本期淨利（或淨損）。

(二) 其他綜合損益。

(三) 與業主（以其業主之身分）之交易，並分別列示業主之投入及分配予業主，以及未導致喪失控制之對子公司所有權權益之變動。

發行人應於權益變動表或附註中，表達本期認列為分配予業主之股利金額及其相關之每股股利金額。

第四節　現金流量表

第14條

現金流量表係提供財務報告主要使用者評估發行人產生現金及約當現金之能力，以及發行人運用該等現金流量需求之基礎，即以現金及約當現金流入與流出，彙總說明企業於特定期間之營業、投資及籌資活動，其表達與揭露應依國際會計準則第七號規定辦理。

(二)商業會計法（民國103年06月18日）

第10條（會計基礎）

會計基礎採用權責發生制；在平時採用現金收付制者，俟決算時，應照權責發生制予以調整。

所謂權責發生制，係指收益於確定應收時，費用於確定應付時，即行入帳。決算時收益及費用，並按其應歸屬年度作調整分錄。

所稱現金收付制，係指收益於收入現金時，或費用於付出現金時，始行入帳。

第28條（財務報表之分類）

財務報表包括下列各種：

一、資產負債表。

二、綜合損益表。

三、現金流量表。

四、權益變動表。

前項各款報表應予必要之附註，並視為財務報表之一部分。

第41條

資產及負債之原始認列，以成本衡量為原則。

第41-1條

資產、負債、權益、收益及費損，應符合下列條件，始得認列為資產負債表或綜合損益表之會計項目：

一、未來經濟效益很有可能流入或流出商業。

二、項目金額能可靠衡量。

第41-2條

商業在決定財務報表之會計項目金額時，應視實際情形，選擇適當之衡量基礎，包括歷史成本、公允價值、淨變現價值或其他衡量基礎。

第42條

資產之取得，係由非貨幣性資產交換而來者，以公允價值衡量為原則。但公允價值無法可靠衡量時，以換出資產之帳面金額衡量。

受贈資產按公允價值入帳，並視其性質列為資本公積、收入或遞延收入。

第43條

存貨成本計算方法得依其種類或性質，採用個別認定法、先進先出法或平均法。

存貨以成本與淨變現價值孰低衡量，當存貨成本高於淨變現價值時，應將成本沖減至淨變現價值，沖減金額應於發生當期認列為銷貨成本。

第44條

金融工具投資應視其性質採公允價值、成本或攤銷後成本之方法衡量。

具有控制能力或重大影響力之長期股權投資，採用權益法處理。

第45條

應收款項之衡量應以扣除估計之備抵呆帳後之餘額為準，並分別設置備抵呆帳項目；其已確定為呆帳者，應即以所提備抵呆帳沖轉有關應收款項之會計項目。

因營業而發生之應收帳款及應收票據，應與非因營業而發生之應收帳款及應收票據分別列示。

第46條

折舊性資產，應設置累計折舊項目，列為各該資產之減項。資產之折舊，應逐年提列。

資產計算折舊時，應預估其殘值，其依折舊方法應先減除殘值者，以減除殘值後之餘額為計算基礎。

資產耐用年限屆滿，仍可繼續使用者，得就殘值繼續提列折舊。

第47條

　　資產之折舊方法，以採用平均法、定率遞減法、年數合計法、生產數量法、工作時間法或其他經主管機關核定之折舊方法為準；資產種類繁多者，得分類綜合計算之。

第48條

　　支出之效益及於以後各期者，列為資產。其效益僅及於當期或無效益者，列為費用或損失。

第49條

　　遞耗資產，應設置累計折耗項目，按期提列折耗額。

第50條

　　購入之商譽、商標權、專利權、著作權、特許權及其他無形資產，應以實際成本為取得成本。

　　前項無形資產自行發展取得者，以登記或創作完成時之成本作為取得成本，其後之研究發展支出，應作為當期費用。但中央主管機關另有規定者，不在此限。

第51條

　　商業得依法令規定辦理資產重估價。

第52條

　　依前條辦理重估或調整之資產而發生之增值，應列為未實現重估增值。

　　經重估之資產，應按其重估後之價額入帳，自重估年度翌年起，其折舊、折耗或攤銷之計提，均應以重估價值為基礎。

第53條

　　預付費用應為有益於未來，確應由以後期間負擔之費用，其衡量應以其有效期間未經過部分為準。

第54條

　　各項負債應各依其到期時應償付數額之折現值列計。但因營業或主要為交易目的而發生或預期在一年內清償者，得以到期值列計。

　　公司債之溢價或折價，應列為公司債之加項或減項。

第55條

　　資本以現金以外之財物抵繳者，以該項財物之公允價值為標準；無公允價值可據時，得估計之。

第56條

　　會計事項之入帳基礎及處理方法，應前後一貫；其有正當理由必須變更者，應在財務報表中說明其理由、變更情形及影響。

第57條

　　商業在合併、分割、收購、解散、終止或轉讓時，其資產之計價應依其性質，以公允價值、帳面金額或實際成交價格為原則。

第58條

　　商業在同一會計年度內所發生之全部收益，減除同期之全部成本、費用及損失後之差額，為本期綜合損益總額。

第59條

　　營業收入應於交易完成時認列。分期付款銷貨收入得視其性質按毛利百分比攤算入帳；勞務收入依其性質分段提供者得分段認列。

　　前項所稱交易完成時，在採用現金收付制之商業，指現金收付之時而言；採用權責發生制之商業，指交付貨品或提供勞務完畢之時而言。

第60條

　　與同一交易或其他事項有關之收入及費用，應適當認列。

第61條

　　商業有支付員工退休金之義務者，應於員工在職期間依法提列，並認列為當期費用。

第62條

　　申報營利事業所得稅時，各項所得計算依稅法規定所作調整，應不影響帳面紀錄。

第64條

　　商業對業主分配之盈餘，不得作為費用或損失。但具負債性質之特別股，其股利應認列為費用。

第65條（決算）

　　商業之決算，應於會計年度終了後二個月內辦理完竣；必要時得延長二個半月。

第66條（決策報表）

　　商業每屆決算應編製下列報表：

　　一、營業報告書。

　　二、財務報表。

　　營業報告書之內容，包括經營方針、實施概況、營業計畫實施成果、營業收支預算執行情形、獲利能力分析、研究發展狀況等；其項目格式，由商業視實際需要訂定之。

　　決算報表應由代表商業之負責人、經理人及主辦會計人員簽名或蓋章負責。

習題與解答

選擇題

( )　1.　下列何者不屬於會計的資產？　(A)存貨　(B)銷項稅額　(C)現金　(D)進項稅額。

( )　2.　下列何項交易不會使資產、負債、業主權益之金額發生變化？　(A)業主提取現金　(B)現銷商品　(C)收到顧客開來附息票據償還其前欠貨款　(D)賒購商品。

( )　3.　將交易區分為借貸，有借必有貸，有貸必有借，借貸金額必相等，為　(A)借貸法則　(B)借貸原理　(C)複式會計　(D)會計方程式　之特性。

( )　4.　下列何者不是負債？　(A)銀行透支　(B)預收收益　(C)短期負債　(D)折舊。

( )　5.　企業支付本月份員工薪資係屬　(A)資產　(B)費用　(C)收入　(D)負債。

( )　6.　下列交易，何者屬於業主的權益？　(A)不動產、廠房及設備　(B)銷售費用　(C)應付公司債　(D)資本公積。

( )　7.　公司組織型態分幾類？　(A)3　(B)4　(C)5　(D)6。

( )　8.　累積換算調整數係指　(A)資產　(B)負債　(C)股東權益　(D)收入與費用。

( )　9.　企業向外借入款項所簽發之借據，其存根或副聯，屬　(A)資產　(B)負債　(C)收入　(D)費用。

( )　10.　銷貨發票之證據代表屬於　(A)收入　(B)費用　(C)資產　(D)負債。

( )　11.　甲公司期末帳載資料顯示其流動資產$100,000、存貨$10,000、流動負債$30,000、非流動資產$80,000、非流動負債$60,000、應付公司債$20,000，試問：期末權益為若干？　(A)$70,000　(B)$80,000　(C)$90,000　(D)$100,000。

( ) 12. 下列何者為誤？　(A)負債增加在借方　(B)費用增加在借方　(C)收入增加在貸方　(D)股東權益增加在貸方。

( ) 13. 下列何者為正確？　(A)資產增加在貸方　(B)負債增加在貸方　(C)費用增加在貸方　(D)股利增加在貸方。

( ) 14. 本期淨利會影響　(A)現金流量表　(B)資產負債表　(C)權益變動表　(D)以上皆是　直接過入分類帳。

( ) 15. 庫藏股在哪一種表上？　(A)綜合損益表　(B)資產負債表　(C)現金流量表　(D)以上皆非。

( ) 16. 預收收益出現會影響下列何者？　(A)資產與收益　(B)業主權益與收益　(C)負債與收益　(D)負債與費用。

( ) 17. 公司宣布現金股利時，會影響　(A)綜合損益表　(B)保留盈餘表　(C)以上皆是　(D)以上皆非。

( ) 18. 水電費收據屬於　(A)費用　(B)收入　(C)資產　(D)負債。

( ) 19. 我國目前收到的統一發票之稅額，是屬於　(A)資產　(B)負債　(C)收入　(D)費用。

( ) 20. 下列哪一會計項目非屬負債？　(A)預收收入　(B)應分配股票股利　(C)應付員工紅利　(D)即將到期之長期負債。

( ) 21. 就財務會計理論而言，企業處分不動產、廠房及設備利益應屬　(A)營業收入　(B)資本公積　(C)營業外收入或非常利益　(D)特別公積。

( ) 22. 房地產公司尚未出售之房屋是　(A)流動資產　(B)長期投資　(C)不動產、廠房及設備　(D)其他資產。

( ) 23. 依照買賣契約或投標須知規定而存入銀行之保證金稱為　(A)存入保證金　(B)存出保證金　(C)暫付款　(D)代付款。

( ) 24. 戲院之門票收入，租賃業之租金收入，醫院之掛號費收入為　(A)銷貨　(B)業務　(C)非營業　(D)營業外　收入。

( ) 25. 已指定特殊用途而專戶存儲之現金應以　(A)現金　(B)零用金　(C)基金　(D)短期投資　科目處理。

解答：

1. (B)　2. (C)　3. (C)　4. (D)　5. (B)　6. (D)　7. (A)　8. (C)　9. (B)

10. (A)　11. (C)　12. (A)　13. (C)　14. (D)　15. (B)　16. (C)　17. (B)　18. (A)

19. (A)　20. (B)　21. (C)　22. (A)　23. (B)　24. (B)　25. (C)

第三章

會計循環

3-1

營業循環與會計循環

1. 營業循環

　　若屬製造業為企業以發行股份或借款所得之現金購買原物料，加以生產加工後，再將該存貨出售予客戶而轉換成應收帳款，最後向客戶將應收帳款收回現金（見圖3-1）；若屬買賣業為企業以發行股份或借款所得之現金購買商品存貨，再直接將該存貨出售予客戶而轉換成應收帳款，最後向客戶將應收帳款收回現金（見圖3-1）；若屬服務業為企業提供勞務而發生應收帳款，最後再向客戶將應收帳款收回現金（見圖3-1）。

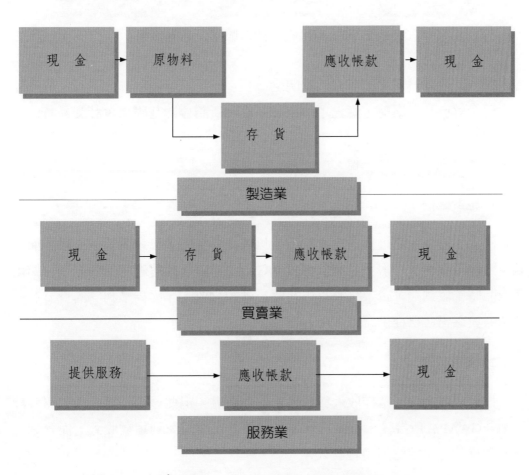

圖3-1　各種行業之營業循環圖

2. 會計循環

爲分錄、過帳、試算、調整、結帳與編製財務報表之程序。一般上市上櫃公司採月結制,故此循環每月發生一次,而會計循環是要將企業之交易化成會計語言,並經過會計程序後,產生會計結果即會計報表,此種程序如同電腦程序一樣,資料輸入電腦經中央處理後輸出結果(見圖3-2)。

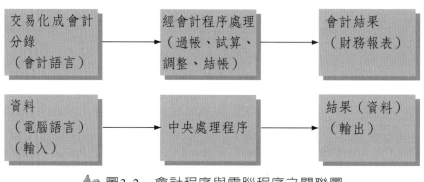

圖3-2　會計程序與電腦程序之關聯圖

以下就會計循環之項目分別敘明之。

要了解會計循環前,應先了解會計基礎。所謂會計基礎爲會計交易時,入帳之時點。

會計之基礎可分爲三種:

1. 應計基礎

收入、費用、利得與損失之認列,以權責發生時,予以認列並入帳,而不論現金收付與否。一般公認會計原則(GAAP)皆以此基礎爲認列原則,如出售商品時未收到錢,企業仍應以出售時認列銷貨收入,因爲權利(向賣方收取款項)與義務(已提供賣方商品)已發生。

2. 現金基礎

以收付現金時,當作收入與費用之認列時點,但此原則不爲一般公認會計原則(GAAP)所接受。如出售商品時,不於出售時認列銷貨收入,而等到企業收到貨款時,始認列銷貨收入。

3. 修正基礎

爲便於某些行業，平時以現金基礎記錄交易，期末再調整爲應計基礎。

3-2

分錄（分解）

要了解分錄，應先了解會計科目與借貸法則，而分錄就是把交易化成會計語言並將之分解之過程。如企業購買汽車一輛，共計$10,000，此交易化成會計語言，爲：

（借）交通設備　　　10,000
　　（貸）現金　　　　　　　10,000

由上述分錄而言，此企業交通設備（汽車）增加（資產借方）$10,000，而現金減少（資產貸方）$10,000，即企業購買汽車一輛，共計$10,000，將此交易予以分解化成兩個會計科目——交通設備與現金，有借必有貸，借貸必相等。

實務上作分錄，先要有交易憑證後，再將分錄記錄在記帳憑證中（傳票）。之後再轉入帳簿（日記帳）之中。但依商業會計法（第16-21條）之規定，其相關條文之內容如下：

・交易之原始憑證分爲：（§16）

1. 外來憑證：自其商業本身以外之人所取得者。如得自他公司之發票或其他單據。

2. 對外憑證：給與其商業本身以外之人者。如開給他公司之本公司發票或其他單據。

3. 內部憑證：由其商業本身自行製存者。如計算折舊之表，內部轉撥計價表。

・記帳憑證之種類：（§17）

1. 收入傳票：記錄其交易之以現金收入爲借方之分錄的憑證。

2. 支出傳票：記錄其交易之以現金支出爲貸方之分錄的憑證。

3. 轉帳傳票：記錄其交易之非以現金收入爲借方與以現金支出爲貸方之

分錄的憑證。

· 會計帳簿之種類：（§20，§21）

1. 序時帳簿：以交易發生之時間順序而記錄之帳簿。而其又分爲

   ① 普通序時帳簿：以一切交易且對特種序時帳之結餘數爲序時登記而設立之帳簿。如日記簿或分錄簿等屬之。

   ② 特種序時帳簿：以特種交易爲序時登記而設立之帳簿，如現金簿、銷貨簿、進貨簿等。

2. 分類帳簿：以交易歸屬之會計科目而記錄之帳簿。

· 日記帳之種類：

二分法	四分法	五分法	備註
現金簿	現金簿	現金收入簿	（特種日記簿）
		現金支出簿	（特種日記簿）
	進貨簿	進貨簿	（特種日記簿）
	銷貨簿	銷貨簿	（特種日記簿）
普通日記簿	普通日記簿	普通日記簿	（普通日記簿）

· 日記帳之格式：

現金收入簿　　　　　　　　　　　第　頁

年		會計科目	摘要	類頁	銀行存款	現金
月	日					

現金支出簿　　　　　　　　　　　第　頁

年		會計科目	摘要	類頁	銀行存款	現金
月	日					

進貨簿　　　　　　　　　　　第　頁

年		會計科目	摘要	類頁	現購	賒購
月	日					

銷貨簿　　　　　　　　　　　　　　　　第　頁

年		會計科目	摘要	類頁	現銷	賒銷
月	日					

日記簿　　　　　　　　　　　　　　　　第　頁

年		會計科目	摘要	類頁	借方金額	貸方金額
月	日					

惟老師在教授學生時，常用：

（借）×××××××（會計科目）　　　　*****（金額）
　（貸）××××××（會計科目）　　　　*****（金額）

來替代將分錄記在日記帳。

釋例

大安公司於X1年有下列經營事項：

1/1　公司成立，資本$10,000,000，收現。

3/1　購買土地$5,000,000與建築物$1,200,000，一半款項付現，一半款項向銀行辦理長期借款。

7/1　購買機器設備$1,000,000，付現。

8/1　支付旅費$40,000，付現。

9/1　向供應商賒購存貨，100台電視機$500,000（每台$5,000）。

10/1　支付水電費$10,000，付現。

11/1　支付薪資費用$100,000，付現。

12/1　銷售商品50個，售價每個$7,000，共計$350,000，其銷售之存貨成本為$250,000（50×5,000），收到客戶支票一張。

12/1　支付廣告費$50,000，付現。

大安公司
日記簿 　　　　　　　　　　第　頁

X1年		會計科目	摘要	類頁	借方金額	貸方金額
月	日					
1	1	現金	股東投資	1	10,000,000	
		股本		30		10,000,000
3	1	土地	購買土地	16	5,000,000	
		建築物	及建築物	18	1,200,000	
		現金		1		3,100,000
		長期借款		28		3,100,000
7	1	機器設備	購買機器	20	1,000,000	
		現金	設備	1		1,000,000
8	1	旅費	支付旅費	67	40,000	
		現金		1		40,000
9	1	存貨	賒購存貨	4	500,000	
		應付帳款		21		500,000
10	1	水電費	支付水電費	65	10,000	
		現金		1		10,000
11	1	薪資費用	支付薪資	63	100,000	
		現金		1		100,000
12	1	應收票據	賒銷	2	350,000	
		銷貨收入		51		350,000
		銷貨成本		61	250,000	
		存貨		4		250,000
12	1	廣告費	支付廣告費	68	50,000	
		現金		1		50,000

類頁為過入總分類帳（可相對應）之頁次。

3-3

過帳（結合）

　　過帳即是將記錄於日記帳之分錄（兩個會計科目）過至總分類帳之程序，就是將相同之會計科目各金額結總到一起之程序。因爲所有交易經由分錄之方式予以分解爲許多會計科目，再經由將相同會計科目之金額加減之過程，即可將所有交易化成會計結果。

　　依商業會計法之規定如下：

　　分類帳之種類分爲：

　　1. 總分類帳簿：記錄各統馭帳科目而設者。

　　2. 明細分類帳簿：記錄各統馭帳科目之明細金額而設者。

　　一般而言，企業必須設置普通序時簿及總分類帳簿，但其會計組織健全且使用總分類帳科目日計表者，得免設普通序時帳簿。

　　格式可分餘額式帳戶與標準式帳戶。

　　1. 餘額式帳戶如下：

×××××科目　　　　　　　　　　　第　頁

年		摘要	日頁	借方金額	貸方金額	借貸	餘額
月	日						

　　2. 標準式帳戶如下：

×××××科目　　　　　　　　　　　第　頁

年		摘要	日頁	借方金額	貸方金額	年		摘要	日頁	借方金額	貸方金額
月	日					月	日				

　　但實務上，使用餘額式帳戶之格式爲總分類帳與明細分類帳之格式爲多。惟老師常用T字帳（如圖3-3）替代上述分餘額式帳戶來教授學生。

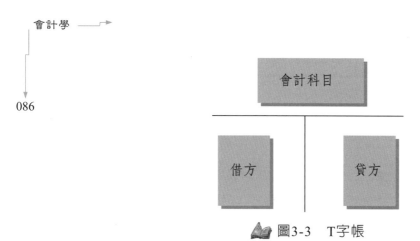

 圖3-3　T字帳

過帳之程序：

1. 找出要過帳之所有分錄。

2. 將過帳之會計科目按資產負債表科目，再按綜合損益表科目為順序，依序過入該會計科目之總分類帳中。

3. 過入分錄中之會計科目予以打勾，以表示該科目之金額已過入該總分類帳之中。

4. 檢查各分錄之金額皆過入總分類帳之中。

釋例

依上例大安公司為例，予以過入總分類帳中。

現金科目　　　　　　　　　　　　　　　　　　　　第1頁

X1年 月	X1年 日	摘要	日頁	借方金額	貸方金額	借貸	餘額
1	1	發行股份		10,000,000		借	10,000,000
3	1	購買不動產、廠房及設備			3,100,000	貸	6,900,000
7	1	購買機器			1,000,000	貸	5,900,000
8	1	支付旅費			40,000	貸	5,860,000
10	1	支付水電費			10,000	貸	5,850,000
11	1	支付薪資			100,000	貸	5,750,000
12	1	支付廣告費			50,000	貸	5,700,000

應收票據科目　　　　　　　　　　　　　　　　　　第2頁

X1年		摘要	日頁	借方金額	貸方金額	借貸	餘額
月	日						
12	1	賒銷		350,000		借	350,000

存貨科目　　　　　　　　　　　　　　　　　　第4頁

X1年		摘要	日頁	借方金額	貸方金額	借貸	餘額
月	日						
9	1	賒銷		500,000		借	500,000
12	1	出售商品			250,000	貸	250,000

土地科目　　　　　　　　　　　　　　　　　　第16頁

X1年		摘要	日頁	借方金額	貸方金額	借貸	餘額
月	日						
3	1	購買土地		5,000,000		借	5,000,000

建築物科目　　　　　　　　　　　　　　　　　　第18頁

X1年		摘要	日頁	借方金額	貸方金額	借貸	餘額
月	日						
3	1	購買建築物		1,200,000		借	1,200,000

機器設備科目　　　　　　　　　　　　　　　　　　第20頁

X1年		摘要	日頁	借方金額	貸方金額	借貸	餘額
月	日						
7	1	購買建築物		1,000,000		借	1,000,000

應付帳款科目　　　　　　　　　　　　　　　　　　第21頁

X1年		摘要	日頁	借方金額	貸方金額	借貸	餘額
月	日						
9	1	賒購貨品			500,000	貸	500,000

長期借款科目　　　　　　　　　　　　　第28頁

X1年		摘要	日頁	借方金額	貸方金額	借貸	餘額
月	日						
3	1	向銀行借款			3,100,000	貸	3,100,000

股本科目　　　　　　　　　　　　　　　第30頁

X1年		摘要	日頁	借方金額	貸方金額	借貸	餘額
月	日						
1	1	發行銀行			10,000,000	貸	10,000,000

銷貨收入科目　　　　　　　　　　　　　第41頁

X1年		摘要	日頁	借方金額	貸方金額	借貸	餘額
月	日						
12	1	銷售商品			350,000	貸	350,000

銷貨成本科目　　　　　　　　　　　　　第51頁

X1年		摘要	日頁	借方金額	貸方金額	借貸	餘額
月	日						
12	1	銷售		250,000		借	250,000

薪資費用科目　　　　　　　　　　　　　第53頁

X1年		摘要	日頁	借方金額	貸方金額	借貸	餘額
月	日						
11	1	支付薪資		100,000		借	100,000

水電費科目　　　　　　　　　　　　　　第55頁

X1年		摘要	日頁	借方金額	貸方金額	借貸	餘額
月	日						
10	1	支付水電費		10,000		借	10,000

旅費科目　　　　　　　　　　　　　　　　　第57頁

X1年		摘要	日頁	借方金額	貸方金額	借貸	餘額
月	日						
8	1	支付旅費		40,000		借	40,000

廣告費科目　　　　　　　　　　　　　　　　第58頁

X1年		摘要	日頁	借方金額	貸方金額	借貸	餘額
月	日						
12	1	支付廣告費		50,000		借	50,000

3-4

試算（調整前試算表）

　　由於將分錄過入總帳後，可能會有分錄金額寫錯而借貸不等，或過帳錯誤（會計科目或金額），為使帳簿金額錯誤，故先探試算表予以檢驗，看看有無錯誤，若發現問題可予以修正。一般而言，企業會利用借貸法則之原理，總借方等於總貸方之特性，編製試算表，以得到檢測之結果。但試算表卻無法檢驗出不會影響借貸平衡之錯誤：

　　1. 會計科目借貸方寫反，但金額正確（如償還銀行存款）：

　　　　（借）銀行借款　　10,000

　　　　　　（貸）現金　　　　　　10,000

　　但分錄卻寫成：

　　　　（借）現金　　　　10,000

　　　　　　（貸）銀行借款　　　　10,000

　　如此仍借貸相等，而查不出錯誤。

　　2. 會計科目用錯，但金額正確（如支付預付水電費用）：

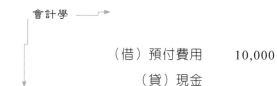

（借）預付費用　　10,000

　　（貸）現金　　　　　　　10,000

但分錄卻寫成：

（借）水電費　　　10,000

　　（貸）現金　　　　　　　10,000

如此仍借貸相等，而查不出錯誤。

3. 分錄借貸方同時漏列，同時少記或多記或重複記錄。

格式如下：

××公司

餘額試算表

年　月　日

類頁	會計科目	借方餘額	貸方餘額

××公司

總額試算表

年　月　日

類頁	會計科目	借方餘額	貸方餘額

由於此試算表是在調整分錄前所編製之試算表，故稱調整前試算表。

釋例

依上例大安公司爲例，予以編製試算表。

大安公司
調整前試算表
X1年12月31日

類頁	會計科目	借方餘額	貸方餘額
1	現金	5,700,000	
2	應收票據	350,000	
4	存貨	250,000	
16	土地	5,000,000	
18	建築物	1,200,000	
20	機器設備	1,000,000	
21	應付帳款		500,000
28	長期借款		3,100,000
30	股本		10,000,000
41	銷貨收入		350,000
51	銷貨成本	250,000	
53	薪資	100,000	
55	水電費	10,000	
57	旅費	40,000	
58	廣告費	50,000	
	總計	13,950,000	13,950,000

3-5

調整（調整分錄及其過帳）

　　調整係將某些屬於此會計期間之收入與費用，利用調整分錄及過帳之方式，將屬於此會計期間之收入與費用歸屬於該年度，以使損益之歸屬正確，亦使各期股東之股利分配能正確。惟調整分錄有兩個特性：(1)其分錄發生在資產負債表日（如，年結制爲12月31日，而月結制爲每月最後一日）；(2)其分錄之會計科目中並無現金科目。

(一)調整分錄之項目

1. 應計項目（Accrued Items）

應收收益（Accrued Revenues）：
(1)應收利息。
(2)應收帳款（收入）。
(3)其他。
應付費用（Accrued Expenses）：
(1)應付利息。
(2)應付薪資。
(3)應付帳款。
(4)應付保費。
(5)其他。

2. 遞延項目（Deferred Items）

預收收益（Revenues Collected in Advance）：
(1)預收租金。
(2)預收保費。
(3)其他。
預付費用（Prepaid Expenses）：
(1)預付租金。
(2)預付保費。
(3)用品盤存。
(4)其他。

3. 估計項目（Estimated Items）

(1)壞帳。
(2)折舊。
(3)其他。

(二)調整分錄分為

1. 應計項目

應收收益（應收利息、應收股利）與應付費用（應付薪資、應付利息、應付所得稅）。

如，大安公司於X1年7月1日貸款予東華公司$1,000,000，利息10%，共五年，於X1年12月31日之調整分錄為：

　　　（借）應收利息　　50,000

　　　　　（貸）利息收入　　　50,000

大安公司於X1年12月31日未支付12月份之薪水$5,000，故於12月31日之調整分錄為：

　　　（借）薪資費用　　5,000

　　　　　（貸）應付薪資　　　5,000

2. 遞延項目

預收收益（預收租金、預收保費）與預付費用（預付保費、預付水電費）。

如，大安公司X1年12月1日預收一年租金$12,000，而於12月31日之調整分錄為：

　　　（借）預收租金　　1,000（＝$12,000 / 12）

　　　　　（貸）租金收入　　　1,000

大安公司X1年12月1日預付一年水電費 $24,000，而於12月31日之調整分錄為：

　　　（借）水電費　　2,000

　　　　　（貸）預付水電費　　2,000

3. 估計項目

壞帳費用、折舊費用等。

如，大安公司於X1年12月31日，預估X1年度之壞帳費用為 $2,000，而於12月31日之調整分錄為：

（借）壞帳費用　　2,000
　　（貸）備抵壞帳　　　　2,000

大安公司於X1年12月31日，預估X1年度之折舊費用為 $2,000，而於12月31日之調整分錄為：

（借）折舊費用　　2,000
　　（貸）累積折舊　　　　2,000

釋例

X1年12月31日大安公司：

(1) X1年3月1日購買之建築物之成本為$1,200,000，耐用年限為20年，估計殘值為0。

$$（成本－估計殘值）/耐用年限 = 每年折舊費用$$

$(1,200,000 - 0)/ 20 \times (10 / 12) = 50,000$

(2) X1年7月1日購買之機器設備之成本為$1,000,000，耐用年限為10年，估計殘值為0。

$(1,000,000 - 0)/10 \times (6 / 12) = 50,000$

大安公司
日記簿　　　　　　　　　　　第　頁

X1年		會計科目	摘要	類頁	借方金額	貸方金額
月	日					
1	1	現金	股東投資	1	10,000,000	
		股本		30		10,000,000
3	1	土地	購買土地	16	5,000,000	
		建築物	及建築物	18	1,200,000	
		現金		1		3,100,000
		長期借款		28		3,100,000
7	1	機器設備	購買機器	20	1,000,000	
		現金	設備	1		1,000,000
8	1	旅費	支付旅費	57	40,000	
		現金				40,000
9	1	存貨	賒購存貨	4	500,000	
		應付帳款		21		500,000
10	1	水電費	支付水電費	55	10,000	
		現金		1		10,000
11	1	薪資費用	支付薪資	53	100,000	
		現金		1		100,000
12	1	應收票據	賒銷	2	350,000	
		銷貨收入		41		350,000
		銷貨成本		51	250,000	
		存貨		4		250,000
12	1	廣告費	支付廣告費	58	50,000	
		現金		1		50,000

將上例之日記帳繼續把調整分錄往下記錄。

其相關之調整分錄爲灰底區所表示。

12	31	折舊費用	提列折舊	59	50,000	
			累積折舊	19		50,000
12	31	折舊費用	提列折舊	59	50,000	
			累積折舊	21		50,000

類頁爲過入總分類帳（可相對應）之頁次。

依前之總分類帳所示，新的調整分錄予以應過入新的總分類帳中。

現金科目　　　　　　　　　　第1頁

| X1年 | | 摘要 | 日頁 | 借方金額 | 貸方金額 | 借貸 | 餘額 |
月	日						
1	1	發行股份		10,000,000		借	10,000,000
3	1	購買不動產、廠房及設備			3,100,000	貸	6,900,000
7	1	購買機器			1,000,000	貸	5,900,000
8	1	支付旅費			40,000	貸	5,860,000
10	1	支付水電費			10,000	貸	5,850,000
11	1	支付薪資			100,000	貸	5,750,000
12	1	支付廣告費			50,000	貸	5,700,000

應收票據科目　　　　　　　　　　第2頁

| X1年 | | 摘要 | 日頁 | 借方金額 | 貸方金額 | 借貸 | 餘額 |
月	日						
12	1	賒銷		350,000		借	350,000

存貨科目 　第4頁

X1年		摘要	日頁	借方金額	貸方金額	借貸	餘額
月	日						
9	1	賒銷		500,000		借	500,000
12	1	出售商品			250,000	貸	250,000

土地科目 　第16頁

X1年		摘要	日頁	借方金額	貸方金額	借貸	餘額
月	日						
3	1	購買土地		5,000,000		借	5,000,000

建築物科目 　第18頁

X1年		摘要	日頁	借方金額	貸方金額	借貸	餘額
月	日						
3	1	購買建築物		1,200,000		借	1,200,000

機器設備科目 　第20頁

X1年		摘要	日頁	借方金額	貸方金額	借貸	餘額
月	日						
7	1	購買機器		1,000,000		借	1,000,000

應付帳款科目 　第21頁

X1年		摘要	日頁	借方金額	貸方金額	借貸	餘額
月	日						
9	1	賒購貨品			500,000	貸	500,000

長期借款科目 　第28頁

X1年		摘要	日頁	借方金額	貸方金額	借貸	餘額
月	日						
3	1	向銀行借款			3,100,000	貸	3,100,000

股本科目 第30頁

X1年		摘要	日頁	借方金額	貸方金額	借貸	餘額
月	日						
1	1	發行股份			10,000,000	貸	10,000,000

銷貨收入科目 第41頁

X1年		摘要	日頁	借方金額	貸方金額	借貸	餘額
月	日						
12	1	銷售商品			350,000	貸	350,000

銷貨成本科目 第51頁

X1年		摘要	日頁	借方金額	貸方金額	借貸	餘額
月	日						
12	1	銷售			250,000	貸	250,000

薪資費用科目 第53頁

X1年		摘要	日頁	借方金額	貸方金額	借貸	餘額
月	日						
11	1	支付薪資		100,000		借	100,000

水電費科目 第55頁

X1年		摘要	日頁	借方金額	貸方金額	借貸	餘額
月	日						
10	1	支付水電費		10,000		借	10,000

旅費科目 第57頁

X1年		摘要	日頁	借方金額	貸方金額	借貸	餘額
月	日						
8	1	支付旅費		40,000		借	40,000

廣告費科目　　　　　　　　　　　　　　第58頁

X1年		摘要	日頁	借方金額	貸方金額	借貸	餘額
月	日						
12	1	支付廣告費			50,000	借	50,000

折舊科目　　　　　　　　　　　　　　　第59頁

X1年		摘要	日頁	借方金額	貸方金額	借貸	餘額
月	日						
12	31	提列折舊費用		50,000		借	50,000
12	31	提列折舊費用		50,000		借	50,000

累積折舊－建築物科目　　　　　　　　　第19頁

X1年		摘要	日頁	借方金額	貸方金額	借貸	餘額
月	日						
12	31	提列折舊費用		50,000		借	50,000

累積折舊－機器設備科目　　　　　　　　第21頁

X1年		摘要	日頁	借方金額	貸方金額	借貸	餘額
月	日						
12	1	提列折舊費用		50,000		借	50,000

3-6

試算（調整後試算表）

此試算表是包含調整分錄與過帳後，在予以檢查總借方等於總貸方否。

釋例

依上例大安公司為例，予以編製試算表。

大安公司
調整後試算表
X1年12月31日

類頁	會計科目	借方餘額	貸方餘額
1	現金	5,700,000	
2	應收票據	350,000	
4	存貨	250,000	
16	土地	5,000,000	
18	建築物	1,200,000	
19	累計折舊—建築物		50,000
20	機器設備	1,000,000	
21	累計折舊—機器設備		50,000
21	應付帳款		500,000
28	長期借款		3,100,000
30	股本		10,000,000
41	銷貨收入		350,000
51	銷貨成本	250,000	
53	薪資費用	100,000	
55	水電費	10,000	
57	旅費	40,000	
58	廣告費	50,000	
59	折舊費用	100,000	
	總計	14,050,000	14,050,000

3-7

結帳（結帳分錄及其過帳）

　　財務報表中，資產負債表與業主權益變動表（保留盈餘表）屬實帳戶之會計科目（如，資產、負債、業主權益科目），因為此兩表表示企業開業至今之累積數，故其資產負債表之會計科目屬實帳戶，永久存在；而綜合損益表與現

金流量表屬當期數之會計科目（如，收入、費用），因爲此兩表表示企業當年度之當期數，下一年度其數字重新開始，故其綜合損益表之會計科目屬虛帳戶，當期存在，結帳分錄之說明即將收入與費用項目互轉，得出之本期損益，再將本期損益轉至保留盈餘中。

結帳是要把虛帳戶之綜合損益表之會計科目（收入與費用）予以結轉至資產負債表之實帳戶之會計科目（保留盈餘）。若不處理此程序，將使虛帳戶之綜合損益表科目之金額結轉累計至下年度，而使綜合損益表之虛帳戶金額之設計錯誤。一般而言，年結制之公司結帳分錄應作在該年之12月31日，而月結制之公司其結帳分錄應作在每月月底，其結帳之步驟如下：

1. 將收入結轉至「本期損益」科目。如：

    （借）××收入 ******
        （貸）本期損益 ******

2. 將費用結轉至「本期損益」科目。如：

    （借）本期損益 ******
        （貸）××費用 ******

3. 將股利結轉至「保留盈餘」科目。如：

    （借）保留盈餘 ******
        （貸）股利 ******

4. 將本期損益結轉至「保留盈餘」科目。
    (1) 若爲本期淨利，如：

    （借）本期損益 ******
        （貸）保留盈餘 ******

    (2) 若爲本期淨損，如：

    （借）保留盈餘 ******
        （貸）本期損益 ******

此方式是要將總明細帳之綜合損益表科目結轉為$0，此避免將當期數結轉至下期。

釋例

承上例。

大安公司
日記簿   第　頁

X1年		會計科目	摘要	類頁	借方金額	貸方金額
月	日					
1	1	現金	股東投資	1	10,000,000	
		股本		30		10,000,000
3	1	土地	購買土地	16	5,000,000	
		建築物	及建築物	18	1,200,000	
		現金		1		3,100,000
		長期借款		28		3,100,000
7	1	機器設備	購買機器設備	20	1,000,000	
		現金		1		1,000,000
8	1	旅費	支付旅費	57	40,000	
		現金		1		40,000
9	1	存貨	賒購存貨	4	500,000	
		應付帳款		21		500,000
10	1	水電費	支付水電費	55	10,000	
		現金		1		10,000

X1年		會計科目	摘要	類頁	借方金額	貸方金額
月	日					
11	1	薪資費用	支付薪資	53	100,000	
		現金		1		100,000
12	1	應收票據	賒銷	2	350,000	
		銷貨收入		41		350,000
		銷貨成本		51	250,000	
		存貨		4		250,000
12	1	廣告費	支付廣告費	58	50,000	
		現金		1		50,000
12	31	折舊費用		59	50,000	
		累積折舊		19		50,000
12	31	折舊費用		59	50,000	
		累積折舊		21		50,000

將上例之日記帳繼續把結帳分錄往下記錄。

其相關之調整分錄為灰底區所表示。

12	31	銷貨收入	結轉收入	-41	350,000	
		本期損益	-71	-71		350,000
12	31	本期損益	結轉費用	-71	550,000	
		銷貨成本	-51	-51		250,000
		薪資費用	-53	-53		100,000
		水電費	-55	-55		10,000
		旅費	-57	-57		40,000
		廣告費	-58	-58		50,000
		折舊費用	-59	-59		100,000

| 12 | 31 | 保留盈餘 | 結轉本期損益 | −33 | 200,000 | | |
| | | 本期損益 | | −71 | −71 | | 200,000 |

類頁為過入總分類帳（可相對應）之頁次。

依前之總分類帳所示，新的調整分錄應予以過入新的總分類帳中。

現金科目　　　　　　　　　　　　　　　　　　第1頁

X1年 月	X1年 日	摘要	日頁	借方金額	貸方金額	借貸	餘額
1	1	發行股份		10,000,000		借	10,000,000
3	1	購買不動產、廠房及設備			3,100,000	貸	6,900,000
7	1	購買機器			1,000,000	貸	5,900,000
8	1	支付旅費			40,000	貸	5,860,000
10	1	支付水電費			10,000	貸	5,850,000
11	1	支付薪資			100,000	貸	5,750,000
12	1	支付廣告費			50,000	貸	5,700,000

應收票據科目　　　　　　　　　　　　　　　　第2頁

X1年 月	X1年 日	摘要	日頁	借方金額	貸方金額	借貸	餘額
12	1	賒銷		350,000		借	350,000

存貨科目　　　　　　　　　　　　　　　　　　第4頁

X1年 月	X1年 日	摘要	日頁	借方金額	貸方金額	借貸	餘額
9	1	賒銷		500,000		借	500,000
12	1	出售商品			250,000	貸	250,000

土地科目　　　　　　　　　　　　　　　　　　　　　　第16頁

X1年		摘要	日頁	借方金額	貸方金額	借貸	餘額
月	日						
2	1	購買土地		5,000,000		借	5,000,000

建築物科目　　　　　　　　　　　　　　　　　　　　　第18頁

X1年		摘要	日頁	借方金額	貸方金額	借貸	餘額
月	日						
2	1	購買建築物		1,200,000		借	1,200,000

機器設備科目　　　　　　　　　　　　　　　　　　　　第20頁

X1年		摘要	日頁	借方金額	貸方金額	借貸	餘額
月	日						
7	1	購買機器		1,000,000		借	1,000,000

應付帳款科目　　　　　　　　　　　　　　　　　　　　第21頁

X1年		摘要	日頁	借方金額	貸方金額	借貸	餘額
月	日						
9	1	賒購貨品			500,000	貸	500,000

長期借款科目　　　　　　　　　　　　　　　　　　　　第28頁

X1年		摘要	日頁	借方金額	貸方金額	借貸	餘額
月	日						
3	1	向銀行借款			3,100,000	貸	3,100,000

股本科目　　　　　　　　　　　　　　　　　　　　　　第30頁

X1年		摘要	日頁	借方金額	貸方金額	借貸	餘額
月	日						
1	1	發行股份			10,000,000	貸	10,000,000

銷貨收入科目　　　　　　第41頁

X1年		摘要	日頁	借方金額	貸方金額	借貸	餘額
月	日						
12	1	銷售商品			350,000	貸	350,000
12	31	結轉		350,000		借	0

銷貨成本科目　　　　　　第51頁

X1年		摘要	日頁	借方金額	貸方金額	借貸	餘額
月	日						
12	1	銷售		250,000		借	250,000
12	31	結轉			250,000	貸	0

薪資費用科目　　　　　　第53頁

X1年		摘要	日頁	借方金額	貸方金額	借貸	餘額
月	日						
11	1	支付薪資		100,000		借	100,000
12	31	結轉			100,000	貸	0

水電費科目　　　　　　第55頁

X1年		摘要	日頁	借方金額	貸方金額	借貸	餘額
月	日						
10	1	支付水電費		10,000		借	10,000
12	31	結轉			10,000	貸	0

旅費科目　　　　　　第57頁

X1年		摘要	日頁	借方金額	貸方金額	借貸	餘額
月	日						
8	1	支付旅費		40,000		借	40,000
12	31	結轉			40,000	貸	0

廣告費科目　　　　　　　　　第58頁

X1年		摘要	日頁	借方金額	貸方金額	借貸	餘額
月	日						
12	1	支付廣告費		50,000		借	50,000
12	31	結轉			50,000	貸	0

折舊費用科目　　　　　　　　　第59頁

X1年		摘要	日頁	借方金額	貸方金額	借貸	餘額
月	日						
12	31	提列折舊費		50,000		借	50,000
12	31	提列折舊費		50,000		借	100,000
12	31	結轉			100,000	貸	0

累積折舊—建築物科目　　　　　　　　　第19頁

X1年		摘要	日頁	借方金額	貸方金額	借貸	餘額
月	日						
12	31	提列折舊費用		50,000		借	50,000

累積折舊—機器設備科目　　　　　　　　　第21頁

X1年		摘要	日頁	借方金額	貸方金額	借貸	餘額
月	日						
12	1	提列折舊費用		50,000		借	50,000

本期損益科目　　　　　　　　　第71頁

X1年		摘要	日頁	借方金額	貸方金額	借貸	餘額
月	日						
12	31	收入結轉			350,000	貸	350,000
12	31	費用結轉		550,000		借	200,000
12	31	結轉保留盈餘			200,000	貸	0

保留盈餘　　　　　　　　　　第33頁

X1年		摘要	日頁	借方金額	貸方金額	借貸	餘額
月	日						
12	31	本期損益結轉		200,000		借	200,000

3-8

編製財務報表
（綜合損益表、權益變動表、資産負債表、現金流量表）

編表之順序為：(1)綜合損益表；(2)保留盈餘表；(3)資産負債表；(4)現金流量表。

釋例

承上例。

大安公司
綜合損益表
X1年1月1日至12月31日

銷貨收入		$ 350,000
銷貨成本		250,000
銷貨毛利		100,000
營業費用：		
薪資費用	$ 100,000	
水電費用	10,000	
旅費	40,000	
廣告費	50,000	
折舊費用	100,000	300,000
本期淨損		$（200,000）

大安公司
保留盈餘表
X1年12月31日

期初保留盈餘	$　　0
本期淨損	（200,000）
期末保留盈餘	$（200,000）

大安公司
資產負債表
X1年12月31日

資產：			負債：	
流動資產：			流動負債：	
現金		$5,700,000	應付帳款	$ 500,000
應收票據		350,000		
存貨		250,000	長期負債：	
不動產、廠房及設備：			長期借款	3,100,000
土地		5,000,000	負債總額	3,600,000
建築物	$1,200,000			
累積折舊— 建築物	（50,000）	1,150,000	業主權益：	
機器設備	$1,000,000		股本	10,000,000
累積折舊— 機器設備	（50,000）	950,000	保留盈餘	（200,000）
			業主權益總額	9,800,000
資產總額		$13,400,000	負債與業主權益總額	$13,400,000

大安公司
現金流量表
X1年12月31日

營業活動之現金流量：
 本期淨損 $（200,000）
 折舊費用   100,000
 減應收票據增加數   （350,000）
 減存貨增加數   （250,000）
 加應付帳款增加數   500,000
 營業活動之淨現金增加（減少數） （200,000）

營業活動之現金流量：

投資活動之現金流量：
 購買機器設備   （1,000,000）
 購買土地與建築物   （3,100,000）
 投資活動之淨現金增加（減少數） （4,100,000）
融資活動之現金流量
 發行股份   10,000,000
 融資活動之淨現金增加（減少數） 10,000,000
本期現金增減數   5,700,000
期初現金數   0
期末現金數 $5,700,000

3-9

工作底稿

  由上述之會計循環中可知，在此計算下，非常容易錯誤，故工作底稿以調整前試算表為基礎，加入調整分錄，以得到調整後試算表，進而得到綜合損益表與資產負債表。所以，工作底稿係結合試算表、調整分錄、調整後試算表、綜合損益表與資產負債表，如此將使計算之錯誤率降低。

  其表格如表3-2：

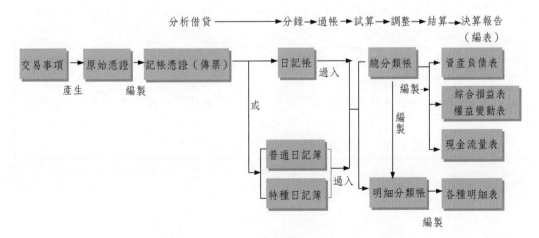

表3-2

會計科目	試算表		調整分錄		調整後試算表		綜合損益表		資產負債表	
	借方	貸方	借方	貸方	借方	貸方	借方	貸方	借方	貸方
現金	5,700,000				5,700,000				5,700,000	
應收票據	350,000				350,000				350,000	
存貨	250,000				250,000				250,000	
土地	5,000,000				5,000,000				5,000,000	
建築物	1,200,000				1,200,000				1,200,000	
累積折舊—建築物				50,000		50,000				(50,000)
機器設備	1,000,000				1,000,000				1,000,000	
累積折舊—機器設備				50,000		50,000				(50,000)
應付帳款		500,000				500,000				500,000
長期借款		3,100,000				3,100,000				3,100,000
股本		10,000,000				10,000,000				10,000,000
銷貨收入		350,000				350,000		350,000		
銷貨成本	250,000				250,000		250,000			
薪資	100,000				100,000		100,000			
水電費	10,000				10,000		10,000			
旅費	40,000				40,000		40,000			
廣告費	50,000				50,000		50,000			
折舊費用			100,000				100,000			
本期損益							200,000	200,000		200,000
合計	13,950,000	13,950,000	100,000	100,000	14,050,000	14,050,000			13,500,000	13,500,000

由會計循環與會計帳簿關係如圖3-4所示，更可對會計循環有全面之綜合了解。

圖3-4　會計循環與會計帳簿關係圖

　　轉回分錄：係指將期末所作的調整分錄，按借貸相反方式予以轉回，即借記原貸方科目，貸記原借方科目。轉回分錄的目的在於使前後年度的帳務處理一致。

　　期末所作調整分錄是否必須轉回，說明如下：

1. 應收收入及應付費用：可作，也可不作轉回分錄。

2. 估計項目：不可作轉回分錄。

3. 預收收入及預付費用：是否要轉回分錄，須俟平時帳務處理而定。

(1)先實後虛法：平時會計處理採用此方法時，不可作轉回分錄。

(2)先虛後實法：平時會計處理採用此方法時，可作轉回分錄。

3-10

商業會計法（民國103年6月18日）之規定

來　　源	規　　　　定
商會法第6條	商業以每年1月1日起至12月31日止為會計年度。但法律另有規定，或因營業上有特殊需要者，不在此限。
商會法第7條	商業應以國幣為記帳本位，至因業務實際需要，而以外國貨幣記帳者，仍應在其決算報表中，將外國貨幣折合國幣。
商會法第10條	會計基礎採用權責發生制：在平時採用現金收付制者，俟決算時，應照權責發生制予以調整。 所謂權責發生制，係指收益於確定應收時，費用於確定應付時，即行入帳。決算時收益及費用，並按其應歸屬年度作調整分錄。 所稱現金收付制，係指收益於收入現金時，或費用於付出現金時，始行入帳。
商會法第11條	凡商業之資產、負債、權益、收益及費損發生增減變化之事項，稱為會計事項。 會計事項涉及商業本身以外之人，而與之發生權責關係者，為對外會計事項；不涉及商業本身以外之人者，為內部會計事項。 會計事項之記錄，應用雙式簿記方法為之。

來　源	規　定
商會法第15條	商業會計憑證分下列二類： 一、原始憑證：證明會計事項之經過，而為造具記帳憑證所根據之憑證。 二、記帳憑證：證明處理會計事項人員之責任，而為記帳所根據之憑證。
商會法第16條	原始憑證，其種類規定如下： 一、外來憑證：係自其商業本身以外之人所取得者。 二、對外憑證：係給與其商業本身以外之人者。 三、內部憑證：係由其商業本身自行製存者。
商會法第17條	記帳憑證，其種類規定如下： 一、收入傳票。 二、支出傳票。 三、轉帳傳票。 前項所稱轉帳傳票，得視事實需要，分為現金轉帳傳票及分錄轉帳傳票。 各種傳票，得以顏色或其他方法區別之。
商會法第20條	會計帳簿分下列二類： 一、序時帳簿：以會計事項發生之時序為主而為記錄者。 二、分類帳簿：以會計事項歸屬之會計項目為主而記錄者。
商會法第21條	序時帳簿分下列二種： 一、普通序時帳簿：以對於一切事項為序時登記或並對於特種序時帳項之結數為序時登記而設者，如日記簿或分錄簿等屬之。 二、特種序時帳簿：以對於特種事項為序時登記而設者，如現金簿、銷貨簿、進貨簿等屬之。
商會法第22條	分類帳簿分下列二種： 一、總分類帳簿：為記載各統馭會計項目而設者。 二、明細分類帳簿：為記載各統馭會計項目之明細項目而設者。
商會法第23條	商業必須設置之會計帳簿，為普通序時帳簿及總分類帳簿。製造業或營業範圍較大者，並得設置記錄成本之帳簿，或必要之特種序時帳簿及各種明細分類帳簿。但其會計制度健全，使用總分類帳會計項目日計表者，得免設普通序時帳簿。

來　　源	規　　定
商會法第28條	財務報表包括下列各種： 一、資產負債表。 二、綜合損益表。 三、現金流量表。 四、權益變動表。 前項各款報表應予必要之附註，並視為財務報表之一部分。
商會法第64條	商業對業主分配之盈餘，不得作為費用或損失。但具負債性質之特別股，其股利應認列為費用。
商會法第65條	商業之決算，應於會計年度終了後二個月內辦理完竣；必要時得延長二個半月。
商會法第66條	商業每屆決算應編製下列報表： 一、營業報告書。 二、財務報表。 營業報告書之內容，包括經營方針、實施概況、營業計畫實施成果、營業收支預算執行情形、獲利能力分析、研究發展狀況等；其項目格式，由商業視實際需要訂定之。 決算報表應由代表商業之負責人、經理人及主辦會計人員簽名或蓋章負責。
商會法第67條	有分支機構之商業，於會計年度終了時，應將其本、分支機構之帳目合併辦理決算。
商會法第68條	商業負責人應於會計年度終了後六個月內，將商業之決算報表提請商業出資人、合夥人或股東承認。 商業出資人、合夥人或股東辦理前項事務，認為有必要時，得委託會計師審核。 商業負責人及主辦會計人員，對於該年度會計上之責任，於第一項決算報表獲得承認後解除。但有不法或不正當行為者，不在此限。

習題與解答

一、選擇題

(　) 1. 期末必須作調整分錄，乃是基於　(A)現金基礎　(B)權責基礎　(B)聯合基礎　(D)虛虛實實法。

(　) 2. 混合帳戶是包含　(A)收入與費用類　(B)資產與負債類　(C)資產與業主權益類　(D)實帳戶與虛帳戶。

(　) 3. 帳列「預收佣金」$2,000中，有$800屬於本期，期末調整時應　(A)借記「預收佣金」$800　(B)借記「佣金收入」$800　(C)貸記「預收佣金」$1,200　(D)貸記「佣金收入」$1,200。

(　) 4. B公司採權責基礎記帳，X1年11月1日預收二個月租金，X1年年終調整分錄借：預收房租$2,100，貸：房租收入$2,100，若改採聯合基礎則調整分錄為　(A)借：房租收入$2,100　(B)貸：預收房租$1,050　(C)借：房租收入$3,150　(D)不作分錄。

(　) 5. X1年初預收三年房租$24,000，當時記入「房租收入」帳戶，年底調整時應　(A)借：房租收入$16,000，貸：預收房租$16,000　(B)借：預收房租$16,000，貸：房租收入$16,000　(C)借：房租收入$8,000，貸：預收房租$8,000　(D)借：預收房租，貸：房租收入$8,000。

(　) 6. 本年初「預付保險費」科目餘額$3,000，已於2月底保險期滿時轉入費用，3月1日續保二年（先虛後實法），惟費率較前增加一成，並如數付訖。本年底調整分錄之金額為　(A)$16,500　(B)$18,000　(C)$19,800　(D)$23,100。

(　) 7. D公司X0年9月1日支付兩年保險費，X1年底調整前「保險費」餘額為$19,000，則X1年應作調整分錄為　(A)借：保險費$22,800　(B)借：保險費$3,800　(C)借：預付保險費$7,600　(D)借：預付保險費$11,400。

( ) 8. 期末調整前計有預收收益$6,000及預付費用$4,000，經過調整以後，計有預收收益$7,000和預付費用$3,000。今悉調整前淨利為$68,000，則調整後淨利為 (A)$63,000 (B)$66,000 (C)$74,000 (D)$54,000。

( ) 9. 在調整前試算表上顯示文具用品餘額為$4,800，文具用品費用為$0。若期末盤點文具用品剩下存貨為$2,000，則調整分錄應為 (A)借：文具用品 2,000貸：文具用品費用 2,000 (B)借：文具用品 2,800貸：文具用品費用 2,800 (C)借：文具用品費用 2,000 貸：文具用品 2,000 (D)借：文具用品費用 2,800貸：文具用品 2,800。

( ) 10. 和平公司X1年初用品盤存$3,600，未作迴轉分錄，X1年購入文具用品$5,600列記費用，X1年年終盤點全部用品中有四分之一尚未耗用，則調整分錄應 (A)借：用品盤存$250 (B)借：文具用品$1,300 (C)借：文具用品$2,000 (D)貸：用品盤存$3,600。

( ) 11. 應收帳款經確定無法收回時，應借記 (A)應收帳款 (B)備抵壞帳 (C)本期損益 (D)前期損益。

( ) 12. 下列哪個調整分錄，會使業主權益及資產均減少？ (A)提列壞帳 (B)應付費用 (C)預收收益 (D)應收收益。

( ) 13. 以下敘述，何者正確？ (A)更正分錄是會計循環之必要程序 (B)轉回分錄是會計循環之必要程序 (C)調整分錄總是會影響資產負債表與綜合損益表項目 (D)更正分錄總是會影響資產負債表與綜合損益表項目。

( ) 14. 本期期末存貨高估$6,000，使 (A)本期及下期淨利均高估$6,000 (B)本期及下期淨利均低估$6,000 (C)本期淨利高估$6,000，下期淨利低估$6,000 (D)本期淨利低估$6,000，下期淨利高估$6,000。

( ) 15. 大欣公司於4月1日收到承租戶支付未來一年的租金$1,200,000，以虛帳戶入帳，則同年12月31日大欣公司應有之調整分錄為何？ (A)借記預收租金$300,000，貸記租金收入$300,000 (B)借記租金收入$300,000，貸記預收租金$300,000 (C)借記預收租金$900,000，貸記租金收入$900,000 (D)借記租金收入$900,000，貸記預收租金$900,000。

( ) 16. X0年底漏記應收佣金$4,000，於X1年收到佣金後發現，應作調整
(A)借：佣金收入，貸：前期損益調整　(B)借：應收佣金，貸：前期
損益調整　(C)不須調整，因已收現　(D)借：應收佣金，貸：佣金收
入。

( ) 17. 為便利期末結算工作，可事先編製　(A)綜合損益表　(B)資產負債表
(C)試算表　(D)結算工作底稿。

( ) 18. 下列有關結帳工作底稿之敘述，何者為真？　(A)每年應定期公布之
正式報表　(B)缺編工作底稿，則會計程序不完全　(C)工作底稿並
非正式的報表，可編可不編　(D)應將每一項結帳分錄列於工作底稿
中。

( ) 19. 編製工作底稿時，期末會計程序為　(A)調整、結帳、編表　(B)編
表、調整、結帳　(C)結帳、調整、編表　(D)調整、編表、結帳。

( ) 20. 期末採英美式結轉實帳戶餘額時，應在帳戶的摘要欄書寫　(A)結轉
下期　(B)上期結轉　(C)結轉上期　(D)結轉損益。

( ) 21. 佑民企業X1年初存貨$20,000，本期進貨$180,000，進貨退出
$3,000，進貨運費$6,000，銷貨$236,000，銷貨退回$3,000，銷貨
運費$5,000，X1年底存貨$48,000，則銷貨毛利為　(A)$78,000
(B)$73,000　(C)$75,000　(D)$81,000。

( ) 22. 下列哪一帳戶，結帳時應借記「本期損益」？　(A)佣金收入　(B)房
租支出　(C)業務收入　(D應付水電費。

( ) 23. 在每一期結帳以後　(A)各帳戶餘額均予結清但不結轉下期　(B)收益
費用帳戶結清，資產負債業主權益帳戶餘額結轉下期　(C)各帳戶餘
額均結轉下期　(D)實帳戶結清，虛帳戶結轉下期。

( ) 24. 購貨淨額$250,000，銷貨淨額$340,000，銷貨成本$220,000，
期末存貨$40,000，則可供銷售之商品總額為　(A)$210,000
(B)$260,000　(C)$120,000　(D)$180,000。

( ) 25. X1年底遺漏調整應付未付利息$850，如於X3年初發現，則其改正方
法為　(A)以當期損益改正　(B)以前期損益改正　(C)不必改正
(D)視情況而決定是否要更正。

( ) 26. 下列何種交易事項宜於翌年作迴轉分錄？　(A)壞帳之提列　(B)用品

118

盤存（先實後虛）之調整　(C)未來須收（付）現之應計項目之調整
(D)預收利息（先實後虛）之調整。

(　) 27. 下列調整分錄，何者不可作轉回分錄？　(A)借：修繕費，貸：應付
修繕費　(B)借：應收利息，貸：利息收入　(C)借：預收利息，貸：
利息收入　(D)借：預付租金，貸：租金支出。

(　) 28. 下列調整事項中，何項可於次期初迴轉而便利記帳工作簡化？
(A)預付費用之原以資產科目處理者　(B)累計折舊之計提　(C)應計
事項　(D)遞延費用之攤提。

(　) 29. 權責基礎下，下列何項目與「收入費用配合」無關？　(A)壞帳之提
列　(B)折舊之提列　(C)開辦費之攤銷　(D)現銷商品。

(　) 30. X1年7月初付二年房租$14,400，當時記入「預付房租」帳戶，當年
調整時應　(A)借：房租支出$3,600，貸：預付房租$3,600　(B)借：
預付房租$3,600，貸：房租支出$3,600　(C)借：房租支出$10,800，
貸：預付房租$10,800　(D)借：預付房租$10,800，貸：房租支出
$10,800。

解答：

1. (B)　2. (D)　3. (A)　4. (D)　5. (A)　6. (D)　7. (C)　8. (B)　9. (D)
10. (B)　11. (B)　12. (A) 13. (C)　14. (C)　15. (B)　16. (A)　17. (D)　18. (C)
19. (B)　20. (A)　21. (A) 22. (B)　23. (A)　24. (B)　25. (C)　26. (C)　27. (C)
28. (C)　29. (D)　30. (A)

二、計算題

03-01　分錄

試將下列怡君公司X1年元月份之會計事項記入日記簿。

1日　業主投資現金$400,000、房屋$800,000（內含抵押借款$300,000未清
償）及商品$100,000，成立怡君公司。

5日　賒銷商品$50,000給一誠商店，付款條件 1/10，n/20。

10日　現付上月份水費$2,000、電費$3,000、電話費$1,000。

12日　簽發支票$10,000，贈與孤兒院作為愛心捐款。

15日　一誠商店以支票乙紙還來5日所欠之貨款，本店隨即將支票存入華南商業銀行。

18日　以現金購入收銀機乙台，定價為$20,000，八五折成交。

23日　向如意公司購入商品$20,000，簽發半個月期票乙張面額$15,000，餘款暫欠。

28日　現付半年房租，每個月$10,000，其中應由業主私人負擔五分之二。

31日　現付員工薪金$50,000，並依法代扣所得稅$3,500。

表格：

日　記　簿

第1頁

X1年		會計科目	摘要	類頁	借方金額	貸方金額
月	日					
			（略）			

X1年		會計科目	摘要	類頁	借方金額	貸方金額
月	日					

解答：

日　記　簿

第1頁

X1年		會計科目	摘要	類頁	借方金額	貸方金額
月	日					
1	1	現金	（略）		400,000	
		建築物			800,000	
		存貨			100,000	
		抵押借款				300,000
		業主投資				1,000,000
	5	應收帳款			50,000	
		銷貨收入				50,000
	10	水電費			5,000	
		郵電費			1,000	
		現金				6,000
	12	自由捐贈			10,000	
		銀行存款				10,000
	15	銀行存款			49,500	
		銷貨折讓			500	
		應收帳款				50,000
	18	雜項設備			17,000	
		現金				17,000

X1年		會計科目	摘要	類頁	借方金額	貸方金額
月	日					
	23	進貨			20,000	
		應收票據				15,000
		應收帳款				5,000
	28	租金支出			36,000	
		業主投資			24,000	
		現金				60,000
	31	薪工津貼			50,000	
		現金				46,500
		代收款				3,500
			合　計		1,536,000	1,536,000

03-02　過帳

試將下列更君商店之X1年度日記簿分錄過入分類帳：

日　記　簿

第7頁

X1年		會計科目	摘要	類頁	借方金額	貸方金額
月	日					
12	3	現金	（略）		30,000	
		應收帳款			50,000	
		銷貨收入				80,000
	7	進貨			26,000	
		現金				26,000
		應收票據			32,000	
		銷貨收入				32,000
	10	現金			37,240	
		銷貨退回			2,000	
		銷貨折讓			760	
		應收帳款				40,000

X1年		會計科目	摘要	類頁	借方金額	貸方金額
月	日					
	14	進貨			60,000	
		應收票據				32,000
		應付帳款				28,000
	17	現金			22,000	
		銷貨收入				22,000
	22	業主往來			4,000	
		房租費用			6,000	
		現金				10,000
	25	現金			5,000	
		存入保證金				5,000
	27	備抵壞帳			6,000	
		應收帳款				6,000
	29	進貨			20,000	
		應付票據				20,000
			合　計		301,000	301,000

表格：

現　　金 第1頁

X1年		摘要	日頁	借方金額	貸方金額	借或貸	餘　額
月	日						

應收票據　　　　　　　　　　　第4頁

X1年		摘要	日頁	借方金額	貸方金額	借或貸	餘　　額
月	日						

應收帳款　　　　　　　　　　　第5頁

X1年		摘要	日頁	借方金額	貸方金額	借或貸	餘　　額
月	日						

備抵壞帳　　　　　　　　　　　第6頁

X1年		摘要	日頁	借方金額	貸方金額	借或貸	餘　　額
月	日						

應付票據　　　　　　　　　　　第12頁

X1年		摘要	日頁	借方金額	貸方金額	借或貸	餘　　額
月	日						

應付帳款　　　　　　　　　　　第13頁

X1年		摘要	日頁	借方金額	貸方金額	借或貸	餘　　額
月	日						

存入保證金　　　　　　　　　　　　　　　　　第16頁

X1年		摘要	日頁	借方金額	貸方金額	借或貸	餘　額
月	日						

業主資本　　　　　　　　　　　　　　　　　第21頁

X1年		摘要	日頁	借方金額	貸方金額	借或貸	餘　額
月	日						

業主往來　　　　　　　　　　　　　　　　　第22頁

X1年		摘要	日頁	借方金額	貸方金額	借或貸	餘　額
月	日						

銷貨收入　　　　　　　　　　　　　　　　　第31頁

X1年		摘要	日頁	借方金額	貸方金額	借或貸	餘　額
月	日						

銷貨退回　　　　　　　　　　　　　　　　　第32頁

X1年		摘要	日頁	借方金額	貸方金額	借或貸	餘　額
月	日						

銷貨折讓　　　　　　　　　　　　　　　　　　　第33頁

X1年		摘要	日頁	借方金額	貸方金額	借或貸	餘　額
月	日						

進　貨　　　　　　　　　　　　　　　　　　　　第41頁

X1年		摘要	日頁	借方金額	貸方金額	借或貸	餘　額
月	日						

房租費用　　　　　　　　　　　　　　　　　　　第50頁

X1年		摘要	日頁	借方金額	貸方金額	借或貸	餘　額
月	日						

解答：

日　記　簿

第7頁

X1年		會計科目	摘要	類頁	借方金額	貸方金額
月	日					
12	3	現金	（略）	1	30,000	
		應收帳款		5	50,000	
		銷貨收入		31		80,000
	7	進貨		41	26,000	
		現金		1		26,000
		應收票據		4	32,000	
		銷貨收入		31		32,000

X1年		會計科目	摘要	類頁	借方金額	貸方金額
月	日					
	10	現金		1	37,240	
		銷貨退回		32	2,000	
		銷貨折讓		33	760	
		應收帳款		5		40,000
	14	進貨		41	60,000	
		應收票據		4		32,000
		應付帳款		13		28,000
	17	現金		1	22,000	
		銷貨收入		31		22,000
	22	業主往來		22	4,000	
		房租費用		50	6,000	
		現金		1		10,000
	25	現金		1	5,000	
		存入保證金		16		5,000
	27	備抵壞帳		6	6,000	
		應收帳款		5		6,000
	29	進貨		41	20,000	
		應付票據		12		20,000
		合　計			301,000	301,000

現　　金　　　　　　　　　　　　　　　　　　　　第1頁

X1年		摘要	日頁	借方金額	貸方金額	借或貸	餘　額
月	日						
11	30	（略）	✓			借	138,000
12	3		7	30,000		＂	168,000
	7		＂		26,000	貸	142,000
	10		＂	37,240		＂	179,240
	17		＂	22,000		＂	201,240

X1年		摘要	日頁	借方金額	貸方金額	借或貸	餘　額
月	日						
	22		〃		10,000	貸	191,240
	25		8	5,000		〃	196,240

應收票據　　　　　　　　　　　　　　第4頁

X1年		摘要	日頁	借方金額	貸方金額	借或貸	餘　額
月	日						
12	7	（略）	7	32,000		借	32,000
	14		〃		32,000		0

應收帳款　　　　　　　　　　　　　　第5頁

X1年		摘要	日頁	借方金額	貸方金額	借或貸	餘　額
月	日						
11	30	（略）	✓			借	23,000
12	3		7	50,000		〃	73,000
	10		〃		40,000	貸	33,000
	27		8		6,000	貸	27,000

備抵壞帳　　　　　　　　　　　　　　第6頁

X1年		摘要	日頁	借方金額	貸方金額	借或貸	餘　額
月	日						
11	30	（略）	✓			貸	4,000
12	27		8	6,000		借	2,000

應付票據　　　　　　　　　　　　　　第12頁

X1年		摘要	日頁	借方金額	貸方金額	借或貸	餘　額
月	日						
12	29	（略）	8		20,000	貸	20,000

應付帳款　　　　　　　　　　　　　　　　　　　第13頁

X1年		摘要	日頁	借方金額	貸方金額	借或貸	餘　額
月	日						
12	14	（略）	7		28,000	貸	28,000

存入保證金　　　　　　　　　　　　　　　　　　第16頁

X1年		摘要	日頁	借方金額	貸方金額	借或貸	餘　額
月	日						
12	25	（略）	8		5,000	貸	5,000

業主資本　　　　　　　　　　　　　　　　　　　第21頁

X1年		摘要	日頁	借方金額	貸方金額	借或貸	餘　額
月	日						
11	30	（略）	✓			貸	100,000

業主往來　　　　　　　　　　　　　　　　　　　第22頁

X1年		摘要	日頁	借方金額	貸方金額	借或貸	餘　額
月	日						
11	30	（略）	✓			貸	8,000
12	22		7	4,000		借	4,000

銷貨收入　　　　　　　　　　　　　　　　　　　第31頁

X1年		摘要	日頁	借方金額	貸方金額	借或貸	餘　額
月	日						
11	30	（略）	✓			貸	145,000
12	3		7		80,000	〃	225,400
	7		〃		32,000	〃	257,400
	17		〃		22,000	〃	279,400

銷貨退回　　　　　　　　　　　　　　　　　第32頁

X1年 月	X1年 日	摘要	日頁	借方金額	貸方金額	借或貸	餘額
12	10	（略）	7	2,000		借	2,000

銷貨折讓　　　　　　　　　　　　　　　　　第33頁

X1年 月	X1年 日	摘要	日頁	借方金額	貸方金額	借或貸	餘額
11	30	（略）	✓			借	1,400
12	10	（略）	7	760		〃	2,160

進　貨　　　　　　　　　　　　　　　　　　第41頁

X1年 月	X1年 日	摘要	日頁	借方金額	貸方金額	借或貸	餘額
11	30	（略）	✓			借	95,000
12	7	（略）	7	26,000		〃	121,000
	14		〃	60,000		〃	181,000
	29		8	20,000		〃	201,000

房租費用　　　　　　　　　　　　　　　　　第50頁

X1年 月	X1年 日	摘要	日頁	借方金額	貸方金額	借或貸	餘額
12	22	（略）	7	6,000		借	6,000

03-03　調整

力力商店X6年年終調整事項如下，請在日記簿上作成調整分錄：

(1) X6年11月份及12月份租金尚未收取，每個月租金$25,000。

(2) 期末應付未付利息$5,000。

(3) 預收佣金$40,000中有五分之一已實現。

(4) 預付廣告費$48,000中有三分之二未過期。

(5) X6年度購入文具$2,000並已記入「用品盤存」帳戶，X1年底已耗用五分之三。

(6) 期末盤點商品尚值$18,000。

(7) 按年底應收帳款餘額$250,000提列1%壞帳，設該店「備抵壞帳」科目有借餘$1,000。

(8) 機器設備$94,000購於X6年5月1日，估計可用六年，殘值$4,000，採用直線法提列折舊。

(9) 該店成立於X6年4月初，開辦費$80,000，分五年攤銷。

表格：

日　記　簿

第12頁

X6年		會計科目	摘要	類頁	借方金額	貸方金額
月	日					
			(略)			

X6年		會計科目	摘要	類頁	借方金額	貸方金額
月	日					

解答：

日　記　簿

第12頁

X6年		會計科目	摘要	類頁	借方金額	貸方金額
月	日					
12	31	應收租金	（略）		50,000	
		租金收入				50,000
〃		利息支出			5,000	
		應付利息				5,000
〃		預收佣金			8,000	
		佣金收入				8,000
〃		廣告費			16,000	
		預付廣告費				16,000
〃		文具用品			1,200	
		用品盤存				1,200
〃		存貨（末）			18,000	
		進貨				18,000
〃		壞帳			3,500	
		備抵壞帳				3,500
〃		折舊			10,000	
		累計折舊—機器				10,000
〃		各項攤銷			12,000	
		開辦費				12,000

X6年		會計科目	摘要	類頁	借方金額	貸方金額
月	日					
			合　計		123,700	123,700

03-04 結算工作底稿

小小公司X3年12月31日調整前各帳戶餘額如下：

現　金	$22,500	應收帳款	$58,000	備抵壞帳	$500（借餘）
存　貨	18,000	預付保險費	8,000	建築物	105,000
累計折舊—建築物	25,000	土　地	300,000	應付帳款	6,000
業主資本	400,000	銷　貨	261,000	進　貨	183,000
文具用品	1,000	利息收入	4,000		

調整事項：

(1)X3年底商品盤存$12,000。

(2)備抵壞帳按應收帳款餘額提列1%。

(3)建築物係為X0年7月1日所購買並立即使用，採直線法提列折舊。

(4)尚有薪工津貼$3,500未付。

(5)預付保險費已發生（已過期）四分之三。

(6)文具用品尚有$400未消耗。

(7)利息收入未實現（未過期）部分尚有五分之二。

(8)年底尚有租金$4,200未收。

試根據上述資料為該公司編製X3年度十欄式結算工作底稿。

表格：

小小公司
工作底稿
中華民國X3年1月1日起至12月31日止

會計科目	試算表		調整分錄		調整後試算表		綜合損益表		資產負債表	
	借方	貸方	借方	貸方	借方	貸方	借方	貸方	借方	貸方

解答：

小小公司
工作底稿
中華民國X3年1月1日起至12月31日止

會計科目	試算表		調整分錄		調整後試算表		綜合損益表		資產負債表	
	借方	貸方	借方	貸方	借方	貸方	借方	貸方	借方	貸方
現金	22,500				22,500				22,500	
應收帳款	58,000			1,080	58,000				58,000	
備抵壞帳		500	12,000	18,000		580				580
存貨	18,000			6,000	12,000				12,000	
預付保險費	8,000				2,000				2,000	
建築物	105,000			10,000	105,000				105,000	

會計科目	試算表 借方	試算表 貸方	調整分錄 借方	調整分錄 貸方	調整後試算表 借方	調整後試算表 貸方	綜合損益表 借方	綜合損益表 貸方	資產負債表 借方	資產負債表 貸方
累計折舊—建築物		25,000				35,000				35,000
土地	300,000				300,000				300,000	
應付帳款		6,000				6,000				6,000
業主資本		400,000				400,000				400,000
銷貨		261,000				261,000		261,000		
進貨	183,000		18,000	12,000	189,000		189,000			
文具用品	1,000			400	600		600			
利息收入		4,000	1,600			2,400		2,400		
壞帳			1,080		1,080		1,080			
折舊			10,000		10,000		10,000			
薪工津貼			3,500		3,500		3,500			
應付薪工津貼				3,500		3,500				3,500
保險費			6,000		6,000		6,000			
用品盤存			400		400				400	
預收利息				1,600		1,600				1,600
應收租金			4,200		4,200				4,200	
租金收入				4,200		4,200		4,200		
本期淨利							57,420			57,420
合　計	696,000	696,000	56,780	56,780	714,280	714,280	267,600	267,600	504,100	504,100

03-05 編表

試根據大大商店X1年底各實帳戶之餘額編製帳戶式之資產負債表：

現　　金 $293,000　銀行存款 $140,000　短期投資　$80,000

應收帳款　40,000　備抵壞帳　2,000　存　　貨　20,000

預付費用　35,000　生財器具　80,000　累計折舊—生財器具　20,000

存出保證金　1,000　應付帳款　103,000　應付水電費　800

業主資本　300,000　代　收　款　5,000　本期損益　5,500

表格：

大大商店
資產負債表

民國X1年12月31日

解答：

大大商店
資產負債表

民國X1年12月31日

資　產			負債		
流動資產			流動負債		
現　金		$ 293,000	應付帳款	$103,000	
銀行存款		140,000	應付水電費	800	103,800
短期投資		80,000	其他負債		
應收帳款	40,000		代收款		5,000
減：備抵壞帳	2,000	38,000	業主權益		
存　貨		20,000	業主資本	300,000	
預付費用		35,000　342,300	減：本期淨損	5,500	294,500
不動產、廠房及設備					
生財器具		80,000			
減：累計折舊—生財器具	20,000	60,000			
其他資產					
存出保證金		1,000			
資產總額		$403,300	負債及業主權益總額		$ 403,300

03-06 編製綜合損益表

成功公司民國X1年12月31日帳冊上顯示下列部分資料：

保留盈餘（期初帳列數）	$246,582	銷貨成本	$350,000
銷貨收入	622,000	推銷費用	30,000
庫藏股（普通股2,000股，成本）	36,000	管理費用	20,000
利息費用	5,000	銷貨折扣	7,000
前期損益調整—借記保留盈餘	4,865	短期投資股利收入	5,000
超過面值投入資本—庫藏股交易	3,840	利息收入	8,000
為擴充廠房提撥保留盈餘	28,400	出售設備利得	2,000
銷貨退回	15,000	應付股票股利	43,870
未實現長期投資跌價損失	3,500		

會計人員發現下列交易事項未曾列入上述資料中：

(1) 化工部門於8月31日停業，此停業部門營業損失為$100,000。9月5日出售該部門，產生出售利得$300,000。

(2) 10月2日該公司遭遇重大意外災害，發生非常損失$200,000。

(3) 102年初，該公司將設備資產的折舊方法由倍率餘額遞減法改為直線法，此項改變對前期損益的累積影響數為$10,000（貸）。

(4) 上列資料均屬稅前數字，假定所得稅稅率為30%。

試編製成功公司X1年度多站式綜合損益表。

表格：

成 功 公 司

綜 合 損 益 表

民 國　　年 度

解答：

成 功 公 司

綜 合 損 益 表

民 國 X1 年 度

銷貨收入		$622,000	
減：銷貨退回	$15,000		
銷貨折扣	7,000	22,000	$600,000
銷貨成本			350,000
銷貨毛利			$250,000
營業費用			
推銷費用		$30,000	
管理費用		20,000	50,000
營業淨利			$200,000
營業外損益			
短期投資股利收入	$5,000		
利息收入	8,000		
出售設備利得	2,000	$15,000	
減：利息費用		5,000	10,000
繼續營業部門稅前淨利			$210,000

減：所得稅30%		63,000
繼續營業部門稅後淨利		$147,000
停業部門損益：		
營業損失（節省所得稅後淨額）	（$70,000）	
處分利得（扣除所得稅後淨額）	210,000	140,000
非常項目前稅後淨利		$287,000
非常項目：		
減：非常損失		
（節省所得稅後淨額）		（140,000）
會計原則變動累積影響：		
加：折舊方法變動累積影響數		
（扣除所得稅後淨額）		7,000
本期稅後淨利		$154,000

03-07　編製盈餘分配表

大能公司最近五年營業虧損各年均為 $20,000，X1年度稅前淨利 $400,000，所得稅率20%，其盈餘分配方案如下：

(1) 法定盈餘公積10%，其餘數作為100%，擬如下分配。

(2) 償債準備20%。

(3) 股票股利60%。

(4) 董監事酬勞10%，餘保留之。

試分別按「普通申報」與「藍色申報」。（甲）編製盈餘分配表（或盈虧撥補表），請自稅前純益編起。（乙）列式計算所得稅、法定盈餘公積及償債準備。（丙）作盈餘分配分錄。

表格：(1)普通申報：

　　（甲）　　　　　　　　公司
　　　　　　　　　　盈虧撥補表
　　　　　　　　　　民國　年度

――――――――――――――――――――――――――

　　（乙）計算式：

　　　(1)所得稅：

　　　(2)法定盈餘公積：

(3)償債準備：

（丙）分錄：

(2)藍色申報：

（甲）　　　　　　　　　公司
盈虧撥補表
民國　年度

（乙）計算式：

(1)所得稅：

(2)法定盈餘公積：

(3)償債準備：

（丙）分錄：

解答：

(1)普通申報

（甲）　　　　　　　　　大能公司
盈虧撥補表
民國X1年度

本期稅前純益			$400,000
分配項目			
所得稅	(1)	$80,000	
累積虧損		100,000	
法定盈餘公積	(2)	22,000	
償債準備	(3)	39,600	
股票股利		118,800	
董監事酬勞		19,800	380,200
期末保留盈餘			$19,800

（乙）　(1)$400,000×20% = $80,000

(2)$(400,000 − 80,000 − 100,000)×10% = $22,000

(3)$[(400,000 − 80,000 − 100,000) − 22,000]×20% = $39,600

（丙）　保留盈餘　　　　　　200,200

　　　　法定盈餘公積　　　　　　22,000

　　　　償債準備　　　　　　　　39,600

應付股票股利　118,800

應付董監事酬勞　19,800

(2)藍色申報

（甲）

大能公司
盈虧撥補表
民國X1年度

本期稅前純益		$400,000
分配項目		
所得稅	$60,000	
累積虧損	100,000	
法定盈餘公積	24,000	
償債準備	43,200	
股票股利	129,600	
董監事酬勞	21,600	378,400
期末保留盈餘		$21,600

（乙）　(1)$[400,000 - (20,000 \times 5)] \times 20\% = \$60,000$

(2)$(400,000 - 60,000 - 100,000) \times 10\% = \$24,000$

(3)$(400,000 - 60,000 - 100,000 - 24,000) \times 20\% = \$43,200$

（丙）保留盈餘　218,400

法定盈餘公積　24,000

償債準備　43,200

應付股票股利　129,600

應付董監事酬勞　21,600

03-08 編製權益變動表

大力公司X1、X2年度股東權益資料如下：

① X1年初餘額：

股　　本：普通股本　　$2,200,000（每股面額$10）

資本公積：處分資產增益　　3,600（稅後）

保留盈餘：法定盈餘公積　257,000

擴充廠房準備　25,000

未分配盈餘　850,000（內含X0年度稅後淨後$760,000）

② 依公司章程及董事會決議：每年度按「稅後淨利」額作為分配基準，並於第二年6月份經股東大會通過後執行分配。其分配方案如下：

A.法定盈餘公積　10%

B.擴充廠房準備5%

C.普通股股票股利，每股$2

D.普通股現金股利，每股$0.50

E.員工紅利4%

F.董監事酬勞3%

③ 其他資料：

A.X0年度處分不動產、廠房及設備增益（稅後）$18,000，已含在X0年度稅後淨利$760,000內，此項增益應依公司法規定，轉列資本公積。

B.X1年度稅後淨利為$920,000。

C.X2年度稅後淨利為$900,000。

試為該公司編製：

(1) X1年度權益變動表。

(2) X2年度權益變動表。

表格：

(1)

大力公司

權益變動表

民國X1年度

項目	股本	資本公積	保留盈餘			合計
	普通股本	處分資產增益	法定盈餘公積	擴充廠房準備	未分配盈餘	

項目	股本	資本公積	保留盈餘			合計
	普通股本	處分資產增益	法定盈餘公積	擴充廠房準備	未分配盈餘	

(2)

大力公司
權益變動表
民國X2年度

項目	股本	資本公積	保留盈餘			合計
	普通股本	處分資產增益	法定盈餘公積	擴充廠房準備	未分配盈餘	

解答：

(1)

大力公司
權益變動表
民國X1年度

項目	股本	資本公積	保留盈餘			合計
	普通股本	處分資產增益	法定盈餘公積	擴充廠房準備	未分配盈餘	
X1年1月1日餘額	$2,200,000	$3,600	$257,000	$25,000	$850,000	$3,335,600
X0年盈餘指撥及分配						
法定盈餘公積			76,000			76,000
擴充廠房準備				38,000		38,000
股票股利	44,000					44,000
現金股利					(110,000)	(110,000)
員工紅利					(30,400)	(30,400)
董監事酬勞					(22,800)	(22,800)
X1年度淨利					920,000	920,000

項目	股本	資本公積	保留盈餘			合計
	普通股本	處分資產增益	法定盈餘公積	擴充廠房準備	未分配盈餘	
處分資產利益轉資本公積		(18,000)			(18,000)	
X1年12月31日餘額	$2,244,000	$21,600	$333,000	$63,000	$1,588,800	$4,250,400

(2)

大力公司
權益變動表
民國X2年度

項目	股本	資本公積	保留盈餘			合計
	普通股本	處分資產增益	法定盈餘公積	擴充廠房準備	未分配盈餘	
X2年1月1日餘額	$2,244,000	$21,600	$333,000	$63,000	$1,588,800	$4,250,400
X1年盈餘指撥及分配						
法定盈餘公積			92,000		(92,000)	
擴充廠房準備				46,000	(46,000)	
股票股利	528,000				(528,000)	
現金股利					(132,000)	(132,000)
員工紅利					(36,800)	(36,800)
董監事酬勞					(27,600)	(27,600)
X2年度淨利					900,000	900,000
X2年12月31日餘額	$2,772,000	$21,600	$425,000	$109,000	$1,626,400	$4,954,000

03-09 直接法現金流量表

尖美公司X1年度部分資料如下：

資產負債表科目	X1年終	X1年初	綜合損益表科目	X1年度
應收帳款	$54,000	$50,000	銷貨淨額	$320,000
應收利息	500	600	股利收入	6,700
存　　貨	37,000	40,000	利息收入	5,000
預付貨款	1,800	2,200	銷貨成本	185,000
應付帳款	40,700	42,000	營業費用	92,000
應付營業費用	3,800	2,100	利息費用	14,000
應付利息	1,300	1,700	所得稅	9,000
應付所得稅	3,600	2,800		

補充資料：

① 綜合損益表科目，除股利收入以現金基礎認列外，其餘各科目均以權責基礎認列。

② 營業費用中包含折舊費用$8,500。

試為該公司編製營業活動部分（直接法）之現金流量表，並請列式計算各項目金額。

表格：
(1) 編表：

公司
現金流量表（營業活動部分）
民國X1年度　　　　　　　　　　（直接法）

___

(2) 計算：

①

②

③

④

⑤

⑥

解答：

(1) 編表：

尖美公司
現金流量表（營業活動部分）
民國 X1 年度　　　　　　　　　　（直接法）

___

營業活動之現金流量
　　現金流入
　　　銷貨收現　　　　　① $316,000
　　　股利收入收現　　　　 6,700
　　　利息收入收現　　　② 　5,100　　　　　　　$327,800
　　現金流出
　　　進貨付現　　　　　③ $182,900
　　　營業費用付現　　　④ 　81,800
　　　利息費用付現　　　⑤ 　14,400
　　　所得稅費用付現　　⑥ 　8,200　　　　　　　287,300
　　營業活動淨現金流入　　　　　　　　　　　　　$40,500

(2)計算：

① 銷貨收入－應收帳款增加數＝現金基礎之銷貨

$320,000 - \$(54,000 - 50,000) = \$316,000$

② 利息收入－應收利息增加數＝現金基礎之利息收入

$\$5,000 - \$(500 - 600) = \$5,100$

③ 期初存貨＋本期進貨－期末存貨＝銷貨成本

$\$40,000 + X - \$37,000 = \$185,000$，得$X = \$182,000$（進貨）

進貨－應付帳款增加數＋預付貨款增加數＝現金基礎之進貨

$\$182,000 - \$(40,700 - 42,000) + \$(1,800 - 2,200) = \$182,900$

④ 營業費用－應付營業費用增加數－折舊＝現金基礎之營業費用

$\$92,000 - \$(3,800 - 2,100) - \$8,500 = \$81,800$

⑤ 利息費用－應付利息增加數＝現金基礎之利息費用

$\$14,000 - \$(1,300 - 1,700) = \$14,400$

⑥ 所得稅費用－應付所得稅增加數＝現金基礎之所得稅費用

$\$9,000 - \$(3,600 - 2,800) = \$8,200$

第四章

會計憑證、
帳簿組織與
傳票制度

4-1

會 計 憑 證

所有之交易皆須憑證予以證明，而其憑證之作用為：

1. 記錄之證明。
2. 查核之依據。
3. 責任之表明。
4. 傳票之代用。
5. 帳簿之套寫。

商業會計憑證可分下列兩類（商業會計法第15條）：

(1) 原始憑證

證明會計事項之經過，而為造具記帳憑證所根據之憑證。

(2) 記帳憑證

證明處理會計事項人員之責任，而為記帳所根據之憑證。

原始憑證之種類可分為（商業會計法第16條）（例子見圖4-1會計憑證(一)及圖4-2會計憑證(二)）：

(1) 外來憑證

自其商業本身以外之人所取得者，如得自他公司之發票或其他單據。

(2) 對外憑證

給與其商業本身以外之人者，如開給他公司之本公司發票或其他單據。

(3) 內部憑證

由其商業本身自行製存者，如計算折舊之表、內部轉撥計價表。

而企業之現行憑證如下：

1. 資本核定其股票或收據之存根。

2. 財產、原物料、產品請購訂購之書據契約、購入之發票或收據、驗收之報告證明等。

3. 財產、原物料、產品報廢、捐贈與移轉時之相關報告及單據。

4. 財產、原物料、產品出售時之發貨單、發票或收據之存根。

5. 現金票據證券收付存取移轉保管之報告及相關證明文件。

6. 基金、投資之相關收據、契約與證明文件。

7. 公司債發行之合約與單據，及其他長期債款舉債之合約與單據。

8. 預付暫付款發生及移轉之收據及相關單據。

9. 預收或其他債務所發生及移轉之收據及相關單據。

10. 相關費用之發票及相關證明單據。

11. 薪資、工資、津貼、獎金、退休金、佣金、旅費等之申請表單與相關單據。

12. 各項收入之發票或收據之證明單據。

13. 各項成本計算表之單據。

14. 其他單據等。

所以實務上，企業在製作分錄之前，應先將會計憑證準備好，以茲證明交易之正確性及實際發生性，故會計憑證實屬重要。

4-2

傳票制度

傳票之種類（商業會計法第17條）（例子見表4-1傳票格式(一)、表4-2傳票格式(二)及表4-3傳票格式(三)）：

(1) 收入傳票

記錄其交易之以現金收入為借方之分錄的憑證。

(2) 支出傳票

記錄其交易之以現金支出為貸方之分錄的憑證。

(3) 轉帳傳票

記錄其交易之非以現金收入為借方與以現金支出為貸方之分錄的憑證。

一般而言，企業大都採所謂複式傳票，即上述之傳票（三類）。而銀行業則採行所謂單式傳票，包括現金收入傳票、現金支出傳票、轉帳收入傳票與轉帳支出傳票。

而傳票之編製應注意下列項目：

1. 原始憑證是否齊全，並注意其張數。

2. 會計科目是否適當及編號是否正確。

3. 摘要是否簡單明瞭。

4. 金額是否與原始憑證相符。

5. 明細數是否等於合計數。

6. 收款人或付款人是否與原始憑證之記載一致。

7. 數字若有更改，是否已由更改人簽章證明。

8. 其他應注意之事項。

所以實務上，企業作分錄時，應將會計科目及金額記錄於傳票上，為使傳票更具查核性及正確性，於傳票後附會計憑證，以茲證明之。

4-3

帳簿組織

會計帳簿之種類（商業會計法第20、21條）：

1. 序時帳簿

以會計事項發生之時間順序而記錄之帳簿。又分為：

(1) 普通序時帳簿

以對於一切事項為序時登記或並對於特種序時帳項之結數為序時登記而設立之帳簿，如日記帳等（見表4-4及表4-5）。

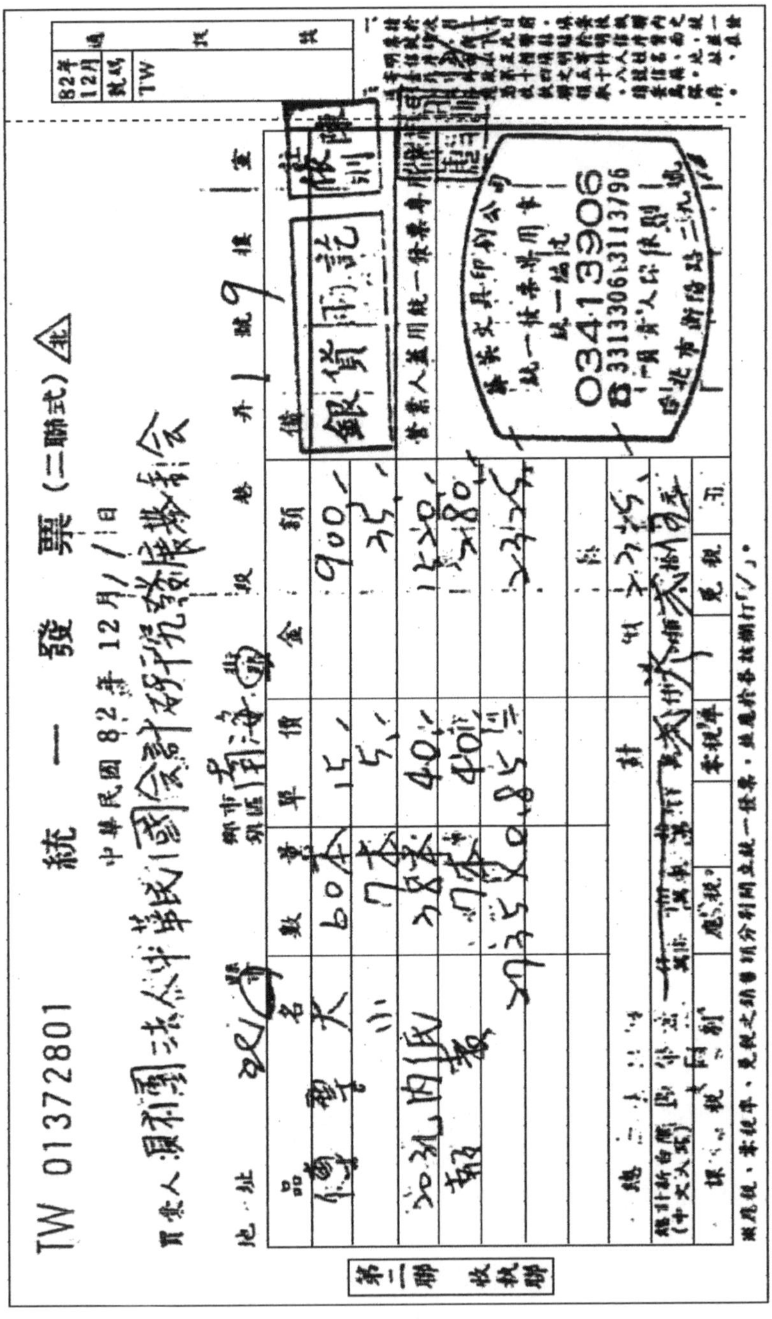
TW 01372801 統一發票（三聯式）
中華民國 82 年 12 月 1 日
買受人
地址
品名 數量 單價 金額 備註
總計
第二聯 收執聯

圖4-1 會計憑證(一)

圖4-2　會計憑證(二)

表4-1 傳票格式(一)

現金收入傳票
年 月 日

總號　　分號

（貸）

科目	分頁	摘要	金額（十億 千 百 十 萬 千 百 十 元 角 分）
		計	
合計			

附　單　樣　張

製單　出納　登帳　覆核　會計　核准

表4-2　傳票格式(二)

支　出　傳　票

製票：中華民國　年　月　日　支字第　號　　付款：中華民國　年　月　日　支字第　號　　頁號

借方科目及符號	摘要	原始憑證		金額										記章	
		種類	號數	千	百	十	萬	千	百	十	元	角	分	記	簽章
總分類帳														日計表	
明細分類帳															
貸方科目及符號														明細帳補助帳	
單據　件															

領款人　　簽付　本傳票應付款　中華民國　年　月　日支票付款　支票第　號

現金支出　　付　　實　　收　　□

公庫存款支出

機關長官　　主辦會計人員　　主辦出納人員　　付款員　　覆核　　製表

表4-3　傳票格式(三)

轉　帳　傳　票

中　華　民　國　　年　　月　　日　　轉字第　　號　　第　　頁

會計科目	摘要	原始憑證		借方金額										貸方金額										記帳簽章
		種類	號數	億	千	百	十	萬	千	百	十	元	角	分	億	千	百	十	萬	千	百	十	元	角	分	
																										日計表
																										補助帳
案　樣		附件張數																								

機關長官　　　　　主辦會計人員　　　　　覆　核　　　　　製　表

表4-4　日記帳之種類

二分法	四分法	五分法	備　註
現金簿	現金簿	現金收入簿	（特種日記簿）
		現金支出簿	（特種日記簿）
	進貨簿	進貨簿	（特種日記簿）
	銷貨簿	銷貨簿	（特種日記簿）
普通日記簿	普通日記簿	普通日記簿	（普通日記簿）

表4-5　日記帳之格式

現金收入簿　　　　　　　　第　頁

年		會計科目	摘要	類頁	銀行存款	現金
月	日					

現金支出簿　　　　　　　　第　頁

年		會計科目	摘要	類頁	銀行存款	現金
月	日					

進貨簿　　　　　　　　第　頁

年		會計科目	摘要	類頁	現購	現金
月	日					

銷貨簿　　　　　　　　第　頁

年		會計科目	摘要	類頁	現銷	現金
月	日					

日記簿　　　　　　　　　　　　　　　　　　第　頁

年		會計科目	摘要	類頁	借方金額	現金
月	日					

(2) 特種序時帳簿

以對於特種事項爲序時登記而設立之帳簿，如現金簿、銷貨簿、進貨簿等（見表4-5）。

2. 分類帳簿

以會計事項歸屬之會計科目爲主而記錄之帳簿（第22條）。又分爲：

(1) 總分類帳簿

爲記載各統馭科目而設者（見表4-6或表4-7）。

(2) 明細分類帳簿

爲記載各統馭科目之明細科目而設者（見表4-6或表4-7）。

表4-6　總分類帳及明細分類帳之格式——餘額式帳戶

×××科目　　　　　　　　　　　　　　　　　第　頁

年		摘要	日頁	借方金額	貸方金額	借貸	餘額
月	日						

表4-7　總分類帳及明細分類帳之格式——標準式帳戶

第　頁

年		摘要	日頁	借方金額	貸方金額	年		摘要	日頁	借方金額	貸方金額
月	日					月	日				

會計帳簿處理程序：

1. 會計帳簿之登記應根據記帳憑證為之。

2. 根據記帳憑證記入日記帳，再據以過入總分類帳，同時根據記帳憑證（原始憑證）過入有關之明細分類帳。

3. 帳簿記載內容應與記帳憑證相同。

4. 傳票之編製及分類帳之登記應每日為之。

5. 總分類帳與明細分類帳之結算應於每月終了前為之。

6. 帳簿之錯誤應立即更正之。

7. 結帳前應作調整。

另從表4-8及表4-9所示，可將交易分錄區分三種不同交易，再按相關之方法予以記入到相關帳簿中。

表4-8　交易之種類

現金交易	轉帳交易	混合交易
交易之分錄中借方或貸方僅有現金科目	交易之分錄中借方或貸方無現金科目	交易之分錄中借方或貸方有現金科目，亦有其他科目

表4-9　混合交易之記載方法

重記單過法	拆開分記法	虛存虛欠法	虛收虛付法
混合交易之同時，在現金簿（僅記載現金交易部分）與日記簿（記載混合交易部分）重複記錄，過帳時僅將現金簿之現金科目與其他帳簿之非現金科目過帳，以避免重複過帳。	將混合交易拆開為現金交易與轉帳交易，再分別記錄於其相關之帳簿中。	將混合交易中屬現金科目者改臨時存欠，並將交易視為轉帳交易，記錄於相關帳簿之中，再將臨時存欠於現金簿中沖轉。	將混合交易視為現金交易，記入現金簿中，再將虛收虛付現金之部分，在現金簿中沖轉。

由圖4-3可知，會計憑證、會計傳票、帳簿組織與會計循環之關係，一定要經過嚴密之處理後（各種程序），始得得出會計報表。交易發生時要準備原始憑證，再依此憑證記入至傳票上（分錄）及相關帳簿（日記帳、普通日記簿或特種日記簿），再過入到總及明細分類帳中，再經過調整結算等之程序，最

後編製出財務報表。

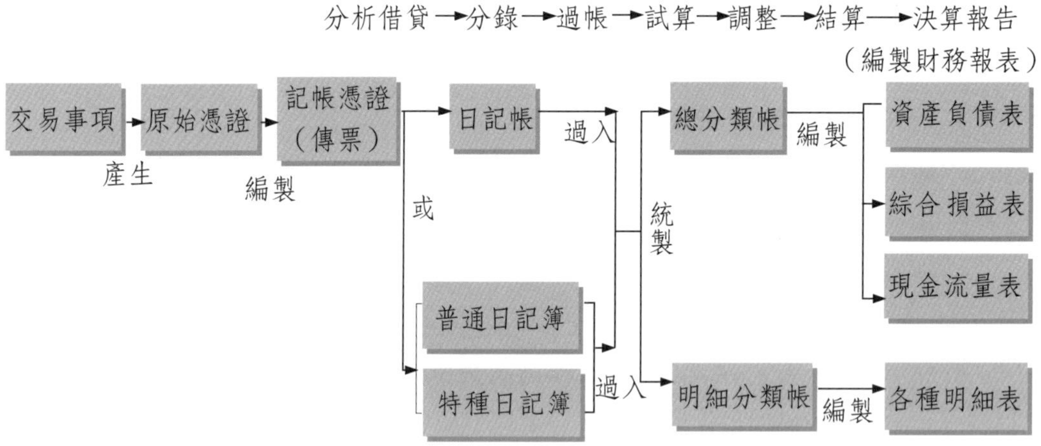

分析借貸 → 分錄 → 過帳 → 試算 → 調整 → 結算 → 決算報告
　　　　　　　　　　　　　　　　　　　　　　（編製財務報表）

図4-3　會計憑證、會計傳票、帳簿組織及會計循環關係圖

4-4

商業會計法（103年06月18日）之規定

第14條

會計事項之發生均應取得、給予或自行編製足以證明之會計憑證。

第15條

商業會計憑證分下列二類：

一、原始憑證：證明會計事項之經過，而為造具記帳憑證所根據之憑證。

二、記帳憑證：證明處理會計事項人員之責任，而為記帳所根據之憑證。

第16條

原始憑證，其種類規定如下：

一、外來憑證：係自其商業本身以外之人所取得者。

二、對外憑證：係給與其商業本身以外之人者。

三、內部憑證：係由其商業本身自行製存者。

第17條

記帳憑證，其種類規定如下：

一、收入傳票。

二、支出傳票。

三、轉帳傳票。

前項所稱轉帳傳票，得視事實需要，分為現金轉帳傳票及分錄轉帳傳票。各種傳票，得以顏色或其他方法區別之。

第18條

商業應根據原始憑證，編製記帳憑證，根據記帳憑證，登入會計帳簿。但整理結算及結算後轉入帳目等事項，得不檢附原始憑證。

商業會計事務較簡或原始憑證已符合記帳需要者，得不另製記帳憑證，而以原始憑證，作為記帳憑證。

第19條

對外會計事項應有外來或對外憑證；內部會計事項應有內部憑證以資證明。原始憑證因事實上限制無法取得，或因意外事故毀損、缺少或滅失者，除依法令規定程序辦理外，應根據事實及金額作成憑證，由商業負責人或其指定人員簽名或蓋章，憑以記帳。無法取得原始憑證之會計事項，商業負責人得令經辦及主管該事項之人員，分別或共同證明。

第20條

會計帳簿分下列二類：

一、序時帳簿：以會計事項發生之時序為主而為記錄者。

二、分類帳簿：以會計事項歸屬之會計項目為主而記錄者。

第21條

序時帳簿分下列二種：

一、普通序時帳簿：以對於一切事項為序時登記或並對於特種序時帳項之
　　結數為序時登記而設者，如日記簿或分錄簿等屬之。

二、特種序時帳簿：以對於特種事項為序時登記而設者，如現金簿、銷貨簿、進貨簿等屬之。

第22條

分類帳簿分下列二種：

一、總分類帳簿：為記載各統馭會計項目而設者。

二、明細分類帳簿：為記載各統馭會計項目之明細項目而設者。

第23條（必須設置之會計帳簿）

商業必須設置之會計帳簿，為普通序時帳簿及總分類帳簿。製造業或營業範圍較大者，並得設置記錄成本之帳簿，或必要之特種序時帳簿及各種明細分類帳簿。但其會計制度健全，使用總分類帳會計項目日計表者，得免設普通序時帳簿。

第38條（憑證、帳簿報表之保存）

各項會計憑證，除應永久保存或有關未結會計事項者外，應於年度決算程序辦理終了後，至少保存五年。

各項會計帳簿及財務報表，應於年度決算程序辦理終了後，至少保存十年。但有關未結會計事項者，不在此限。

習題與解答

一、選擇題

( )1. 稅法規定，企業之兩本主要帳簿：日記簿與分類帳中　(A)日記簿應為訂本式　(B)分類帳應為訂本式　(C)兩本均應為訂本式　(D)至少有一本應為訂本式。

( )2. 設立特種日記簿後，必須再設　(A)現金簿　(B)購貨簿　(C)銷貨簿　(D)普通日記簿。

( )3. 下列有關帳簿組織之敘述，何者為真？　(A)帳簿分割愈細，則過帳工作愈繁　(B)單一日記簿常用於大型企業　(C)專欄式日記簿的主要功能是節省過帳工作　(D)各特種日記簿的專欄合計數，應逐筆過帳。

( )4. 開業分錄通常採用　(A)拆開分記法　(B)虛存虛欠法　(C)虛收虛付法　(D)重記單過法　記帳。

( )5. 下列敘述，何項有誤？　(A)未設專欄之現金支出簿，其金額仍應逐筆過入適當帳戶之借方　(B)各種日記簿內設有日頁欄　(C)我國商業會計法規定採用餘額式分類帳　(D)試算為平時之會計工作。

( )6. 下列何者有誤？　(A)完整的一個分錄應包括交易日期，借、貸方科目及金額　(B)普通日記簿乃按時間先後次序記錄交易　(C)作分錄時，不必考慮借貸是否平衡　(D)日記簿為過帳之依據。

( )7. 對於混合交易採用下列何種方法記載，會使現金帳戶借、貸方金額同金額虛增？　(A)重記單過法　(B)拆開分記法　(C)虛存虛欠法　(D)虛收虛付法。

( )8. 在設置特種日記簿後，調整及結帳分錄應記入　(A)普通日記簿　(B)現金簿　(C)進貨簿　(D)銷貨簿。

( )9. 下列有關會計憑證之敘述，何者錯誤？　(A)傳票在會計上稱為「原

始憑證」 (B)銷貨發票屬於對外憑證 (C)購買存貨所取得之發票屬於外來憑證 (D)應付帳款付現之交易,應編製「現金支出傳票」。

( ) 10. 一般金融業對於混合交易之帳務處理,通常採用 (A)重記單過法 (B)拆開分記法 (C)臨時存欠法 (D)虛收虛付法。

( ) 11. 銷貨簿內賒銷專欄總數,過帳時應過入 (A)銷貨帳戶貸方,現金帳戶借方 (B)銷貨帳戶貸方,應收帳款帳戶借方 (C)應收帳款帳戶貸方,銷貨帳戶借方 (D)銷貨退回帳戶貸方,應收帳款帳戶借方。

( ) 12. 日記簿設置專欄之最主要目的為 (A)分工合作 (B)節省過帳手續 (C)降低錯誤發生 (D)可以專欄代替明細分類帳。

( ) 13. 會計科目設置專欄是在 (A)各種日記簿 (B)普通日記簿 (C)總分類帳簿 (D)各種明細分類帳。

( ) 14. 未設立專欄之現金支出簿,其金額欄應 (A)逐筆過入適當帳戶之貸方 (B)逐筆過入適當帳戶之借方 (C)合計數過入適當帳戶之貸方 (D)合計數過入適當帳戶之借方。

( ) 15. 同時設有現金簿及銷貨簿之帳簿組織,對於銷貨簿中現銷專欄之合計數,應於月終過入 (A)銷貨帳戶之貸方 (B)現金帳戶之借方 (C)銷貨帳戶之貸方及現金帳戶之借方 (D)不必過帳。

( ) 16. 在應付憑單制度下,進貨退出應記入 (A)應付憑單登記簿 (B)支票登記簿 (C)普通日記簿 (D)現金支出簿。

( ) 17. 未付憑單檔可代替 (A)應收帳款明細帳 (B)應付帳款明細帳 (C)銷售費用明細帳 (D)管理費用明細帳。

( ) 18. 零用現金簿屬於 (A)特種日記簿 (B)普通日記簿 (C)明細帳簿 (D)備忘記錄簿。

( ) 19. 應付憑單制度之目的為 (A)簡化會計處理 (B)防止舞弊與減少錯誤 (C)依稅法之規定以防止逃漏稅捐 (D)減少會計科目之設置。

( ) 20. 企業設置之帳簿及編製之報表,應於會計年度終了後,至少保存 (A)5年 (B)10年 (C)15年 (D)永久。

( ) 21. 試算表之編製應按 (A)每日一次 (B)每月一次 (C)每年一次 (D)視需要而編製。

( ) 22. 根據等量減等量,其差必等的原理所編製之試算表為 (A)總額式試

算表　(B)餘額式試算表　(C)總額餘額式試算表　(D)合計差額試算表。

( ) 23. 期末試算表發現貸方餘額大於借方餘額$200，則下列何項可能錯誤？ (A)應收帳款借方$100過入貸方　(B)應付帳款貸方$200過入借方 (C)應付帳款貸方$100過入借方　(D)應收帳款貸方$100過入借方。

( ) 24. 誤將現銷商品$3,000作為現購商品入帳，將使餘額式試算表 (A)借貸方合計均少計$3,000　(B)借貸方合計均無影響　(C)借貸方合計均多計$3,000　(D)借貸方合計仍相等，僅進貨與銷貨科目餘額錯誤。

( ) 25. 試算方法，依據下列何者檢視帳項之記載有無錯誤？　(A)會計方程式　(B)借貸法則　(C)借貸平衡原理　(D)會計原則。

( ) 26. 下列有關試算之敘述，何者不正確？　(A)試算表可驗證分類帳借貸方餘額之平衡　(B)試算表應列示分類帳所有科目及其餘額　(C)試算表可驗證會計期間各帳戶均無錯誤　(D)試算表有助於資產負債表與綜合損益表之編製。

( ) 27. 賒銷商品$500誤以賒購入帳，將使餘額試算表的合計數 (A)少計$500　(B)多計$500　(C)不影響　(D)多計$1,000。

( ) 28. 凡影響借貸平衡之錯誤，不論在任何時間發現，均應採 (A)註銷更正法　(B)分錄更正法　(C)全部更正法　(D)自動抵銷更正法。

( ) 29. 在應付憑單制度下，購置設備一套，價值$50,000，以現金支付$20,000，餘款分三期付清，應付憑單應編製 (A)2張　(B)3張 (C)4張　(D)5張。

( ) 30. 採四分法之帳簿組織，對於下列交易，何者不應記入普通日記簿？ (A)期末應收佣金之調整　(B)收回員工借支款項　(C)期末存貨盤盈 (D)公司債溢價攤銷。

解答：

1. (D)　2. (D)　3. (C)　4. (D)　5. (B)　6. (C)　7. (D)　8. (A)　9. (A)
10. (C)　11. (B)　12. (B)　13. (A)　14. (B)　15. (A)　16. (C)　17. (B)　18. (D)
19. (B)　20. (B)　21. (D)　22. (B)　23. (A)　24. (A)　25. (C)　26. (C)　27. (C)

28. (A)　29. (C)　30. (B)

二、計算題

04-01 編製複式傳票三分法

怡君公司之記帳憑證採複式傳票三分法，民國X1年2月份部分會計事項如下（混合交易依下列指定方法處理之）：

3日　購入商品$56,000，付現$6,000，餘款暫欠（採拆開分記法）。

5日　收回貨款$30,000，除給予2%現金折扣外，餘收現（採虛收虛付法）。

7日　現付員工薪資$70,000，代扣薪資所得稅6%（採臨時存欠法）。

11日　購入中央公債2張，每張面額$20,000，共付價款$41,600，另外過期利息$480，均付現。

15日　銷出商品$44,400，收現$14,000，另收30天期本票，面額$20,000，餘暫欠（採拆開分記法）。

（註）：該公司截止1月底，各類傳票已編最後號碼為：總號#26；分號：現收#9，現支#12，轉帳#10。

試作：編製三分法複式傳票（請依實際需要，依序填用各式傳票，並填妥傳票名稱、日期、借貸方科目及金額……等必要內容，及編列總、分號）。

表格：

＿＿＿＿傳票＿＿＿＿ 總號				＿＿＿轉帳傳票＿＿＿ 總號							
民國　年　月　日　分號				民國　年　月　日　分號							
方科目	摘要	日頁	金額	方科目	摘要	日頁	金額	方科目	摘要	日頁	金額
	合計				合計				合計		

	傳票　　總號			
	民國　年　月　日　分號			
方科目	摘要	日頁	金額
	合計		

	轉帳傳票　　總號							
	民國　年　月　日　分號							
方科目	摘要	日頁	金額	方科目	摘要	日頁	金額
	合計				合計		

	傳票　　總號			
	民國　年　月　日　分號			
方科目	摘要	日頁	金額
	合計		

	轉帳傳票　　總號							
	民國　年　月　日　分號							
方科目	摘要	日頁	金額	方科目	摘要	日頁	金額
	合計				合計		

	傳票　　總號			
	民國　年　月　日　分號			
方科目	摘要	日頁	金額
	合計		

	轉帳傳票　　總號							
	民國　年　月　日　分號							
方科目	摘要	日頁	金額	方科目	摘要	日頁	金額
	合計				合計		

	傳票　　總號			
	民國　年　月　日　分號			
方科目	摘要	日頁	金額
	合計		

	傳票		總號	
民國 年 月 日			分號	
方科目	摘要	日頁	金額	
	合 計			

解答：

現金支出傳票　總號27　　民國X1年2月3日　分號13

借方科目	摘要	日頁	金額
進貨			6,000
	合計		6,000

轉帳傳票　　總號27　　民國X1年2月3日　分號11

借方科目	摘要	日頁	金額	貸方科目	摘要	日頁	金額
			50,000	應付帳款			50,000
	合計		50,000		合計		50,000

現金收入傳票　總號28　　民國X1年2月5日　分號10

貸方科目	摘要	日頁	金額
應收帳款			30,000
	合計		30,000

轉帳傳票　　總號29　　民國X1年2月3日　分號12

借方科目	摘要	日頁	金額	貸方科目	摘要	日頁	金額
員工薪資			70,000	代收款			4,200
				臨時存欠			65,800
	合計		70,000		合計		70,000

現金支出傳票　總號28　　民國X1年2月5日　分號14

借方科目	摘要	日頁	金額
銷貨折扣			600
	合計		600

轉帳傳票　　總號31　　民國X1年2月3日　分號13

借方科目	摘要	日頁	金額	貸方科目	摘要	日頁	金額
應收票據			20,000	銷貨收入			30,400
應收帳款			10,400	臨時存欠			
	合計		30,400		合計		30,400

現金支出傳票		總號29	
民國X1年2月7日		分號15	
借方科目	摘要	日頁	金額
臨時存欠			65,800
	合計		65,800

現金支出傳票		總號30	
民國X1年2月11日		分號16	
借方科目	摘要	日頁	金額
短期投資─債券			41,600
應收利息			480
	合計		42,080

現金收入傳票		總號31	
民國X1年2月15日		分號11	
貸方科目	摘要	日頁	金額
銷貨收入			14,000
	合計		14,000

04-02 編製複式傳票四分法

小小公司X1年3月份部分會計事項如下：

　1日　將X0年11月1日所收六個月期本票（面額$60,000，附息9%，88年初未作迴轉）用來償付前欠丁公司貨款$80,000之一部分。

　3日　向戊公司購入商品$25,000，付現$9,000，餘暫欠。

　6日　前欠庚公司貨款$24,500，今簽給即期支票還清，取得2%付現折扣。

　9日　現購辦公用品一批共價$3,200，收普通收據乙紙。

　12日　銷出商品一批，開立三聯式統一發票，存根聯列示「銷售額$45,000，應稅5%，計$225」，收現如數。

另悉：該公司截至2月底，各類傳票已編最後號碼為：

　　總號#66，分號：現收#14，現支#16，現轉#17，分轉#19。

試作：編製四分法複式傳票（請依實際需要，依序填用各式傳票，並填妥傳票名稱、日期、借貸方科目及金額……等必要內容，及編列總、分號）。

表格：

傳票 總號	

民國　年　月　日　分號

方科目	摘要	日頁	金額
	合計		

轉帳傳票 　　 總號

民國　年　月　日　分號

方科目	摘要	日頁	金額	方科目	摘要	日頁	金額
	合計				合計		

傳票 　　 總號

民國　年　月　日　分號

方科目	摘要	日頁	金額
	合計		

轉帳傳票 　　 總號

民國　年　月　日　分號

方科目	摘要	日頁	金額	方科目	摘要	日頁	金額
	合計				合計		

傳票 　　 總號

民國　年　月　日　分號

方科目	摘要	日頁	金額
	合計		

轉帳傳票 　　 總號

民國　年　月　日　分號

方科目	摘要	日頁	金額	方科目	摘要	日頁	金額
	合計				合計		

解答：

現金支出傳票 　 總號70

民國X1年3月9日 　 分號17

借方科目	摘要	日頁	金額
辦公用品			3,200
	合計		3,200

轉帳傳票 　　　　　 總號67

民國X1年3月1日 　　　　 分號20

借方科目	摘要	日頁	金額	貸方科目	摘要	日頁	金額
應付帳款			61,800	應收票據			60,000
				應收利息			900
				利息收入			900
	合計		61,800		合計		61,800

應收利息及利息收入均為$60,000×9%×2/12 = $900

現金收入傳票			總號71
民國X1年3月12日		分號15	
貸方科目	摘要	日頁	金額
銷貨收入			45,000
銷項稅額			225
	合計		45,225

轉帳傳票							總號68
民國X1年3月3日						分號18	
借方科目	摘要	日頁	金額	貸方科目	摘要	日頁	金額
進貨			25,000	應付帳款			16,000
				現金支出			9,000
	合計		25,000		合計		25,000

轉帳傳票							總號69
民國X1年3月6日						分號19	
借方科目	摘要	日頁	金額	貸方科目	摘要	日頁	金額
應付帳款			24,500	進貨折扣			490
				銀行存款			24,010
	合計		24,500		合計		24,500

04-03 未設專欄之特種日記簿的記法

大大公司序時帳簿採四分法特種日記簿，X1年3月份會計事項如下，請逐筆記入各相當日記簿（不需結總、混合交易依指定方法入帳）。

3日　購入運貨卡車，價款$230,000，另過戶費、行車執照費等計$3,500均付現。

5日　售予甲商店商品$75,000，收現$25,000，餘暫欠，付款條件2/10、N/30（採拆開分記法）。

7日　前欠友力公司貨欠$96,400，今簽給一個月期本票，面額$96,000，作訖。

10日　向友山公司購貨$120,000，付現$50,000，餘暫欠（採拆開分記法）。

15日　將去年10/1所收六個月期，附年息6%之票據$150,000（年底已調整，今年初未轉回）持向票券公司融資，貼現率年息9%（採重記單過法）。

" 日　收到甲商店前（5）日之貨款，給予2%現金折扣外，餘收現（採虛收虛付法）。

19日　丙商店之舊欠$10,000，經多次催收後，本日收現$4,000，餘確定收回無望，予以沖銷（採拆開分記法）。

22日　向力行公司購貨$63,000，付予1/22所收乙商店三個月期附年息9%，面額$45,000本票，餘付現（採臨時存欠法）。

25日　銷售丁商店商品$78,900，收現$56,000，三個月本票$50,000，餘讓免尾數$300後掛帳（採拆開分記法）。

30日　發放員工薪金$72,000，代扣6%薪所稅，餘付現（採虛收虛付法）。

表格：

收方　　　　　　　　　　現金簿　　　　　　　　　第2頁　　　　　　　　　　付方

年		貸方科目	摘要	類頁	金額	年		借方科目	摘要	類頁	金額
月	日					月	日				
			略						略		

進貨簿　　　　　　　第2頁　　　　　　　銷貨簿　　　　　　　第3頁

年		貸方科目	摘要	類頁	金額	年		貸方科目	摘要	類頁	金額
月	日					月	日				
			略						略		

普通日記簿　　　　　第1頁

年		會計科目	摘要	類頁	借方金額	貸方金額
月	日					
			略			

解答：

收方　　　　現金簿　　　　第2頁　　　　付方

X1年		貸方科目	摘要	類頁	金額	年		借方科目	摘要	類頁	金額
月	日					月	日				
3	5	銷　　貨	略	✓	25,000	3	3	運輸設備	略		233,500
	15	應收票據貼現		✓	153,921		10	進　　貨		✓	50,000
	〃	應收帳款			50,000		15	銷貨折扣			1,000
	19	應收帳款			4,000		22	臨時存欠		✓	17,325
	25	銷　　貨		✓	56,000		30	薪工津貼			72,000
	30	代收款			4,320						

進貨簿　　　　第2頁

年		貸方科目	摘要	類頁	金額
月	日				
3	10	現　　金	略	✓	50,000
	〃	應付帳款			70,000

銷貨簿　　　　第3頁

年		貸方科目	摘要	類頁	金額
月	日				
3	5	現　　金		✓	25,000
	〃	應收帳款	甲店		50,000

	22	應付帳款			63,000		25	現　金	✓	56,000
							"	應收票據		50,000
							"	應收帳款	丁店	23,000

普 通 日 記 簿　　　　　　　第1頁

年		會計科目	摘要	類頁	借方科目	貸方科目
月	日					
3	7	應付帳款	友力		96,400	
		進貨折讓				400
		應付票據				96,000
	15	現金		✓	(3)153,921	
		貼現損失			(4)204	
		貼現應收票據				150,000
		應收利息				(1) 2,250
		利息收入				(2) 1,875
	19	備抵壞帳			6,000	
		應收帳款	丙店			6,000
	22	應付帳款	力行		63,000	
		利息收入				(5)　675
		臨時存欠		✓		17,325
		應收票據				45,000

附註：

(1) 去年底應收利息$150,000×6%×3/12 = $2,250

(2) 今年已賺得利息$150,000×6%×2.5/12 = $1,875

(3) $150,000× [1 + (6%×6/12)] = $15,4500　票據到期值

$154,500×9%×0.5/12 = $579　貼現利息

$(154,5005 − 579) = $153,921　貼現值

(4) $(150,000 + 2,250 + 1,875) = $154,125　票據現值

$(154,125 − 153,921) = $204　貼現損失

(5) $45,000×9%×2/12 = $675

第五章

現　　金

現金之定義

現金之定義有三（見圖5-1）：

1. 交易之媒介或可轉變成交易媒介，如臺灣之交易媒介爲新臺幣。

2. 可自由運用或動用（提領）者，而未限制其用途者，如備償性之存款，其運用受限，故非屬現金。

3. 其提領未損及其本金者，如可隨時解約之定期存款提早提領，其罰金未扣及（減少）本金者，故可隨時解約之定期存款屬現金。

由此可知，現金包括庫存現金、周轉金、零用金、即期支票、銀行本票、郵局匯票、支票存款、外幣存款、活期存款，及可隨時解約之定期存款與可轉讓定存單。注意可隨時解約之定期存款與可轉讓定存單爲現金，而非短期投資或有價證券科目，因爲其符合上述三條件。下列之項目非屬現金：

1. 遠期票據屬應收票據而非現金。

2. 印花與郵票屬預付費用或雜項費用而非現金。

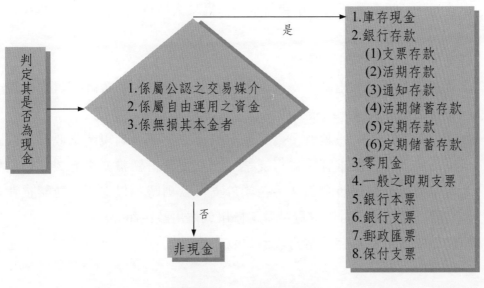

圖5-1　現金判定表

3. 員工預支差旅費屬預付費用、差旅費用或暫付款而非現金。

4. 償債基金之現金屬償債基金科目非屬現金。

5. 備償性存款屬其他流動資產非屬現金。

6. 銀行透支屬流動負債非現金。

現金之判別：

另企業之資金常作閒餘資金之運用，故某些情況，企業因為某些投資之利潤較定存高，且其投資風險較低，故類似現金之情況，此稱為約當現金。而約當現金之定義為可隨時變現，且其風險較小者，如從投資日起至到期日三個月內之商業本票或國庫券。由此可知，資產負債表之「現金」科目應改為「現金與約當現金」科目，如此更符合現金流量表之要求。

5-2

現金之管理與內部控制制度

一般而言，企業皆須現金之管理，因為現金為支付之工具。若現金管理不當將造成，小則使資金成本增加，大則因周轉不靈而倒閉。故企業有其管理之方式，此方式即管理現金而編製每日之現金收支表（了解每日之現金流量）與現金預估表（了解企業未來之現金需求——提早去借錢或結餘——安排投資管道）。

另應注意現金之管理如下：

1. 管錢不管帳，即出納不得處理帳務會計之工作，而會計不得處理現金存提之出納工作，以避免發生資金被挪用或盜領之情況。

2. 收付皆用支票——禁背。為了使一般員工不牽涉到現金之收付，故企業於收款時，要求客戶以寄支票（並禁止背書轉讓）之方式，以避免員工挪用或盜用該金額。另企業於支付款項時，以支票（並禁止背書轉讓）之方式支付，以避免員工挪用或盜用該金額。

3. 當日收款，當日存。當日收到之款項應立即存於銀行帳戶中，以避免現金遺失。

4. 支票之蓋章：大小章分屬二人，支付款項支票之核准，應由董事長（或總經理）與財務長兩人分別核准，並各保管支付之印章。

5. 編製現金日報表與現金預估表。企業應每日編製現金日報表以控管現金，以了解現金之結餘，企業因編製現金預估表以應付未來之需。

6. 每月要對銀行對帳單。企業應於每月底編製銀行對帳單，以了解銀行帳與公司帳之差異。

7. 定期盤點庫存現金及銀行存款。

另由於企業主常認知有問題而使得企業周轉不靈，因為企業有本期淨利並不代表企業有相等之現金，此乃會計採應計（權責）基礎而非現金基礎所致，故企業須要預先編製現金估計表（非現金流量表），先行預估企業下週或下個月之資金需求，以避免現金管理不當。

5-3

零用金制度

企業由於某些部門分屬不同地點（如企業之總公司在五股，而業務部在臺北市，研發部在新竹），而便利支付某些零星支出（若所有支出，如車資、報費與郵資等，皆要向在五股之會計部申請，將造成往來時間上或代墊上之不便），或因為便利某些部門（如若總公司之製造部所有之臨時支出，如拜拜之費用、報費等，皆要向會計部申請，將造成往來時間上或代墊上之不便）支付零星支出，故會計部門於該部門設立專款，並交專人處理，此種設立之專款稱零用金。一般而言，出納人員提撥一定數額之零用金（約定之一定數額）予此專人，而該專人支付款項時應保留詳細之單據並予以記錄，出納人員定期撥足其金額至當初之約定數為止，並將相關單據帶回會計部作帳。

·零用金之會計處理

1. 設立與增加零用金數額時

（借）零用金　******
　　（貸）現金　　　　******

2.發生零星支出時

不作分錄，支付款項時，應保留詳細之單據並予以記錄。

3. 報銷與補足

（借）各項費用 ******
　　（貸）現金 ******

4. 若零用金發生短少

（借）現金短溢 ******
　　（貸）現金 ******

5. 若零用金發生多絀

（借）現金 ******
　　（貸）現金短溢 ******

6. 減少零用金

（借）現金 ******
　　（貸）零用金 ******

5-4

銀行存款調節表（兩欄式調節表與四欄式調節表）

企業為安全與內部控制之目的而編製銀行存款調節表，以期公司現金帳與銀行之公司存款帳相符；另可防止企業之現金短少。

一般而言，公司之現金帳與銀行之公司存款帳會因為時間差，或記錄錯誤，而使得兩帳款不相等。如企業收到他公司之即期支票，企業現金帳會記錄此即期支票為現金，但由於企業存入支票於銀行，需要時間（二至三天）轉換為現金，故銀行之公司存款帳於未收到現金時，未記錄此現金。如此，於當時而造成帳上差異。

其差異之原因分析如下：

1. 公司現金帳已記錄借方（增加），銀行之公司存款帳（銀行對帳單）未記錄貸方（增加）。如在途存款（國外企業匯款給你，該公司於匯款後，即傳眞匯款單給你，但你在銀行之存款帳因時間差而未收到）。

2. 公司現金帳已記錄貸方（減少），銀行之公司存款帳未記錄借方（減少）。如未兌現支票（公司開立支票給供應商之公司，但由於該供應商之公司未將此支票存入，或該供應商之往來銀行尚未收到款項）。

3. 銀行之公司存款帳已記錄貸方（增加），公司現金帳未記錄借方（增加）。如代收款項，存款利息收入（由於實務上銀行轉入公司之存款利息時，並不會通知公司，或通知公司時已過公司結帳時間，故使銀行之公司帳已列該金額，但公司帳上卻未列帳）。

4. 銀行之公司存款帳已記錄借方（減少），公司現金帳未記錄貸方（減少）。如代付款項，銀行手續費，存款不足支票（收到他公司支票時，銀行之公司存款帳已列計增加，故之後得知他公司存款不足，則銀行之公司存款帳應將之減少，但公司現金帳卻尚未知，故未減少）。

5. 錯誤：銀行之公司存款帳錯誤（銀行錯），或公司現金帳錯誤（公司錯），而造成銀行之公司存款帳，與公司現金帳不相等。

由於上述之原因所造成之差異，可採下列之方法：

1. 將銀行之公司存款帳（銀行對帳單）金額調到正確金額，公司現金帳金額亦調到正確金額。

2. 銀行之公司存款帳（銀行對帳單）金額調到公司現金帳金額。

3. 公司現金帳亦調到銀行之公司存款帳（銀行對帳單）金額。

一般而言，實務界皆採1.法，將銀行之公司存款帳（銀行對帳單）金額調到正確金額，公司現金帳金額亦調到正確金額。

·格式

一般而言，銀行存款調節表可分爲二欄式與四欄式調節表。

(一)二欄式銀行調節表

1. 將銀行之公司存款帳（銀行對帳單）金額調到正確金額，公司現金帳
   金額亦調到正確金額（銀行貸方為增加，借方為減少；公司借方為增
   加，貸方為減少；並請參考上述差異1～5項）。

東吳公司
銀行調節表
民國X1年1月31日

公司帳面餘額1/31	$ *****	銀行對帳單餘額1/31	$ *****
加：銀行已貸，公司未借	***	加：公司已借，銀行未貸	***
減：銀行已借，公司未貸	(***)	減：公司已貸，銀行未借	(***)
錯誤之調整：		錯誤之調整：	
加：公司少計收入，多計支出	***	加：銀行少計收入，多計支出	***
減：公司多計收入，少計支出	(***)	減：銀行多計收入，少計支出	(***)
正確金額	$ *****	正確金額	$ *****

2. 將銀行之公司存款帳（銀行對帳單）金額調到公司現金帳金額。

東吳公司
銀行調節表
民國X1年1月31日

銀行對帳單餘額 1/31	$ *****
加：公司已借，銀行未貸	***
減：公司已貸，銀行未借	***
錯誤之調整：	
加：銀行少計收入，多計支出	***
減：銀行多計收入，少計支出	(***)
減：銀行已貸，公司未借	
加：銀行已借，公司未貸	
減：公司少計收入，多計支出	
加：公司多計收入，少計支出	
公司帳面餘額1/31	$ *****

3. 將公司現金帳亦調到銀行之公司存款帳（銀行對帳單）金額。

東吳公司
銀行調節表
民國X1年1月31日

公司帳面餘額1/31	$ *****
加：銀行已貸，公司未借	***
減：銀行已借，公司未貸	***
錯誤之調整：	
加：公司少計收入，多計支出	***
減：公司多計收入，少計支出	(***)
減：公司已借，銀行未貸	
加：公司已貸，銀行未借	
減：銀行少計收入，多計支出	
加：銀行多計收入，少計支出	
銀行對帳單餘額1/31	$ *****

分錄：

　　由於企業僅能將公司所造成之錯誤將其改正，而不能要求銀行作更正，故更正分錄為調整企業端之下列項目。

1. 銀行已貸，公司未借(3)之項目，如託收票據、存款利息收入等。

　　公司託收票據收現之更正分錄為：

　　　　（借）現金（銀行存款）　　　******
　　　　（貸）應收票據　　　　　　　　　******

　　公司存款利息收入收現之更正分錄為：

　　　　（借）現金　　　　　　　　******
　　　　（貸）利息收入　　　　　　　　　******

2. 銀行已借，公司未貸(4)之項目，如銀行手續費（利息費）、客戶存款不足而退票等。

　　公司之銀行代扣手續費付現之更正分錄為：

（借）利息費用　　　　　　******

　　（貸）現金（銀行存款）　　******

公司之客戶存款不足而退票之更正分錄為：

（借）應收帳款　　　　　******

　　（貸）現金（銀行存款）　　******

3. 錯誤之發生，公司少計收入，多計支出，如現金收入少計、應付帳款付現數多計等。

公司之現金收入少計之更正分錄為：

　　（借）現金（銀行存款）　　******
　　（貸）銷貨收入　　　　　******

公司之應付帳款現金支出多計之更正分錄為：

　　（借）應付帳款　　　　　******
　　（貸）現金（銀行存款）　　******

4. 錯誤之發生，公司多計收入，少計支出，如現金收入多計、應付帳款付現數少計等。

公司之現金收入多計之更正分錄為：

　　（借）銷貨收入　　　　　******
　　（貸）現金（銀行存款）　　******

公司之應付帳款現金支出少計之更正分錄為：

（借）應付帳款　　　　　******
　　（貸）現金（銀行存款）　　******

今以另一方法，詳解簡單銀行存款調節表，即用數學公式予以導出。如下所示：

(二)簡單調節表

1. 以正確餘額為準（標準格式）

銀行對帳單餘額：　　　　　　　　　　　　　　　　　　　　　Ⓐ

加：公司已借銀行未貸－在途存款（列存款之明細）　　　　　　Ⓐ1

減：公司已貸銀行未借－未兌現支票（列支票之明細）　　　　　Ⓐ2

加或減銀行帳上誤記（多記則減，少記則加）　　　　　　　　　Ⓐ3

正確餘額　　　　　　　　　　　　　　　　　　　　　　　　　Ⓐ+

公司帳上餘額：　　　　　　　　　　　　　　　　　　　　　　Ⓑ

加：銀行已貸公司未借—代收票據　　　　　　　　　　　　　　Ⓑ1

　　銀行已貸公司未借—代收股款　　　　　　　　　　　　　　Ⓑ2

　　銀行已貸公司未借—代收款項　　　　　　　　　　　　　　Ⓑ3

　　銀行已貸公司未借—銀行支付利息予公司　　　　　　　　　Ⓑ4

減：銀行已借公司未貸—退票　　　　　　　　　　　　　　　　Ⓐ5

　　銀行已借公司未貸—手續費　　　　　　　　　　　　　　　Ⓑ6

　　銀行已借公司未貸—代付款項　　　　　　　　　　　　　　Ⓑ7

加或減：公司帳上誤記（多記則減，少記則加）　　　　　　　　Ⓑ8

正確餘款　　　　　　　　　　　　　　　　　　　　　　　　　Ⓑ+

2. 從銀行餘額調節到公司帳面餘額

由於Ⓐ+＝Ⓐ+→正確餘額＝正確餘額，故其恆等式應成立。

即Ⓐ＋Ⓐ1－Ⓐ2±Ⓐ3＝Ⓑ＋Ⓑ1＋Ⓑ2＋Ⓑ3＋Ⓑ4－Ⓑ5－Ⓑ6－Ⓑ7±Ⓑ8

移項→Ⓐ＋Ⓐ1＋Ⓑ5＋Ⓑ6＋Ⓑ7－Ⓐ2－Ⓑ1－Ⓑ2－Ⓑ3－Ⓑ4±Ⓐ3±Ⓑ8＝Ⓑ

銀行對帳單餘額　　　　　　　　　　　　　　　　　　　　　　Ⓐ

加：公司已借銀行未貸—在途存款　　　　　　　　　　　　　　Ⓐ1

　　銀行已借公司未貸—退票　　　　　　　　　　　　　　　　Ⓑ5

　　銀行已借公司未貸—手續費　　　　　　　　　　　　　　　Ⓑ6

　　銀行已借公司未貸—代付款項　　　　　　　　　　　　　　Ⓑ7

減：公司已貸銀行未借—未兌現支票　　　　　　　　　　　　　Ⓐ2

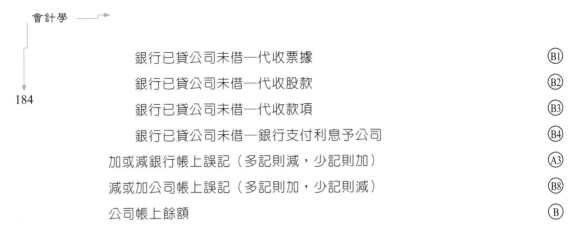

銀行已貸公司未借—代收票據	B1
銀行已貸公司未借—代收股款	B2
銀行已貸公司未借—代收款項	B3
銀行已貸公司未借—銀行支付利息予公司	B4
加或減銀行帳上誤記（多記則減，少記則加）	A3
減或加公司帳上誤記（多記則加，少記則減）	B8
公司帳上餘額	B

3. 從公司帳面餘額調節到銀行餘額

由上述2.可知其恆等式為→ B + B1 + B2 + B3 + B4 − B5 − B6 − B7 ± B8 = A + A1 − A2 ± A3

移項→ B + B1 + B2 + B3 + B4 + A2 − B5 − B6 − B7 − A1 ± B8 ± A3 = A

公司帳上餘額	B
加：銀行已貸公司未借—代收票據	B1
銀行已貸公司未借—代收股款	B2
銀行已貸公司未借—代收款項	B3
銀行已貸公司未借—銀行支付利息予公司	B4
公司已貸銀行未借—未兌現支票	A2
減：銀行已借公司未貸—退票	B5
銀行已借公司未貸—手續費	B6
銀行已借公司未貸—代付款項	B7
公司已借銀行未貸—在途存款	A1
加或減公司帳上誤記（多記則減，少記則加）	B8
減或加銀行帳上誤記（多記則加，少記則減）	A3
銀行對帳單餘額	A

(三)四欄式收支結餘調節表

由於此為初級會計學而非中級會計學，故僅列出表格，而對四欄式收支調
節表並不加以詳細闡述。

表5-1

項　　目	期初餘額	+	本月存入	−	本月支出	=	期末餘額
銀行對帳單餘額	××		××		××		××
加：在途存款							
上月底	××		(××)				××
本月底			××				
減：未兌現支票							
上月底（列明細）	(××)				(××)		
本月底（列明細）					××		(××)
加或減銀行帳上誤記（本月份）							
多記：收入			(××)				(××)
多記：支出					(××)		××
少記：收入			××				××
少記：支出					××		(××)
調節後餘額	××		××		××		××
公司帳上餘額	××		××		××		××
加：代收票據			××				××
代收股款			××				××
代收款項			××				××
銀行支付之利息			××				××
減：退票					××		(××)
手續費（代付）					××		(××)
代付款項					××		(××)
加或減公司帳上誤記（本月份）							
多記：收入			(××)				(××)
多記：支出					(××)		××
少記：收入			××				××
少記：支出					××		(××)
調節後餘額	××		××		××		××

證券發行人財務報告編製準則、商業會計法
及商業會計處理準則之規定

(一)證券發行人財務報告編製準則（民國111年11月24日）

第9條（節錄）

現金及約當現金：庫存現金、活期存款及可隨時轉換成定額現金且價值變動風險甚小之短期並具高度流動性之定期存款或投資。

第23條

發行人編製個體財務報告時，應編製重要會計項目明細表。

重要會計項目明細表之名稱及格式如下：

一、資產、負債及權益項目明細表：

　　(一) 現金及約當現金明細表。（格式六之一）

　　(二) 透過損益按公允價值衡量之金融資產－流動明細表。（格式六之二）

　　(三) 透過其他綜合損益按公允價值衡量之金融資產－流動明細表。（格式六之三）

　　(四) 避險之金融資產－流動明細表。（格式六之四）

　　(五) 按攤銷後成本衡量之金融資產－流動明細表。（格式六之六）

　　(六) 應收票據明細表。（格式六之七）

　　(七) 應收帳款明細表。（格式六之八）

　　(八) 其他應收款明細表。（格式六之九）

　　(九) 存貨明細表。（格式六之十）

　　(十) 生物資產－流動明細表。（格式六之十一）

　　(十一) 預付款項明細表。（格式六之十二）

　　(十二) 待出售非流動資產明細表。（格式六之十三）

(十三) 其他流動資產明細表。（格式六之十四）

(十四) 透過損益按公允價值衡量之金融資產－非流動變動明細表。
　　　（格式六之十五）

(十五) 透過其他綜合損益按公允價值衡量之金融資產－非流動變動明
　　　細表。（格式六之十六）

(十六) 避險之金融資產－非流動明細表。（格式六之十八）

(十七) 按攤銷後成本衡量之金融資產－非流動變動明細表。（格式六
　　　之二十）

(十八) 採用權益法之投資變動明細表。（格式六之二十一）

(十九) 採用權益法之投資累計減損變動明細表。（格式六之二十二）

(二十) 不動產、廠房及設備變動明細表。（格式六之二十三）

(二十一) 不動產、廠房及設備累計折舊變動明細表。（格式六之
　　　　二十四）

(二十二) 不動產、廠房及設備累計減損變動明細表。（格式六之
　　　　二十五）

(二十三) 使用權資產變動明細表。（格式六之二十六）

(二十四) 使用權資產累計折舊變動明細表。（格式六之二十七）

(二十五) 使用權資產累計減損變動明細表。（格式六之二十八）

(二十六) 投資性不動產變動明細表。（格式六之二十九）

(二十七) 投資性不動產累計折舊變動明細表。（格式六之三十）

(二十八) 投資性不動產累計減損變動明細表。（格式六之三十一）

(二十九) 無形資產變動明細表。（格式六之三十二）

(三十) 遞延所得稅資產明細表。（格式六之三十三）

(三十一) 生物資產－非流動明細表。（格式六之三十四）

(三十二) 其他非流動資產明細表。（格式六之三十五）

(三十三) 短期借款明細表。（格式七之一）

(三十四) 應付短期票券明細表。（格式七之二）

(三十五) 透過損益按公允價值衡量之金融負債－流動明細表。（格
　　　　式七之三）

(三十六) 避險之金融負債－流動明細表。（格式七之四）

(三十七) 應付票據明細表。（格式七之六）

(三十八) 應付帳款明細表。（格式七之七）

(三十九) 其他應付款明細表。（格式七之八）

(四十) 負債準備－流動明細表。（格式七之九）

(四十一) 與待出售非流動資產直接相關之負債明細表。（格式七之
十）

(四十二) 其他流動負債明細表。（格式七之十一）

(四十三) 透過損益按公允價值衡量之金融負債－非流動變動明細
表。（格式七之十二）

(四十四) 避險之金融負債－非流動明細表。（格式七之十三）

(四十五) 應付公司債明細表。（格式七之十四）

(四十六) 長期借款明細表。（格式七之十五）

(四十七) 租賃負債明細表。（格式七之十六）

(四十八) 負債準備－非流動明細表。（格式七之十七）

(四十九) 遞延所得稅負債明細表。（格式七之十八）

(五十) 其他非流動負債明細表。（格式七之十九）

二、損益項目明細表：

(一) 營業收入明細表。（格式八之一）

(二) 營業成本明細表。（格式八之二）

(三) 推銷費用明細表。（格式八之三）

(四) 管理費用明細表。（格式八之四）

(五) 其他收益及費損淨額明細表。（格式八之五）

(六) 財務成本明細表。（格式八之六）

(七) 本期發生之員工福利、折舊、折耗及攤銷費用功能別彙總表。
（格式八之七）

　　前項第一款所列資產、負債及權益項目明細表，公司得依重大性原則決定
是否須單獨列示。

現金及約當現金明細表

項目	摘要	金額

(二)商業會計法（民國103年6月18日）

第13條（商業會計處理準則）

　　會計憑證、會計項目、會計帳簿及財務報表，其名稱、格式及財務報表編製方法等有關規定之商業會計處理準則，由中央主管機關定之。

(三)商業會計處理準則（民國110年9月16日）

第15條（節錄）

　　現金及約當現金：指庫存現金、銀行存款、周轉金、零用金、及隨時可轉換成定額現金且即將到期而利率變動對其價值影響甚少之短期且具高度流動性之投資，不包括已指定用途或依法律或契約受有限制者；其科目性質及應加註釋事項如下：

　　(一) 非活期之銀行存款到期日在一年以後者，應加註明。

　　(二) 定期存款提供債務作質者，如所擔保之債務為長期負債，應改列為其他資產，如所擔保之債務為流動負債，則改列為其他流動資產，並附註說明擔保之事實；作為存出保證金者，應依其長短期之性質，分別列為流動資產或其他資產，並於附註中說明。

　　(三)補償性存款如因短期借款而發生者，應列為流動資產；如係因長期負債而發生者，則應改列為其他資產或長期投資。

習題與解答

一、選擇題

( ) 1. 公司X1年年終盤點現金時，計有庫存現金$12,000，印花稅票$200，郵票$400，即期匯票$3,500，償債基金$15,000，員工借據$3,000，銀行存款$8,000，存出押金$3,000，則正確之現金餘額為 (A)$38,500 (B)$23,500 (C)$20,000 (D)$15,500。

( ) 2. 現金短溢帳戶發生借餘時，通常應在 (A)列於資產負債表之資產項下 (B)列於綜合損益表之營業外費用項下 (C)列於綜合損益表上作為銷貨之減項 (D)列於綜合損益表之營業外收入項下。

( ) 3. 出納員保管之郵票及借條應列為 (A)預付費用及應收款項 (B)現金 (C)應收帳款 (D)短期投資。

( ) 4. 庫存現金$6,000，活期存款$33,000，未兌匯票$2,500，即期支票$5,000，遠期支票$16,000，郵票$420，即期本票$6,500，零用金$3,200，員工借條$600，存款不足退回之客票$1,200，償債基金現金$2,400，則資產負債表之「現金」應為 (A)$54,120 (B)$54,900 (C)$53,700 (D)$55,500。

( ) 5. 收到遠期支票，應借記： (A)現金 (B)應收帳款 (C)應收票據 (D)銀行存款。

( ) 6. 乙公司X1年8月1日的現金餘額為$4,300。8月份發生下列交易：8月7日賒購存貨$6,000，付款條件為2/10，1/20，n/30，10日退還8月7日賒購存貨中的瑕疵品$500。8月12日賒銷商品$5,000，付款條件為1/10，n/EOM，成本$3,800。8月26日收到銷貨款項，8月27日付清賒購款項。試問：乙公司8月底現金餘額為多少？ (A)$3,800 (B)$3,855 (C)$3,860 (D)$3,910。

( ) 7. 在零用金制度下，何時應借記零用金帳戶？ (A)零用金撥補時 (B)零用金動用時 (C)零用金額度變更時 (D)發生現金短溢時。

（　）8. 甲公司設有零用金基金制度，零用金之金額為$600，現在零用金基金中有收據$500及現金$95。在記錄零用金撥補分錄時，公司應該 (A)借記現金短溢$5 (B)借記零用金$500 (C)貸記現金$500 (D)貸記零用金$5。

（　）9. 下列何項交易之結果，可以借記零用金帳戶？ (A)支付零用金時 (B)設置或增設零用金時 (C)減設零用金時 (D)補充零用金時。

（　）10. 有關零用金制之敘述，下列何者有誤？ (A)採定額預付制 (B)支付時無須作分錄 (C)報銷補充時，應借記各項費用，貸記零用金 (D)有多餘時，應貸記現金短溢。

（　）11. 若企業設有零用金制度，則對小額支付的控制是於 (A)發生費用時 (B)月底結帳時 (C)年終結帳時 (D)撥補零用金時 實施。

（　）12. 下列何種情況會發生貸記「零用金」？ (A)設置零用金時 (B)補足零用金時 (C)減少零用金時 (D)支付各項費用時。

（　）13. 企業設置零用金制 ，可有效減低會計處理成本與加強現金管控。請問下列有關零用金的事件，何項可以不需要做會計分錄？ (A)動支零用金 (B)設置零用金 (C)撥補零用金 (D)調整零用金。

（　）14. 銀行誤將他公司支票借記本公司帳戶，在求正確存款額時，應 (A)作為結單餘額的加項 (B)作為銀行存款的減項 (C)作為帳面現金的加項 (D)作為帳面現金的減項。

（　）15. 現金帳面餘額$62,430，但有面額$460支票，現金支出簿誤記為$620，另銀行代收之支票票款$4,000公司未入帳，則正確之現金餘額為 (A)$66,270 (B)$66,590 (C)$62,590 (D)$58,170。

（　）16. 丙公司收到6月30日銀行對帳單餘額為$650,000，與公司銀行存款帳載資料做比對，發現有下列差異：在途存款$120,000、未兌現支票$87,000、銀行手續費$9,000、公司開立支票面額$3,500，帳上誤記為$5,300。試問：丙公司銀行存款未調整前帳載餘額為多少？ (A)$624,200 (B)$675,800 (C)$690,200 (D)$693,800。

（　）17. 公司帳載現金餘額為$4,500，已知公司開立支付給供應商之支票，面額為$5,800，帳上卻誤植為$8,500，又銀行代收票據一紙$1,500，公司尚未入帳，則正確的現金餘額應為 (A)$300 (B)$3,300

(C)$5,700　(D)$8,700。

( )　18. 編製銀行往來調節表時，對於以前月份開出之支票　(A)不論已否兌現，均可不必調整　(B)不論已否兌現，均須調整　(C)已兌現者不必調整，未兌現者仍須調整　(D)已兌現者仍須調整，未兌現者不必調整。

( )　19. 短期債券投資之溢價，應視為　(A)投資成本的一部分，並於持有期間攤銷　(B)投資成本的一部分，並於發行期間攤銷　(C)投資成本的一部分，但不必攤銷　(D)購入期間的損失。

( )　20. 夏日公司X1年終調整前，帳上有「短期投資」成本$220,000，「備抵短期投資跌價」$8,000，當日市價$210,000，則調整時之評價分錄為　(A)貸記備抵短期投資跌價$2,000　(B)貸記備抵短期投資跌價$10,000　(C)貸記短期投資回升利益$2,000　(D)不必作分錄。

( )　21. 短期股票投資成本$780,000，備抵短期投資跌價$8,000，今按$392,000出售二分之一，並另扣證交稅及手續費共$1,735後收現，則出售股票記錄中會發生　(A)出售短期投資損失$8,265　(B)出售短期投資利益$8,265　(C)出售短期投資損失$8,000　(D)出售短期投資利益$265。

( )　22. 短期投資帳面成本高於市價，其跌價部分作成調整分錄，借：短期投資未實現跌價損失，貸：備抵短期投資跌價，此貸方科目係　(A)流動負債　(B)股東權益之一部分　(C)短期投資之評價科目　(D)跌價損失之減項。

( )　23. 我國一般公認會計原則規定，短期投資應採何種方法評價？　(A)成本法　(B)市價法　(C)成本與市價孰低法　(D)淨變現價值法。

( )　24. 短期股票投資若採成本與市價法評價，應採　(A)總額比較法　(B)分類比較法　(C)逐項比較法　(D)淨變現價值法。

( )　25. 備抵短期投資跌價存財務狀況表上列於　(A)流動負債　(B)長期負債　(C)股東權益　(D)短期投資　項下作為減項。

( )　26. 期末短期投資採成本與市價孰低法評價乃基於　(A)配合原則　(B)成本原則　(C)穩健；原則　(D)充分揭露原則。

( )　27. 「短期投資跌價損失」帳戶敘述，下列何者為真？　(A)作為財務

狀況表之短期投資之減項　(B)列於綜合損益表之營業外費用項下　(C)作為財務狀況表之股東權益減項　(D)作為綜合損益表之營業費用項下。

(　　) 28.下列有關備抵短期投資跌價帳戶之敘述，何者正確？　(A)屬於短期投資之減項　(B)此科目僅用於債券投資之評價，並不適用於股票投資之評價　(C)當短期投資之市價小於成本時應沖銷之　(D)僅在每年調整時入帳，出售時並不沖銷。

(　　) 29.甲公司編製X1年12月31日之銀行調節表，X1年12月31日銀行對帳單之餘額為$880,000，銀行對帳單中包含銀行對甲公司之X1年度之服務費$100；銀行代收票據在扣除手續費$50後之淨額為$650；X1年12月31日之在途存款與流通在外之未兌現支票分別為$8,250與$6,750。另外，銀行於寄出銀行對帳單後，發現銀行對其他客戶之扣款$800誤於在甲公司帳戶中扣除。請問：X1年12月31日甲公司該銀行存款帳戶餘額為何？　(A)$879,450　(B)$880,700　(C)$881,750　(D)$882,300。

(　　) 30.庚辛公司5月31日銀行月結單上之存款餘額為$103,115。5月底在途存款為$26,500，未兌現支票為$32,380，包括一張金額$1,500銀行於5月16日保付之支票。5月份因存款不足退票$2,526。5月22日公司將開 予戊己公司之支票$5,380誤記為$3,580，公司5月31日才發現此錯誤。5月份銀行代收票據$25,135，並扣除代收手續費$50。試問：庚辛公司5月31日之正確存款餘額為何？　(A)$96,209　(B)$97,235　(C)$98,735　(D)$121,344。

解答：

1. (B)　2. (B)　3. (A)　4. (C)　5. (C)　6. (B)　7. (C)　8. (A)　9. (B)
10. (C)　11. (D)　12. (C)　13. (A)　14. (A)　15. (B)　16. (C)　17. (D)　18. (C)
19. (C)　20. (A)　21. (D)　22. (C)　23. (C)　24. (A)　25. (D)　26. (C)　27. (B)
28. (A)　29. (C)　30. (C)

05-01 編製銀行往來調節表

美園公司所有收支均透過銀行支票存款戶，9月底曾編銀行調節表如下：

銀行對帳單餘額		$95,830
加：存途存款	$25,000	
銀行手續費	1,200	
存款不足退票	3,000	29,200
		$125,030
減：未兌現支票	$52,630	
銀行代收票據	5,000	（57,630）
公司帳面餘額		$67,400

該公司10月份往來資料如下：

	銀行帳	公司帳
支票紀錄	$278,500	$262,800
存款紀錄	300,000	295,000
退票紀錄	4,500	3,000
手續費	800	1,200
託收票據	2,000	5,000

試作：

(1)計算10月31日之在途存款及未兌現支票。

(2)以正確餘額法編製X1年10月31日銀行往來調節表，並作調整分錄。

表格：

公司
銀行往來調節表
民國　年　月　日

解答：

(1) ① 10月31日帳面存款餘額：

$\$(67,400 - 262,800 + 295,000 - 3,000 - 1,200 + 5,000) = \$100,400$

② 10月31日銀行結單餘額：

$\$(95,830 - 278,500 + 300,000 - 4,500 - 800 + 2,000) = \$114,030$

③ 10月31日在途存款：

$\$295,000 - \$(300,000 - 25,000) = \$20,000$

④ 10月31日未兌支票：

$\$262,800 - \$(278,500 - 52,630) = \$36,930$

(2) 編表：

美園公司
銀行往來調節表
民國X1年10月31日

帳面餘額		$100,400	對帳單餘額		$114,030
加：託收票據		2,000	加：在途存款（10/31）		20,000
合計		$102,400	合計		$134,030
減：退票	$4,500		減：未兌支票		36,930
手續費	800	5,300			
正確餘額		$97,100	正確餘額		$97,100

(3) 調整分錄：

應收帳款	4,500	
手續費	800	
應收票據		2,000
銀行存款		3,300

05-02　編製銀行往來調節表

俊武公司X1年4月30日銀行存款調節表中，有下列調節項目：

在途存款（4/30）	$6,000	代收票據	$10,000
未兌現支票	3,000	銀行手續費	50
正確餘額為	40,550		

5月份銀行往來資料如下：

	支票	存款	手續費	代收票據	存款不足退票
銀行帳	$155,122	$147,140	$80	$ 12,000	$2,600
公司帳	156,800	155,863	50	10,000	0

試編製X1年5月31日銀行往來調節表，並列式計算相關金額。

表格：

(1)編表：

公司

銀行往來調節表

民國　年　月　日

解答：

(1) 編表：

提示：先將已知數填入，再逐步求相關金額。

俊 武 公 司

銀行往來調節表

民國X1年5月31日

帳面餘額③		$39,613	對帳單餘額⑤		$38,888
加：託收票據		12,000	加：在途存款①		14,723
合計		$51,613	合計		$63,611
減：退票	$2,600		減：未兌現支票②		(4,678)
手續費	80	(2,680)			
正確餘額	④	$48,933	正確餘額		$48,933

(2) 相關計算：

① 在途存款：$155,863 − $(147,140 − 6,000) = $14,723

② 未兌現支票：$156,800 − $(155,122 − 3,000) = $4,678

③ 公司帳面餘額：$(40,550 + 155,863 − 156,800) = $39,613

④ 真實存款餘額：$(39,613 + 12,000 − 2,680) = $48,933

⑤ 對帳單餘額：Y + $(14,723 − 4,678) = $48,933

$$Y = \$38,888$$

第六章

應收款項

6-1

前　言

應收款項之內容如下所示：

(一)包含
1. 應收帳款（Accounts Receivable; A/R）：僅由主要營業活動產生。
2. 應收票據（Notes Receivable; N/R）：大部分由營業活動產生。
3. 其他應收款：非營業行為之應收款項，如應收股款、應收土地款。

(二)因營業而發生之應收帳款及應收票據，應與非因營業而發生之其他應收款項及票據分別列式。應收關係機構及關係個人之款項與票據，應為適當之表達。

6-2

應收帳款之意義與評價

交易雙方（買方與賣方）因信用交易，而使賣方有向買方於未來收取債權之現金請求權利。由於此債權之請求權利具有未來經濟效益，故應視為資產。

就實務上而言，應收帳款發生之程序，應先由買方向賣方申請信用條件（如欠款之金額與付款之期間），賣方會採取徵信調查，以確定買方之信用程度，並給予買方信用交易之總金額與付款之期限，之後進行交易，在付款之期限與信用之額度內即可發生應收帳款。如小小公司向大大公司申請信用條件，信用額度為NT\$10,000,000及其付款期限為六十天。X2年3月1日大大公司出售商品計NT\$100,000予小小公司，故大大公司之分錄為：

　　（借）應收帳款　　100,000

　　　　（貸）銷貨收入　　　　100,000

因此產生應收帳款。

而其分錄之入帳時點為所有權移轉或勞務提供完成即可。故上述大大公司之入帳時點即為大大公司商品所有權移轉至小小公司時。

其入帳應收帳款之金額，應視交易之折讓屬性（數量折扣或現金折扣）與所採之方法（總額法與淨額法），而有所差異。

首先，介紹折讓。

1. 折讓

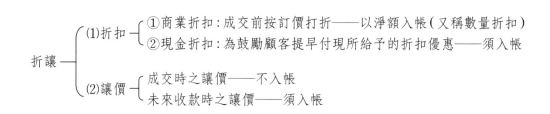

商業折扣又稱數量折扣，為企業大量採購時所能爭取之價格減少。企業不應將此折扣入帳，故應採淨額法將價款之總值減此折扣之淨額列為應收帳款之金額。如大大公司向小小公司買貨$1,000,000，而得到數量折扣$50,000。

其小小公司之分錄為：

（借）應收帳款　　　　　　　950,000
　　（貸）銷貨收入　　　　　　　　　　950,000

現金折扣又稱銷售折扣，此係為使賣方早一點收到款項，而減少收取價款以激勵買方提早繳款者。實務上，企業由於要求現金非常殷切，若收到款項速度慢時，不僅安全性有問題，且不足之資金皆要向銀行借貸。故其折扣之利率低於借款利率時，企業則會採用現金折扣之方法，以快速取得資金以求其安全性且減少資金成本過高之情況。此折扣可採總額法與淨額法列示。以下為銷貨折扣之相關資訊：

(1) 3/10，n/30表示：十天內付款可享3%現金折扣，第十一天起沒有折扣。最晚要在三十天內付清。

(2) 3/10，n/30，EOM表示：十天內付款可享3%現金折扣，授信期間從本

月底起算，最晚要在三十天內付清。

(3) 3/10，n/30，AOG表示：十天內付款可享3%現金折扣，授信期間從貨物到達後起算，最晚要在三十天內付清。Arrival of goods（AOG, 貨物到達後）。

(4) n/EOM表示：月底前付清。

　　n/EOY表示：年底前付清。

此折扣所採之會計方法分為總額法與淨額法，其差異為現金折扣之先後認列。請看表6-1之分錄：

表6-1

項　　目	總額法	淨額法
交易發生時	應收帳款　　總額 　　銷貨收入　　　總額	應收帳款　　淨額 　　銷貨收入　　　淨額
在折扣期間內還款	現金　　　　**** 銷貨折扣　　**** 　　應收帳款　　****	現金　　　　**** 　　應收帳款　　　****
超過折扣期間內還款	現金　　　　**** 　　應收帳款　　****	現金　　　　**** 　　應收帳款　　　**** 　　客戶未享折扣　****

*客戶未享折扣列入營業外收入。

如，X1年1月1日大大公司向小小公司買貨$1,000,000，而得到現金折扣3/10，n/31。

其小小公司分錄為：

現金折扣 = $1,000,000×0.03 = $30,000

📖 表6-2

項　　目	總額法	淨額法
1/1，交易發生時	應收帳款　1,000,000　　　　銷貨收入　　　　1,000,000	應收帳款　970,000　　　　銷貨收入　　　　970,000
1/9，在折扣期間內還款 $500,000	現金　　　485,000　銷貨折扣　　15,000　　　應收帳款　　　　500,000	現金　　　485,000　　　應收帳款　　　　485,000
超過折扣期間內還款	現金　　　500,000　　　應收帳款　　　　500,000	現金　　　500,000　　　應收帳款　　　　485,000　　　客戶未享折扣　　15,000

2. 銷貨退回與折讓

當企業將貨品運交給客戶時，客戶之品管部門將對此商品加以檢驗：(1)若品質符合要求，則入庫；(2)若品質不符要求者，客戶則將此商品退回給該企業；(3)若品質不佳但尚可接受者，則要求其折讓（降價）。情況(2)屬銷貨退回，情況(3)屬銷貨折讓。其相關分錄如表6-3：

📖 表6-3

交易發生時	應收帳款　　　　******　　　銷貨收入　　　　******
銷貨退回與折讓發生時	銷貨退回與折讓　******　　　應收帳款　　　　******

3. 銷貨運費

由於企業出貨給客戶時，將利用交通工具（汽車、船、飛機等）以運送出貨，故將產生運費。此運費應視此費用屬買方或賣方負擔，而歸屬進貨運費或銷貨運費。屬買方負擔者為進貨運費為存貨成本之一，屬賣方負擔者為銷貨運費為業務部費用，屬銷售費用。

6-3

壞帳之會計處理

就應收帳款而言，由於臺灣產業大多為外銷，故客戶大都為外國公司，且散於世界各地；又各國之法令及環境亦有所不同，故對客戶之收款及徵信較困難。另就資金控管之立場，公司都希望掌控在自己手中，但因語言、時間及地點之隔閡，使得與客戶或子公司發生收款不易，致使各產業之應收帳款造成許多問題。一般而言，各產業之應收帳款占總資產之比率為20%～30%以上，且企業之應收帳款為其營運收現之主要來源，由此可知，應收帳款對各產業之重要性。

其中，應收帳款產生損失之風險包括：

(1) 徵信風險：由於對客戶徵信不確實，致使產生收不到客戶款項之風險。

(2) 客戶經營風險：由於客戶經營不善，致使產生客戶倒帳之風險。

(3) 管理風險：由於公司管理不善，帳務不清，內控不彰，致使公司內部人員私吞帳款之現金或短收帳款之現金。

(4) 政治風險：客戶由於該國家之外匯管制，致使收不到客戶款項。

(5) 外匯風險：由於收款之金額或時間不易估計及控制，致使收取外幣時，產生兌換損失。

(6) 匯款風險：由於某些國家之客戶，無法按正常且合法之方式匯款，所產生之風險。

(7) 子公司關係人管理不當之風險：由於對子公司關係人管理不當，致使應收關係人款回收不易。

(8) 其他：如與客戶發生糾紛（如RMA退貨處理、銷貨退回及折讓），使客戶自動扣款及要求折讓。

其中任何一種風險皆會使得企業之應收帳款產生損失，造成壞帳，而損及企業之營運資金，使企業曝露於風險之中。

由於企業給予客戶信用，而產生應收帳款，既然有應收帳款，當然就會有帳款收不回來之情況。但會計原則採權責發生制，故企業要在應收帳款發生之

一定時點（年底時），先行估計帳款收不回來之金額（壞帳數），以符合收入費用配合原則（銷貨收入發生配合壞帳發生）。

1. 呆帳之法令規定（參見所得稅法第49條）：

   應收帳款及應收票據債權之估價，應以其扣除預計備抵呆帳後之數額為標準。

   前項備抵呆帳，應就應收帳款與應收票據餘額1%限度內，酌量估列；其為金融業者，應就其債權餘額按上述限度估列之。

   營利事業依法得列報實際發生呆帳之比率超過前項標準者，得在其以前三個年度依法得列報實際發生呆帳之比率平均數限度內估列之。

   營利事業下年度實際發生之呆帳損失，如與預計數額有所出入者，應於預計該年呆帳損失時糾正之，仍使適合其應計之成數。

   應收帳款、應收票據及各項欠款債權有下列情事之一者，得視為實際發生呆帳損失：

   (1) 因倒閉逃匿、和解或破產之宣告，或其他原因，致債權之一部或全部不能收回者。

   (2) 債權中有逾期兩年，經催收後，未經收取本金或利息者。

   前項債權於列入損失後收回者，應就其收回之數額列為收回年度之收益。

2. 呆帳提列方法：呆帳提列之方法有資產負債表法與綜合損益表法。一般而言，現代之會計理論皆改採資產負債表法，如所得稅會計處理等。此乃因資產負債表法可永遠找到對應科目，資產負債表屬實帳戶。而綜合損益表法與資產負債表法最大之不同為其計算出之對應基礎。如資產負債表法所計算出之呆帳數額為備抵壞帳之期末數，因為其計算基礎為應收帳款，故其對應之基礎為資產負債表之科目——備抵呆帳之累積數，而要算出當期之呆帳費用應以備抵壞帳之期末數減備抵呆帳之期初數，而得出呆帳費用之金額。而綜合損益表法所計算出之呆帳數額，應以銷貨收入為計算基礎，得到其對應基礎為呆帳費用（見表6-4）。

   其差異為：

表6-4

項　目	綜合損益表法	資產負債表法
1.計算基礎	銷貨收入	應收帳款
2.對應科目	壞帳費用	備抵壞帳期末數
3.當期壞帳數 　（分錄之金額）	同上	備抵壞帳期末數減期初數（貸方）或加期初數（借方）
4.分錄	（借）壞帳費用　＊＊＊ 　　　（貸）備抵壞帳　＊＊＊	（借）壞帳費用　＊＊＊ 　　　（貸）備抵壞帳　＊＊＊

1. 資產負債表觀點

又稱：(1)差額補足法；(2)補提法；(3)逐期遞轉法。

其目的在了解應收帳款淨變現價值，即應收帳款總額減備抵壞帳之淨額。其方法可分為下列兩種：

(1) 應收帳款餘額百分比法

是以應收帳款餘額為計算基礎，再估計應收帳款之壞帳率。而其壞帳率之計算為將過去實際之壞帳除過去該年度之應收帳款，並予以加權平均，再加減預估之調整率，以得出當年度之壞帳率。最後以應收帳款餘額乘估計壞帳率而得出備抵壞帳期末數。

(2) 帳齡分析法

此法可改正應收帳款餘額百分比法之缺點，因為應收帳款餘額百分比法僅乘單一之壞帳率，但實務上而言，欠款愈久，其壞帳之發生就愈大，其壞帳率亦愈高，故應將帳款依其欠款期間而分為各不同之比率之壞帳率。由於帳齡分析法較複雜且合理，故上市上櫃及公開發行公司皆採帳齡分析法。

其計算公式如下：

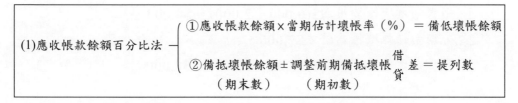

(2)帳齡分析法：按欠款期間長短列表計算備抵壞帳餘額

備抵壞帳餘額 ± 調整前期備抵壞帳$\frac{借}{貸}$差 = 提列數
（期末數）　　　（期初數）

· 壞帳率之計算

以前年度之實際壞帳 ÷ 以前年度之應收帳款餘額 = 以前年度各期之實際壞帳率

以前年度各期實際壞帳率之加權平均數 + 當期調整數 = 當期之估計壞帳率

釋例

壞帳之計算，如大安公司X4年期末之應收帳款金額為$200,000，其壞帳率為3%。故依應收帳款餘額百分比法計算X4年之壞帳計算程序如表6-5：

📖 表6-5

數額／年度	X0	X1	X2	X3
實際壞帳(1)	50,000	100,000	80,000	100,000
應收帳款餘額(2)	5,000,000	5,000,000	2,000,000	5,000,000
壞帳率(1)/(2)	0.01	0.02	0.04	0.02
X4年以前年度之壞帳率加權平均數＝	(0.01＋0.02＋0.04＋0.02) / 4 ＝2.25%(a)	X4年之調整率 ＝0.75%(b)	X4年之壞帳率 ＝(a＋b)	X4年之當期估計壞帳率 ＝2.25%+0.75% ＝3%

1. $200,000 × 3% = $6,000期末備抵壞帳

2-1.若期初備抵壞帳為貸方$2,000，
則當期之壞帳費用為$(6,000 − 2,000) = $4,000

2-2.若期初備抵壞帳為借方$2,000，
則當期之壞帳費用為$(6,000 + 2,000) = $8,000

3. 分錄：

（借）壞帳費用 　　4,000(8,000)

　　（貸）備抵壞帳　　　　　　4,000(8,000)

依帳齡分析法計算X4年之壞帳計算程序如下：

1. 分析並分類X4年應收帳款（$200,000）之金額（見表6-6）：

表6-6

客戶／帳齡	未到期	過期1-30天	過期31-60天	過期61-90天	超過91天以上
小小公司(1)	10,000	20,000	20,000		
中中公司(2)	5,000	15,000	10,000	10,000	20,000
大大公司(3)	10,000	50,000	20,000	10,000	
應收帳款總計 (4) = (1)+(2)+(3)	25,000	85,000	50,000	20,000	20,000
壞帳率(5)*	1%	4%	6%	10%	20%
備抵壞帳期末數 (6) = (4)×(5)	250	3,400	3,000	2,000	4,000

* 不同之期間將產生不同之壞帳率。因為過期時間愈長，收不到的帳款愈多，故其壞帳率愈大。

X4年備抵壞帳之期末數 = 12,650，

2-1.若期初備抵壞帳為貸方$2,000，

　　則當期之壞帳費用為$(12,650 − 2,000) = $10,650

2-2.若期初備抵壞帳為借方$2,000，

　　則當期之壞帳費用為$(12,650 + 2,000) = $14,650

3. 分錄：

（借）壞帳費用 　　10,650 (14,650)

　　（貸）備抵壞帳　　　　　　10,650(14,650)

2. 綜合損益表法

又稱加提法，目的在達到收入與費用配合原則。

其方法可分四種計算模式，此模式之計算基礎以銷貨收入為主，其不同者為以銷貨收入總額、淨額、賒銷收入之總額或淨額而分為四種方法：

(1)銷貨總額百分比法：銷貨總額×壞帳率% = 壞帳
(2)銷貨淨額百分比法：銷貨淨額×壞帳率% = 壞帳
(3)賒銷總額百分比法：賒銷總額×壞帳率% = 壞帳
(4)賒銷淨額百分比法：賒銷淨額×壞帳率% = 壞帳

· 壞帳率之計算

以前年度之實際壞帳÷以前年度之銷貨收入（總、淨額）或賒銷收入（總、淨額）＝以前年度各期之實際壞帳率

以前年度各期實際壞帳率之加權平均數＋當期調整數＝當期之估計壞帳率

釋例

壞帳之計算，如大安公司X4年之銷貨收入（總、淨額）或賒銷收入（總、淨額）金額為$200,000，其壞帳率為3%，故依銷貨總額百分比法、銷貨淨額百分比法、賒銷總額百分比法或賒銷淨額百分比法，計算2000年之壞帳計算程序如表6-7：

表6-7

數額／年度	X0	X1	X2	X3
實際壞帳(1)	50,000	100,000	80,000	100,000
銷貨收入（總、淨額）或賒銷收入（總、淨額）(2)	5,000,000	5,000,000	2,000,000	5,000,000

數額／年度	X0	X1	X2	X3
壞帳率(1)/(2)	0.01	0.02	0.04	0.02
2000年以前年度之壞帳率加權平均數=	(0.01＋0.02＋0.04＋0.02)／4＝2.25%(a)	2000年之調整率＝0.75%(b)	2000年之壞帳率＝(a＋b)	2000年之當期估計壞帳率＝2.25%＋0.75%＝3%

1. $\$200,000 \times 3\% = \$6,000$，2000年之壞帳費用

2. 分錄：

（借）壞帳費用　　6,000
　　（貸）備抵壞帳　　6,000

3. 壞帳沖銷法

由於壞帳費用為估列數，故壞帳之沖銷應採什麼方法呢？其方法有下列：

(1) 直接沖銷法

年底不提列壞帳，實際發生壞帳時再借記壞帳並沖銷應收帳款，其會計處理之分錄如下：

①年底不作分錄。

②實際發生壞帳時：

（借）壞帳　　　　******
　　（貸）應收帳款　　　　******

因違反配合原則，即銷貨收入發生之年度，並提列壞帳費用，故非屬一般公認會計原則所採用。

(2) 備抵法（間接沖銷法）

因符合配合原則，故屬一般公認會計原則所採用。其會計處理為年底提列壞帳（備抵壞帳），實際發生壞帳時再沖銷備抵壞帳，其會計處理之分錄如下：

① 年底：

　　（借）壞帳費用　　　＊＊＊＊＊＊
　　　　（貸）備抵壞帳　　　　＊＊＊＊＊＊

② 發生壞帳（沖銷帳款）：

　　（借）備抵壞帳　　　＊＊＊＊＊＊
　　　　（貸）應收帳款　　　＊＊＊＊＊＊

③ 發生壞帳沖銷後，又收回壞帳，其會計處理之分錄：

　　迴轉沖銷之應收帳款：

　　（借）應收帳款　　　＊＊＊＊＊＊
　　　　（貸）備抵壞帳　　　＊＊＊＊＊＊

　　收回現金：

　　（借）現金　　　＊＊＊＊＊＊
　　　　（貸）應收帳款　　　＊＊＊＊＊＊

　　另依財務會計準則第1號公報第19條規定：應收帳款的評價，應扣除估計之備抵壞帳，以淨額表示之。

　　如：大安公司X4年之估計壞帳費用為$6,000，X5年實際發生之壞帳費用為$1,000。又X5年沖銷之應收帳款中有$500回收。

　　其分錄為：
　　X4年底：

　　（借）壞帳費用　　6,000
　　　　（貸）備抵壞帳　　6,000

　　X5年沖銷壞帳：

　　（借）備抵壞帳　　1,000
　　　　（貸）應收帳款　　1,000

X5年底壞帳回收：

（借）應收帳款　　500

　　（貸）備抵壞帳　　500

（借）現金　　　　500

　　（貸）應收帳款　　500

6-4

應收帳款之後續處理

　　實務上，企業為調整其資金需求，會以出售客戶之應收帳款予銀行或金融機構以收現，以減少收款風險或增加資金調度之靈活性。此債權之出售依其性質可分為可追索權及無追索權兩類。其差異為此債權是否賣斷，即銀行或金融機構收不到應收帳款時，是否可向賣方追討其款項。具追索權者屬此債權之風險與義務移轉至銀行或金融機構，而無追索權者屬此債權之風險與義務尚未移轉至購買者（銀行或金融機構）。就應負擔銷貨退回、折讓與折扣而言，若風險與義務移轉至購買者（銀行或金融機構），則購買者應負擔銷貨退回、折讓與折扣；若風險與義務尚未移轉至購買者（銀行或金融機構），則出售者應負擔銷貨退回、折讓與折扣。

　　其會計處理可細分為下列情況：

1. 出售之應收帳款無追索權者屬出售之會計處理。

2. 出售之應收帳款有追索權者，應視下列三條件而定。若同時符合此三條件者屬出售之會計處理，若有一條件不符合者屬融資之會計。

　　(1) 出售應收帳款之企業，出售後無對此債權之控制權。

　　(2) 購買應收帳款之銀行或金融機構，除行使追索權外，不得要求出售應收帳款之企業購回此債權。

　　(3) 追索權之義務可合理估計。

3. 應收帳款質押借款，屬融資之會計處理。

　　其所有之會計處理如表6-8：

📖 表6-8

項　　目	出售應收帳款不具追索權者	出售應收帳款具追索權者	應收帳款質押者
1.出售應收帳款		符合三條件，屬出售：	
(1)出售者	現金　　　　　　** 應收帳款—購買者** 出售應收帳款損失** 　　應收帳款　　　　**	現金　　　　　　** 應收帳款—購買者** 出售應收帳款損失** 　　應收帳款　　　**	現金　　　　　　** 財務費用　　　　** 設定擔保應收帳款** 　　應收帳款　　　　** 　　應付票據　　　　**
(2)購買者	應收帳款　　　** 應付帳款　　　** 　　財務收入　　　** 　　現金　　　　　**	應收帳款　　　** 應付帳款　　　** 　　財務收入　　　** 　　現金　　　　　**	應收票據　　　** 　　財務收入　　　** 　　現金　　　　　**
2.發銷貨退回及折讓		符合三條件，屬出售：	
(1)出售者	銷貨折扣　　　** 銷貨退回與折讓　** 　　應收帳款—購買者**	備抵壞帳　　　** 銷貨折扣　　　** 銷貨退回與折讓　** 　　應收帳款—購買者**	備抵壞帳　　　** 銷貨折扣　　　** 銷貨退回與折讓　** 　　應收帳款—購買者**
(2)購買者	現金　　　　　** 應付帳款　　　** 　　應收帳款　　　**	現金　　　　　** 應付帳款　　　** 　　應收帳款　　　**	免作分錄
3.應收帳款收取		符合三條件，屬出售：	
(1)出售者	免作分錄	現金　　　　　** 　　應收帳款　　　**	現金　　　　　** 　　應收帳款　　　**
(2)購買者	現金　　　　　** 　　應收帳款　　　**	現金　　　　　** 　　應收帳款　　　**	現金　　　　　** 　　應收帳款　　　**

6-5

應收票據之意義與評價

應收票據之意義：企業出售商品予客戶時，有時因徵信之情況，而要求客戶支付票據。一般而言，其支付者大多為支票。

應收票據之種類：依我國票據法，票據分為：(1)本票；(2)匯票；(3)支票。

實務上，支票是常見之支付工具，而本票常用於保證相關交易等。

美國會計原則委員會第21意見書規定：因銷貨或進貨而發生之票據，其期限不長於一年者，不必計算現值入帳。但如期限超過一年，不論係由營業或非由營業而發生，均應計算現值入帳。

▲ 圖6-1 票據—支票

215

依票據附息與否，可分類為：

1. 附息票據

$$面值 = 現值 < 到期值$$

所謂附息票據是票據上有載明面值、利率與到期期間。一般而言，其到期值=面值 + 利息，而利息（一般年利率）=面值×年利率×期間。

2. 不附息票據

$$現值 < 面值 = 到期值$$

所謂不附息票據是票據僅載明面值，而未註明利率，面值中已包括利息，其到期值等於面值。

附息、不附息票據期間未超過一年者之會計處理（以面值入帳）：

表6-9

項　目	附息票據	不附息票據
銷貨	應收票據　　** 　　銷貨收入　　**	應收票據　　** 　　銷貨收入　　**
收款	現金　　　　** 　　應收票據　　**	現金　　　　** 　　應收票據　　**

附息、不附息票據期間超過一年者之會計處理（以現值入帳）：

表6-10

項　目	附息票據	不附息票據
銷貨	應收票據　　** 　　銷貨收入　　　**	應收票據　　　** 　　銷貨收入　　　　** 　　應收票據折價　**
年底	應收利息　　** 　　利息收入　　**	應收票據折價　** 　　利息收入　　　**
收款本金與利息	現金　　　　** 　　應收利息　　　** 　　利息收入　　** 現金　　　　　** 　　應收票據　　**	應收票據折價　** 　　利息收入　　　** 現金　　　　　** 　　應收票據　　　**

6-6

應收票據貼現

依圖6-2可知其票據貼現流程如下：

1. 發票人交付票據給受款人。

2. 受款人出售（貼現）票據給銀行。

3. 銀行將受款人所應收之金額給予受款人。

4. 銀行通知發票人銀行持有該發票人之票據。

5. 在到期日，發票人將票據的到期值加計拒絕證書之費用，並退還此票據予受款人（實務上天數之計算，長期票據用360天計算，一年內之票據用365天，一般短期票據貼現較常見，故用365天計算）。

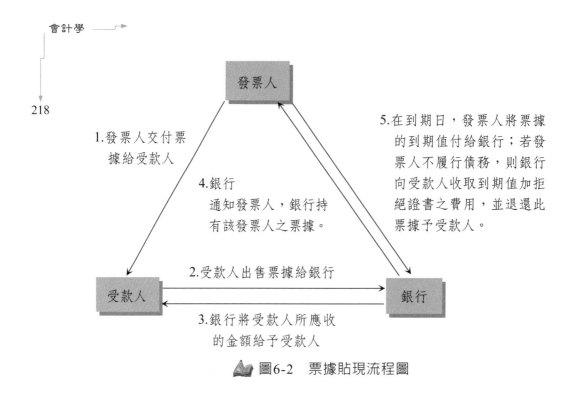

發票人

1.發票人交付票
據給受款人

5.在到期日,發票人將票據
的到期值付給銀行;若發
票人不履行債務,則銀行
向受款人收取到期值加拒
絕證書之費用,並退還此
票據予受款人。

4.銀行
通知發票人,銀行持
有該發票人之票據。

2.受款人出售票據給銀行

受款人　　　　　　　　　　　　　　銀行

3.銀行將受款人所應收
的金額給予受款人

📖 圖6-2　票據貼現流程圖

(一)票據貼現之計算程序

1. 決定票據到期值(面值加上利息),它是銀行用以計算貼現息的金
額。

$$到期值＝面值＋(面值×票面利率×\frac{票據期限}{365})$$

2. 決定貼現期間:計算自出售日(貼現)至到期日的正確天數。計算
時,出售日不計,但應包括到期日。另一種計算貼現期間的方法是計
算受款人持有票據的天數,然後用票據整個期間減去其持有票據的天
數。

3. 使用銀行貼現率,計算到期值於貼現期間內的銀行貼現利息。

$$銀行貼現息＝到期值×銀行貼現率×\frac{貼現期間}{365}$$

4. 由到期值中扣除銀行貼現利息,以決定所收現的現金額(即貼現之金

額）。

$$貼現金額（所獲現金）＝到期值－銀行貼現息$$

5. 計算貼現入之票據帳面價值。

$$票據之帳面價值＝面值＋\left(面值×票面利率×\frac{票據持有日}{365}\right)$$

6. 貼現損益之計算：

$$貼現損益＝貼現金額－票據帳面價值$$

(二)票據貼現之會計處理方式

1. 會計處理之方式如下：
   (1) 總額法。
   (2) 淨額法。
   (3) 損益法。

其各會計處理如下表6-11：

表6-11

項　目	總額法	淨額法	損益法
會計處理	現金　　　　＊＊ 利息費用　　＊＊（貼現息） 　應收票據貼現　＊＊ 　利息收入　　　＊＊（票 　　　　　　　據利息）	現金　　　　＊＊ 利息費用　　＊＊（貼現息＞ 　　　　　票據利息） 　應收票據貼現　＊＊ 　利息收入　　　＊＊ 　（票據利息＞貼現息）	現金　　　　＊＊ 貼現損失　　＊＊ 　應收票據貼現 ＊＊ 　利息收入　　　＊＊ 　（發票日至貼現日）

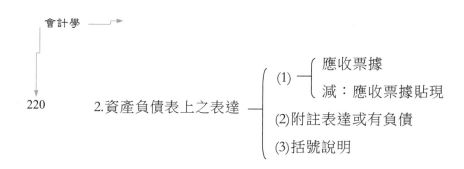

220

2.資產負債表上之表達

(1) 應收票據
　　減：應收票據貼現
(2)附註表達或有負債
(3)括號說明

如，大大公司X4年應收票據期末數$500,000，另有應收票據貼現$100,000。

資產負債表表達方式：

(1) 流動資產：

| 應收票據 | 500,000 | |
| 減：應收票據貼現 | (100,000) | 400,000 |

(2) 流動資產：

| 應收票據（另有應收票據貼現$100,000） | 500,000 |

(3) 流動資產：

| 應收票據（不包括應收票據貼現$100,000） | 500,000 |

6-7

證券發行人財務報告編製準則、商業會計法
及商業會計處理準則之規定

(一)證券發行人財務報告編製準則（民國111年11月24日）

第9條（節錄）

　　七、應收票據，指應收之各種票據：

　　　　(一) 應收票據應依國際財務報導準則第九號規定衡量。但未附息之短期應收票據若折現之影響不大，得以原始發票金額衡量。

　　　　(二) 應收票據業經貼現或轉讓者，應就該應收票據之風險及報酬與控制之保留程度，評估是否符合國際財務報導準則第九號除列條件。

(三) 因營業而發生之應收票據，應與非因營業而發生之其他應收票據分別列示。

(四) 金額重大之應收關係人票據，應單獨列示。

(五) 提供擔保之票據，應於附註中說明。

(六) 發行人應揭露應收票據之帳齡分析。

八、應收帳款：指依合約約定，已具無條件收取因移轉商品或勞務所換得對價金額之權利：

(一) 應收帳款應依國際財務報導準則第九號規定衡量。但未付息之短期應收帳款若折現之影響不大，得以原始發票金額衡量。

(二) 應收帳款業經貼現或轉讓者，應就該應收帳款之風險及報酬與控制之保留程度，評估是否符合國際財務報導準則第九號除列條件。

(三) 金額重大之應收關係人帳款，應單獨列示。

(四) 設定擔保應收帳款應於附註中揭露。

(五) 發行人應揭露應收帳款之帳齡分析。

九、其他應收款，指不屬於應收票據、應收帳款之其他應收款項。

十、本期所得稅資產：與本期及前期有關之已支付所得稅金額超過該等期間應付金額之部分。

十一、存貨：

(一) 符合下列任一條件之資產：

1.持有供正常營業過程出售者。

2.正在製造過程中以供正常營業過程出售者。

3.將於製造過程或勞務提供過程中消耗之原料或物料（耗材）。

(二) 存貨之會計處理，應依國際會計準則第二號規定辦理。

(三) 存貨應以成本與淨變現價值孰低衡量，當存貨成本高於淨變現價值時，應將成本沖減至淨變現價值，沖減金額應於發生當期認列為銷貨成本。

(四) 存貨有提供作質、擔保或由債權人監視使用等情事，應予註明。

十二、預付款項：包括預付費用及預付購料款等。

十三、待出售非流動資產：

(一) 指依出售處分群組之一般條件及商業慣例，於目前狀態下，可供

立即出售，且其出售必須為高度很有可能之非流動資產或待出售處分群組內之資產。

(二) 待出售非流動資產及待出售處分群組之衡量、表達與揭露，應依國際財務報導準則第五號規定辦理。

(三) 分類為待出售之資產或處分群組於不符合國際財務報導準則第五號規定條件時，應停止將該資產或處分群組分類為待出售。

(四) 資產或處分群組符合待分配予業主之定義時，應自待出售重分類為待分配予業主，並視為原始處分計畫之延續，適用新處分方式之分類、表達及衡量規定。分類為待分配予業主之資產或處分群組於不符合國際財務報導準則第五號規定條件時，應停止將該資產或處分群組分類為待分配予業主。

十四、其他流動資產：不能歸屬於以上各類之流動資產。

第23條（節錄）

發行人編製個體財務報告時，應編製重要會計項目明細表，案庫存現金、活期存款及約當現金等，分項列明；如有外幣應在摘要欄內註名外幣數額及兌換率；約當現金應註明其種類、到期日及利率。現金應列示如下

📖 應收票據明細表

客戶名稱	摘要	金額	備註

說明：

1.按營業及非營業、關係人及非關係人分別列報。

2.各戶餘額超過本科目金額百分之五者應分別列報，其餘得合併列報。

3.尚未到期之票據及業已逾期之票據應予分列。

4.業經貼現或轉讓票據尚未到期者，應在本表中註明其金額。

5.按現值評價者，應於備註欄註明。

6.若因契約約定不得揭露客戶名稱或交易對象如為個人且非關係人者，得以代號為之。

📖 應收帳款明細表

客戶名稱	摘要	金額	備註

說明：

1.按關係人及非關係人分別列報。

2.各戶餘額超過本科目金額百分之五者應分別列報，其餘得合併列報。

3.分期收款超過一年者，應於備註欄註明。

4.帳款結欠已逾一年以上者，應於備註欄註明。

5.若因契約約定不得揭露客戶名稱或交易對象如為個人且非關係人者，得以代號為之。

📖 其他應收款明細表

客戶名稱	摘要	金額	備註

(二)商業會計處理準則（民國110年9月16日）

第15條（評價與分攤、表達與揭露）（節錄）

三、應收票據：指商業應收之各種票據。

　　(一) 應收票據以攤銷後成本衡量為原則。但未附息之短期應收票據若折現之影響不大，得以票面金額衡量。

　　(二) 業經貼現或轉讓者，應予揭露。

　　(三) 因營業而發生之應收票據，應與非因營業而發生之應收票據分別列示。

　　(四) 金額重大之應收關係人票據，應單獨列示。

　　(五) 已提供擔保者，應予揭露。

　　(六) 業已確定無法收回者，應予轉銷。

　　(七) 資產負債表日應評估應收票據無法收回之金額，提列適當之備抵呆帳，列為應收票據之減項。

四、應收帳款：指商業因出售商品或勞務等而發生之債權。

　　(一) 應收帳款以攤銷後成本衡量為原則。但未附息之短期應收帳款若

折現之影響不大，得以交易金額衡量。

(二) 金額重大之應收關係人帳款，應單獨列示。

(三) 分期付款銷貨之未實現利息收入，應列爲應收帳款之減項。

(四) 收回期間超過一年部分，應揭露各年度預期收回之金額。

(五) 已提供擔保者，應予揭露。

(六) 業已確定無法收回者，應予轉銷。

(七) 資產負債表日應評估應收帳款無法收回之金額，提列適當之備抵
呆帳，列爲應收帳款之減項。

五、其他應收款：指不屬於應收票據、應收帳款之應收款項。

(一) 資產負債表日應評估其他應收款無法收回之金額，提列適當之備
抵呆帳，列爲其他應收款之減項。

(二) 其他應收款如爲更明細之劃分者，備抵呆帳亦應比照分別列示。

(三)商業會計法（民國103年6月18日）

第45條（備抵呆帳）

應收款項之衡量應以扣除估計之備抵呆帳後之餘額爲準，並分別設置備抵
呆帳項目；其已確定爲呆帳者，應即以所提備抵呆帳沖轉有關應收款項之會計
項目。

因營業而發生之應收帳款及應收票據，應與非因營業而發生之應收帳款及
應收票據分別列示。

習題與解答

一、選擇題

( ) 1. 下列哪一項屬於應收款項？　(A)定期存款　(B)指定用途之基金　(C)已倒閉而停兌之銀行存款　(D)向銀行借款回存。

( ) 2. 下列有關呆帳估計方法之敘述，正確的有幾項？①根據國際財務報導準則（IFRSs）的規定，呆帳估計方法包括賒銷百分比法及帳款餘額百分比法②帳齡分析法也屬於帳款餘額百分比法③根據重大性原則，若呆帳金額不重大，應採用直接沖銷法④銷貨百分比法不符合國際財務報導準則（IFRSs）的規定　(A)1項　(B)2項　(C)3項　(D)4項。

( ) 3. 若交貨條件為起運點交貨，運費已由賣方墊付，則賣方支付運費時應借記　(A)進貨運費　(B)銷貨運費　(C)應收帳款　(D)應付帳款。

( ) 4. 若為起運點交貨的條件，則下列何者正確？　(A)運費應由賣方負擔　(B)在途中之商品屬於賣方之存貨　(C)交易尚未成立　(D)交易已成立，所有權已移轉，運費應由買方負擔。

( ) 5. 賒銷商品，定價$480,000，商業折扣10%，現金折扣2%，則在限期內收款時，應　(A)貸：應收帳款$42,336　(B)借：應收帳款$42,336　(C)借：現金$42,336　(D)貸：現金$42,336。

( ) 6. C公司賒銷商品一批，現金折扣3%，若以總額法入帳為借記應收帳款$80,000，則折扣金額為　(A)$1,500　(B)$1,455　(C)$2,400　(D)$900。

( ) 7. 若有一付款條件為2/10，n/20，EOM：表示折扣期限與授信期限均自　(A)即日起算　(B)月底起算　(C)年底起算　(D)貨物運達目的地日起算　在20天內一定要還款，若在10天內還款，給予貨款總額2%的折扣。

( ) 8. 下列敘述，何者錯誤？　(A)商業折扣不必作會計處理　(B)企業給予

226

顧客的現金折扣，會計上稱為銷貨折扣　(C)企業訂有商業折扣，其目的為鼓勵顧客提早付款　(D)甲商品訂價$200，若一次購買100件以上，則可享受20%的折扣。若實際購買100件，則賣方所開具的發票金額為$16,000。

( ) 9. 最能達成收入與費用密切配合的壞帳計提法，是　(A)照實際不能收回的數字計提　(B)按該期銷貨額的百分比計提　(C)估計備抵壞帳(D)按應收帳款賒欠期間長短分析。

( ) 10. 甲公司X1年期初備抵呆帳為$1,120,000，而期末備抵呆帳為$1,300,000，當年度綜合損益表之呆帳費用為$860,000。該公司該年度沖銷多少無法收回之帳款？　(A)$180,000　(B)$680,000(C)$1,040,000　(D)$2,160,000。

( ) 11. 上海公司採損益法計提壞帳，X1年初發現，X0年終調整時，備抵壞帳多計$1,000，則其改正分錄為　(A)借：應收帳款，貸：前期損益(B)借：備抵壞帳，貸：前期損益　(C)借：備抵壞帳，貸：本期損益(D)借：備抵壞帳，貸：壞帳。

( ) 12. 按我國稅法規定，壞帳應按下列何法計提？　(A)銷貨淨百分比法(B)賒銷額百分比法　(C)帳齡分析法　(D)應收帳款餘額百分比法。

( ) 13. 美美公司壞帳係依賒銷額2%計提，X1年初備抵壞帳貸餘$3,000，當年壞帳沖銷數為$3,200，另有以前年度已沖銷之壞帳$600於本年收回，若X1年賒銷金額$180,000，則年終調整後備抵壞帳餘額為(A)$3,600　(B)$4,000　(C)$3,200　(D)$3,800。

( ) 14. 泰山公司X1年度銷貨收入$2,000,000，銷貨退回$160,000，銷貨運費$30,000，按銷貨淨額一定比率提列壞帳，已知X1年銷貨淨額成長25%，X0年提列壞帳$29,440，求X1年提列數若干？　(A)$40,000(B)$36,400　(C)$36,800　(D)$36,000。

( ) 15. 上海公司採綜合損益表提列壞帳，X1年底應收帳款餘額$250,000，備抵壞帳借方餘額$600，銷貨收入$360,000，銷貨退回$5,000，銷貨運費$3,000，估計壞帳為銷貨淨額之3%，則X1年底調整後備抵壞帳餘額為　(A)$8,100　(B)$6,900　(C)$10,050　(D)$10,650。

( ) 16. 甲公司X1年1月1日應收帳款餘額為$300,000，備抵呆帳餘額為$14,500。

此外，X1年賒銷淨額為$2,400,000，應收帳款收回$2,350,000，沖銷呆帳之金額為$16,500。經評估備抵呆帳應為期末應收帳款之5%。試問：甲公司X1年應提列之呆帳費用為何？　(A)$15,500　(B)$16,500　(C)$18,675　(D)$19,500。

(　)17. 丙公司於X1年8月1日收到面額$60,000，附息8%，6個月到期之本票乙紙，於10月1日持向銀行貼現，貼現率9%，貼現日若分別以淨額法與損益法入帳，則兩法之利息收入差額為　(A)$272　(B)$528　(C)$800　(D)$1,072。

(　)18. 應收帳款年初帳面價值$120,000，年底應收帳款餘額為$180,000，年底調整前備抵壞帳為貸餘$600，該年度實際發生壞帳$5,000，已沖銷之壞帳又收回$1,500，則應收帳款年初餘額為　(A)$120,000　(B)$124,100　(C)$125,000　(D)$145,000。

(　)19. 我國營利事業所得稅法規定，應收帳款餘額之壞帳損失提列應採　(A)銷貨總額法　(B)銷貨淨額法　(C)帳齡分析法　(D)差額補足法。

(　)20. 丙公司X1年期初應收帳款餘額為$12,000，備抵呆帳$240，當年賒銷金額$220,000，賒銷之銷貨退回$8,000，銷貨折扣$3,700，呆帳沖銷$300，應收帳款收現$200,000，若丙公司估計應收帳款餘額2%無法收回，試問：丙公司X1年應認列的呆帳費用為多少？　(A)$160　(B)$400　(C)$460　(D)$640。

(　)21. 丙公司於X1年初將其應收帳款$500,000以無追索權方式轉讓給客帳代理商，手續費為4%($20,000)，另保留10%($50,000)的帳款用以扣抵銷貨退回與折扣之用，X1年度該應收帳款實際發生壞帳$10,000、銷貨退回與折扣$32,000。試問：丙公司X1年應認列多少損失？　(A)$20,000　(B)$28,000　(C)$30,000　(D)$50,000。

(　)22. 依現行所得稅法規定，企業按應收帳款及應收票據餘額百分之幾限度內估列備抵壞帳？　(A)5%　(B)3%　(C)2%　(D)1%。

(　)23. 丙公司於X1年7月20日收到面額$200,000，利率3%，60天到期的票據。X1年9月3日丙公司將此票據向銀行貼現，並認列利息收入$665，試問：此票據貼現率為多少？（一年以360天計）　(A)2.66%　(B)3.5%　(C)4.0%　(D)4.45%。

( ) 24. 按我國所得稅法規定已沖銷之壞帳再度收現時應列 (A)應收帳款之抵銷 (B)轉備抵壞帳 (C)為其他收入 (D)作備忘錄。

( ) 25. 公司採備抵法提列壞帳乃基於 (A)收益實現原則 (B)配合原則 (C)穩健原則 (D)重要性原則。

( ) 26. 公司收到顧客面額$60,000票據一紙，利率3%，8個月到期。於到期前持往銀行貼現，貼現率9%，獲得現金$59,823。試問：公司貼現期間為幾個月？ (A)2個月 (B)3個月 (C)4個月 (D)5個月。

( ) 27. 應收票據折價在資產表上，應列為 (A)資產抵銷科目 (B)負債抵銷科目 (C)遞延負債 (D)遞延資產。

( ) 28. 有關票據在實務上常作現金處理的是 (A)本票 (B)匯票 (C)支票 (D)遠期支票。

( ) 29. 向A公司購進商品，而將B公司交來之本票背書償付貨款時，應借：進貨，貸： (A)應付票據 (B)應付帳款 (C)銀行存款 (D)應收票據。

( ) 30. 甲公司在10月24日收到面額$60,000，60天期，年利率7%的應收票據，11月13日持該票據向銀行貼現，貼現率為9%，則該票據貼現息為何？（一年以360天計） (A)$700 (B)$607 (C)$600 (D)$303.5。

解答：

1. (C)　2. (B)　3. (C)　4. (D)　5. (C)　6. (C)　7. (B)　8. (C)　9. (B)
10. (B)　11. (B)　12. (D)　13. (C)　14. (C)　15. (C)　16. (C)　17. (A)　18. (B)
19. (D)　20. (C)　21. (A)　22. (D)　23. (C)　24. (C)　25. (B)　26. (C)　27. (A)
28. (C)　29. (D)　30. (B)

二、計算題

06-01 壞帳之會計處理

甲商店X1年初應收帳款餘額$120,000，備抵壞帳$5,200，本年度共銷貨

$600,000（其中現銷占1/5，賒銷占4/5），賒銷銷貨退回$5,300，收取應收帳款$488,000（給予折扣$14,700，實收現金$473,300），共付銷貨運費$6,000，另外共沖銷壞帳$6,700，沖銷之壞帳又收回$1,000。

試作：

(1) 根據上列資料作有關之分錄。

(2) 年底按銷貨淨額1%提列壞帳之調整分錄，並說明綜合損益表之壞帳金額及資產負債表之備抵壞帳金額各為多少？

(3) 年底按應收帳款5%提列壞帳之調整分錄，並說明綜合損益表之壞帳及資產負債表之備抵壞帳其金額各為多少？

解答：

(1) ① 現金　　　　120,000　　　　②銷貨退回　　5,300
　　　　應收帳款　480,000　　　　　　應收帳款　　　　5,300
　　　　　　銷貨　　　　600,000

　　③ 現金　　　　473,300　　　　④銷貨運費　　6,000
　　　　銷貨折扣　14,700　　　　　　現金　　　　　　6,000
　　　　　應收帳款　　488,000

　　⑤ 備抵壞帳　6,700　　　　　　⑥應收帳款　　1,000
　　　　應收帳款　　　6,700　　　　　備抵壞帳　　　　1,000

　　　　　　　　　　　　　　　　　　現金　　　　　1,000
　　　　　　　　　　　　　　　　　　　應收帳款　　　　1,000

(2) $(600,000 - 5,300 - 14,700) = \$580,000$（銷貨淨額）

　　$\$580,000 \times 1\% = \$5,800$（提列壞帳）

　　壞帳　　　5,800
　　　備抵帳款　　5,800

　　綜合損益表之「壞帳損失」為$5,800。

　　資產負債表之「備抵壞帳」為$5,300。（貸餘$5,300）

(3) $(120,000 + 480,000 - 5,300 - 488,000 - 6,700 + 1,000 - 1,000)$

　　$= \$100,000$（應收帳款餘額）

　　$\$100,000 \times 5\% + \$(6,700 - 5,200 - 1,000) = \$5,500$

壞帳	5,500	
備抵壞帳		5,500

綜合損益表之「壞帳損失」為$5,500。

資產負債表之「備抵壞帳」為$5,000。

06-02 應收票據貼現

甲公司X1年度有關應收票據之事項如下，試逐一作成分錄。

(1)（承兌）2/18　銷給乙商店商品$10,000，當即交給承兌日後二個月期匯票，請其承兌。

2/25　乙商店兌上述匯票後，交還本公司。

4/25　乙商店交來票款$10,000。

(2)（轉讓）3/1　銷給丙商店商品$20,000，當收三個月期本票，附年息6%。

4/1　購進商品$28,000，當即交付上述丙商店本票，扣抵本息外，餘付現作訖。

(3)（拒付）3/11　銷給丁商品$30,000，當收二個月期本票，附年息7.2%。

5/11　上述丁商店本票到期，惟因該店破產清算中，無法兌現。

6/20　丁商店經清算結果，交來現金$12,600，餘為壞帳（設本票到期日後，不再計息）。

(4)（換票）4/1　銷給戊商店商品$40,000，當收二個月期本票附年息7.2%

6/1　上述戊商店本票到期，惟因該店財務困難，請求延期，重新開來三個月期本票，面額已含應計利息。

解答：

(1)2/18　應收帳款　　10,000

　　　　　銷貨收入　　　　　10,000

2/25　應收票據　　10,000

　　　　　應收帳款　　　　　10,000

4/25　現金　　　　10,000

　　　　　應收票據　　　　　10,000

(2)3/1　應收票據　　20,000

　　　　　銷貨收入　　　　　20,000

4/1	進貨	28,000
	應收票據	20,000
	利息收入	100
	現金	7,900

$$\$20,000 \times 6\% \times 1/12 = \$100$$

(3) 3/11 應收票據 30,000
　　　　　銷貨收入　　30,000

5/11 應收帳款 30,360
　　　應收票據　　30,000
　　　利息收入　　360

$$\$30,000 \times 7.2\% \times 2/12 = \$360$$

6/20 現金 12,600
　　　備抵壞帳 17,760
　　　應收帳款　　30,360

(4) 4/1 應收票據 40,000
　　　　銷貨收入　　40,000

6/1 應收票據（新）40,480
　　　應收票據（舊）40,000
　　　利息收入　　　480

$$\$40,000 \times 7.2\% \times 2/12 = \$480$$

06-03 甲公司係採應收帳款餘額百分比提列呆帳，所採用之呆帳率每年均固定，本年度與銷貨、應收帳款相關之資料如下：

(1) 年初應收帳款餘額$150,000。

(2) 賒銷$960,000，付款條件3/1，n/40。

(3) 銷貨退回$10,000。

(4) 帳款收現$907,400（包含已沖銷呆帳收回）$1,200，今年度賒銷之90%在折扣期間收款。

(5) 沖銷呆帳$8,000。

(6) 年底提列呆帳$12,235。

(7) 本年底備抵呆帳餘額比去年底多$609。

試作：

(1)該公司呆帳率。

(2)本年期末備抵呆帳餘額。

解答：

本期現金折扣 = $(960,000 - 10,000)×90%×3% = $25,650

期末應收帳款餘額 = $(150,000 + 960,000 - 10,000 + 1,200 - 907,400 - 25,650

$\qquad\qquad$ - 8,000) = $160,150

(1)假設呆帳率為X

$\quad$期初備抵呆帳餘額為$150,000X

$\quad$期末備抵呆帳餘額為$(150,000X + 609) = $160,150X

$\quad$X = 6%

(2)期末備抵呆帳 = $160,150×6%=$9,609

06-04　應收票據貼現

大盛公司有關票據貼現之會計事項如下，試逐日作成必要分錄。（一年以360天計）

$\quad$6/30　銷售商品$200,000予甲商店，當收90天期，9%本票乙紙，面額如數。

$\quad$7/15　銷售商品$180,000予乙商店，當收60天期，8%本票乙紙，面額如數。

$\quad$7/30　將上述二張本票，持向市銀貼現，貼現率10%（總額法）。

$\quad$9/15　接銀行通知，乙商店之本票，已付清本息。

$\quad$9/30　接銀行通知，甲商店之本票，已遭拒付。並已將本金、利息及拒絕證

$\qquad$書$50，自本公司往來戶中扣抵。

解答：

6/30	應收票據	200,000	
	$\quad$銷貨收入		200,000
7/15	應收票據	180,000	
	$\quad$銷貨收入		180,000
7/30	現金	381,212	
	利息支出	5,688（=$3,408 + $2,280）	
	$\quad$應收票據貼現		380,000
	$\quad$利息收入		6,900（= $4,500 + $2,400）

233

$200,000×9%×90/360=$4,500

$180,000×8%×60/360=$2,400

$204,500×10%×60/360=$3,408

$182,400×10%×45/360=$2,280

9/15 應收票據貼現 180,000

　　　　應收票據 180,000

9/30 應收票據貼現 200,000

　　　　應收票據 200,000

　　 應收帳款 204,550

　　　　銀行存款 204,550

06-05 本公司於11月8日賒銷商品$10,000給麗福公司，銷貨條件為2/10、n/30，麗福公司於11月8日償還全數貨欠，求該銷貨折扣所隱含利率若干？

解答：

隱含利率＝(2×365)/(98×20)

利率＝37.24%

06-06 10月1日外銷商品至美國，以美金報價計US$100,000，按當日匯率1：27，12月1日收到貨款時，匯率為1：26.5，試作10月1日及12月1日之分錄。

解答：

10/1 銷貨時：

應收帳款 2,700,000

　　 銷貨收入 2,700,000

12/1 收款時：

現金 2,650,000

兌換損失 50,000

　　 應收帳款 2,700,000

06-07 本公司信用卡銷貨$20,000，須付發卡公司5%之手續費，試作銷貨時之分錄。

解答：

應收帳款	19,000	
信用卡費用	1,000	
銷貨收入		20,000

06-08 10/3 賒銷商品定價$12,500給乙公司，八折成交，收款條件2/10，n/30。

10/13 乙公司還來貨欠的一半。

10/31 乙公司還清貨欠。

解答：

10/3	應收帳款	10,000	
	銷貨收入		10,000
10/13	現金	4,900	
	銷貨折扣	100	
	應收帳款		5,000
10/31	現金	5,000	
	應收帳款		5,000

06-09 大仁公司有50個應收帳款明細帳，其中：

48個應收帳款明細帳借餘	合計	$700,000
2個應收帳款明細帳貸餘	合計	$　8,000
應收帳款統制帳借餘		$692,000

則若備抵壞帳依應收帳款餘額5％計提，則應如何調整？

解答：

壞帳	35,000	
備抵壞帳		35,000

06-10 下列資料摘自美美公司X1年12月31日調整前試算表：

	借	貸
應收帳款	$100,000	
備抵壞帳	1,600	
銷　　貨		$200,000
銷貨退回	2,000	
銷貨折讓	3,000	

試問：

(1)稅法規定壞帳之提列按應收帳款及應收票據餘額合計，其最高比例為若干？

(2)若以銷貨淨額提4%提列壞帳，求其分錄。

解答：

(1)稅法規定壞帳之提列最高比例為1%

(2) 壞帳　　　　　　7,800

　　備抵壞帳　　　　　　　7,800

06-11 大中公司於X1年9月1日銷貨，收到票據面額$100,000，期間半年，附年息12%，試作：X1年9月1日至X2年3月1日分錄。

解答：

X1/9/1	應收票據	100,000	
	銷貨收入		100,000
X1/12/31	應收利息	4,000	
	利息收入		4,000
X2/3/1	現金	106,000	
	應收票據		100,000
	應收利息		4,000
	利息收入		2,000

06-12 大來公司於X1年1月1日賒銷，收到二年後到期未附息之票據面額$1,254,400，市場利率12%，試作：

(1)X1/1/1收票時

(2)X1/12/31調整時

(3)X2/12/31票據到期收現時之分錄

解答：

X1/1/1	應收票據	1,254,400	
	銷貨收入		1,000,000
	應收票據折價		254,400
X1/12/31	應收票據折價	120,000	
	利息收入		120,000
X2/12/31	現金	1,254,400	
	應收票據折價	134,400	
	應收票據		1,254,400
	利息收入		134,400

第七章

存　貨

存貨之認定

1. 存貨之定義

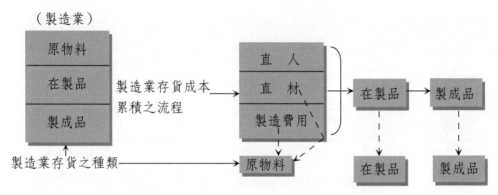

（製造業）

製造業存貨成本累積之流程

製造業存貨之種類

圖7-1 存貨科目與存貨成本流程圖

依國際會計準則第2號定義認為存貨係指符合下列任一條件之資產：

(1) 持有供正常營業過程出售者；

(2) 正在製造過程中以供前述銷售者；或

(3) 將於製造過程或勞務提供過程中消耗之原料或物料(耗材)。

就製造業而言，需生產之程序，故存貨分為原物料、在製品與製成品。其成本累積如圖7-1所示。

就買賣業而言，無須生產之程序，故存貨為商品存貨。

就服務業而言，無存貨。

存貨均適用於國際會計準則第2號，但下列情況除外：

(1) 建造合約產生之在製品，包含直接相關之勞務合約；

(2) 金融工具；

(3) 農業活動相關生物資產，即收成點之農產品。

2. 存貨之歸屬

(1) 在途存貨

由於購貨或銷貨時，皆需要時間來運送，故此存貨可能仍在運送之途中，故此存貨之歸屬如表7-1所示：

表7-1　在途存貨之類別

時　　間	期　　末	
項　　目	FOB起運點交貨	FOB目的地交貨
所有權歸屬	買方	賣方
運費負擔	買方	賣方

若為FOB起運點交貨之條件，則存貨在海上之途中時，其所有權之歸屬已在起運時，即屬買方，故此在途存貨屬買方。

若為FOB目的地交貨之條件，則存貨在海上之途中時，其所有權之歸屬在起運時，仍屬賣方，而要在目的地交貨時，所有權才屬買方，故此在途存貨仍屬賣方。

(2) 委外加工

當公司生產量不足時，將會要求其代工廠幫其生產。一般而言，公司將其材料存放於他人公司（代工廠）生產，故其生產之貨品，仍視為本公司之存貨。

(3) 寄銷品

公司存放他公司寄賣之商品，此存貨仍屬本公司之存貨。

7-2

存貨成本之原始評價

　　存貨成本依國際會計準則第2號之規定，應包含所有購買成本、加工成本及爲使存貨達到目前之地點及狀態所發生之其他成本。此亦符合歷史成本原則。故存貨成本包括買價、進貨運費、關稅等。另與本期進貨有關之項目如下說明：

1. 進貨退回與折讓爲本期進貨之減項。
2. 進貨折扣爲本期進貨之減項。
3. 進貨運費爲本期進貨之加項。

7-3

存貨盤存制度與存貨之入帳方式

　　永續盤存制與定期盤存制之公式：

定期盤存制	永續盤存制
期初存貨	期初存貨
＋本期進貨	＋本期存貨
－期末存貨（盤點實際數）	－銷貨成本（帳列數）
＝銷貨成本	＝❶期末存貨（帳列數）
	❷期末存貨（實際盤點數）
	❷＞❶　盤盈
	❷＜❶　盤損

　　實務上而言，永續盤存制因較繁瑣且較易於查核，故上市上櫃公司大都採此制，除非因特殊行業，如百貨公司採定期盤存制外。如上述公式可知，定期盤存制之銷貨成本要盤點期末存貨後，才能倒推銷貨成本。此法之缺點爲無法找出盤盈虧之數。而永續盤存制不但可直接得到銷貨成本，亦可找到盤盈虧之數。此乃定期盤存制爲權宜的一種方法。

　　定期盤存制與永續盤存制帳務處理之不同點，如表7-2所示：

📖 表7-2　定期盤存制與永續盤存制之會計處理

項　目	定期盤存制	永續盤存制
1.存貨科目	進貨（存貨之權宜科目）	存貨
2.出售	應收帳款　　***** 　　　銷貨收入　　　***** 無此分錄	應收帳款　　***** 　　　銷貨收入　　　***** 銷貨成本　　***** 　　　存貨　　　*****
3.期末結轉	存貨—期末　　***** 銷貨成本　　***** 　　　進貨　　　***** 　　　存貨—期初　　*****	無
4.盤盈虧	無	盤盈： 存貨　　　***** 　　　存貨盤盈　　***** 　　　（銷貨成本） 盤虧： 存貨盤損　　***** （銷貨成本） 　　　存貨　　　*****

例如：

定期盤存制及永續盤存制之帳務處理

定期盤存制	永續盤存制

1. 上期結轉存貨××件，每件$××
　　存貨　　　　　××　　　　　　　　　存貨　　　　××

2. 本期進貨××件，每件$××
　　進貨　　　　　××　　　　　　　　　存貨　　　　××
　　　應付帳款　　　　　××　　　　　　　應付帳款　　　　××

3. 本期銷貨××件，每件售價$××
　　現金　　　　　××　　　　　　　　　現金　　　　××
　　　銷貨收入　　　　　××　　　　　　　銷貨收入　　　　××

　　　　　　　　　　　　　　　　　　銷貨成本　　××
　　　　　　　　　　　　　　　　　　　存貨　　　　××

4.年終實地盤點期末存貨為××件，成本為$××

(1)結清「進貨」科目

| 銷貨成本 | ×× | | 無分錄 |

（或本期損益）

| 　存貨（1/1） | | ×× | |

(2)將期初存貨轉入銷貨成本或本期損益

| 銷貨成本 | ×× | | 無分錄 |

（或本期損益）

| 　存貨（1/1） | | ×× | |

(3)記錄本年度期末存貨

| 存貨（12/31） | ×× | | 無分錄 |

| 　銷貨成本 | | ×× | |

（或本期損益）

(4)調整存貨盤損，帳列存貨$××－實際存貨$××

=$××

| 無分錄 | | 存貨盤損 | ×× |
| | | 　存　貨 | ×× |

5.綜合損益表之表達（部分）

銷貨收入			$××
減：銷貨成本			
期初存貨	$××		
本期進貨	××		
商品總額		$××	
期末存貨		(××)	
減：銷貨成本			(××)
銷貨毛利			$××
其他損失：			
存貨盤損			(××)
銷貨淨額			$××

6.資產負債表之表達（部分）

| 流動資產： | | 流動資產： | |
| 　存　貨 | $×× | 　存　貨 | $×× |

7-4

存貨成本之計算與存貨成本流動計價方法

實務上，由於存貨之計價有一定的困難，因為買進之每批貨買價不同，出售時亦無法了解或辨別出此存貨是屬何批？故需要存貨成本計價之流程假設，如先進先出法（假設先買進之貨，先出售）、後進先出法（假設後買進之貨，先出售）、加權平均法（假設買進之貨，皆加權平均算出成本，再以此作計價基礎），以及另實務上不常見之個別認定法。

(1) 先進先出法（First in First out）

即假設先買進之存貨，先賣出去。實務上，一般為美國高科技公司所採用，原因為高科技產業之原物料跌價較快，先買之貨大部分較後買者為貴，故採先進先出法較保守且符合實際製造流程。

(2) 後進先出法（Last in First out）

即假設後買的貨，先賣出去。美國許多公司皆採用此法，原因是資料較易找尋與計算。

(3) 加權平均法（Weighted Average Method）

將每次買的貨品，加以加權平均，以作為出售貨品之成本。其原因為計算容易，如臺灣之企業大都採此法。

(4) 個別認定法（Specified Identity Method）

每次買進之存貨皆可單獨認定其成本，出售時亦可個別認定其成本。如造船公司、造飛機之公司即用採此法。

存貨之計價（含不同之盤存制，與不同之成本流程法），共有下列方法：

表7-3　存貨之計價方法

方法／制度	永續盤存制下	定期盤存制下
	先進先出法(1)	先進先出法(2)
	後進先出法(3)	後進先出法(4)
	移動加權平均法(5)	加權平均法(6)
	個別認定法(7)	個別認定法(8)

　　依不同之盤存制與不同之成本流程法，共分八法，其中(1)法 = (2)法，(7)法 = (8)法，故共計有六法，實務上只討論(1)至(6)法。

　　永續盤存制下後進先出法、移動加權平均法，與定期盤存制下後進先出法、加權平均法，其答案（期末存貨與銷貨成本）會不一樣，原因為決定銷貨成本之時間點不同所造成。如永續盤存制下決定銷貨成本之時間點為貨品出售時，而定期盤存制下決定銷貨成本之時間點為期末盤點後。但以先進先出法而言，無論採定期盤存制或永續盤存制，其答案（期末存貨與銷貨成本）皆一樣，此乃無論銷貨成本之時間點如何決定，其排序上使得答案（期末存貨與銷貨成本）相同。

釋例

　　存貨計價方法：大安公司X1年之存貨進耗存表如表7-4、7-5：

表7-4

存貨計價方法	出售商品之成本決定時點		存貨之相關資料		
先進先出法		1/1	期初存貨	10	@1
後進先出法		5/1	買入	20	@2
平均法	永續盤存制銷貨成本決定點 -------	8/1	出售	15	
個別認定法		10/1	買入	10	@3
	永續盤存制銷貨成本決定點 -------	12/1	出售	5	
	定期盤存制銷貨成本決定點				

📖 表7-5

採用之方法	可供商品總額	銷貨成本	期末存貨
永續盤存制 先進先出法	1/1，10×1 = 10 5/1，20×2 = 40 10/1，10×3 = 30 可供商品總額 = 80	8/1，出售15 來自： 1/1，10×1 = 10 5/1，5×2 = 10 12/1，出售5 來自： 5/1，5×2 = 10 銷貨成本 　 = 30（即10 + 10 + 10）	5/1，10×2 = 20 10/1，10×3 = 30 期末存貨 = 50
永續盤存制 後進先出法	1/1，10×1 = 10 5/1，20×2 = 40 10/1，10×3 = 30 可供商品總額 = 80	8/1，出售15 來自： 5/1，15×2 = 30 12/1，出售5 來自： 10/1，5×3 = 15 銷貨成本 　 = 45（即30+15）	10/1，5×3 = 15 5/1，5×2 = 10 1/1，10×1 = 10 期末存貨 = 35
永續盤存制 移動加權平均法	1/1，10×1 = 10 5/1，20×2 = 40 10/1，10×3 = 30 可供商品總額 = 80	1/1，　 10×1 = 10 5/1，　 20×2 = 40 合計：$\overline{30}$　　$\overline{50}$ 50/30 = 1.67 8/1，出售15 來自： 15×1.67 = 25 8/1，15×1.67 = 25 10/1，10×3 = 30 55/25 = 2.2 12/1，出售5 來自： 5×2.2 = 11 銷貨成本 = 36 　（即25+11）	20×2.2 = 44 期末存貨 = 44

採用之方法	可供商品總額	銷貨成本	期末存貨
定期盤存制 先進先出法	1/1，10×1＝10 5/1，20×2＝40 10/1，10×3＝30 可供商品總額＝80	8/1，出售15 來自： 1/1，10×1＝10 5/1，5×2＝10 12/1，出售5 來自： 5/1，5×2＝10 銷貨成本 　＝30（即10＋10＋10）	5/1，10×2＝20 10/1，10×3＝30 期末存貨＝50
定期盤存制 後進先出法	1/1，10×1＝10 5/1，20×2＝40 10/1，10×3＝30 可供商品總額＝80	8/1，出售15 12/1，出售5 來自： 10/1，10×3＝30 5/1，10×2＝20 銷貨成本 　＝50（即30＋20）	1/1，10×1＝10 5/1，10×2＝20 期末存貨＝30
定期盤存制 加權平均法	1/1，10×1＝10 5/1，20×2＝40 10/1，10×3＝30 可供商品總額＝80	1/1，　10×1＝10 5/1，　20×2＝40 10/1，10×3＝30 合計　$\overline{40}$　　　$\underline{80}$ 80/40＝2 8/1，出售15 12/1，出售5 20×2＝40 銷貨成本＝40	20×2＝40 期末存貨40

綜合言之，銷貨成本及期末存貨之金額如表7-6：

表7-6

方　　法	銷貨成本	期末存貨
永續盤存制 先進先出法	30	50
永續盤存制 後進先出法	45	35
永續盤存制 移動加權平均法	36	44
定期盤存制 先進先出法	30	50
定期盤存制 後進先出法	50	30
定期盤存制 加權平均法	40	40

由上述可得之：

1. 永續盤存制先進先出法之銷貨成本與期末存貨等於定期盤存制先進先出法。

2. 加權平均法或移動加權平均法之銷貨成本與期末存貨金額，介於先進先出法與後進先出法之間。

3. 在物價上漲時，先進先出法之銷貨成本小於加權平均法（移動加權平均法）之銷貨成本，小於後進先出法之銷貨成本。先進先出法之期末存貨大於加權平均法（移動加權平均法）之期末存貨，大於後進先出法之期末存貨。其相關之資料如表7-7：

表7-7

項目／大小	大	中	小
銷貨成本 （損益衡量）	後進先出法	加權平均法 （移動加權平均法）	先進先出法
期末存貨 （資產評價）	先進先出法	加權平均法 （移動加權平均法）	後進先出法

項目／大小	大	中	小
本期淨利 （損益衡量）	先進先出法	加權平均法 （移動加權平均法）	後進先出法
所得稅費用 （租稅效果）	先進先出法	加權平均法 （移動加權平均法）	後進先出法

4.物價下降時，則與3.之結果相反。

7-5

存貨之續後評價

　　企業依上面兩制度，得到存貨之數量後，尙須決定相關之存貨價格，以得到財務報表上存貨之貨幣價值，此時有關之會計問題，即爲存貨之評價。

　　有關存貨之評價，我們可歸納出四個基本原則：

1. 存貨取得時依成本原則：取得存貨一切之合理必要之支出，如買價、關稅、運費等。

　　存貨　　　　＊＊＊＊＊
　　　　應付帳款　　　＊＊＊＊＊

2. 存貨出售時依配合原則。如出售時：

　　應收帳款　　＊＊＊＊＊
　　　　銷貨收入　　　＊＊＊＊＊

　　（配合原則）

　　銷貨成本　　＊＊＊＊＊
　　　　存貨　　　　＊＊＊＊＊

3. 存貨期應依成本與淨變現價值孰低法（lower-of-cost-or-net realizable value，簡稱LCNRV）評價。

　　淨變現價值係指存貨在企業於正常營業過程中之估計售價，減除至完

工尚需投入之估計成本及完成出售所需之估計成本後之餘額。存貨應以成本與淨變現價值評估,當淨變現價值低於成本,則認列存貨跌價損失。

4. 存貨毀損或過時,致存貨成本高於淨變現價值時,依淨變現價值入帳。

就存貨而言,其中包括原物料、委外加工料、在製品、半成品、製成品、商品等,不僅種類繁多且管理不易,且許多公司,有的委外加工,有的工廠設在國外,有的倉庫設在國外,亦有業務機構設在國外者,致使公司之存貨實體不一定皆在國內之倉庫中。更由於全球運籌之管理,存貨及產品之採購、製造、出貨及倉儲管理,亦不限於單一國家,而成為多國籍企業之發展。一般而言,存貨占總資產之比率為20%～30%以上,且公司存貨跌價損失之風險比別的產業大,由此可知,存貨對各產業之重要性。

其中存貨產生損失之風險,包括:

(1)採購風險

由於銷貨預測變動太大,致使企業採購太多之存貨。

(2)採購品管(質)風險

由於採購存貨之品管(質)發生不良,且企業之品管部門並未驗出,致使發生呆料或不良品。

(3)生產品管(質)風險

由於生產製程之品管(質)發生不良,且企業之品管部門並未驗出,致使發生不良品。

(4)研發設計風險

由於研發設計之品管(質)發生不良,致使企業已採購許多存貨。

(5)管理風險

由於單一部門管理(如採購部門主管誤判或生產主管疏忽)或各部門溝通

及管理（如運貨發生問題等）發生問題，致使存貨太多，或人員舞弊使存貨短少。

(6)其他

如政府機關之阻礙（如辦理產品出關），供應商之錯誤（如延遲出貨，致使企業延遲出貨到客戶，但客戶拒收），客戶之問題（如客戶臨時抽單或拒收）。

其中任何一種風險皆會使得企業之存貨增加、不良品增加，又由於公司產品週期短，不但存貨之跌價損失增加，更積壓現金，而造成企業雙重壓力。

由上述可知，企業爲此損失，故採用成本與淨變現價值孰低法評估其損失。

1. 成本與淨變現價值孰低法

基於保守穩健原則，當成本高於淨變現價值時，應認列存貨跌價損失。其分錄爲：

未實現存貨跌價損失　　******
　　備抵存貨跌價損失　　　　******

未實現存貨跌價損失列於綜合損益表之其他營業外損失，或銷貨成本加項；備抵存貨跌價損失列於資產負債表存貨之減項。

成本與淨變現價值孰低法之計算，如圖7-2所示：

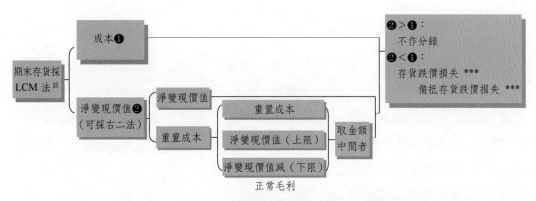

圖7-2　成本與淨變現價值孰低法評價流程圖

註：期末存貨應依LCM（lower-of-cost or-market）評價，其中市場行情價格，企業得選擇淨變現價值或重置成本。

若小小公司之資料，如表7-8：採重置成本爲市價。

表7-8

淨變現價值	重置成本	淨變現價值減正常毛利	市　價	成　本
9	8	5	8	5
11	12	10	11	13

由上述可知：

表7-9

項　目	市　價	成　本	存貨評價	未實現存貨跌價損失
A	8	5	5	0
B	11	13	11	(2)

其分錄：

未實現存貨跌價損失　　2
　　備抵存貨跌價損失　　2

‧LCM與FIFO不能並用之原因

避免因過度穩健而歪曲了資產評價及損益。因爲後進先出法若是在物價持續上升時採用，則愈接近期末進貨價格較高之存貨，優先入銷貨成本中銷貨成本會較高，而有所得稅利益，而期末存貨則由早期購入低成本之存貨構成。

因此，以後進先出法計算之期末存貨價格，比其他方法算出者爲低，此時若再以成本與淨變現價值孰低法作期末評價，而市價若又低於成本，則期末存貨之成本還要降低，將形成過分保守之弊端。

而若在物價持續下跌時，採後進先出法與成本與淨變現價值孰低法同時使用，則早期高成本之存貨成爲期末存貨，但在經以成本與淨變現價值孰低法評

價後，存貨價格變成爲較低價格之期末市價，實際上與按先進先出法計價之結果無異，且所產生之未實現存貨跌價損失，又成爲當期銷貨成本的加項，銷貨成本又會增加，而享受較低之所得稅。

總之，成本與淨變現價值孰低法若與後進先出法併用，將造成資產之價值——存貨——永遠被壓低，而銷貨成本又永遠較以其他計價方法所計算者爲高之弊端，因此財務會計準則第10號公報上乃有十八段之禁止規定。

2. 存貨成本與淨變現價值孰低法可採單項比、類比或總額比

如某電腦公司之產品有：主機板（分686、586與486）與集線器（分10mbs、100mbs與1,000mbs）。故其比較之方式如：

(1) 單項比（逐項比）

將每一項之成本與市價比較，將負差異數相加（排除正差異）得出存貨跌價損失。

(2) 類比

將每一類之成本與市價比較，將負差異數（排除正差異）相加得出存貨跌價損失。

(3) 總額比

將所有之總成本與總市價相比較。

表7-10

項　　目	成　　本	市　　價	差異（市價－成本）
主機板：			
686	500	300	(200)a
586	300	100	(200)b
486	100	300	200c
小計	900	700	(200)d

項　　目	成　　本	市　　價	差異（市價－成本）
集線器：			
10mbs	100	200	100e
100mbs	500	400	(100)f
1,000mbs	1,000	1,300	300g
小計	1,600	1,900	300h
總計	2,500	2,600	100i

答案：

📖 表7-11

項　　目	成　　本	市　　價	存貨跌價損失
單項比（逐項比）			a＋b＋f＝（500）
類比			d＝（200）
總額比	2,500	2,600	0

由上可知，單項比最保守。

　　下年度之備抵存貨跌價損失若低於上年度之備抵存貨跌價損失，則於下年度時認列未實現存貨回升利益。故有的企業為操縱損益，而於今年多認列未實現存貨跌價損失，到下年度則會產生未實現存貨回升利益。

　　另存貨上採庫齡（原則上，存貨之庫齡時間愈長，愈可能成為呆滯品之情況）之控管，以輔助LCM評價之不足，由於實務上重製成本有時取得不易，故利用庫齡之模式（以A/R帳齡分析法同），記列備抵存貨跌價損失。

7-6

存貨之估計方法

　　當企業採定期盤存制，未盤點期末存貨而發生火災，使企業損失期末存貨，但由於企業無法由帳上得知損失期末存貨之金額，故保險公司無法賠償。為解決此問題而發展出兩種存貨之估計方法：毛利法與零售價法。

由於定期盤存制之公式(4)一個恆等式有兩個未知數，故無法得知期末存貨而須下列方法計算：

(1)所謂毛利法即利用企業過去之銷貨毛利率而估計企業當年之銷貨毛利率；(2)在利用估計之銷貨毛利率計算出估計之銷貨毛利；(3)在利用估計之銷貨毛利倒推出估計之銷貨成本；(4)在利用估計之銷貨成本倒推出估計之期末存貨。

表7-12

	問題→			
毛利法	期初存貨	銷貨收入	銷貨毛利(2)	
	＋本期進貨	－銷貨成本？→	(3)銷貨收入→	＝銷貨毛利率(1)
	－期末存貨？→(4)	＝銷貨毛利？		
	＝銷貨成本？			←解答

所謂零售價法即利用存貨成本與零售價中之比率，倒推出估計之期末存貨。

1. 名詞解釋

原始售價：商品最早訂定之銷售價格。

加價：原始售價減成本之部分。

再加價：新售價減原始售價之部分。

再加價取消：提高原始售價後，再將提高部分降低，此降低不使售價減低至原始售價之下。

淨再加價：再加價減淨再加價取消。

減價：將售價降低至原始售價以下之部分。

減價取消：降價後，再將新售價提高但未超過原始售價之部分。

淨減價：減價減淨減價取消。

2. 零售價法之計算

(1) 平均成本零售價法

將期初存貨與本期進貨加權平均,計算平均成本率,再將銷貨成本乘平均成本率,以得出估計之期末存貨。

(2) 先進先出零售價法

將期初存貨與本期進貨,分別計算其成本率,再以先進先出法區分銷貨成本之層次,再分別乘上適當之成本率,以得出估計之期末存貨。

(3) 後進先出零售價法

將期初存貨與本期進貨,分別計算其成本率,再以後進先出法區分銷貨成本之層次,再分別乘上適當之成本率,以得出估計之期末存貨。

(4) 成本與淨變現價值孰低零售價法（傳統零售價法）

與平均成本零售價法計算同,惟在計算成本率中應排除淨減價。

零售價	成本		零售價	
期初存貨	××	❶	××	ⓐ
本期進貨	××	❷	××	ⓑ
淨再加價			××	ⓒ
減淨減價			(××)	ⓓ
可售商品總額	××		××	
銷貨收入			(××)	
期末存貨零售價			××	
期末存貨（成本）	××		××	
（期末存貨零售價× 成本比率）			××	

成本比率之計算如下:

1.平均成本零售價法➜ $\dfrac{❶+❷}{ⓐ+ⓑ+ⓒ+ⓓ}$

2.成本與淨變現價值孰低零售價法 $=\dfrac{❶+❷}{ⓐ+ⓑ+ⓒ}$

3.先進先出零售價法 ➡ $\dfrac{❷}{ⓐ+ⓒ-ⓓ}$

4.後進先出零售價法 = $\begin{cases} \text{市價}≦\text{期初存貨}\ \dfrac{❶}{ⓐ} \\ \text{市價大於期初存貨之部分}\ \dfrac{❷}{ⓑ+ⓒ-ⓓ} \end{cases}$

📖 表7-13　零售價法中特定會計項目之處理

會計科目	成　本	零售價（市價）
期初存貨	****	****
本期進貨		****
進貨運費	****	
進貨退回	(***)	(***)
非常損耗	(***)	(***)
可供商品總額	****	****
正常損耗		(***)
銷貨收入淨額		(***)
（扣除現金折扣，銷貨退回與折讓）		列入銷貨收入之減項
期末存貨：零售價		****
期末存貨：成本	****	

7-7

存貨表達方式與盤點計畫表

存貨表達：

××公司
財務報表附註
××年及××年××月××日

⋮

(2) 會計政策

⋮

存貨

存貨採加權平均法為成本計價基礎，期末按成本與淨變現價值孰低法評價

⋮
⋮

(5) 存貨

事業部門	項　　目	××年
生產事業處	材　　　　料	
	物　　　　料	
	在　　製　　品	
	製　　成　　品	
	備　用　零　件	
	小　　　　計	
百貨事業處	商　　　　品	
開發事業處	待　出　售　房　屋	
	待　出　售　土　地	
	在　建　工　程	
	未　完　開　發　工　程	
	小　　　　計	
合　　　　計		
減：備抵存貨跌價損失		
淨　　　　額		

盤點計畫表

i.　盤點基準日：××年××月××日

ii.　實際盤點日：××年××月××日上午×時至下午×時

iii.　盤點項目：

1. 原料

2. 物料

3. 在製品

4. 製成品

iv.　盤、會點人員：盤點時以總經理為盤點總負責人，各課亦應推派課長為負責人負責指派盤點人員及會點人員，全職並指定專人配合會計師事務所人員赴各區監督盤點工作之進行。各課之盤點人員原則上由實際經管各項物品人員及其課長級主管負責，會點人員則由會計課派員負責，倘人力不足，可另加派其他單位人員協助，其配以一盤點人即同時配合一位會點人為原則。

v.　盤、會點注意事項：

1. 全廠於盤點當日停止生產。

2. 各課盤點人應於盤點前將各項應點之存貨整齊排列，並於盤點前一日估計存貨項目領取盤點卡（一式二份）先行填寫初點數量，並放置物品之上。

3. 盤點時應核對實物數量並填寫複點數量，再將正聯交由會點人員取回，以備核對存貨盤點表。

4. 盤點人員於抽查時亦應在盤點卡上簽章。

5. 各廠區先亦應劃分存放區域，繪製廠區存放區域圖，並編列區域代號，以利盤點人員填寫。

6. 各課應將各項存貨種類、存放區域圖、須用盤點卡數量向公司領取，盤點卡應連續編號，不得遺失，如有空白未使用者應於盤點當日繳銷，誤寫作廢者亦應交回，不得丟掉。

7. 各課盤點人員於盤點後應填寫存貨盤點表，並與盤點卡正聯核對計價。

8. 盤點人員及會點人員對呆料及品質異常者詳加註明，並加註取得日期。

9. 各課盤點人員及會點人員配置表應於盤點前提報。

10. 各課盤點負責人及相關主管應於盤點前召開盤點會議。

vi. 獎懲：

1. 經排定參加盤、會點人員，若有無故缺席及未請代理人代理者，接受處分。

2. 盤點工作應切實執行，對盤點工作表現優良者及執行不佳者，呈報獎懲。

vii. 有關附件如下：

附表六：盤點卡
附表七：××年度存貨盤點卡控制表
附表八：盤點人員分配表
附表九：存貨存放位置圖
附表十：存貨盤點表

××股份有限公司
盤 點 卡

年度： 編號：

品名：＿＿＿＿＿＿＿＿＿＿＿＿
規格：＿＿＿＿＿＿＿＿＿＿＿＿
料號：＿＿＿＿＿＿＿＿＿＿＿＿
單位：＿＿＿＿＿＿＿＿＿＿＿＿
數量：（初點）經辦＿＿＿＿＿＿
　　　（初點）複核＿＿＿＿＿＿
存放區域：＿＿＿＿＿＿＿＿＿＿

(1)正聯：交會點人員
(2)副聯：盤點人員存

盤點人： 會點人： 初點人：

①存放區域以存放位置圖。

②盤點人員於盤點實施後根據　副聯填寫存貨盤點表。

③盤點人員於抽點時應在本卡上簽章，未抽點部分免簽。

④會點人及初點人必須在本卡上全部簽章。

××股份有限公司

存　貨　盤　點　卡

年　月　日

A	科號B									
	品名C									
單位 D	□公斤 □呎 □			數量 E	拾萬	萬	仟	佰	拾	個
	□公克 □吋 □件									
	□加侖 □碼 □其他			單號 F						
	□公升 □箱									
種類 G	□原料　□在製品（完工程度）			狀況 H	□良品					
	□物料　□商品				□瑕疵品					
	□製成品　□其他				□呆滯品					
					□持續製品					
初盤人員：		複盤人員：		審核人：						

附表六

××股份有限公司

××年度存貨盤點卡控制表

課　別 倉　庫　別	起訖號碼	發　　放 張　　數	領用人 簽　收	收　回　　張　　數		收回人員 簽　字
				使用張數	空白張數	

本表由公司發給盤點各課簽收盤點後使用，不得遺失，如有誤寫作廢或空白未使用者應交回。

附表七

××股份有限公司
盤會點人員分配表

區

名　　稱	盤點 區　　別	盤點項目	盤點人員	會點人員
原料倉庫	B	布類		
原料倉庫	C	樹脂化學原料		
原料倉庫	D			
在製品××廠	A			
在製品××廠	B			

區總負責人：

附表八

××股份有限公司
存貨存放位置圖

××年度

附表九

類別：
原料
物料
在製品
製成品

存貨盤點表
年 月 日

存貨標籤編號	存放地點	品名及規格	單位	帳列數量	實盤數量	盤盈（盤虧）數量	帳列單價	金額	備註（發生原因）

主管： 　　（簽章）　盤點人： 　　（簽章）　盤點人：＿＿＿＿（簽章）

盤點日期：＿＿年＿＿月＿＿日

附表十

7-8

證券發行人財務報告編製準則、商業會計法及商業會計處理準則之規定

(一)證券發行人財務報告編製準則（民國111年11月24日）

第9條（節錄）：

　十一、存貨：

　　　(一) 符合下列任一條件之資產：

　　　　　1. 持有供正常營業過程出售者。

　　　　　2. 正在製造過程中以供正常營業過程出售者。

3.將於製造過程或勞務提供過程中消耗之原料或物料（耗材）。

(二) 存貨之會計處理，應依國際會計準則第二號規定辦理。

(三) 存貨應以成本與淨變現價值孰低衡量，當存貨成本高於淨變現價值時，應將成本沖減至淨變現價值，沖減金額應於發生當期認列為銷貨成本。

(四) 存貨有提供作質、擔保或由債權人監視使用等情事，應予註明。

發行人編製個體財務報告時，應編製重要會計項目明細表。

(二)商業會計處理準則（民國110年9月16日）

第15條（評價與分攤、表達與揭露）

　　存貨：指持有供正常營業過程出售者；或正在製造過程中以供正常營業過程出售者；或將於製造過程或勞務提供過程中消耗之原料或物料。

(一) 存貨成本包括所有購買成本、加工成本及為使存貨達到目前之地點及狀態所發生之其他成本，得依其種類或性質，採用個別認定法、先進先出法或平均法計算之。

(二) 存貨應以成本與淨變現價值孰低衡量，當存貨成本高於淨變現價值時，應將成本沖減至淨變現價值，沖減金額應於發生當期認列為銷貨成本。

(三) 存貨有提供作質、擔保，或由債權人監視使用等情事者，應予揭露。

(三)商業會計法（民國103年6月18日）

第43條（存貨存料之計算方法）

　　存貨成本計算方法得依其種類或性質，採用個別認定法、先進先出法或平均法。

　　存貨以成本與淨變現價值孰低衡量，當存貨成本高於淨變現價值時，應將成本沖減至淨變現價值，沖減金額應於發生當期認列為銷貨成本。

習題與解答

一、選擇題

( ) 1. 有關存貨的盤存制，請問下列敘述，何者正確？ (A)在定期盤存制下，可隨時掌握存貨數量，期末盤點僅是為了校正之用 (B)在永續盤存制下，帳務處理簡單，適合單價低且進出頻繁的商品 (C)在定期盤存制下，又稱實地盤存制，銷貨成本於期末方能決定 (D)在永續盤存制下，帳務處理較為繁複，但不需進行實地盤點。

( ) 2. 下列何者不屬於存貨項目？ (A)建設公司期末未售的土地及房屋 (B)文具店期末未售的文具用品 (C)電腦公司製造完成待售的電腦產品 (D)期末未售出之銷品。

( ) 3. 因進貨而發生之運費、稅捐、保險費等費用，應計入 (A)進貨成本 (B)銷貨成本 (C)營業費用 (D)營業外支出。

( ) 4. 下列與存貨有關之敘述，何者正確？ (A)以使用為目的之設備，如誤列為存貨，並不影響銷貨成本 (B)採用永續盤存制的企業，不必實地盤點存貨 (C)如物價不發生波動，則無論採用何種計價方法，算得的期末存貨金額相同 (D)進貨時所發生之關稅、運費、保險費均應列為營業費用。

( ) 5. 存貨採用定期盤存制的企業，業主提用商品時，應貸記 (A)購貨 (B)存貨 (C)銷貨 (D)運出寄銷品。

( ) 6. 在永續盤存制下，若採總額法記帳，則買方於折扣期間內付款時，買方分錄之貸方會計項目為何？ (A)存貨 (B)應付帳款 (C)進貨折扣 (D)銷貨折扣。

( ) 7. 可替換之大量存貨，於後續衡量時，存貨成本可適用哪些方法？①個別認定法②先進先出法③加權平均法④後進先出法 (A)僅① (B)僅②③ (C)僅②③④ (D)①②③④。

(　) 8. 賒購商品一批，若以總額法入帳，為貸記應付帳款$120,000；若以淨額法入帳，則應貸記應付帳款$116,400。今於折扣期間內付現$77,600，問可獲折扣為　(A)$2,400　(B)$3,600　(C)$3,492　(D)$2,328。

(　) 9. 在目的地交貨條件下，對於運送中之商品，其所有權應屬於　(A)寄銷人　(B)賣方　(C)買方　(D)運輸公司。

(　) 10. 第一年之存貨為$54,000，第一年之淨利為$8,600，第二年之淨損為$1,500，第一年之保留盈餘為$7,600，第二年保留盈餘為$4,300，茲經發現第一年年底之正確存貨為$460,000，故第二年之正確之損益為　(A)淨損$4,500　(B)淨利$8,500　(C)淨利$4,500　(D)淨利$6,500。

(　) 11. 假設甲公司對進貨的會計處理採定期盤存制及總額法入帳，X4年期初及期末存貨均為零，經查甲公司漏記一筆進貨退回$200，該批進貨為賒購，且尚未付款。則以下對財務報表影響之敘述，正確的有幾項？①進貨淨額多計②銷貨成本少計③銷貨毛利少計④負債多計　(A)1項　(B)2項　(C)3項　(D)4項。

(　) 12. 甲公司在X1年12月23日賒銷一批實驗試劑給乙學校，成交金額為$64,000，成本為$42,000。乙學校於12月25日驗收之過程發現該批貨中有30%規格不符，故將不符規格之部分在12月底予以退貨，並於X2年1月5日支付應付之貨款。試問，乙學校之退貨，對甲公司X1年之本期淨利與X1年底之資產有何影響（不考慮所得稅）？　(A)資產減少$6,600，本期淨利減少$6,600　(B)資產增加$12,600，本期淨利減少$6,600　(C)資產增加$12,600，本期淨利增加$12,600　(D)資產減少$19,200，本期淨利減少$19,200。

(　) 13. 甲公司X1年12月1日購商品一批，定價$40,000，商業折扣3%，付款條件2/10，n/30，若採淨額法入帳，則12月1日應借記購貨　(A)$38,800　(B)$38,024　(C)$39,200　(D)$38,000。

(　) 14. 採用先進先出、後進先出、加權平均、移動平均等方法計算存貨，所求得的金額是表示　(A)成本價　(B)市價　(C)售價　(D)淨變現價值。

(　) 15. 乙公司X1年之期初存貨有200件@15，本年購貨二次，第一次購進

300件@16，第二次購進250件@20，設期末存貨有50件，依簡單平均法，其期末存貨價值為　(A)$750　(B)$800　(C)$1,000　(D)$850。

(　　) 16. 當存貨發生跌價損失時，該項損失應列為　(A)非常損失　(B)其他費用與損失　(C)銷貨成本　(D)前期損益調整。

(　　) 17. 就稅負觀點分析，企業為使稅負合法減輕，在物價上漲時期應採用　(A)簡單平均法　(B)先進先出法　(C)後進先出法　(D)加權平均法作為成本流動之評價。

(　　) 18. 仁文公司採永續盤存制，X2年8月份有關期初存貨、進貨及銷貨資料如下：

期初存貨：　　　　100件，@20

進　　貨：8/5　　200件，@22

　　　　　8/22　　350件，@18

銷　　貨：8/11　　250件

　　　　　8/25　　200件

在後進先出法下，該公司8月底期末存貨成本為　(A)$4,000 (B)$4,400　(C)$3,600　(D)$3,700。

(　　) 19. 甲公司於X1年初開始經營買賣業，當年度甲公司之進貨為$800,000，進貨退回$20,000，進貨折讓$5,000，進貨運費$30,000，銷貨退回$20,000，銷貨折讓$8,000，試問：甲公司X1年之可供銷貨商品成本為何？　(A)$777,000　(B)$787,000　(C)$805,000　(D)$815,000。

(　　) 20. 甲公司過去三年的平均毛利率為38%，年中發生火災存貨全毀，公司帳冊有關資料如下：期初存貨$273,200、進貨$795,000、進貨運費$7,360、進貨折扣$8,000、銷貨收入$1,291,200、銷貨退回$9,200、銷貨運費$12,000，試計算甲公司存貨損失為多少？　(A)$259,900 (B)$272,500　(C)$272,720　(D)$285,120。

(　　) 21. 甲公司X1年4月30日倉庫發生火災，將存貨全部燒燬。甲公司X1年1月1日至4月30日的銷貨收入及銷貨退回分別為$330,000及$30,000，進貨成本為$230,000，且X1年1月1日的存貨為$50,000，平均毛利率為銷貨淨額的40%。則甲公司存貨的火災損失金額為何？ (A)$100,000　(B)$160,000　(C)$230,000　(D)$280,000。

(　) 22. 甲公司X1年初成立，從事珠寶之買賣，對於存貨成本係採個別認定法。X1年間共購入4顆鑽戒，成本分別為$190,000、$250,000、$100,000及$240,000；售價均為$600,000。X1年期末，存貨盤點得知，尚有成本為$100,000及$250,000之兩顆鑽戒尚未賣出。X1年底其未賣出之鑽戒的淨變現價值分別為$500,000與$580,000。試問：下列敘述，何者正確？　(A)X1年毛利為$770,000　(B)X1年底存貨帳面金額為$1,080,000　(C)X1年銷貨成本為$390,000　(D)X1年底需將存貨價值沖減$120,000。

(　) 23. 老王經營的便利商店，X1年期初存貨為$100,000，X1年1至3月進貨$700,000，同期銷貨$750,000，銷貨退回$20,000，銷貨折扣$10,000，其平均毛利率為銷貨淨額的25%，則X1年3月31日以毛利率法估計之存貨金額為何？　(A)$137,500　(B)$160,000　(C)$237,500　(D)$260,000。

(　) 24. 下列敘述，何者有誤？　(A)毛利率愈小，則成本率愈大　(B)存貨估價錯誤，則前後兩期能自動抵銷　(C)後進先出法的優點，是能以現在的收入與現在的成本相配合　(D)毛利率可能>1。

(　) 25. 企業對於存貨計價採用下列何種方法時，則不宜再以毛利法來評估期末存貨價值？　(A)先進先出法　(B)移動平均法　(C)加權平均法　(D)後進先出法。

(　) 26. 就存貨評價而言，下列敘述，何者為非？　(A)成本與淨變現價值孰低法，市價回升不承認利益　(B)後進先出法下，實地制與永續制求出之存貨成本可能不同　(C)個別辨認法適用於量少值大之商品　(D)毛利法與零售價法皆以過去之毛利資料估計本期存貨。

(　) 27. 友美公司X1年度之商品總額為$228,000，不計加價、減價之總零售價為$360,000，銷貨總額為$200,000，如加價為$40,000，減價為$20,000，則在傳統零售價法下之X1年期末存貨約值　(A)$102,600　(B)$108,000　(C)$114,000　(D)$120,000。

(　) 28. 期初存貨成本$15,000，零售價$20,000，本期進貨成本$50,000，零售價$75,000，進貨費用$2,000，淨加價$5,000，本期銷貨淨額$60,000，依零售價法估計期末存貨成本為　(A)$26,000

(B)$24,250 (C)$27,500 (D)$26,800。

( ) 29. 丙公司為一家販售文具用品的公司，本身不生產商品，是單純的買賣業。假設5月1日丙公司收到上游製造商送來所訂購的21箱鉛筆，約定總價為$6,300，紙本發票將在1週後收到，且言明6月1日前付清貨款即可。請判斷以下四項獨立條件的會計處理，何者最為正確？(A)如總價$6,300中已經包含運費，則實務上最可能的交貨條件為起運點交貨 (B)在5月1日收到鉛筆時，就該借記存貨，貸記應付帳款，雖然還沒有收到發票 (C)如5月10日丙公司在尚未支付貨款前，發現該批鉛筆中有一箱為瑕疵品，以快遞方式退回給製造商，則應該借記現金$300，貸記存貨$300 (D)如當此交易的現金折扣條件為2/10，n/30，則丙公司於5月6日先支付一半之貨款，其支付之現金應為$3,119。

( ) 30. 甲公司X1年12月31日盤點存貨餘額為$700,000，會計師查核時發現下列幾項交易：向乙公司進貨$250,000，目的地交貨，X1年12月30日交貨運公司運送，甲公司於X2年1月2日收到。向丙公司進貨$150,000，起運點交貨，X1年12月28日交貨運公司運送，甲公司於X2年1月1日收到。承銷丁公司之商品計有$15,000尚未出售，已列入期末盤點之存貨中。則甲公司X1年12月31日期末存貨正確餘額為何？ (A)$1,100,000 (B)$1,085,000 (C)$835,000 (D)$685,000。

解答：

1. (C)　2. (D)　3. (A)　4. (C)　5. (A)　6. (A)　7. (B)　8. (A)　9. (B)
10. (D)　11. (C)　12. (A)　13. (B)　14. (A)　15. (D)　16. (C)　17. (C)　18. (D)
19. (C)　20. (C)　21. (A)　22. (A)　23. (D)　24. (D)　25. (D)　26. (D)　27. (A)
28. (D)　29. (B)　30. (C)

二、計算題

07-01　存貨盤存制度

試就下列進銷資料，分別按「定期盤存制」與「永續盤存制」作成分錄：

(1) 現購商品2,000件，每件購價$50，另付運費$6,000。

(2) 上述購貨因品質欠佳，退出200件，收回現金如數。

(3) 賒銷商品1,000件，每件售價$70。

(4) 銷貨退回100件，扣抵貨款。

(5) 期末盤點，實際存量870件（盤虧30件）。

解答：

	定期盤存制			永續盤存制	
(1)	進貨	100,000		存貨（@$53）	106,000
	進貨運費	6,000		現金	106,000
	現金	106,000			
(2)	現金	10,000		現金	10,000
	進貨退出（@$50）	10,000		銷貨成本	600
				存貨（@$53）	10,600

	定期盤存制			永續盤存制	
(3)	應收帳款	70,000		應收帳款	70,000
	銷貨收入	70,000		銷貨收入	70,000
				銷貨成本（@$53）	53,000
				存貨	53,000
(4)	銷貨退回	7,000		銷貨退回	7,000
	應收帳款	7,000		應收帳款	7,000
				存貨	53,000
				銷貨成本（@$53）	53,000
(5)	存貨（12/31）43,500			存貨盤虧	1,590
	（@$50）				
	進貨	43,500		存貨（@$53）	1,590

07-02 定期盤存制

裕國公司X1年度進銷資料如下：

1/1	期初存貨	100件@$20	$2,000
2/2	進　貨	300件@$24	7,200
3/3	銷　貨	200件	
5/5	進　貨	300件@$28	8,400
7/7	銷　貨	300件	
12/9	進　貨	100件@$30	3,000

另悉：①3/3銷貨：50件為期初存貨；150件為2/2進貨

②7/7銷貨：50件為2/2進貨；250件為5/5進貨

設該公司採定期盤存制，試按：(1)個別辨認；(2)先進先出；(3)後進先出；(4)加權平均；(5)簡單平均等法，分別計算銷貨成本及期末存貨價值。

解答：

(1)個別辨認法：

	銷貨成本			期末存貨	
3/3者	50×$20 = $1,000		1/1者	50×$20 = $1,000
	150× 24 = 3,600		2/2者	100× 24 = 2,400
7/7者	50× 24 = 1,200		5/5者	50× 28 = 1,400
	250× 28 = 7,000		12/9者	100× 30 = 3,000
合計	500件	$12,800	合計	300件	$7,800

(2)先進先出法：

1/1者	100×$20 = $2,000		5/5者	200×$28 = $5,600
2/2者	300× 24 = 7,200		12/9者	100× 30 = 3,000
5/5者	100× 28 = 2,800		合計	300件	$8,600
合計	500件	$12,000			

(3)後進先出法：（12/9之進貨，應優先列為銷貨成本）

12/9者	100×$30 = $3,000		1/1者	100×$20 = $2,000
5/5者	300× 28 = 8,400		2/2者	200× 24 = 4,800
2/2者	100× 24 = 2,400		合計	300件	$6,800
合計	500件	$13,800			

(4) 加權平均法：

加權平均單價：$\$(2,000 + 7,200 + 8,400 + 3,000)/(100 + 300 + 300 + 100) =$ @\$25.75

銷貨成本： $\$25.75 \times 500$件 $= \$12,875$

期末成本： $\$25.75 \times 300$件 $= \$7,275$

(5) 簡單平均法：

簡單平均單價：$\$(20 + 24 + 28 + 30)/4@ = \$25.5$

期末存貨： $\$25.5 \times 300 = \$7,650$

銷貨成本： $\$(20,600 - 7,650) = \$12,950$（勿用 $\$25.5 \times 500$）

07-03 永續盤存制

設資料如07-02題裕國公司所示，該公司採帳面結存制，試按：(1)先進先出；
(2)後進先出；(3)移動平均等法，計算銷貨成本及存貨。

表格：

(1) 先進先出法：

存貨明細帳

X1年		收		入	發		出	結		存
月	日	數量	單價	金額	數量	單價	金額	數量	單價	金額

得：銷貨成本： 期末存貨：

(2) 後進先出法：

存貨明細帳

X1年		收	入		發	出		結	存	
月	日	數量	單價	金額	數量	單價	金額	數量	單價	金額

得：銷貨成本：　　　　　　　　　　期末存貨：

(3) 移動平均法：

存貨明細帳

X1年		收	入		發	出		結	存	
月	日	數量	單價	金額	數量	單價	金額	數量	單價	金額

得：銷貨成本：　　　　　　　　　　期末存貨：

解答：

(1) 先進先出法：

存貨明細帳

X1年		收	入		發	出		結	存	
月	日	數量	單價	金額	數量	單價	金額	數量	單價	金額
1	1							100	20	2,000
2	2	300	24	7,200				100	20	9,200
								300	24	

X1年		收	入		發		出	結		存
月	日	數量	單價	金額	數量	單價	金額	數量	單價	金額
3	3				100 100	20 24	4,400	200	24	4,800
5	5	300	28	8,400				200 300	24 28	13,200
7	7				200 100	24 28	7,600	200	28	5,600
12	9	100	30	3,000				200 100	28 30	8,600

銷貨成本：$(4,400 + 7,600) = $12,000

期末存貨：$8,600

(2) 後進先出法：

存貨明細帳

X1年		收	入		發		出	結		存
月	日	數量	單價	金額	數量	單價	金額	數量	單價	金額
1	1							100	20	2,000
2	2	300	24	7,200				100 300	20 24	9,200
3	3				200	24 24	4,800	100 100	20 24	4,400
5	5	300	28	8,400				100 100 300	20 24 28	12,800
7	7				300	28	8,400	100 100	24	4,400
12	9	100	30	3,000				100 100 100	20 24 30	7,400

銷貨成本$(4,800 + 8,400) = $13,200

期末存貨 = $7,400

(3) 移動平均法

存貨明細帳

X1年		收		入	發		出	結		存
月	日	數量	單價	金額	數量	單價	金額	數量	單價	金額
1	1							100	20	2,000
2	2	300	24	7,200				400	23	9,200
3	3				200	23	4,600	200	23	4,600
5	5	300	28	8,400				500	26	13,000
7	7				300	26	7,800	200	26	5,200
12	9	100	30	3,000				300	27.33	8,200

銷貨成本：$(4,600 + 7,800) = $12,400

期末存貨：$8,200

07-04 大同公司存貨制度採用永續盤存制，該公司1月份之期初、進貨及銷貨資料如下所示。假設所有退貨均沒有受損狀態並且均為現銷。

日期	描述	數量	每單位成本或售價
1月1日	期初存貨	150	$19
1月2日	進貨	100	21
1月6日	銷貨	150	40
1月9日	銷貨退回	10	40
1月9日	進貨	75	24
1月10日	進貨退出	15	24
1月10日	銷貨	50	45
1月23日	進貨	100	26

試作（存貨單位成本之計算，四捨五入至小數點第二位）：

(1)大同公司在先進先出法下，銷貨成本及期末存貨金額為何？

(2)大同公司在加權平均法下，銷貨成本及期末存貨金額為何？

解答：

(1) 先進先出法：

日期	入庫			出庫			庫存		
	數量	單價	借方金額	數量	單價	貨方金額	數量	單價	餘額
1/1	150	19	2,850				150	19	2,850
1/2	100	21	2,100				150	19	2,850
							100	21	2,100
1/6				150	19	2,850	100	21	2,100
1/9	10	19	190				10	19	190
							100	21	2,100
1/9	75	24	1,800				10	19	190
							100	21	2,100
							75	24	1,800
1/10				15	24	360	10	19	190
							100	21	2,100
							60	24	1,440
1/10				10	19	190	60	21	1,260
				40	21	840	60	24	1,440
1/23	100	26	2,600				60	21	1,260
							60	24	1,440
							100	26	2,600

銷貨成本 = $(2,850 − 190 + 190 + 840) = $3,690

期末存貨 = $(1,260 + 1,440 + 2,600) = $5,300

(2) 加權平均法：

日期	入庫			出庫			庫存		
	數量	單價	借方金額	數量	單價	貨方金額	數量	單價	餘額
1/1	150	19	2,850				150	19	2,850
1/2	100	21	2,100				250	19.8	4,950
1/6				150	19.8	2,970	100	19.8	1,980
1/9	10	19.8	198				110	19.8	2,178
1/9	75	24	1,800				185	21.50	3,978
1/10				15	24	360	170	21.28	3,618
1/10				50	21.28	1,064	120	21.28	2,554
1/23	100	26	2,600				220	23.42	5,154

銷貨成本 = $(2,970 − 198 + 1,064) = $3,836

期末存貨 = $5,154

07-05 期末存貨之評價

佳美商店採成本與淨變現價值孰低法,作為期末存貨評價,某年終存貨資料如下:

品名	數量	單位成本	單位市價
甲類:			
A商品	100件	$ 120	$ 100
B商品	200件	250	280
乙類:			
C商品	300件	80	90
D商品	400件	210	190

試分別按:①個別項目;②分類項目;③全體項目,計算期末存貨價值。

表格:

(1) 計算表:

品　名	總成本	總市價	個別項目	分類項目	全體項目

(2) 評價分錄:

以上三法所計算之「期末存貨價值」個別項目法最低,全體項目法最高。其評價分錄為:

解答:

(1) 計算表:

品　名	總成本	總市價	個別項目	分類項目	全體項目
甲類:					
A商品	$12,000	$10,000	$10,000		
B商品	50,000	56,000	50,000		
小計	62,000	66,000	60,000	$62,000	
乙類:					
C商品	24,000	27,000	24,000		
D商品	84,000	76,000	76,000		
小計	108,000	103,000	100,000	103,000	
合　計	$170,000	$169,000	$160,000	$165,000	$169,000

(2) 評價分錄：

以上三法所計算之「期末存貨價值」個別項目法最低，全體項目法最高。其評價分錄為：

	個別項目法	分類項目法	全體項目法
存貨跌價損失	10,000	5,000	1,000
備抵存貨跌價	10,000	5,000	1,000

07-06　成本與淨變現價值孰低之修正法

丙公司採成本與淨變現價值孰低法，作為期末存貨評價基礎，X1年終存貨之帳面資料如下：

品名	數量件	單位成本	單位市價	單位售價	預計單位銷售費用	正常利潤（售價的%）
A品	400	$100	$110	$130	$22	20%
B品	500	200	180	280	30	20%
C品	600	300	295	400	40	25%

經期末實地盤點，發現實際存量：A品360件，B品500件，C品600件。

試求：

(1) 各種商品存貨之單位期末存貨價值。

(2) 所有商品存貨之實際期末存貨價值。

(3) 作存貨評價認列存貨盤虧及跌價損失分錄。

表格：

① 各種商品存貨之單位期末存貨價值。

② 所有商品存貨之實際期末存貨價值（計算表）。

③ 存貨盤虧（計算及分錄）：

計算：

分錄：

存貨跌價損失（計算及分錄）：

計算：

分錄：

解答：

(1) 各種商品存貨之單位期末存貨價值（計算表）：

品　名	單位成本	單位市價	單　位 淨變現價	單位淨變現價 ——正常利潤	修正市價	單位期末 存貨價值
A品	$100	$110	$108	$82	$108	$100
B品	200	180	250	194	194	194
C品	300	295	360	260	295	295

	單位售價	－	銷售費用	＝	淨變現價	正常利潤
A品	$130	－	22	＝	$108	130×20% = $26
B品	280	－	30	＝	250	280×20% = 56
C品	400	－	40	＝	360	400×25% = 100

(2) 所有商品存貨之實際期末存貨價值（計算表）：

品名	數量	單位期末 存貨價值	期　　末 存貨價值
A品	360	$ 100 ＝	$ 36,000
B品	500	194 ＝	97,000
C品	600	295 ＝	177,000
合　計			$310,000

(3) 存貨盤虧：

存貨盤虧：$100×(400 － 360) = $ 4,000

存貨盤損　　4,000

　　存　貨　　　　　4,000

存貨跌價損失：

跌價損失：			成　本	期末存貨價值
A品	360 ×	$100 =	$ 36,000	$ 36,000
B品	500 ×	200 =	100,000	97,000
C品	600 ×	300 =	180,000	177,000
			$316,000 －	$310,000 = $6,000

存貨跌價損失　　6,000

　　備低存貨跌價　　　　6,000

07-07 零售價法

乙公司X1年度進銷資料如下：

	成 本	零售價
存貨（1/1）	$ 50,000	$ 68,000
進 貨	31,000	45,000
進貨費用	4,000	–
進貨退出	6,000	8,000
進貨折讓	7,800	–
加 價		10,000
加價取消		5,000
減 價		18,000
減價取消		3,300
銷貨收入		425,000
銷貨退回	18,000	
銷貨折讓	7,000	

試依下列方法，列式計算期末存貨估計成本：

(1) 加權平均成本法（成本法、理論法）。

(2) 成本與淨變現價值孰低法（傳統法、實務法）。

表格：

①加權平均零售價法　　　　　　　　②成本與淨變現價值孰低零售價法

解答：

(1)加權平均零售價法			(2)成本與淨變現價值孰低零售價法		
	成 本	零售價		成 本	零售價
存 貨1/1	$ 50,000	$ 68,000	存 貨1/1	$ 50,000	$ 68,000
進 貨	310,000	450,000	進 貨	310,000	450,000
進貨費用	4,000		進貨費用	4,000	
進貨退出	(6,000)	(8,000)	進貨退出	(6,000)	(8,000)
進貨折讓	(7,800)		進貨折讓	(7,800)	
淨加價		5,000	淨加價		5,000
淨減價		(14,700)		$350,200	$515,000
	$350,200	$500,300	淨減價		(14,700)
					500,300

銷貨收入		$425,000		銷貨收入		$425,000
減：銷貨退回	(18,000)	407,000		減：銷貨退回	(18,000)	407,000
期末存貨（零售價）		$93,300		期末存貨（零售價）		$93,300
乘：成本率		70%		乘：成本率		68%
期末存貨（估計成本）		$65,310		期末存貨（估計成本）		$63,444

成本率 = $350,200 / 500,300 = 70%　　　　　成本率 = $350,200 / 515,000 = 68%

07-08 人人大賣場於X1年12月1日有期初存貨成本$61,000，其零售價$105,000。帳上顯示12月份進貨$444,000，其零售價$765,000；進貨退出$6,000，其零售價$10,000；進貨折扣$3,000，進貨運費$20,000。銷貨金額$750,000，銷貨退回$20,000，銷貨運費$25,000。

試作：（需詳列計算式或編表，否則不予計分）

(1) 以零售價法估計12月份期末存貨零售價。

(2) 以零售價法估計12月份期末存貨的成本。

解答：

(1) 本期可供銷售商品零售價 = $(105,000 + 765,000 − 10,000) = $860,000

　　期末存貨零售價 = $(860,000 − 750,000 + 20,000) = $130,000

(2) 本期可供銷售商品成本 = $(61,000 + 444,000 − 6,000 − 3,000 + 20,000)

　　　　　　　　　　　 = $516,000

　　成本率 = $516,000 ÷ $860,000 = 60%

　　期末存貨成本 = $130,000 × 60% = $78,000

07-09 **期末存貨估計方法——毛利法及零售價法**

試計算或處理下列各小題：

(1) 大一公司X1年度銷貨成本率約為72%，往年平均毛利率25%，今悉X1年底期末存貨估計成本如依毛利率法估計，為$448,000，如以零售貨法估計，則為$502,000。試求X1年度之商品總額及銷貨淨額。

(2) 大二公司於5月下旬遭火災毀損，存貨損失達80%，年初至5月下旬進銷資料如下：

項　目	1～4月	5月份
銷貨淨額	$270,000	$52,000
進貨淨額	208,000	38,900
進貨運費	2,900	1,000
存貨（1/1）	16,500	20,400
存貨（4/30）	20,400	

試作估計存貨損失額，俾供保險公司理賠依據。

(3) 大三公司X1年度進銷資料如下：

	成　本	零售價
期初存貨	$20,000	$25,000
本期進貨	54,000	75,000
銷貨淨額		70,000

試依下列方法，計算期末存貨估計成本：

①先進先出零售價法。

②後進先出零售價法。

③加權平均零售價法。

(4) 大四公司曾於X2年12月中，賒銷商品一批，售價$150,000，成本$121,000，當時漏未入帳，且盤點期末存貨時仍計入該筆存貨。待X0年2月底收到該貨款時，才貸記銷貨，同時將銷貨成本列帳。迄4月中旬始由檢核人員發現，試作改正分錄。

解答：

(1) 設商品總額為X，銷貨淨額為Y

則依毛利率法立式　$X - Y(1 - 25\%) = \$448,000$

依零售價法立式　$X - Y \times 72\% = \$502,000$

$0.03Y = \$54,000$　$Y = \$1,800,000$（銷貨淨額）

代入　$X - 1,800,000(75\%) = \$448,000$　　$X = \$1,798,000$（商品總額）

(2) 毛利率 $= \$[270,000 - (208,000 + 16,500 + 2,900 - 20,400)] / 270,000 = 26\%$

5月份　$\$[38,900 + 20,400 + 1,000 - 52,000(1 - 26\%)] = \$21,820 \rightarrow$ 應有期末存貨估計成本

$\$21,820 \times 80\% = \$17,456 \rightarrow$ 存貨估計損失。

(3)

	成　本		零售價		成本率
期初存貨	\$20,000	÷	\$25,000	=	80%
本期進貨	54,000	÷	75,000	=	72%
商品總額	\$74,000	÷	\$100,000	=	74%
減：銷貨淨額			(70,000)		
期末存貨（零售價）			\$30,000		

① 先進先出零售價法　\$30,000 × 72% = \$21,600

② 後進先出零售價法　\$25,000 × 80% = \$20,000

　　　　　　　　　　　5,000 × 72% = ＿3,600

　　　　　　　　　　　　　　　　　　 \$23,600

③ 加權平均零售價法　\$30,000 × 74% = \$22,200

(4) 　　銷貨收入　　　　　　15,000

　　　　　銷貨成本　　　　　　　　121,000

　　　　　前期損益　　　　　　　　29,000

若期末存貨未計入時，分錄如下：

　　存 貨1/1　　　121,000

　　銷貨收入　　　150,000

　　　　　銷貨成本　　　　　　　　121,000

　　　　　前期損益　　　　　　　　150,000

07-10 存貨計價之會計變動

(1) 大大公司成立於X0年初，採後進先出法計價，歷年期末存貨數額如下：

　　X0年終\$30,000　　X1年終\$40,000　　X2年終\$50,000　　X3年終\$60,000

　　今如改用先進先出法計算，則歷年毛利增減額如下：

　　X0年度毛利增加\$5,000　　X1年度毛利減少\$1,000

　　X2年度毛利增加\$6,000　　X3年度毛利增加\$7,000

　　試作：

　　① 採先進先出法計價，歷年之期末存貨價值。

　　② 若該公司X4年初，決定改採先進先出法計價，試作應有分錄。

(2) 大大公司成立於X0年初，存貨採後進先出法計價，歷年度毛利額如下：

X0年度$66,000　X1年度$77,000　X2年度$88,000　X3年度$99,000

今如改用先進先出法計價，則歷年存貨數額列示如下：

年　　度	後進先出法	先進先出法
X0年終	$30,000	$35,000
X1年終	40,000	44,000
X2年終	50,000	60,000
X3年終	60,000	77,000

試作：

① 採先進先出法計價，歷年之毛利額。

② 若該公司X4年初，決定改採先進先出法計價，試作應有分錄。

解答：

(1)①

	X0年終	X1年終	X2年終	X3年終
後進先出法期末存貨額	$30,000	$40,000	$50,000	$60,000
X0年毛利	+5,000	+5,000	+5,000	+5,000
X1年毛利		−1,000	−1,000	−1,000
X2年毛利			+6,000	+6,000
X3年毛利				+7,000
先進先出法期末存貨額	$35,000	$44,000	$60,000	$77,000

②X4年初：

存貨（1/1）　　17,000（＝$77,000−$60,000）

　　　會計變動之累積影響數　17,000

(2)①

	X0年度	X1年度	X2年度	X3年度
後進先出法之毛利額	$66,000	$77,000	$88,000	$99,000
X0年存貨（35,000−30,000）	+5,000	−5,000		
X1年存貨（44,000−40,000）		+4,000	−4,000	
X2年存貨（60,000−50,000）			+10,000	−10,000
X3年存貨（77,000−60,000）				+17,000
先進先出法之毛利額	$71,000	$76,000	$94,000	$106,000

②X4年初：

存貨（1/1）　　　17,000

　　　會計變動之累積影響數　17,000

07-11 簡易進出口會計

特力公司為進出口商，X1年4月份部分進出口業務如下：

4/2　接美國甲公司訂購電腦40部，約定CIF每部US$25,000，本日匯率為 US$1 = NT$32。

4/4　向國內新竹乙電腦公司訂購40部電腦，約定每部$64,000，另加5%營業稅。當即預付訂金$250,000，另加5%營業稅，並取得訂金之發票乙紙。

4/25　乙電腦公司之電腦已製成，本公司驗收部前往新竹乙公司驗貨，計付差旅費$2,400，餐宿雜支$1,600，取得普通收據$3,000及自簽支出證明單$1,000。

4/26　該批電腦經驗收合格，由乙電腦公司開立扣除訂金後之餘款的發票乙紙，另加5%營業稅，計$2,425,500交由本公司驗收人員攜回。

4/28　接報關行通日，該批電腦已通關運往美國，相關資料：

(1)當日報關匯率US$1 = NT$33。

(2)出口報關手續費$5,000，另加5%營業稅，未付現金。

4/29　向銀行押匯，當日匯率US$1=NT$32.8，銀行扣收手續費等$2,000，餘款當即存入本公司帳戶。

4/30　現付報關行費用$5,250，長榮海運公司之海運運費$36,000（免稅），保險公司水險費$3,000。

試逐筆作成應有分錄及計算。

解答：

4/2　免分錄

4/4　預付貨款　　　　　250,000

　　　進項稅額　　　　　　12,500

　　　　　現金　　　　　　　　　　262,500

4/26　進貨　　　　　　2,560,000

　　　進項稅額　　　　　115,500

　　　　　預付貨款　　　　　　　　250,000

　　　　　應付帳款　　　　　　　2,425,500

　　　進貨為$64,000×40 = $2,560,000

　　　進項稅額為$(2,560,000 − 2,425,500 − 250,000) = $115,500

4/28	出口費用	5,000	
	進項稅額	250	
	應付費用		5,250
	應收帳款	3,300,000	
	銷貨收入		3,300,000

應收帳款為US100,000×$33 = $3,300,000

4/29	銀行存款	3,278,000	
	手續費	2,000	
	兌換損失	20,000	
	應收帳款		3,300,000

兌換損失為　$(33 − 32.8)×100,000 = $20,000

4/30	應付費用	5,250	
	銷貨運費	36,000	
	保險費	3,000	
	現金		44,250

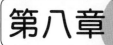

第八章

不動產、廠房及設備

8-1

不動產、廠房及設備之定義

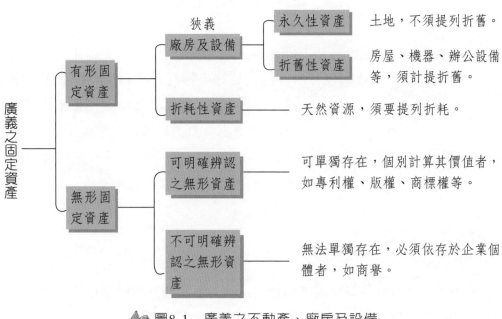

📖 圖8-1　廣義之不動產、廠房及設備

　　不動產、廠房及設備廣義之定義將有形與無形之不動產、廠房及設備包含在內。但國際會計準則（IFRS）第16號所述之不動產、廠房及設備係指不動產、廠房及設備等有形的項目。並同時符合用於該企業營業上之使用及欲其使用期間超過一期之條件。其可分為永久性資產如土地，與折舊性資產如房屋，設備等。

8-2

不動產、廠房及設備之特性與成本

(一)不動產、廠房及設備的特性

1. 供營業上使用：不動產、廠房及設備係供營業使用，如供生產使用之

機器設備、運送貨品之運輸設備等。

2. 非以投資或出售爲目的：如購入土地供將來出售，應列作長期投資或存貨。

3. 供目前使用：閒置的廠房設備，供日後擴廠用的土地，因非供目前使用，不得列爲不動產、廠房及設備應列入其他資產。但隨時備用的資產，仍應視爲不動產、廠房及設備。

4. 具有長期性：預期使用期間超過一期，長期使用。

5. 金額較大：依我國現行所得稅法結算申報營利事業所得稅查核準則第77-1條（民國107年06月29日）之規定，營利事業購買不動產、廠房及設備，其耐用年限不及二年，或支出金額不超過新臺幣$80,000者，得列爲當年度費用。但整批購置大量器具，每件金額雖未超過新臺幣八萬元，其耐用年限超過二年者，仍應列作資本支出。

(二)資產原始成本之決定

不動產、廠房及設備之成本爲達到可供使用狀態及地點所花費之一切必須而合理的支出，皆屬之。而其不同之購買方式將產生不同之成本。

1. 現購成本：購價＋必要之支出

   (1) 土地成本 ── 加項：買價、佣金、登記費、代書費、地面整理費、土地上舊屋之拆除費用等。
   減項：土地上舊屋拆除後殘料出售之收入。

   (2) 土地改良物：如圍牆、下水道、照明設備（路燈）等（須提折舊）。

   (3) 房屋成本：買價、發包金額、過戶登記費、建築師費、轉入舊屋使用前的成本、建築執照、工寮、鷹架、材料倉庫、建築期間之責任保險（即行人或工人之意外傷亡保險），但修理房屋發生之修理費應列損失非成本等。

   (4) 機器設備：包含買價、佣金、稅捐、運費、安裝費、試車費，但搬運不愼發生之修理費應列損失非成本。

2. 賒購成本：購價＋必要支出（若屬利息資本化之部分應列爲成本）。有關現金折扣之處理爲不管已否取得均須扣除，未取得折扣部分爲

「利息費用」。

3. 分期付款購入：應以現金價格作爲成本。（分期付款利息以後應該作爲「利息費用」）

4. 自建：取「成本」和「市價」較低者入帳，僅承認損失，不承認利益，而建造期間借款之利息「應」資本化。

5. 捐贈取得：按受贈資產之公平市價爲入帳基礎，取得受贈資產所必須支付之費用，列爲資本公積之減項。情況可分爲二：

(1) 無條件捐贈：貸記捐贈資本（我國公司法規定應列爲資本公積）。

(2) 有條件捐贈：先借記或有資產，貸記或有資本，待條件完成時再轉。

6. 發行證券換入資產：依證券或換入資產，兩者中市價較明確者爲入帳基礎。

7. 分期付款或開立無息長期票據賒購之資產，按現值入帳，並將利息費用自成本中減除。

總而言之，爲購買或建置不動產、廠房及設備所支付之現金、約當現金或其他對價之公允價值，或在適用其他國際會計準則之規定下（例如：股份基礎給付），於原始認列時屬於該資產之金額，均須計爲不動產、廠房及設備之成本。

確定不動產、廠房及設備之成本後，即開始考慮折舊的問題。

8-3

不動產、廠房及設備折舊之定義與處理

(一)折舊的定義

準則定義之折舊係指將資產之可折舊金額於耐用年限內有系統地分攤。可折舊金額係指資產成本或其他替代成本之金額減除殘值後之餘額。

由於企業之不動產、廠房及設備會因實質因素（如磨損）及功能因素（如過時）而使其價值減損。又此價值之減損尚未實現，若不用某些方法予以分攤之，而將此損失遞延至不動產、廠房及設備報廢或出售，一則致處分資產損

失鉅額增加、二則基於收益配合原則,營業使用之資產於日常營業活動中已為企業增加大部分營收,該營業用資產亦應逐期反映其未來經濟效益之折舊費用,以使財務報表允當呈現企業經營成果之淨利。故應按一有系統之方法攤銷之,此方法屬估計之方法,即為折舊之方法。

若小小公司機器設備之成本為$100,000,第四年底出售$20,000:

表8-1

方　　法	第一年	第二年	第三年	第四年
不提折舊之損益	0	0	0	$-80,000$ $(20,000-100,000)$
提列折舊之損益	$-20,000$	$-20,000$	$-20,000$	$-20,000$

由表8-1所列之金額可知,若不採估計之折舊,則所有損失將遞延至第四年。但此設備之損失每年都應負擔,而不應僅由第四年全部負擔,故應用一估計方法得出每年之估計折舊費用較為合理。這也是為什麼要採用折舊之原因。

(二)折舊的特質

1. 是成本的轉銷,以與收益配合而計算損益,並非是盈餘的保留。
2. 是成本分攤的程序,並非資產評價的手段。
3. 折舊的四要素:(1)資產成本;(2)估計殘值;(3)估計耐用年限或服務數量(耐用年限指經濟耐用年限);(4)選用之折舊方法。
4. 折舊總額(應折舊成本)=成本減估計殘值。
5. 帳面價值(未折舊成本)=成本減累計折舊。
6. 折舊之提列與現金無關,但可透過所得稅之減少,而節省現金之流出,故投資決策時,應將折舊排除(加回)。

(三)折舊的方法

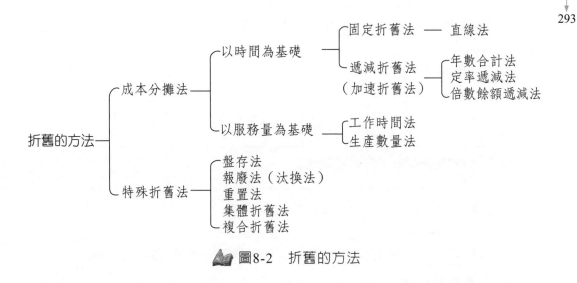

折舊的方法─┬─成本分攤法─┬─以時間為基礎─┬─固定折舊法 ── 直線法
　　　　　　│　　　　　　│　　　　　　　└─遞減折舊法─┬─年數合計法
　　　　　　│　　　　　　│　　　　　　　　（加速折舊法）├─定率遞減法
　　　　　　│　　　　　　│　　　　　　　　　　　　　　　└─倍數餘額遞減法
　　　　　　│　　　　　　└─以服務量為基礎─┬─工作時間法
　　　　　　│　　　　　　　　　　　　　　　└─生產數量法
　　　　　　└─特殊折舊法─┬─盤存法
　　　　　　　　　　　　　├─報廢法（汰換法）
　　　　　　　　　　　　　├─重置法
　　　　　　　　　　　　　├─集體折舊法
　　　　　　　　　　　　　└─複合折舊法

圖8-2　折舊的方法

　　由於上述折舊之方法皆為一般公認會計原則所認可，而每種方法所計算出之折舊費用皆不一樣，故有的公司會利用不同之方法以期得到較高或較低之費用。如有的公司會採用加速折舊法以得到較高之費用，以使其所得稅可少繳。

(四)折舊的公式

　　由於折舊的方法很多，故僅就常用之幾種方法予以介紹。

1. 直線法

$$每年折舊金額 = \frac{成本 - 預計殘值}{預計使用年限} = \frac{C - S}{n}$$

2. 工作時間法

$$每年折舊額 = \frac{成本 - 預計殘值}{預計工作總時數} \times 當年工作時數$$

3. 生產數量法

$$每年折舊額 = \frac{成本 - 預計殘值}{預計工作總數量} \times 當年生產量$$

4. 定率遞減法

$$每年折舊額 = \left(1 - \sqrt[期數]{\frac{預計殘值}{成本}}\right) \times 資產帳面價值（殘值 \neq 0）$$

5. 倍數餘額遞減法（倍率遞減法）

$$每年折舊額 = \frac{N}{預計使用年限} \times 資產帳面價值$$

（N：二倍或若干倍，通常為二倍，且最後折舊完了後之帳面價值不可低於殘值。）

6. 年數合計法（變率遞減法）

$$年數合計法（變率遞減法）\begin{cases} 第一年折舊額 = 折舊總數 \times \dfrac{n}{1+2+3+\cdots\cdots+n} \\[2mm] 第二年折舊額 = 折舊總數 \times \dfrac{n-1}{1+2+3+\cdots\cdots+n} \\ \quad\vdots \\ 第 n 年折舊額 = 折舊總數 \times \dfrac{1}{1+2+3+\cdots\cdots+n} \end{cases}$$

7. 不滿一年之折舊計算

(1)如果使用以服務量為基礎之折舊方法，則按實際服務量計算折舊。

(2)如果採用以時間為基礎之折舊方法，則應確定公司之計算政策。通常以月為計算折舊單位，每月之15日以前買入者，計算全月折舊；16日以後買入者，當月不提折舊。賣出時則與此相反，15日以前賣出者，當月不提折舊；16日以後賣出者，計算全月折舊。

依商業會計法第47條規定：

1. 不動產、廠房及設備之折舊方法以採用平均法（即為直線法）、定率

遞減法、年數合計法、生產數量法、或工作時間法、或其他經主管機關核定之折舊方法爲準，於每年預估所得時申報，未經申請者視爲採用平均法。

2. 採平均法（即爲直線法），其殘值應以等於該項資產之最後一年度未折減餘額爲合度，其計算公式：

$$殘值 = \frac{資產成本}{耐用年數 + 1} \quad \left(S = \frac{C}{n+1} \right)$$

3. 採定率遞減法時，最後一年之未折減餘額，以等於成本十分之一爲殘值（$S = \frac{1}{10}C$）。

而財務會計所採之折舊方法可與所得稅法所採用者相同或相異，但實務上會採用相同之方法，且以直線法（平均法）爲多。

不動產、廠房及設備減損處理：

◎第35號公報內容概要

目的：採取更保守會計減損原則，藉以確保公司資產帳面價值與實際可回收金額相符

實施日期：2005年1月1日起

適用範圍：不動產、廠房及設備、閒置資產、可辨認無形資產及按權益法認列之長期投資，至於其他資產科目，例如，存貨、遞延所得稅資產、金融資產、在建工程及應收帳款，因其評價必須依其他公報處理，並不適用第35號公報。

主要內容：影響的會計項目主要爲不動產、廠房及設備、閒置資產及可辨認無形資產、商譽及權益法投資項目等。若有減損情形會減少股東權益之未實現重估增值，對淨值有降低效果，若未實現重估增值仍不足者才會在綜合損益表認列爲損失。而實施日期爲94年1月1日，代表93年年報可提前適用，亦可延後的94年年報。

精神：主要是將企業的「不動產、廠房及設備」、「無形資產」、「閒置資產」、「依權益法認列損益的長期投資」、「商譽」等會計科目，列入評價範圍，只要帳面價值高過可回收金額，就必須在財報上提列資產減損。凡是企業的閒置資產，或長期股權投資，有資料顯示價值可能減損時，須立即反應在財務報告。當企業擁有資產但卻無法獲利，甚至有潛在損失危機，須立即在財

報中承認損失，適用範圍包括企業目前使用的資產，例如，辦公大樓。企業本身使用不動產，必須視使用目的來區分，若為工廠，則將土地、廠房設備，依鑑價結果與生產所產生的現金流量現值比較，比帳面淨值扣除兩者其中較高者，即為資產減損。企業於2005年首次適用財會準則公報第35號規定認列減損損失，雖可能對公司之財務報表產生影響，但企業將資產價值調整至更接近公允價值後，將使得財務更透明，反而能提高投資人信心，有助於我國財務報表與國際接軌，故對公司影響應該是短空長多。

所以不動產、廠房及設備期末評價除作折舊外，另應作資產減損之認列，並於每年底作資產減損之測試，若資產之帳面值大於該資產之可回收金額（取淨公允價值及使用價值低者），則應認列資產減損損失，其分錄為：

減損損失　　　××
　　累計減損　　　××

之後若帳面值小於資產之可回收金額，可認列資產減損周轉利益。

累計減損　　　　××
　　減損周轉利益　　××

＊淨公允價值＝最近期交易價值估計淨公允價值。
＊使用價值＝估現未來現金流量並按折現率，折到當時之價值。

8-4

資產減損

而資產減損的主要目的就是真實反映隱藏在資產內之損失，以確保資產之真實價值與表達財務報表之真實性。故其帳面價值不得超過可回收金額，超過之部分必須提列減損損失，並列示於當期損益（見下表8-2），而資產之公允價值若高於其帳面價值時，則仍應以原帳面價值列帳。另在回升利益之認列上，可以在以前年度認列減損損失之範圍內始可認列回升利益（商譽除外）。而企業需不需要適用資產減損之情況須要作專業判斷，依據企業會計準則第19號公報，企業對於資產減損跡象之判斷，得自以下三個面向評估，又其資產減損衡量之現金產生單位，可能為一台機器、一條生產線等。

外部來源資訊	1.當期資產市場價值下跌幅度顯著大於正常使用下之預期價值。
	2.企業之技術、市場、經濟或法律環境已於當期發生不利於企業之重大變動。
	3.市場利率或其他市場投資報酬率波動，可能影響用以計算資產使用價值之折現率，並重大降低資產可回收金額。
	4.企業淨資產帳面價值大於其總市值。
內部來源資訊	1.可取得資產過時或實體毀損之證據。
	2.資產使用或預期使用之範圍或方式發生不利於企業之重大變動。如資產閒置、計畫停止、重組資產等。
	3.內部報告可得之證據顯示，資產經濟績效不如預期。
子公司、聯合控制個體或關聯企業之股利	針對投資子公司、聯合控制個體或關聯企業，投資者已認列來自該投資之股利，且取得證據顯示： 1.該投資於單獨財報中之帳面價值遠大於被投資者淨資產（包含相關商譽）於合併財務報表中的帳面價值。 2.股利金額超過子公司、聯合控制個體或關聯企業宣告股利當期之綜合損益總額。

表8-2　資產減損公報損益之說明表

資料來源：陳妙真

　　資產減損之衡量單位現金產生單位（可能為一台機器、一條生產線等）。所謂現金產生單位，係指可產生現金流入之最小可辨認資產群組，其現金流入與其他個別資產或資產群組之現金流入大部分獨立。劃分現金產生單位宜考慮的因素包括：(1)管理當局如何監督企業之營運（例如，依生產線、區域別）、管理當局如何作成繼續或處分企業資產及營運決策（例如，經營虧損路線與黃金路線是否為不可分之決策）；(2)資產之產出即使部分或全部供企業其他單位使用，若企業可於活絡市場出售此產出，此資產即形成一獨立之現金

產生單位。

　　由於該類資產之公平市價不易取得，故該公報採取類似於成本與淨變現價值孰低法評估，而非市價法。雖然資產減損的調整可以提高財務報表的攸關性，但是卻降低可靠性。缺乏可靠性係指此公報使管理者可能操弄損益的空間變大，所以也存在某些缺失，如：(1)可利用多認列當期資產減損損失，到下期迴轉減損時，便可提高盈餘；(2)可操弄高估可回收金額而無須認列資產減損；(3)當公司營動較佳時，資產減損跡象不明顯；但當營運較差時，反而必須資產提列減損，過於保守。

　　分錄：

　　減損測試→比較

　　①可回收金額（可從淨公允價值或使用價值取得）

　　②帳面值（成本－累計折舊）

　　結果若①＞②，則不認列資產減損損失

　　　　若①＜②，則認列資產減損損失

　　　減損損失　　　＊＊＊＊
　　　　累計減損　　　＊＊＊＊

釋例

　　更更公司X0年1月1日購買A機器，1,000,000元；該機器耐用年數10年，殘值為0，且採直線法列計折舊，X1年12月31日該公司評估A機器之淨公允價值為500,000元，則所有分錄如下：

　　X0 1/1購買A機器

　　　機器設備　　　　　1,000,000
　　　　現金　　　　　　　　　　1,000,000

　　X0 12/31折舊分錄 [(1,000,000 − 0) ÷ 10 = 100,000]

　　　折舊費用　　　　　100,000
　　　　累計折舊　　　　　　　　100,000

X1 12/31折舊分錄 $[(1,000,000 - 0) \div 10 = 100,000\,]$

折舊費用	100,000	
累計折舊		100,000

X1 12/31資產減損分錄

可回收金額 = 500,000

帳面價值 = 1,000,000 - 100,000 - 100,000 = 800,000

減損損失 = 500,000 - 800,000 = -300,000

減損損失	300,000	
累計減損		300,000

8-5

非貨幣性資產交換

　　交換：非貨幣性資產就像機器、廠房及設備、土地等，價值會隨著時間的經過而變動，當兩項非貨幣性資產進行互換時，首先應該考慮此項交換是否具有「商業實質」（Commercial Substance）？進而再認列損益。這是為了要避免企業界由資產交換的方式虛列利得。交換是否具有商業實質之判定方式，主要是判斷企業未來的現金流量是否會因為該交換而欲期有所改變，例如：A公司以土地換入B公司之廠房，設備與土地產生現金流流量的數量與時間對A公司及B公司來說，皆不相同，因此具有商業實質；若A公司以電腦設備（586-P3）換入B公司之電腦設備（686-P4），此電腦設備無論在功能或耐用年限上皆無顯著差異，因而對A公司及B公司的未來現金流量並無顯著的差異時，此交換便不具商業實質，不得認列利得。

　　因此原則上，非貨幣性資產交換，若具有商業實質，應立即認列利得或損失；若不具商業實質（無現金），應立即認列損失，惟利得當下不得認列，應遞延認列。

　　資產之交換，一定要換入資產之公允市價等於換出資產之公允市價，如圖8-3。若其公允市價不相等，則應加現金補償。如換入資產之公允市價等於$10,000，而換出資產之公允市價為$8,000，則換出資產之一方應加現金$2,000，使換入資產之公允市價等於換出資產之公允市價加現金，此乃交易之

常態。資產交換損益之原則，在具有商業實質的交換下，若換出資產之公允市價小於換出資產之帳面價值，則產生損失；若換出資產之公允市價大於換出資產之帳面價值，則產生利得。如就大大公司之損益而言，若換出資產之公允市價$8,000小於換出資產之帳面價值$11,000，則產生損失$3,000；若換出資產之公允市價$8,000大於換出資產之帳面價值$6,000，則產生利得$2,000。

圖8-3　資產交換等價圖

但就具商業實質交換與不具商業實質交換之損益處理如下：

具商業實質交換視為一般買賣交易。但不具商業實質之交換卻不認為交易，而認為新資產為替代原資產功能之延長，故利益不得認列，但基於保守原則，損失應認列。另有收現金之部分按比例認列利益。綜合言之，原則：不具商業實質交換，視為舊資產之延伸，故不承認利得；具商業實質交換則視為買賣，承認損益。

1. 具商業實質交換之損益處理：交換損失可認列，交換利得亦可認列。
2. 不具商業實質交換之損益處理：交換損失可認列，交換利得屬未收到現金者，不可認列利得；但交換利得屬收到現金者，且未超過換出資產之公平市價25%，應按比率認列利得。交換利得屬收到現金者，且超過換出資產之公平市價25%，應全部認列利得。

$$比率之計算 = \frac{收現數}{收現數 + 換入資產之公允市價}$$

$$按比率認列利得 = (換出資產之公允市價 - 換出資產之帳面價值) \times 比率$$

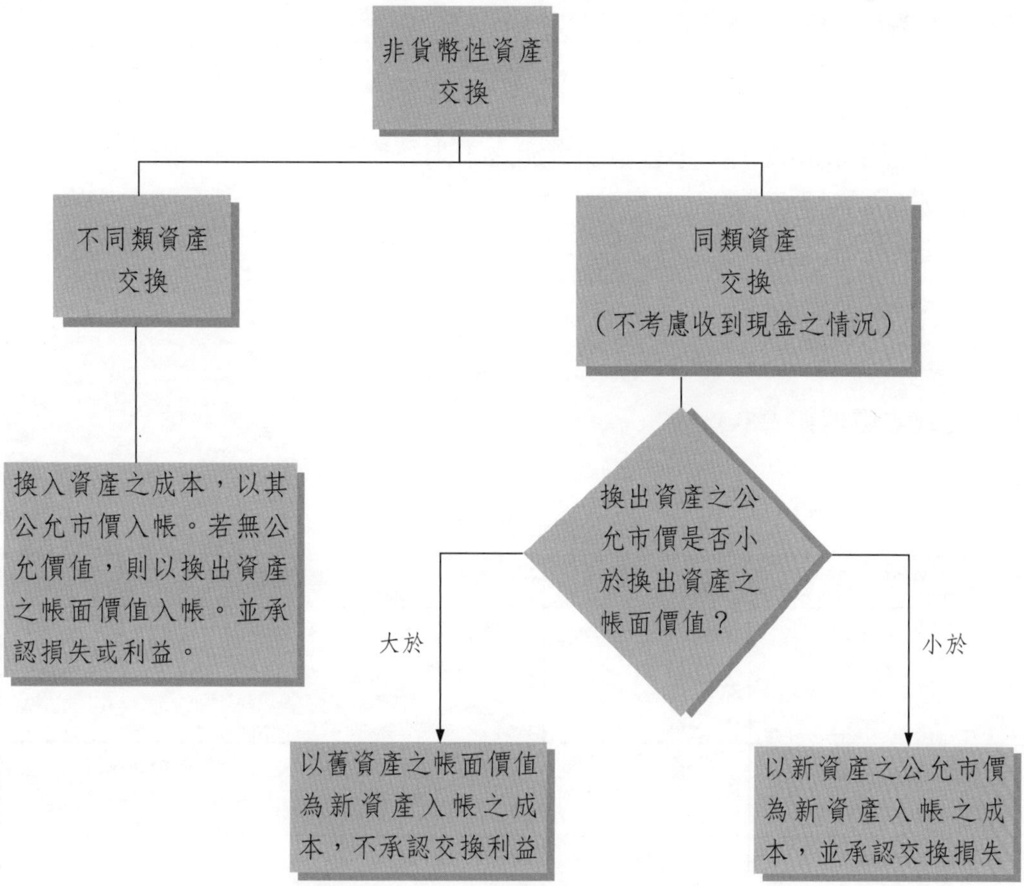

圖8-4 非貨幣性資產交換流程圖

8-6

續後支出（增添、改良與重置、重整、維修）之處理

原則上可增加資產未來經濟效率者，應屬資本支出，如增添、重整、大修等。其分錄如下：

```
資產              ******
    現金              ******
```

若可增加資產之耐用年限，但未增加其服務潛能，如改良與重置。

其分錄如下：

　　　　累積折舊—××資產　　******

　　　　　　現金　　　　　　　　******

但一般維修屬收益支出，不會增加資產之未來經濟效率或耐用年限。

其分錄如下：

　　　　維修費用　　　　　　******

　　　　　　現金　　　　　　　　　******

綜合上述之處理如表8-3：

📖 表8-3

支出之分類	支出之用途	會計處理
資本支出（資產）	1.增添 2.重整 3.大修	（借）資產　　　　　　*** 　　（貸）現金　　　　　　　　***
資本支出（資產）	1.改良 2.重置	（借）現金　　　　　　*** 　　（貸）累計折舊—資產　***
收益支出（費用）	一般維修 金額過小	（借）費用　　　　　　*** 　　（貸）現金　　　　　　　　***

8-7

不動產、廠房及設備之處分

(一)不動產、廠房及設備之處分

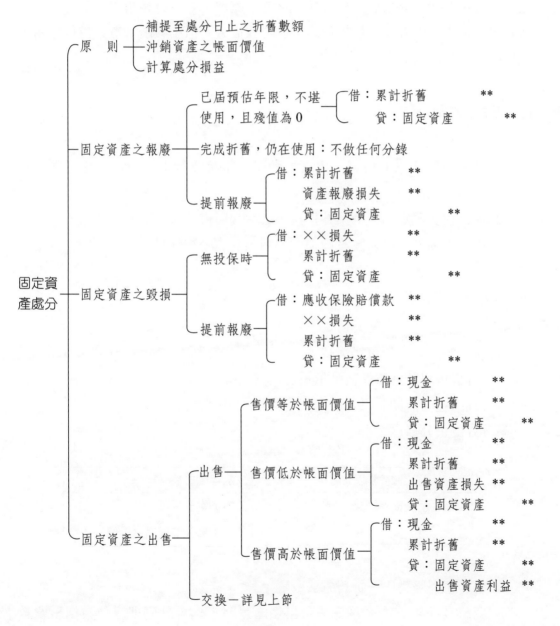

原　則 ─┬─ 補提至處分日止之折舊數額
　　　　├─ 沖銷資產之帳面價值
　　　　└─ 計算處分損益

固定資產之報廢 ─┬─ 已屆預估年限，不堪使用，且殘值為0 ─┬─ 借：累計折舊　　　**
　　　　　　　　　　　　　　　　　　　　　　　　└─ 貸：固定資產　　　**
　　　　　　　　├─ 完成折舊，仍在使用：不做任何分錄
　　　　　　　　└─ 提前報廢 ─┬─ 借：累計折舊　　**
　　　　　　　　　　　　　　　├─ 資產報廢損失　　**
　　　　　　　　　　　　　　　└─ 貸：固定資產　　　**

固定資產之毀損 ─┬─ 無投保時 ─┬─ 借：××損失　　**
　　　　　　　　　　　　　　　├─ 累計折舊　　**
　　　　　　　　　　　　　　　└─ 貸：固定資產　　　**
　　　　　　　　└─ 提前報廢 ─┬─ 借：應收保險賠償款　**
　　　　　　　　　　　　　　　├─ ××損失　　**
　　　　　　　　　　　　　　　├─ 累計折舊　　**
　　　　　　　　　　　　　　　└─ 貸：固定資產　　　**

固定資產之出售 ─┬─ 出售 ─┬─ 售價等於帳面價值 ─┬─ 借：現金　　　**
　　　　　　　　　　　　　　　　　　　　　　　├─ 累計折舊　　**
　　　　　　　　　　　　　　　　　　　　　　　└─ 貸：固定資產　　**
　　　　　　　　　　　　├─ 售價低於帳面價值 ─┬─ 借：現金　　　**
　　　　　　　　　　　　　　　　　　　　　　　├─ 累計折舊　　**
　　　　　　　　　　　　　　　　　　　　　　　├─ 出售資產損失　**
　　　　　　　　　　　　　　　　　　　　　　　└─ 貸：固定資產　　**
　　　　　　　　　　　　└─ 售價高於帳面價值 ─┬─ 借：現金　　　**
　　　　　　　　　　　　　　　　　　　　　　　├─ 累計折舊　　**
　　　　　　　　　　　　　　　　　　　　　　　└─ 貸：固定資產　　**
　　　　　　　　　　　　　　　　　　　　　　　　　　出售資產利益　**
　　　　　　　　└─ 交換－詳見上節

圖8-5

(二)出售不動產、廠房及設備損益之處理

原則上，其損益之計算為公允市價與帳面價值（成本減累積折舊）之差異。

若公允市價大於帳面價值，則產生資產處分利益；反之，則產生損失。處分不動產、廠房及設備之收益應依其性質列為當年度之營業外收入或非常利益，處分不動產、廠房及設備之損失應依其性質列為營業外費用或非常損失。其分錄亦採將原來借貸科目相反之方式處理。如，累積折舊放借方，資產放貸方；損失放借方，利得放貸方；收現放借方。但屬報廢者無市價但適用上述原則，只是市價為0。

(三)法令之規定

1. 我國公司法以前規定，出售不動產、廠房及設備之利益，應列為資本公積。但已修改為一般利益。
2. 所得稅法規定列入營業外損益，必須課所得稅。
3. 處分不動產、廠房及設備損失不列入資本公積減項。

(四)折舊變動與更正

1. 會計錯誤——折舊錯誤時：
   (1) 折舊誤計為不能自動抵銷之錯誤。
   (2) 應追溯前期，以「前期損益調整」帳戶更正。
   (3) 更正分錄為：

(1) 以前年度折舊少提時：	(2) 以前年度折舊多提時：
（借）前期損益調整　　**	（借）累計折舊　　　　**
（貸）累計折舊　　**	（貸）前期損益調整　　**

2. 會計原則變動——折舊方法改變：
   應將其採新方法與舊方法所累積之差距，以會計原則變動累積影響數

之科目列入更改當年度之綜合損益表中。

3. 會計估計變動——如折舊年度改變：

採推延調整法。

(五)資產重估價

1. 如果物價長期處於變動期間，而使資產的帳面價值和市場價值有了很大的差異，為使財務報表能反應真實的物價水準，我國所得稅法規定企業可辦理資產重估價。

2. 資產重估價的計算方法：

> 重置成本法：重置成本係指在重估日同一全新不動產、廠房及設備的市場上公平市價
>
> 資產重估價值 = 重置成本 - (重置成本 - 重估殘值)×$\dfrac{實際使用年數}{估計使用年數}$
>
> 資產增值數額 = 重估價值 - 帳面價值

3. 資產重估價的會計處理方式：

資產　　　　　　　　　　**

　　資產重估準備　　　　　　　**

8-8

不動產、廠房及設備之表達

美國會計準則第12號意見書（APB Opinion No.12）中，規定財務報表應揭露下列事項：

1. 當期之折舊費用。

2. 資產負債表日各主要折舊性資產之餘額，按性質（如機器、房屋）分，或按功能（如生產、銷售設備）分。

3. 資產負債表日累計折舊之餘額，按主要折舊性資產分類，或列示總額。

4. 所用折舊方法之說明。

×× 投資信託股份有限公司
資產負債表
民國X2年及X1年12月31日

單位：新臺幣元

資　　　產	X2 年 底 金　額	%	X1 年 底 金　額	%
流動資產				
現　金	$20,766,753	9.51	$13,366,865	10.44
交易為目的之金融資產	62,763,739	28.74	—	—
應收經理費及銷售費	18,011,976	8.25	5,500,977	4.30
其他流動資產	4,329,648	1.98	3,511,439	2.74
流動資產合計	105,872,116	48.48	22,379,281	17.48
長期投資	98,045,526	44.89	92,182,575	71.99
不動產、廠房及設備－淨額	8,101,468	3.71	6,525,911	5.10
其他資產	6,387,106	2.92	6,954,526	5.43
資產總計	$218,406,216	100.00	$128,042,293	100.00

會計政策摘要：

不動產、廠房及設備：

不動產、廠房及設備係以成本減累計折舊計價。重大之增添、改良及更新作為資本支出，維護及修理支出則列為當年度費用。

折舊係以直線法按下列估計之耐用年限提列：生財器具及辦公設備，五至八年；運輸設備，五年；租賃改良，三年。

不動產、廠房及設備報廢或處分時，其成本及累計折舊均自帳面沖減，若有處分不動產、廠房及設備盈益或損失時，則以當期收益或費用處理。

不動產、廠房及設備（明細表）：

	X2 年 底	X1 年 底
成　　本		
生財器具及辦公設備	$4,828,923	$3,392,770
運輸設備	3,102,500	886,000
租賃改良	2,906,159	2,906,159
小　　計	10,837,582	7,184,929
累計折舊及減損		
生財器具及辦公設備	962,657	320,791
運輸設備	643,293	176,775
租賃改良	1,130,164	161,452
小　　計	2,736,114	659,018
不動產、廠房及設備淨額	$8,101,468	$6,525,911

8-9

證券發行人財務報告編製準則、商業會計法及商業會計處理準則之規定

(一)證券發行人財務報告編製準則（民國111年11月24日）

第9條（節錄）

不動產、廠房及設備：

(一)指用於商品、農業產品或勞務之生產或提供、出租予他人或供管理目的而持有，且預期使用期間超過一個會計年度或一營業週期之有形資產項目，包括生產性植物。

(二)不動產、廠房及設備之後續衡量應採成本模式，其會計處理應依國際會計準則第十六號規定辦理。

(三)不動產、廠房及設備之各項組成若屬重大，應單獨提列折舊，且折舊

方法之選擇應反映未來經濟效益預期消耗型態，若該型態無法可靠決定，應採用直線法，將可折舊金額按有系統之基礎於其耐用年限內分攤。

(四)不動產、廠房及設備具有不同耐用年限，或以不同方式提供經濟效益，或適用不同折舊方法、折舊率者，應在附註中分別列示重大組成部分之類別。

發行人應於資產負債表日對第四項有關採用權益法之投資、不動產、廠房及設備、使用權資產、採成本模式衡量之投資性不動產、無形資產、探勘及評估資產等項目評估是否有減損之客觀證據，若存在此類證據，應依國際會計準則第三十六號規定，認列減損損失金額。非金融資產之可回收金額以公允價值減處分成本衡量者，應揭露該公允價值衡量之額外資訊，包括公允價值層級、評價技術及關鍵假設等；可回收金額以使用價值衡量者，應揭露衡量使用價值之折現率。

第17條（節錄）

財務報告附註應分別揭露發行人及其各子公司本期有關下列事項之相關資訊，母子公司間交易事項亦須揭露：

· 取得不動產之金額達新臺幣三億元或實收資本額百分之二十以上。

· 處分不動產之金額達新臺幣三億元或實收資本額百分之二十以上。

(二)商業會計處理準則（民國110年9月16日）

第18條

不動產、廠房及設備，指用於商品、農業產品或勞務之生產或提供、出租予他人或供管理目的而持有，且預期使用期間超過一年之有形資產，包括土地、建築物、機器設備、運輸設備、辦公設備及生產性植物等會計項目。

不動產、廠房及設備應按照取得或建造時之原始成本及後續成本認列。原始成本包括購買價格、使資產達到預期運作方式之必要狀態及地點之任何直接可歸屬成本及未來拆卸、移除該資產或復原的估計成本，後續成本包括後續為增添、部分重置或維修該項目所發生之成本。

不動產、廠房及設備應以成本減除累計折舊及累計減損後之帳面金額列示。

不動產、廠房及設備之所有權受限制及供作負債擔保之事實與金額，應予揭露。

第24條

商業應於資產負債表日對於透過其他綜合損益按公允價值衡量之債務工具投資、以成本衡量之金融資產、按攤銷後成本衡量之金融資產、採用權益法之投資、不動產、廠房及設備、投資性不動產與無形資產等項目評估是否有減損之跡象；若資產之帳面金額大於可回收金額時，應認列減損損失。

當有證據顯示除商譽及以成本衡量之權益工具投資以外之資產於以前期間所認列之減損損失，可能已不存在或減少時，資產帳面金額應予迴轉，迴轉金額應認列至當期利益。但迴轉後金額不得超過該資產若未於以前年度認列減損損失所決定之帳面金額。

已辦理資產重估者，發生減損時，應先減少未實現重估增值；如有不足，認列至當期損失。減損損失迴轉時，於原認列損失範圍內，認列至當期利益；如有餘額，列為未實現重估增值。

(三)商業會計法（民國103年6月18日）

第46條（累計折舊）

折舊性資產，應設置累計折舊項目，列為各該資產之減項。

資產之折舊，應逐年提列。

資產計算折舊時，應預估其殘值，其依折舊方法應先減除殘值者，以減除殘值後之餘額為計算基礎。

資產耐用年限屆滿，仍可繼續使用者，得就殘值繼續提列折舊。

第47條（折舊方法）

資產之折舊方法，以採用平均法、定率遞減法、年數合計法、生產數量法、工作時間法或其他經主管機關核定之折舊方法為準；資產種類繁多者，得分類綜合計算之。

習題與解答

一、選擇題

(　) 1. 供將來擴建廠房之用的土地，應列作　(A)流動資產　(B)不動產、廠房及設備　(C)長期投資　(D)其他資產。

(　) 2. 提列折舊之目的在於　(A)累積重置設備所需之資金　(B)衡量資產價值因資產耗用而降低的程度　(C)減少股東權益　(D)分攤不動產、廠房及設備之成本。

(　) 3. 下列與不動產、廠房及設備有關之敘述，何者正確？　(A)累計折舊代表累積重置資產所需的資金　(B)機器成本包括使用期間因正常維修所支付的成本　(C)不同性質的不動產、廠房及設備可以使用不同的折舊方法　(D)加速折舊的方法將快速造成資產損壞。

(　) 4. 房屋造價$350,000於X1年2月1日開工，預計2年完成，於X1年2月1日投保意外險10年，保費計$14,400，開工之第一期款$150,000，係以年息12釐向銀行借入，全屋於X3年4月1日完工，則房屋之成本為　(A)$392,120　(B)$389,800　(C)$353,120　(D)$350,000。

(　) 5. 企業於創立期間曾購入土地一方計$400,000，2年後該土地價值為$6,000,000，則在會計記錄上及資產負債表上應為　(A)$400,000　(B)$600,000　(C)$200,000　(D)$1,200,000。

(　) 6. 簽發長期無息應付票據，購入不動產、廠房及設備，應以何者作為資產之成本？　(A)到期值　(B)票據現值　(C)票據面額　(D)估計價值。

(　) 7. 甲公司賒購機器一台，定價$500,000，按九折成交，付款條件3/10，n/30，10天內付款半數，第25天另外付款半數，另付運費$40,000、安裝$20,000、運送中超速罰款$6,000，求機器之成本？　(A)$496,500　(B)$476,500　(C)$436,500　(D)$442,500。

(　) 8. 甲公司於X1年1月2日購買土地，購價為$1,500,000，並支付$85,000將土地上的舊建築物拆除重建，殘料售得$35,000，另支付建築師

設計費$160,000，整地費$50,000，道路鋪設費（該道路由甲公司自行維修）$65,000，土地過戶費$25,000，建造工程費$850,000。試問土地成本為　(A)$1,575,000　(B)$1,625,000　(C)$1,725,000　(D)$1,850,000。

(　) 9. 乙公司興建廠房共支付下列成本：折除舊屋費$16,000，殘料售得$2,000，挖掘地基$42,000，支付前地主積欠地價稅$4,000，工程受益費$8,000，建造材料及人工等成本$2,200,000，新屋於X1年12月初完工，估計有自建利潤$120,000，則X1年底新屋成本為(A)$2,242,000　(B)$2,256,000　(C)$2,260,000　(D)$2,372,000。

(　) 10. 丙公司自製機器一部，各項支出如下：材料$50,000，直接人工$30,000，變動製造費用$10,000，固定製造費用$6,000，自有資金設算利息$3,000，借入款項利息$4,000，若機器市價為$98,000，則機器設備之成本為　(A)$100,000　(B)$98,000　(C)$96,000　(D)$92,000。

(　) 11. 有條件之捐贈盈餘是屬於為　(A)不動產、廠房及設備　(B)遞延資產(C)或有資產　(D)流動資產。

(　) 12. 企業如以有價證券換入設備資產時，則換入資產應按何者作為入帳之成本？　(A)有價證券之市價　(B)設備資產之市價（或現金價格）(C)有價證券之成本　(D)交換日，有價證券與設備資產兩者之市價較為合理明確者。

(　) 13. 甲公司以舊運輸設備（成本$150,000，累計折舊$120,000，公允價值$35,000）換入另一運輸設備，另支付現金$10,000。若此項交換不具有商業實質時，則換入運輸設備的入帳金額為　(A)$30,000(B)$35,000　(C)$40,000　(D)$45,000。

(　) 14. 甲公司於X1年1月1日以成本$58,000取得A機器，預估年限為5年，採雙倍餘額遞減法提列折舊。X3年1月1日甲公司以A機器及支付現金$54,000向乙公司換購公允價值為$82,000的B機器。甲公司判斷該項交換並不具商業實質。甲公司應認列B機器之入帳成本為多少？(A)$66,528　(B)$74,880　(C)$82,000　(D)$88,800。

(　) 15. 甲公司X1年初購入一部機器設備，成本為$1,600,000，估計耐

用年限8年，殘值為$100,000，採直線法提列折舊。甲公司決定自X4年起改採倍數餘額遞減法提列折舊，殘值及剩餘年限均不變，並於X5年1月1日以該機器與丙公司交換另一部機器，並支付現金$20,000，假設該交換具有商業實質，且該換入機器公允價值為$640,000，換出機器之公允價值無法可靠衡量，則甲公司應認列多少資產處分損益？ (A)$0 (B)損失$2,500 (C)損失$20,000 (D)利益$17,500。

( ) 16. 不同種類不動產、廠房及設備之交換，不須收付現金者，應按 (A)公平市價 (B)帳面價值 (C)公平市價與帳面價值二者較低者 (D)換入與換出資產公平市價較低者 為入帳依據。

( ) 17. 下列何者不可能發生借記累計折舊之會計事項？ (A)報廢設備 (B)舊設備之交換 (C)設備提列折舊 (D)出售舊設備。

( ) 18. 大平公司X1年6月1日自國外進口機器一部，買價$160,000，另付運費$18,000，關稅$12,000，安裝費$6,000，預計可用10年，殘值為成本的一成，則X1年折舊額應為 (A)$7,200 (B)$8,820 (C)$10,290 (D)$90,000。

( ) 19. X1年9月1日從國外進口機器設備一部，購價$832,000，進口稅捐$3,000，保險費$2,000，搬運費$4,000，安裝及試車費用$7,000，搬運過程中因碰撞受損，支付修繕費$6,000，若該設備估計可用5年，5年後估計可售得$8,000，以直線法提折舊，則X1年折舊費用為 (A)$55,800 (B)$56,000 (C)$56,400 (D)$56,200。

( ) 20. 某機器市價為$120,000，估計可使用5年，殘值為$12,000，第一年工作6,800小時，第二年工作7,700小時，第三年工作5,800小時，第四年工作5,000小時，第五年工作4,700小時，求第四年應提折舊額為何？ (A)$21,600 (B)$18,000 (C)$16,920 (D)$40,000。

( ) 21. 某機器價值$300,000，預估無殘值，耐用年限大於2年。在使用機器的第三年，直線法下折舊金額為年數合計法下折舊金額的二倍，則該機器的耐用年限為幾年？ (A)6年 (B)5年 (C)4年 (D)3年。

( ) 22. 設某一機器成本$40,000，使用年限5年，殘值$4,000，估計該機器在使用年限內可生產40,000單位的產品，第一年實際生產8,000單位，

第二年生產12,000單位，第三年生產9,000單位，若按生產數量法提列折舊，則第三年年底之累積折舊應為　(A)$7,200　(B)$18,000　(C)$26,100　(D)$36,000。

(　) 23. 每期均以年數合計法提列折舊，係依據　(A)客觀原則　(B)配合原則　(C)成本原則　(D)一致性原則。

(　) 24. 某企業X0年7月1日購入運輸設備一輛，成本$99,000，殘值$9,000，可使用4年，採用年數合計法計提折舊，X2年年底該資產帳面價值是　(A)$28,500　(B)$54,000　(C)$18,000　(D)$27,000。

(　) 25. 運輸設備一輛成本$480,000，估計可用5年，按變率遞減法提列折舊，無殘值，若使用一年後該車市價為$100,000，則資產負債表所列帳面價值為　(A)$320,000　(B)$280,000　(C)$200,000　(D)$160,000。

(　) 26. 甲公司於X1年1月1日購買機器一部，賣方同意甲公司於一年後支付現金$132,000，不附利息（購買當時甲公司的市場利率10%），但運費$12,000由甲公司自付。機器運回公司途中，由於公司的運送人員搬運不慎摔損，因此又支付修理費$18,000。若甲公司以雙倍餘額遞減法提列折舊，且預估機器耐用年限為20年，估計殘值為$12,000，則X1年該機器的折舊費用應為多少？　(A)$12,000　(B)$13,200　(C)$14,400　(D)$16,200。

(　) 27. 甲公司於X1年4月1日購置機器一部，購價$80,000，另付運費$2,000及安裝費$8,000，估計該機器可使用10年，並估計可使用100,000小時，估計殘值$10,000。假設該公司對該機器採用年數合計法計提折舊，則X1年度應提之折舊額約為多少金額？　(A)$10,909　(B)$12,727　(C)$14,545　(D)$16,363。

(　) 28. 甲公司於X1年4月1日購入機器一部，成本$500,000，估計耐用年限5年，殘值$20,000。若公司為曆年制並採用雙倍餘額遞減法提列折舊，則X1年度應認列的折舊費用是多少？　(A)$144,000　(B)$150,000　(C)$192,000　(D)$200,000。

(　) 29. 丁公司於X1年初購入設備成本$160,000，估計可用5年，殘值$10,000，按使用年數合計法折舊及成本模式衡量。X3年初發現該設備還可以再使用5年，殘值變動為$5,000，丁公司並決定自X3年起改

以直線法提列折舊，以反映該設備之實質使用狀況。下列會計處理何者錯誤（不考慮所得稅的影響）？　(A)X1年計提折舊$50,000　(B)X3年初該設備帳面金額$70,000　(C)丁公司此項折舊方法、耐用年限及殘值的變動應以估計變動處理，X3年應計提折舊$13,000　(D)丁公司財務報表需揭露新折舊方法之X3年純益，將比使用原折舊方法所計算出之純益低$17,000。

(　)30. 機器一部，其原始成本為$280,000，累計折舊$248,000，因情況變遷，不得不提前報廢不再使用，估計殘值$15,000，則報廢時其「處分損益」之部分應　(A)借記：資產報廢損失$15,000　(B)借記：資產報廢損失$17,000　(C)貸記：資產報廢利益$15,000　(D)貸記：資產報廢利益$17,000。

解答：

1. (C)　2. (D)　3. (C)　4. (A)　5. (A)　6. (B)　7. (A)　8. (B)　9. (A)
10. (B)　11. (C)　12. (D)　13. (C)　14. (B)　15. (B)　16. (A)　17. (C)　18. (C)
19. (B)　20. (B)　21. (D)　22. (C)　23. (D)　24. (D)　25. (A)　26. (B)　27. (A)
28. (B)　29. (D)　30. (B)

二、計算題

08-01 不動產、廠房及設備之抵換

甲、乙公司擬換中古機器，資料如下：

甲公司		乙公司	
機器	$80,000	機器	$100,000
累計折舊	40,000	累計折舊	70,000
公平市價	50,000	公平市價	45,000
收現	5,000	付現	5,000

試作：

(1) 若為相異資產，則雙方如何入帳？

(2) 若為同類資產，則雙方如何入帳？

表格：

(1) 相異資產：

甲公司	乙公司

(2) 同類資產：

甲公司	乙公司

解答：

(1) 相異資產：

甲公司		乙公司	
累計折舊—機器 40,000		累計折舊—機器 70,000	
機器（新） 45,000		機器（新） 50,000	
現金 5,000		交換資產利益	15,000
機器（舊）	80,000	機器（舊）	100,000
交換資產利益	10,000	現金	5,000

(2) 同類資產：

甲公司		乙公司	
累計折舊—機器 40,000		累計折舊—機器 70,000	
機器（新） 36,000		機器（新） 35,000	
現金 5,000		機器（舊）	100,000
機器（舊）	80,000	現金	5,000
交換資產利益	10,000		

08-02 台南公司於X1年初以$240,000購入甲設備一台，另支付安裝費$8,000，預估耐用年限10年，殘值$40,000，採用直線法計提折舊。甲設備於X4年7月1日大修，支付現金$44,800；大修後估計可再使用8年，殘值則為$20,000。台南公司於X8年初重新評估，認為甲設備只可再使用3年，殘值為$24,500。X10年9月1日台南公司以甲設備及付出現金$241,500換入公允價值$281,500，功能相同之乙設備，且乙設備對台南公司未來現金流量之型態與金額影響很小，預估乙設備之耐用年限為8年，殘值$28,400，採直線法計提折舊。

試作：

(1) 台南公司X4年、X8年及X10年度上述設備之折舊費用金額。

(2) 台南公司X10年9月1日甲、乙設備之交換分錄。

解答：

(1) $240,000 + $8,000 = $248,000

$(248,000 − 40,000) ÷ 10 = $20,800$

$20,800 \times \dfrac{6}{12} = $10,400$

X4/7/1之累計折舊 $= $(20,800 \times 3 + 10,400) − $44,800 = $28,000$

$[(248,000 − 28,000) − 20,000] ÷ 8 \times \dfrac{6}{12} = $12,500$

∴X4年之折舊 $= $10,400 + $12,500 = $22,900$

X5、X6、X7每年之折舊皆為$25,000

X8年初之累計折舊

$= $(20,800 \times 3 − 44,800) + $(10,400 + 12,500) + $25,000 \times 3 = $115,500$

X8年之折舊費用：

$[(248,000 − 115,500) − 24,500] ÷ 3 = $36,000$

X10/9/1之折舊費用 $= $36,000 \times \dfrac{8}{12} = $24,000$

X10/9/1之累計折舊 $= $(115,500 + 36,000 + 36,000 + 24,000)$

$= $211,500$

(2) 依題意，係屬不具商業實質之交換

X10/9/1	設備（新）	278,000	
	累計折舊─設備	211,500	
	設備（舊）		248,000
	現金		241,500

08-03　中綱公司三部機器之相關資料如下，試計算X3年底之帳面價值：

機器別	成　本	估計殘值	耐用年限	折舊方法	啓用日期
甲	$600,000	$100,000	10年	倍率遞減法	X1.07.01
乙	360,000	80,000	7年	年數合計法	X1.10.01
丙	300,000	30,000	5年	定率遞減法	X2.01.01

解答：

(1) 甲機器各年折舊額：

X1年　$600,000×(1/10)×2×(6/12)　　= $ 60,000

X2年　$(600,000 − 60,000)×(1/10)×2 = 　108000

X3年　$(540,000 − 108,000)×(1/10)×2 = 　86,400

合計　$254,400

(2) 乙機器各年折舊額：

X1年　$(360,000 − 80,000)×7/28×3/12　　= $ 17,500

X2年　$280,000×(7/28×9/12 + 6/28×3/12) = 　67,500

X3年　$280,000×(6/28×9/12 + 5/28×3/12) = 　57,500

$142,500

(3) 丙機器各年折舊額：

折舊率：$1 - \sqrt{30,000/300,000} = 0.369$

X2年　$300,000 × 0.369　　= $ 110,700

X3年　$(300,000 − 110,700)×0.369 = 　69,852

$180,552

(4) 所有機器，X3年底調整後帳面餘額：

$(600,000 + 360,000 + 300,000) − $(254,400 + 142,500 + 180,552) = $682,548

08-04　仁光公司陸續買入四部舊機器，資料如下：

機器	取 得 日	成 本	估計年數	估計殘值	折舊方法
甲	X1年1/1	$145,800	6	$ 10,000	倍數餘額遞減法
乙	X1年7/1	302,400	8	10%	直線法
丙	X2年1/1	201,600	10	$ 3,600	年數合計法
丁	X2年7/1	237,600	12	0	倍數餘額遞減法

試作：

(1) 計算至X3年底止之累計折舊。

(2) 作X1年至X3年各年底折舊調整分錄。

解答：

(1) 累計折舊計算：

　　甲機器：（X1）$ 145,800×1/6×2 = $48,600

　　　　　　（X2）$ 97,200×1/6×2　= 32,400

　　　　　　（X3）$ 64,800×1/6×2　= 21,600

　　　　　　　　　　　　合 計　$102,600

　　乙機器：（X1）($302,400×90%)/ 8×1/2 = $17,010

　　　　　　（X2）($302,400×90%)/ 8　　 = 34,020

　　　　　　（X3）　$34,020

　　　　　　　　　　　　　合 計　$85,050

　　丙機器：（X2）$(201,600 − 3,600)× 10/55 = $36,000

　　　　　　（X3）$198,000×9/55　　　　 = 32,400

　　　　　　　　　　　　合 計　$68,400

　　丁機器：（X2）$237,600×1/12×2×1/2 = $19,800

　　　　　　（X3）$217,800×1/12×2　　 = 36,300

　　　　　　　　　　　　合 計　$56,100

(2) 各年底調整分錄：

分 　 錄	X1	X2	X3
折 　 舊	65,610	122,220	124,320
累計折舊—甲機器	48,600	32,400	21,600
累計折舊—乙機器	17,010	34,020	34,020

累計折舊—丙機器	—	36,000	32,400
累計折舊—丁機器	—	19,800	36,300

08-05 台中公司民國X1年7月1日買入機器一台，成本為$3,100,000元，估計可使用5年，殘值為$100,000元。民國X2年1月1日至12月31日台中公司不加計折舊費用前之淨利為$2,000,000元。假設所得稅率為單一稅率25%。

試求：

(1) 該機器折舊方法分別採用：①年數合計法、②倍數餘額遞減法、③平均法下，其稅後淨利及稅後現金流量各為若干？

(2) 舉出一種情況下，三種不同折舊方法，對稅後現金流量沒有影響。

解答：

(1) X2年折舊費用

年數合計法：$(3,100,000 - 100,000)\times\left[\dfrac{5}{15}\times\dfrac{6}{12}+\dfrac{4}{15}\times\dfrac{6}{12}\right] = \$900,000$

倍數餘額遞減法：$3,100,000\times\dfrac{2}{5}\times\dfrac{6}{12} = 620,000$

$(3,100,000 - 620,000)\times\dfrac{2}{5} = \$992,000$（X2年D/E）

平均法：$(3,100,000-100,000)\times\dfrac{1}{5} = \$600,000$

	X2年折舊費用	稅後淨利	稅後現金流量	減少現金流出的金額
年數合計法	900,000	$825,000	$825,000 + 900,000 = $1,725,000	節省$225,000的所得稅支出
倍數餘額遞減法	992,000	$756,000	756,000 + 992,000 = $1,748,000	節省$248,000的所得稅支出
平均法	600,000	$1,050,000	1,050,000 + 600,000 = $1,650,000	節省$150,000的所得稅支出

說明：折舊的計提與否，並不影響企業某一期間的現金流量。唯一能夠影響現金流量的乃是透過所得稅的節省，而減少現金的流出。

(2) 若本期不加計折舊費用前之淨利小於0，則三種折舊方法對稅後現金流量皆沒有影響。

08-06 折舊之會計變動

試就下列會計變動之事項，作成必要之計算及分錄：

(1) 甲公司X1年初購入機器一部，成本$110,000，以直線法計提折舊，估計可

320

用十年,殘值$10,000,X6年初發現該機器可使用四年,無殘值。試作:X5年、X6年底之調整分錄。

(2) 乙公司X5年初以$300,000購入設備,估計可用六年,殘值$12,000,原採平均法折舊,至99年初決定改定率遞減法,折舊率定為30%,試作:X6、X7年底之調整分錄。

表格:

(1) 計算式:

X5年底:

X6年底:

(2) ＿＿＿＿＿原(平均法)＿＿＿＿＿　　＿＿＿定率遞減法＿＿＿

X6年度:

X7年度:

X7年底:

X8年底:

解答:

(1) 計算式:$110,000 − $10,000 / 10年 = $10,000

X5年底:折舊　　　　　　10,000

　　　　　累計折舊－機器設備　　10,000

($110,000 − $10,000 × 5) / 4 = $15,000

X6年底:折舊　　　　　　15,000

　　　　　累計折舊機器設備　　15,000

(2) ＿＿＿＿＿原(平均法)＿＿＿＿＿＿　　　＿＿＿＿定率遞減法＿＿＿＿

X5年度:$30,000 − 12,000/6年 = $48,000　　$300,000×30%　　　　　 = $ 90,000

X6年度:　　　　　　　　　　48,000　　($300,000 − $90,000)×30% = 63,000

　　　　　　　　已提 $96,000　　　　　　　　應提　$153,000

X7年底:折舊　　　　48,000

　　　　　累計折舊—設備　48,000

X8年底:會計原則變動之累積影響數　57,000 (= $153,000 − $96,000)

　　　　　累計折舊—設備　　　　　　　57,000

折舊　　　　　　44,100

　　累計折舊—設備　　44,100（＝$210,000－$63,000）×30%

08-07 不動產、廠房及設備之購置、折舊、大修、抵換

甲公司於X1年5月1日，賒購機器設備乙組，定價$400,000，九折成交，付款條件2/10，N/30，並另付機器安裝及試車費$10,000，於運輸途中不慎碰損，另付修理費$7500。

於X1年7月1日正式啓用，估計可用10年，殘值$12,800。

至X6年1月初，該機器大修，花費$56,700，預計可延長使用到X13年底（尚可使用八年），殘值$22,000。

使用至X9年5月1日，以該機器交換功能相同之小型機器，該新機器市價$120,000，另收現金$30,000。

試作：

(1) X1年5月1日購置機器之分錄。

(2) X1年終、X2年終之折舊分錄。

(3) X6年1月初大修之分錄。

(4) X6年終之折舊分錄。

(5) X9年5月1日機器交換之分錄。

解答：

X1/5/1	機器設備	352,800 (＝$400,000×0.9×0.98)	
	應付機器款		352,800
X1/5/1	機器設備	10,000	
	修繕費	7,500	
	現金		17,500
12/31	折舊	17,500	
	累計折舊—機器		17,500
X6/1/1	累計折舊—機器	56,700	
	現金		56,700
12/31	折舊	30,000	
	累計折舊—機器		30,000

累計折舊：$35,000×4.5年 - $56,700 = $100,800

$[(362,800 - 100,800) - 22,000] / 8年 = $30,000

X9/5/1　①折舊　　　　　　　　　　　10,000

　　　　　　累計折舊　　　　　　　　　　10,000

　　　折舊為$30,000×4/12 = $10,000

　　　②累計折舊－機器　　　187,500

　　　機器設備（新）　　　　120,000

　　　現金　　　　　　　　　 30,000

　　　資產交換損失　　　　　 25,300

　　　　　機器設備（舊）　　　　　　362,800

08-08　設備資產之折舊、處分

信義公司於民國X3年12月1日遭受火災，經查受毀損之不動產、廠房及設備如下：

資產名稱	成　本	年限	估計殘值	購置日期	折舊方法
辦公設備	$400,000	4年	$40,000	86.07.01	年數合計法
機器設備	1,200,000	8年	100,000	87.09.01	雙倍餘額遞減法
雜項設備	180,000	5年	0	88.01.01	直線法

該公司將上述不動產、廠房及設備處分，其可銷售金額為：機器設備$20,000，辦公設備$0，雜項設備$5,000。

試計算不動產、廠房及設備火災損失，並作成處分之分錄。

解答：

(1) 計算至X3年12月1日之累計折舊：

　辦公設備：$(400,000 - 40,000) ×[(4 + 3 + 2)/10 + 1/10×5/12] = $339,000

　機器設備：X1年　$1,200,000×1/8×2×4/12 = $100,000

　　　　　　X2年　$1,100,000×1/8×2　　 = $275,000

　　　　　　X3年　$825,000×1/8×2×11/12 = $189,063

　　　　　　　　　　　　　累計折舊　 $564,063

　雜項設備：$180,000 / 5×(1 + 11/12) = $69,000

(2) 計算各項設備資產之火災損失：

資產名稱	成　　本	累計折舊	可銷售金額		火災損失
辦公設備	$400,000	$339,000	$　　0	=	$ 61,000
機器設備	1,200,000	564,063	20,000	=	615,937
雜項設備	180,000	69,000	5,000	=	106,000
			火災損失合計		$782,937

(3) 認列火災損失之分錄：

累計折舊—辦公設備	339,000	
累計折舊—機器設備	564,063	
累計折舊—雜項設備	69,000	
現　金	25,000	
火災損失	782,937	
辦公設備		400,000
機器設備		1,200,000
雜項設備		180,000

08-09　折舊之會計變動與錯誤更正

美玉公司X9年度發生下列事項：

① 甲機器於X7年初以$70,000購入，估計耐用五年，殘值$10,000。原採用倍數餘額遞減法，於X9年底決定改用直線法提列折舊。

② 乙機器於X4年初以$110,000購入，按直線法提列折舊，殘值$10,000，五年累計折舊為$50,000。目前發現機器耐用年限比原估計多了三年，殘值$4,000。

③ 丙機器於X8年初以$60,000購入，估計耐用年限四年，殘值估計為$6,000。採用倍數餘額遞減法第一年折舊為$27,000。

試作：分別列示改正或會計變動之分錄，及X9年度各機器之折舊分錄。

解答：

(1) 會計原則變動：

	原倍數餘額法	新直線法
X7	$70,000×1/5×2=$28,000	$12,000

X8　$42,000×1/5×2 = $16,800　　　　$12,000

　　　　　　已提　$44,800　應提　$24,000

X9年中　累計折舊　　　　　20,800

　　　　　會計原則變動累積影響數　　20,800

X9年終　折舊　　　12,000

　　　　累計折舊─機器　12,000

(2)會計估計變動：

$(110,000 − 10,000)/N年 = $50,000/5年　　N = 10（年）

$[(110,000 − 50,000) − 4,000] / (10 − 5 + 3) = $7,000

折舊　　　　7,000

　　累計折舊─機器　　7,000

(3)會計錯誤更正：

X8年度　$60,000×1/4×2 = $30,000（少提$3,000）

X9年度　$30,000×1/4×2 = $15,000

前期損益　　3,000

折舊　　　　15,000

　　累計折舊─機器　18,000

08-10　不動產、廠房及設備之折舊、處分

康仁公司X8年底不動產、廠房及設備及相關的累計折舊餘額如下：

項　目	成　本	累計折舊	折舊方法	耐用年限
土　地	$1,500,000	─	─	─
建　築　物	1,200,000	$263,100	150%餘額遞減法	25年
機器設備	90,000	250,000	直線法	10年
運輸設備	115,000	84,600	年數合計法	4年

折舊性資產之殘值皆不計，X9年度之交易及其有關資料如下：

① 1月2日以$10,000現金及一部原始成本$9,000，帳面價值$2,700，已使用二年之舊車交換新車，新車現金價$12,000，舊車的抵換價值不明。

② 4月1日火災燒毀了一部在X4年4月1日以$23,000購買的機器，保險公司理賠$15,500。

③ 7月1日以$280,000增購機器設備，另付運費$5,000及安裝成本$25,000。

④ X8年底運輸設備的成本為$115,000，以此金額為計算基礎，X9年度之折舊費用為$18,000。

試作：

(1) 計算X9年度不動產、廠房及設備之折舊費用及其X9年底累計折舊。

(2) 計算X9年度處分資產損益。

(3) X9年底資產負債表中不動產、廠房及設備的表達。

解答：

(1) 累計折舊之計算：

　①建築物：

　　折　舊　　$(1,200,000 − 263,100)×1/25×150% = $56,214

　　累計折舊　$263,100 + $56,214 = $319,314

　②機器設備：

　　折　舊　　$23,000×1/10×3/12　　　　　　　　　= $　　　575

　　　　　　　$(280,000 + 5,000 + 25,000)×1/10×1/2 =　　15,500

　　　　　　　$(900,000 − 23,000)×1/10　　　　　 =　　87,700

　　　　　　　　　　　　　　　　　　　　合　計　$103,775

　　累計折舊　$250,000 + $103,775 − ($23,000×5/10) = $342,275

　③運輸設備：

　　折　舊　　$18,000×$(115,000 − 9,000)/ 115,000 = $ 16,591

　　　　　　　$12,000 × 4/10　　　　　　　　　　 =　　4,800

　　　　　　　　　　　　　　　　　　合　計　　$21,391

　　累計折舊　$84,600 − $(9,000 − 2,700) + $21,391 = $99,691

(2) 處分損益之計算：

　$2,700 − $(12,000 − 10,000) 　= $　700 損失

　$15,500 − $23,000 × 5/10　　 = $4,000 利益

　　　　　　　　　　利益　$3,300

(3)資產負債表之表達：

部分資產負債表		X9/12/31
不動產、廠房及設備：		
土　地		$1,500,000
建築物	$1,200,000	
減：累計折舊	319,314	880,686
機器設備①	$1,187,000	
減：累計折舊	342,275	844,725
運輸設備②	$118,000	
減：累計折舊	99,691	18,309

註：①$900,000 + $(280,000 + 5,000 + 25,000) − $23,000 = $1,187,000

②$(115,000 − 9,000 + 12,000) = $118,000

08-11 甲公司會計人員將X1年有關房屋、土地等相關交易皆記錄在「房地產」科目。期末「房地產」科目包含下列交易：

借方項目：

2/3	購買一塊土地含原有地上建築物準備蓋新大樓	$320,000
3/10	拆除原有地上建築物成本	10,000
9/30	支付今日完工開始使用的新建築物合約價格	480,000
9/30	建造期間建築物的意外保險費用、建築物完工驗收費用等	20,000
11/1	支付當年度地價稅	12,000
借方總計		$842,000

貨方項目：

3/10	拆除原有地上建築物出售收入	$2,000	
12/31	用直線法提列折舊（按「房地產」未提折舊前餘額）	33,600	35,600
12/31	期末「房地產」帳戶餘額		$806,400

試問：（務必列式計算過程，否則不予以計分）

(1)應該正確歸類為土地的成本為多少？

(2)應該正確歸類為建築物的成本為多少？

(3) 假設新建築物耐用年限為25年且無殘值，X1年的折舊費用應為多少？

(4) 假設發現上述錯誤時，公司尚未結帳，試作其更正分錄。

解答：

(1) 土地成本 = $(320,000 + 10,000 − 2,000) = \$328,000$

(2) 建築物成本 = $(480,000 + 20,000) = \$500,000$

(3) 折舊費用 = $\$(500,000 − 0) \div 25年 \times \dfrac{3}{12} = \$5,000$

(4) 更正分錄：

地價稅	12,000	
土地	328,000	
建築物	500,000	
折舊費用		28,600
房產地		806,400
累計折舊─建築物		5,000

第九章

天然資源
與無形資產

天然資源之定義與成本之認列

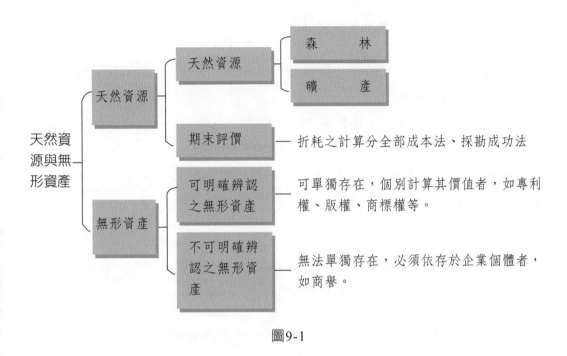

圖9-1

　　天然資源為供企業長期之營業使用之自然資源，如天然氣、森林、煤礦等各礦產。依其種類可分為森林與礦產。

　　森林之成本包括買價、過戶費、仲介費等附加成本，以及規劃、排水、灌溉、養林等開發成本。

　　礦產之成本包括過戶費、仲介費、探礦權成本等附加成本，以及探勘成本。

　　探勘成本之風險很大，應屬費用或屬資產，故有兩法處理：

1. 全部成本法：不論成功與否，探勘成本皆列為資產。

2. 探勘成功法：僅探勘成功時，才可將成本皆列為資產。

　　一般公認原則皆承認此兩法。

　　依據企業會計準則第17號所定義的生物性資產，係指與農業活動有關之生物資產，農業活動包含企業從事生物體生命轉化及收成之管理。生物包含動

物與植物，如牛、羊、雞、稻麥、水果等。然而認列生物性資產之條件有以下三項：

1. 取得資產控制。
2. 資產相關的未來經濟效益很有可能流入企業。
3. 資產之公允價值或成本得以可靠衡量。

生物性資產衡量方法得以成本模式、公平價值模式處理：

- 「成本模式」：後續每一報導期間結束日，應以成本減累計折舊及累計減損後的金額衡量
- 「公允價值模式」：後續每一報導期間結束日，以公允價值減出售成本金額作為衡量，並以公允價值減出售成本於處分當期認列損益。

衡量模式一旦決定，不得任意變更，須持續該模式方法，處理認列、衡量、並計算最終處分損益。

9-2

天然資源之折耗處理

IFRS定義探勘業為尋找及開採地底下或地表之天然資源。可開採之天然資源取得成本，包含為取得天然資源及使其達預期可供使用狀態所需支付之價款，對於已發掘的天然資源（如煤礦），成本即為購買此項資產所需支付之價格。在天然資源耐用年限中，以合理及有系統之方法分攤天然資源成本稱為「折耗」（折耗之於天然資源如同折舊之於不動產、廠房及設備）。企業一般都使用生產數量法計算折耗費用，原因在於天然資源的消耗與開採數量較為密切。

折耗之提列採生產數量法，即成本減殘值再除估計之總蘊藏量，得出每單位之折耗金額，再乘上當年度實際開採量，得出當年度所提列之折耗費用。

$$\frac{成本殘值}{估計總蘊藏量} \times 當年度實際開採量$$

無形資產之定義與項目

無形資產是指無實際形體存在，供企業營業使用之長期性資產。

無形資產之特性如下：

1. 無形體存在，如專利權、特許權等。

2. 供營業使用。

3. 具排他性，如商標權、商譽等。

4. 具未來經濟效益。

無形資產之成本認列

　　無形資產應以成本入帳，無形資產有許多種類，包含有耐用年限或非確定耐用年限，其取得成本應於效益期間內以合理有系統的方法予以分攤，每期分攤的金額稱為攤銷，若為非確定耐用年限的無形資產則不得攤銷。為認列無形資產的攤銷，企業需增加攤銷費用並同時降低無形資產的金額。無形資產的攤銷通常採用直線法，大部分國家專利權的攤銷年限為二十年，專利權成本應於法律規定的法定期限或耐用年限，二者取較短者予以攤銷。

　　無形資產之種類：

1. 可辨認者

(1) 商標權

依法取得或購入之商標權。

(2) 專利權

依法取得或購入之專利權。

(3) 著作權

依法取得或購入文學、藝術、學術、音樂、電影等創作或翻譯之出版、銷售、表演等權利。

(4) 特許權

指特許經營某種行業,使用某種方法、技術、名稱、或特定地區經營事業等。特許權有由政府授權者,亦有由私人企業買賣者。

(5) 電腦軟體

對於購買或開發以供出售、出租或以其他方式行銷之電腦軟體。電腦軟體成本按未攤銷之購入成本,或自建技術可行性至完成產品母版所發生之成本評價。但在建立技術可行性以前所發生之成本應作為研究發展費用。

(6) 開辦費

指至公司成立之日為止,因公司設立而發生之所有支出,包括發起人報酬、律師及會計師公費、公司登記之執照費、股東會費用、股份招募及承銷等費用。至於公司成立後至開始營業之期間所發生之支出,則屬於創業期間之支出,不得列為開辦費。

2. 不能明確辨認者

(1) 商譽

凡無法歸屬於有形資產及可辨認無形資產之獲利能力者。換言之,商譽為企業賺取超額利潤的能力。依一般公認會計原則規定,僅購入之商譽可入帳,自行發展之商譽不能入帳。購入之商譽僅能出現在企業購併上,故無法單獨辨認。

商譽之計算為:支付總成本－(取得有形及可辨認無形資產公允市價總和－承擔之負債總額)。

(2) 研究發展成本

研究期間範圍：

① 實驗研究致力於發現新知識。

② 追求應用新研究成果或其他知識。

③ 追求材料、器械、產品、流程系統或服務之可能方法。

④ 全新或改良之材料、器械、產品、流程系統或服務之配方設計衡量及最後可行方法之選定。

發展期間範圍：

① 生產或使用前之原型及模型之設計、建造及測試。

② 設計與新技術有關之工具、模型及印模。

③ 尚未規模經濟商業化生產之試驗工廠，其設計、建造與作業。

④ 全新或改良之材料器械、產品、流程系統或服務之可行方法的設計、建造或測試。

研究發展成本包括：

① 為研究發展目的而購置，或用於研究發展之材料、儀器及設備。

② 研究發展人員之薪資與相關之人事費用。

③ 向他人購買之無形資產用於研究發展者，其無形資產之成本。

④ 契約勞務成本：凡轉委託他人從事部分研究發展工作，或提供勞務之成本。

⑤ 間接成本：研究發展成本包括一部分合理分攤之間接成本。但銷售及管理費用，顯與研究發展無關者，則不得攤入研究發展成本。

因為其不具未來經濟效益，且成本與效益間無關聯，且其無因果關係，故基於保守原則，研究發展成本原則上應列入當期費用。

9-5

無形資產之攤銷處理

無形資產應以成本入帳，無形資產有許多種類，包含有耐用年限或非確定耐用年限，其取得成本應於效益期間內以合理有系統的方法予以分攤，每期分攤的金額稱為攤銷，若為非確定耐用年限的無形資產則不得攤銷。為認列無形

資產的攤銷，企業需增加攤銷費用並同時降低無形資產的金額。無形資產的攤銷通常採用直線法，大部分國家專利權的攤銷年限為二十年，專利權成本應於法律規定的法定期限或耐用年限，二者取較短者予以攤銷。

攤銷費用於綜合損益表中應列示於營業費用項下。IFRS規定無形資產同不動產、廠房及設備，IFRS允許無形資產於財務狀況表中以公允價值表達，但商譽除外。

若無形資產是經由購買取得，可列入無形資產的成本，其會計處理與不動產、廠房及設備會計處理類似，成本包含購買價格與使該資產達到預期可供運作狀態前的必要支出，然而，內部自行發展的相關無形資產成本（如企業自行研究與發展的部分）有其他特殊規定。

9-6

證券發行人財務報告編製準則、商業會計法及商業會計處理準則之規定

(一)證券發行人財務報告編製準則（民國111年11月24日）

第9條（節錄）

　　五、無形資產：

　　　　(一) 指無實體形式之可辨認非貨幣性資產，並同時符合具有可辨認性、可被企業控制及具有未來經濟效益。

　　　　(二) 無形資產之後續衡量應採成本模式，其會計處理應依國際會計準則第三十八號規定辦理。

　　　　(三) 無形資產攤銷方法之選擇應反映未來經濟效益預期消耗型態，若該型態無法可靠決定，應採用直線法，將可攤銷金額按有系統之基礎於其耐用年限內分攤。

　　六、生物資產：

　　指與農業活動有關具生命之動物或植物，生物資產之會計處理應依國際會計準則第四十一號規定辦理。但生產性植物應分類為不動產、廠房及設備，其會計處理應依國際會計準則第十六號規定辦理。

(二)商業會計法（民國103年6月18日）

第49條（遞耗資產）

遞耗資產，應設置累計折耗項目，按期提列折耗額。

第50條（無形資產成本）

購入之商譽、商標權、專利權、著作權、特許權及其他無形資產，應以實際成本為取得成本。

前項無形資產自行發展取得者，以登記或創作完成時之成本作為取得成本，其後之研究發展支出，應作為當期費用。但中央主管機關另有規定者，不在此限。

(三)商業會計處理準則（民國110年9月16日）

第19條

無形資產，指無實體存在而具經濟價值之資產；其科目分類與評價及應加註釋事項如下：

一、商標權：指依法取得或購入之商標權；其評價，按未攤銷成本為之。

二、專利權：指依法取得或購入之專利權；其評價，按未攤銷成本為之。

三、著作權：指依法取得或購入文學、藝術、學術、音樂、電影、翻譯或其他著作之出版、銷售、表演權利；其評價，按未攤銷成本為之。

四、電腦軟體：指對於購買或開發以供出售、出租或以其他方式行銷之電腦軟體；其評價，按未攤銷之購入成本或自建立技術可行性至完成產品母版所發生之成本為之。但在建立技術可行性以前所發生之成本，應作為研究發展費用。

五、商譽：指出價取得之商譽；其減損測試應每年為之，已認列之商譽減損損失不得迴轉。

自行發展之無形資產，其屬不能明確辨認者，不得列記為資產。

研究支出及發展支出，除受委託研究，其成本依契約可全數收回者外，須於發生當期以費用列帳。但發展支出符合下列所有條件者，得予資本化；資本

化之金額，不得超過預計未來可回收淨收益之現值，即未來預期之收入減除再發生之研究發展費用、生產成本及銷管費用後之現值：

一、完成該無形資產已達技術可行性。

二、商業意圖完成該無形資產，並加以使用或出售。

三、商業有能力使用或出售該無形資產。

四、無形資產本身或其產出，已有明確市場；該無形資產係供內部使用者，應已具有用性。

五、商業具充足之技術、財務及其他資源，以完成此項發展計畫並使用或出售該無形資產。

六、於發展期間歸屬於無形資產之支出，能可靠衡量。

無形資產，應註明評價基礎；其經濟效益期限可合理估計者，應於效用存續期限內，以合理而有系統之方法分期攤銷；其攤銷期限及計算方法，應予註明。

無明確經濟效益期限之無形資產，不得攤銷。

法律小辭典

法條	條號	內容
商標法	第18條	商標，指任何具有識別性之標識，得以文字、圖形、記號、顏色、立體形狀、動態、全像圖、聲音等，或其聯合式所組成。 前項所稱識別性，指足以使商品或服務之相關消費者認識為指示商品或服務來源，並得與他人之商品或服務相區別者。
著作權法	第3條 （節錄）	本法用詞，定義如下： 一、著作：指屬於文學、科學、藝術或其他學術範圍之創作。 二、著作人：指創作著作之人。 三、著作權：指因著作完成所生之著作人格權及著作財產權。
專利法	第2條	本法所稱專利，分為下列三種： 一、發明專利。 二、新型專利。 三、設計專利。
	第21條	發明，指利用自然法則之技術思想之創作。

法條	條號	內容
專利法	第104條	新型，指利用自然法則之技術思想，對物品之形狀、構造或組合之創作。
	第121條	設計，指對物品之全部或部分之形狀、花紋、色彩或其結合，透過視覺訴求之創作。 應用於物品之電腦圖像及圖形化使用者介面，亦得依本法申請設計專利。

習題與解答

一、選擇題

( ) 1. 下列何者絕非無形資產攤銷之特色？　(A)無殘值　(B)採直線法　(C)無備抵科目　(D)虧損年度可不予攤銷。

( ) 2. 無形資產成本之分攤，稱　(A)攤銷　(B)折舊　(C)折耗　(D)壞帳。

( ) 3. 新型專利權之法定年限為　(A)20年　(B)15年　(C)10年　(D)5年。

( ) 4. 大同公司X1年初購入一項專利權$42,000，尚有6年經濟效益，X2年初因專利權受侵害，經訴訟獲勝，支付訟費$80,000，並於X3年初為保障舊專利權而以$120,000購入一項專利，則入帳後專利權帳戶餘額為(A)$464,000　(B)$420,000　(C)$400,000　(D)$360,000。

( ) 5. 商標專利權期限，自註冊日起幾年為限，期滿依法申請展延？　(A)5年　(B)10年　(C)15年　(D)20年。

( ) 6. 全成公司X1年7月1日購入專利權$100,000，法定年限尚有8年，惟因該類技術正在創新，預計5年後該項專利即將失去價值，則X1年終應攤銷　(A)$20,000　(B)$12,500　(C)$10,000　(D)$6,250。

( ) 7. 旭光公司自X1年至X4年間進行研究新產品之開發，X4年底研究成功，並於X5年初取得專利權。該產品的開發，4年間共支付研究費用$286,000，而專利權之申請及登記費用為$35,000，則專利權之入帳成本為　(A)$286,000　(B)$321,000　(C)$251,000　(D)$35,000。

( ) 8. 根據會計理論，專利權成本應該　(A)作為取得年度之費用　(B)作為效益終止年度之費用　(C)按法定年限攤銷　(D)按法定年限與經濟效益年限，較短者攤銷，最長不得超過20年。

( ) 9. 乙商店最近5年平均利潤$20,000，資本額$100,000，一般同業正常報酬率為10%，若以平均超額利潤資本化法估算商譽，則商譽價值為(A)$80,000　(B)$90,000　(C)$100,000　(D)$120,000。

( ) 10. 為維護專利權而發生訴訟，如勝訴，其訴訟費用應作為　(A)專利權成本　(B)訴訟損失　(C)非常損失　(D)專利權之減項。

( ) 11. 下列敘述，何者正確？　(A)若有跡象顯示某不動產、廠房及設備可能減損，但企業無法估計個別資產之可回收金額，則應以帳面金額與公允價值減出售成本之差額衡量減損損失　(B)減損測試中之現金產生單位不應小於營運部門財務資訊揭露所劃分之部門　(C)企業處分商譽所屬現金產生單位內之部分營運時，應以分攤商譽後之該部分營運帳面金額計算處分損益　(D)商譽應分年攤銷，且每年必須進行減損測試。

( ) 12. 聲寶公司X1年初購入一項專利權，成本$180,000，當時法定年限尚有12年，惟因競爭關係，估計其經濟效益僅有10年，至X5年初，政府下令停止該專利品之產銷，則該公司應於X5年初，借計專利權損失　(A)$72,000　(B)$120,000　(C)$108,000　(D)$0。

( ) 13. 甲公司於X10年1月1日以現金$300,000及應付票據$52,000購買乙公司。乙公司於X10年1月1日可辨認資產之帳面金額為$417,000，可辨認資產之公允價值為$442,000，負債之帳面金額為$150,000（等於公允價值），則甲公司購買乙公司後，帳上應認列商譽之金額為何？　(A)$8,000　(B)$60,000　(C)$85,000　(D)$202,000。

( ) 14. 企業自行投入的研發，一般視為費用，但於發展階段的支出，符合一定之要件，則可列為無形資產。下列判斷要件的敘述中，何者最為正確？　(A)完成該無形資產已達技術可行性，且該無形資產需限於內部使用之目的　(B)公司只要在技術面可以完成此研發專案即可，財務與資金面則不攸關　(C)發展階段可歸屬於該無形資產的成本，無法有效推估與區別　(D)公司有明確之意圖完成該無形資產，未來將以使用或出售為最終目的。

( ) 15. 甲公司X5年初以$2,500,000購入一項專利權，該專利權之法定有效期限為10年，而甲公司估計該專利權可產生之經濟效益有8年。於X6年底，由於乙公司研發出一項新的專利，使得此項專利權經濟效益估計只剩2年。假設估計未來兩年該專利權可產生之現金流量分別為$100,000及$80,000，折現值分別為$90,908及$66,116。若甲公司採

直線法進行攤銷，試問：甲公司X7年底此專利權之攤銷費用應為多少？ (A)\$78,512 (B)\$90,000 (C)\$625,000 (D)\$937,500。

( ) 16. 台東煤礦公司於X3年初買入一座煤礦的礦山，成本\$12,000,000，另支付探勘成本\$4,500,000，及挖掘坑道等開發支出\$2,500,000，估計蘊藏量160萬噸。開採完畢後，廢棄礦山殘值\$500,000，但需負擔現值為\$400,000的移除及復原成本。若X3年度開採20萬噸的煤礦，試計算X3年度的折耗金額為何？ (A)\$2,362,500 (B)\$2,472,500 (C)\$2,563,500 (D)\$2,687,500。

( ) 17. 大道公司X0年初購入一項專利權，法定期限10年，但經鑑定之經濟年限為5年，X1年底該公司財務報表上專利權為\$60,000，則X2年度專利權攤銷應為 (A)\$6,000 (B)\$12,000 (C)\$20,000 (D)\$7,500。

( ) 18. 某商店估計未來平均利潤為\$25,000，淨資產為\$100,000，同業一般正常報酬率為20%，若以平均利潤資本化法估計，則商譽價值為 (A)\$25,000 (B)\$50,000 (C)\$20,000 (D)\$45,000。

( ) 19. 忠孝公司計畫盤購甲公司，甲公司：資本額\$2,000,000，X3至X7年之平均利潤\$210,000，惟該5年平均利潤含有下列情況：①X5年初預收2年期租金\$180,000，全數列為當年收益；②X4年度費用少計\$35,000，X7年度收入少計\$40,000；③X6年非常損失\$80,000；同業之平均資本報酬率為8%，若按超額利潤10%資本化法估算，則甲公司商譽價值為 (A)\$490,000 (B)\$510,000 (C)\$650,000 (D)\$670,000。

( ) 20. 大同公司欲併購乙公司，乙公司：過去4年平均利潤\$80,000（含去年\$20,000之非常利益一頒計未來利潤增加10%，其股東權益為\$500,000，同業資本報酬率為12%。若按超額利潤10%資本化計算商譽，則大同公司併購乙公司的價格為 (A)\$725,000 (B)\$650,000 (C)\$335,000 (D)\$600,000。

( ) 21. 丙公司於X2年3月1日以\$180,000購買一組客戶名單，估計該組客戶名單資訊之效益年限至少1年，但不會超過3年。因該組客戶名單未來無法更新或新增，故丙公司管理階層對該客戶名單耐用年限之最佳估計為18個月。丙公司無法可靠決定該客戶名單未來經濟效益之耗用型態，故採用直線法攤銷。丙公司X2年對該組客戶名單應提

列的攤銷費用為何？　(A)$60,000　(B)$100,000　(C)$120,000　(D)$180,000。

(　)　22.　研究發展費用應作為　(A)專利權成本　(B)當期之費用　(C)成功之研究發展成本作為專利權成本　(D)遞延資產。

(　)　23.　下列敘述，何者正確？　(A)無形資產僅能就外購者加以資本化　(B)無形資產若應環境改變至其經濟效益消失時應立即沖銷，調整前期損益　(C)研究發展支出原則上均應列作遞延資產處理　(D)天然資源估計蘊藏量發生變動時，應按會計原則變動方式處理。

(　)　24.　下列各項敘述：（甲）開辦費之攤銷年限，稅法規定不得超過5年　（乙）無形資產之攤銷，應貸記累計攤銷科目　（丙）創業期間所有支出均應借開辦費　（丁）自行發展之商譽應予資本化　（戊）每年研發支出應借記研究發展成本，列為資產。上項敘述屬於錯誤者有　(A)五項　(B)二項　(C)三項　(D)四項。

(　)　25.　下列有關無形資產的各項敘述，何者為真？　(A)應收帳款歸屬於無形資產　(B)商標是有形資產　(C)麥當勞之特許權是無形資產　(D)租賃權是長期投資。

(　)　26.　下列敘述，何者正確？　(A)無形資產之攤銷採備抵法　(B)研究發展成本應列為當期費用　(C)開辦費之攤銷年限，稅法規定不得多於5年　(D)租賃改良支出應於租賃期間內攤銷完畢。

(　)　27.　天然資源之開採成本，應以　(A)產品成本　(B)費用　(C)遞延費用　(D)負債　入帳。

(　)　28.　天然資源的成本逐期轉作費用的數額，稱為　(A)折耗　(B)折舊　(C)分攤　(D)攤銷。

(　)　29.　自然資源被開採，使其數量及價值逐漸減少，在會計上稱之為　(A)折舊　(B)損失　(C)攤銷　(D)折耗。

(　)　30.　乙公司於X11年取得一座煤礦，成本為$10,000,000，估計可開採量1,000,000噸，礦產開採完後，預計回復原狀成本之現值為$3,000,000，於X11年度開採量與銷售量分別為400,000噸及300,000噸，則X11年度銷貨成本中包含之折耗成本是多少？　(A)$3,000,000　(B)$3,900,000　(C)$4,000,000　(D)$5,200,000。

解答：

1. (D)　2. (A)　3. (B)　4. (A)　5. (B)　6. (C)　7. (D)　8. (D)　9. (C)
10. (A)　11. (C)　12. (C)　13. (B)　14. (A)　15. (A)　16. (A)　17. (C)　18. (A)
19. (D)　20. (A)　21. (B)　22. (D)　23. (A)　24. (A)　25. (C)　26. (B)　27. (A)
28. (A)　29. (D)　30. (B)

二、無形資產計算題

09-01 大華公司以$400,000盤購小華公司，當時小華公司之財務狀況如下：

短期投資	$40,000	負債	$90,000
存貨	120,000	股本	300,000
設備（淨額）	240,000	盈餘	10,000

當日之存貨公平價為$95,000，設備（淨額）公平市價為$280,000。

試為計算小華公司之商譽價值。

（註：購價－有形淨資產之公平市價＝商譽市價）

解答：

小華公司之淨資產：$(40,000 + 95,000 + 280,000 - 90,000) = $325,000
小華公司之商譽價值：$(400,000 - 325,000) = $75,000

09-02 喜美公司於X0年初，以$600,000購入一項專利權，取得專利權日，尚
有10年之法定年限，惟據合理分析，由於該項專利所生產之產品獲利
頗多，從事此項研究者多，可能於5年後將有新發明取代，該公司為穩
健計，決以5年攤銷之。

X2年初為保護上項專利權而訴訟，計付訴訟費$50,000，雖獲勝訴，
但只取得賠償$20,000。X3年7月初，另有新發明取代了本公司之專利
權，專利權之價值已全部喪失。

試為該公司作成X0年初至X3年終全部有關分錄。

解答：

X0年1/1	專利權	600,000	
	現金		600,000
12/31	各項攤銷	120,000	
	專利權		120,000
X1年12/31	專利權	120,000	
	現金		120,000
X2年1/1	專利權	30,000（＝$50,000－$20,000）	
	現金		30,000
12/31	專利權	130,000	
	現金		130,000

現金為　[$600,000－($120,000×2)＋$30,000]÷3年＝$130,000

X3年1/1	各項攤銷	65,000	
	專利權損失	195,000	
	專利權		260,000

三、天然資產計算題

09-03　折耗之計算──生產數量法

四維公司以$4,800,000購入礦山一座，支付礦山過戶費$54,000，估計可產煤200,000煤噸，開採後土地可值$110,000，該公司第一年產煤13,000噸，第二年又產煤64,000噸，請推算該公司第二年調整後折耗費用帳戶之餘額。

解答：

礦山成本 ＝ $4,800,000 ＋ $54,000 ＝ $4,854,000

$4,854,000 － $110,000 ＝ $4,744,000

$$每單位折耗率 ＝ \frac{$4,744,000}{200,000} ＝ $23.72$$

第一年折耗額 ＝ $23.72×13,000 ＝ $308,360

第二年折耗額 ＝ $23.72×64,000 ＝ $1,518,080

09-04 折耗之計算—生產數量法

某公司有煤礦一座,本期開採10,000噸,全部售出每噸售價為$10,銷管費用$70,000,法定折耗率為16%,則本年應提折耗多少?

解答:

收入總額 = 10,000×$10 = $100,000

提列折耗 = 100,000×16% = $16,000

未減除折耗之收益額 = $100,000 - $70,000 = $30,000

收益額之50% = $30,000×50% = $15,000

故本年提列折耗額為$15,000

09-05 折耗之變動

假設鐵礦購入成本$1,230,000,估計蘊藏量為300,000噸,廢礦土地殘值為$90,000,開採之第五年業已開採50,000噸,而發現尚可開採380,000噸。

試作:(1)原每噸折耗率。

　　　(2)新折耗率。

解答:

(1)($1,230,000 - $90,000)÷300,000 = $3.8

(2)50,000×$3.8 = $190,000

$$\frac{\$(1,230,000 - 190,000) - \$90,000}{380,000} = \$2.5$$

09-06 遞耗資產之會計處理

四維公司於X1年7月1日購入煤礦一座,購價$7,400,000,另支付礦區清理費$400,000,採礦用坑道挖掘工資$200,000,估計煤礦蘊藏量為400,000噸。X1年共開採80,000噸,已銷售70,000噸,每噸售價$40,該年並付開採費用$80,000。

試作:(1)購入分錄。

　　　(2)支付開採費用分錄。

　　　(3)年底提列折耗分錄。

解答：

(1) 購入時：

煤礦	8,000,000	
現金		8,000,000

(2) 支付開採時：

開採成本	80,000	
現金		80,000

(3) 提列折耗時：

折耗	1,600,000	
累計折舊—煤礦		1,600,000

每噸煤礦折耗率 = $800,000 ÷ 400,000 = $20

本年提列折耗額 = $20 × 80,000 = $1,600,000

09-07 折耗之變動

大中鐵礦購入成本$1,000,000，估計蘊藏量為2,500,000噸，廢礦土地殘值為$20,000，設備開採之第四年業已開採500,000噸，而發現可開採量增加1,500,000噸。

試求：(1)原每噸折耗率。

　　　(2)新折耗率。

解答：

(1) ($1,000,000 − $20,000) ÷ 2,500,000 = $0.392

(2) 已提累計折耗 = 500,000 × $0.392 = $196,000

$$新折耗率 = \frac{(\$1,000,000 - \$196,000) - \$20,000}{2,500,000 - 500,000 + 1,500,000} = \$0.224$$

09-08 試為下列各小題，作成應有分錄：

(1) X3年7月1日購入一項專利權，成本$240,000，該項專利經政府核准專利15年，本公司購得時尚有12年之時效，惟預計8年後即有新產品發明以取代本專利。試作：X3、X4年終調整分錄。

(2) X4年初專利權帳戶借餘$72,000，該專利係於X1年初購得，當時決定按9年攤銷。試作：X4年終調整分錄。

解答：

(1)

調整	X3年終	X4年終
各項攤銷	15,000	30,000
專利權	15,000	30,000

$240,000÷8 = $30,000每年攤銷額

(2) 各項攤銷　12,000

　　　專利權　　　12,000

$72,000÷(9－3)年 = $12,000

09-09 農林公司於X1年初以$300,000購得一項專利權，法定有效期間15年。X3年初發現，鑑於科技進步，估計該專利權只能再維持8年。至X5年7月1日，由於同業已發明同類新專利，取代了本公司之專利品，專利權已無價值可言。

試據以作全部有關分錄，包括年終調整及專利權喪失之分錄。

解答：

X1年1/1	專利權	300,000	
	現金		300,000
X2年及X2年終	各項攤銷	20,000	
	專利權		20,000
X3年及X4年終	各項攤銷	32,500	
	專利權		32,500

[$300,000 － ($20,000×2)]÷8年 = $32,500

09-10 儒林公司五年來淨利總額$300,000，內含非常利益$70,000及災害損失$35,000，近五年之淨資產均為$500,000，一般同業獲利率8%。試依下列方法求算商譽價值：

(1) 最近五年超額利潤之總和。

(2) 最近五年平均正常利潤之三倍。

(3) 最近五年平均超額利潤按15%資本化。

(4) 超額利潤，按10%，三年計算之年金現值。

解答：

$(300,000 - 70,000 + 35,000) \div 5 = \$53,000$　平均正常利潤

$\$500,000 \times 8\% = \$40,000$　一般同業利潤

$\$53,000 - \$40,000 = \$13,000$　每年超額利潤

(1) $\$13,000 \times 5 = \$65,000$

(2) $\$53,000 \times 3 = \$159,000$

(3) $\$13,000 \div 15\% = \$86,667$

(4) 查年金現值：每期1元，利率10%，三期之年金現值為2.4868

　　得：$\$13,000 \times 2.4868 = \$32,328$

第十章

投資（長短期投資）

10-1

短期投資之定義及相關簡介

短期投資之定義符合下列條件：

1. 具有高度變現性。

2. 投資之目的不在控制被投資公司或與其建立密切之業務關係。

此兩條件必須同時具備，故短期投資不以一年內必須出售或到期為必要條件。

國內實務上，僅投資上市櫃且符合上述條件者，屬短期投資。

10-2

長期投資之定義及相關簡介

長期投資定義：

1. 無公開市場或明確市價者。

2. 意圖控制被投資公司或與其建立密切業務關係者。

3. 因契約、法律；或自願性累積資金以供特殊用途者。

4. 有積極意圖及能力長期持有被投資公司股權者。

以上條件符合條件之一即屬長期投資。

長期持有之積極意圖之定義為：

應由公司最高決策單位或管理階層決議並明確說明其目的。亦需有客觀證據佐證，該客觀事件如同以下列事項合併考量判斷：

1. 公司董事會決議。

2. 與其他關係人合併持有表決權達重大影響力。

3. 擔任被投資公司董事或監察人。

4. 期後事項或其他可供證明之事項。

如持有目的為俟機出售，或期後非因重大突發性現金需求而出售者，即不符合積極意圖。

長期持有之能力之定義為：

由長期資金支應，非以短期融資款支應。

除發生重大突發性現金需求外，無須於短期內因營運需求而處分該投資。

根據IFRS的規定，金融資產依其持有之目的可分為，避險型、投資型與營業型三大類，而投資的內容包含投資的內容包括債權證券、權益證券、衍生性金融商品。其中以權益證券（股票）及債權證券（債券）最為常見。

10-3

短、長期股權投資之會計處理

根據IFRS適用金融資產之會計準則為IAS28及IFRS9，而持股比例具有重大影響力或控制力之股權投資應依IAS28之規定，採權益法之長期股權投資作處理，其餘證券投資則依照IFRS9之規定處理。

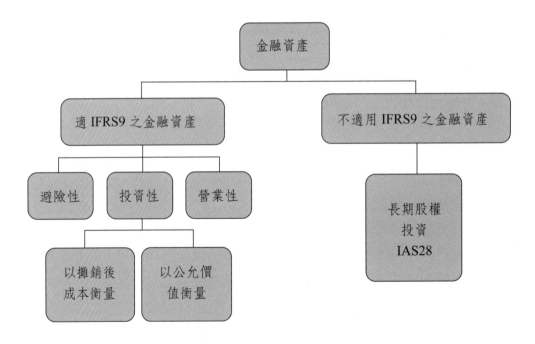

(一)短期投資

原始評價：以「成本」為入帳基礎，含買價、佣金、稅捐、過戶費用。續

後評價：依財務會計準則公報之規定，應採成本與淨變現價值孰低法評價，跌價損益應列入當期投資損益。採總額法做比較。

　　　未實現短投跌價損失　　　*****
　　　　備抵短投跌價損失　　　　　*****

(二)短期權益投資之會計處理

項目	權益（股票）證券
1.續後評價	總額比較法
2.市價回升時	在備抵跌價損失範圍內可承認回升利益
3.出售時	以售價和成本之差額計算出售損益
4.投資收益	股利收入，但在第一年或被投資公司沒有淨利時，收到之股利視為清算股利。

(三)長期股權投資之會計處理

　　長期股權投資之取得成本包括交易價格及其他必要之支出如手續費等。若以提供勞務或以其他資產交換者，以該項股權之公允市價或提供勞務或交付資產之公平市價，兩者較客觀者原始入帳。

　　而續後評價可分成本法與權益法，所謂「權益法」，係指隨被投資公司之權益增減變動，按持股比例調整股權投資的帳面價值。

　　為了符合財務狀況表日評價及報導之目的，公司將債券與權益證券分為下列兩類：

1. 以攤銷後成本衡量之金融資產。

　　指企業持有證券投資的目的，係依合約按期收取固定的金額，做為回收投資的本金及利息的金融資產證券投資，則應以攤銷後成本加以衡量。

2. 以公允價值衡量之金融資產（FV）

凡非屬以攤銷後成本衡量之證券投資，均應歸屬分類為以公允價值衡量之證券投資。而此類投資又可區分為二種：

(1) 以公允價值衡量且價值變動計入損益（FVTPL）

持有此類證券，主要以交易為目的，買賣活動頻繁且短期內即將再出售賺取差價之證券投資，具有活絡市場可公開買賣之債券及股票，均有可能歸入此一分類。

(2) 以公允價值衡量且價值變動計入其他綜合損益（OCI）

持有此類證券之主要目的，非供交易為目的則可於原始認列時，即選擇列入此項分類。此項分類於選擇列入後，後續即不得變更。而任何未經指定為公允價值變動計入其他綜合損益，且非以攤銷後成本衡量之證券投資，均應將其公允價值變動列入損益。

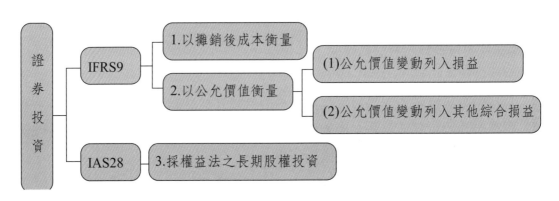

📖 長期股權投資之會計處理方法

投資種類及股權大小	對被投資公司之影響力	會計處理方法	財務報告方法
特別股，不論大小	無影響力	成本法（非上市櫃）或成本與淨變現價值孰低法（上市櫃），（有影響力時用權益法）	成本法（非上市櫃）或成本與淨變現價值孰低法（上市櫃）

投資種類及股權大小	對被投資公司之影響力	會計處理方法	財務報告方法
普通股，未達20%	無影響力（除非有反證）	成本法（非上市櫃）或成本與淨變現價值孰低法（上市櫃），（有影響力時用權益法）	成本法（非上市櫃）或成本與淨變現價值孰低法（上市櫃），（有影響力時用權益法）
普通股，20%～50%	有重大影響力（除非有反證）	權益法	權益法
普通股，超過50%	有控制能力（除非有反證）	權益法	權益法及編製合併報表

　　下表列示證券評價的會計處理，此會計處理適用全部的債券投資與持股小於20%之權益投資。而以攤銷後成本衡量之證券之後續衡量則不受公允價值變動影響。

透過損益按公允價值衡量之證券		以攤銷後成本衡量之證券
公允價值變動列為當期損益	公允價值變動列為其他綜合損益	攤銷後成本

3. 透過損益按公允價值衡量證券

　　證券被分於此類通常具有下列二個理由：第一，因為公司持有交易目的證券意圖於短期間出售（通常於一個月內），經常買進、賣出者即稱交易目的，因此所有的交易目的證券必須被分於此類；第二，若公司選擇行使「公允價值之選擇」，其他透過損益按公允價值衡量之證券也歸於此類，因為在IFRS的規定下，公司擁有採用透過損益按公允價值衡量的選擇權。

　　透過損益按公允價值衡量證券應依公允價值評價，而成本與公允價值之差額為未實現利得或損失，因為該證券並未出售，故稱為未實現利得或損失。若公司意圖於下個年度或營業週期出售該證券時，應列示於財務狀況表中流動資產項下，否則應將該證券列示於非流動資產項下。

　　X1年12月31日，大鵬公司有關於透過損益按公允價值衡量證券的成本與

公允價值列表如下：

透過損益按公允價值衡量證券，X1年12月31日：

投資	成本	公允價值	未實現利得（或損失）
中恆公司債券	$80,000	$ 60,000	$(20,000)
中康公司股票	100,000	110,000	10,000
合計	$180,000	$170,000	$(10,000)

因為投資之公允價值總額為$170,000，小於成本總額$180,000，因此有未實現損失$10,000。

大鵬公司編製財務報表時，需認列公允價值與未實現利得，以「市價調整－透過損益按公允價值衡量證券」此備抵評價科目認列成本總額與公允價值總額間的差額，其調整分錄如下：

12月31日　未實現損失－損益	10,000	
市價調整－透過損益按公允價值衡量證券		10,000

使用「市價調整－透過損益按公允價值衡量證券」科目，使公司維持投資成本之記錄，等到真正出售證券時，才決定已實現利得或損失的金額，將投資成本加減此科目金額後，即可得出證券的公允價值。

大鵬公司應依公允價值之金額將透過損益按公允價值衡量證券列示於財務狀況表中投資項下，未實現利得列示於綜合損益表中其他收入與費用項下，而「未實現利得－損益」科目中的「損益」即指出此利得影響淨利。

若該證券公允價值總額大於成本總額，則發生未實現利得，調整分錄需借記「市價調整－透過損益按公允價值衡量證券」，與貸記「未實現損失－損益」，將未實現損失列示於綜合損益表中其他收入與費用項下。

若金融資產分類為公允價值變動列入「其他綜合損益」者則其未實現損益科目需改為「未實現損益－權益」列入股東權益項下。

市價調整科目須一直維持至下個會計期間，於下期期末時再調整為成本總額與新公允價值總額間的差額，「未實現利得或損失－損益」於每期期末時須作結帳分錄。

	對被投資公司持有普通股低於20%，無影響力		對被投資公司持有普通股20%以上，有重大影響力
交易	（非上市櫃股票） 成本法	（上市櫃股票） 成本與淨變現價值孰低法	權益法
投資時	借：長期投資－股票 　貸：　現金	同左	同左
投資之年度收到現金股利時	借：現金 　貸：　長期投資－股票	同左	同左
被投資（子）公司年終獲利時	無分錄	無分錄	借：長期投資－股票 　貸：　投資損益
第二年收到現金股利時	借：現金 　貸：　股利收入	同左	借：現金 　貸：　長期投資－股票
收到股票股利時	在帳上註記收取之股數並重新核算每股之帳面價值	同左	同左
出售	其分錄如下： 借：現金 　貸：　長期投資－股票 　　　出售長期投資利益	同左 但不沖銷備抵跌價損失	其分錄如下： 借：現金 　貸：　長期投資－股票 　　　出售長期投資利益

10-4

短、長期債券投資之會計處理

短期權益證券及債券投資之比較：

項目	權益（股票）證券	債權證券
1.續後評價	總額比較法	逐項比較法或總額比較法
2.市價回升時	在備抵跌價損失範圍內可承認回升利益	(1)採總額比較時，同左 (2)採淨額比較時則不承認回升利益
3.出售時	以售價和成本之差額計算出售損益	以售價和帳面值之差額計算出售損益
4.投資收益	股利收入，但在第一年或被投資公司沒有淨利時，收到之股利視為清算股利。	利息收入

長期債券投資之會計處理：

長期債券發行價格＝面值（到期值）×複利現值因子（以市場利率為折現值）＋每年利息×年金現值因子（以市場利率為折現值）

項目	平價發行	溢價發行	折價發行
	票面利率＝市場利率	票面利率＞市場利率	票面利率＜市場利率
取得時	長期投資 **** 　　現金 ****	長期投資 **** 　　現金 ****	長期投資 **** 　　現金 ****
年底計息	應收利息 **** 　　利息收入 ****	應收利息 **** 　　利息收入 ****	應收利息 **** 　　利息收入 ****
攤銷	無	利息收入 **** 　　長期投資 ****	長期投資 **** 　　利息收入 ****
出售	現金 **** 　　應收利息 **** 　　長期債券投資 **** 　　出售利益 ****	現金 **** 　　應收利息 **** 　　長期債券投資 **** 　　出售利益 ****	現金 **** 　　應收利息 **** 　　長期債券投資 **** 　　出售利益 ****
到期償還	現金 **** 　　長期投資 ****	現金 **** 　　長期投資 ****	現金 **** 　　長期投資 ****

證券發行人財務報告編製準則及商業會計法之規定

(一)證券發行人財務報表編製準則（民國111年11月24日）

短期投資購入發行人本公司以外有公開市場。隨時可以出售變現，且不以控制被投資公司或與其建立密切業務關係為目的之證券。

短期投資應採成本與淨變現價值孰低法評價，並註明成本計算方法。市價係指會計期間末一個月之平均收盤價。但開放型基金，其市價係指資產負債表日該基金淨資產價值。

因持有短期投資而取得股票股利或資本公積轉增資所配發之股票者，應依短期投資之種類，分別註記所增加之股數，並按加權平均法計算每股平均單位成本。

如供債務作質者，若所擔保之債務為長期負債，應改列為長期投資；若為流動負債，仍列為短期投資，但應附註說明擔保之事實。作為存出保證金，應依其長短期之性質，分別列為短期投資或長期投資。

長期投資為謀取控制權或其他財產權益，以達其營業目的所為之長期投資，如投資其他企業之股票、購買長期債券、投資不動產等。

長期投資應註明評價基礎，並依其性質分別列示。

投資其他企業之股票，具有左列情形之一者，應列為長期股權投資：

1. 所持股票未在公開市場交易或無明確市價者。

2. 意圖控制被投資公司或與其建立密切業務關係者。

3. 有積極意圖及能力長期持有被投資公司股權者。

長期股權投資除另有規定外，應依持有被投資公司表決權比例，評估對被投資公司之影響力。

長期債券投資應按面額調整未攤銷溢。折價評價，其溢價或折價應按合理而有系統之方法攤銷。

長期投資有提供作質，或受有約束。限制等情事者，應予註明。

(二)商業會計法（民國103年6月18日）

第44條（有價證券之計算方法）

金融工具投資應視其性質採公允價值、成本或攤銷後成本之方法衡量。

具有控制力或重大影響力之長期股權投資，採用權益法處理之。

習題與解答

一、選擇題

(　) 1. 長期投資於上市公司發行在外普通公司20%以上，且對被投資公司具有重大影響力者，對長期股權投資應採何種方法處理？　(A)成本與淨變現價值孰低法　(B)成本法　(C)市價法　(D)權益法。

(　) 2. 下列有關金融資產股票投資敘述，何者錯誤？　(A)備抵評價調整為資產評價科目　(B)金融資產未實現損益屬於權益類帳戶　(C)投資次年獲得現金股利均貸記投資帳戶　(D)獲得股票股利不作分錄。

(　) 3. 為控股目的以現金增購附屬公司股票10,000股，每股面值$10，購價$32，並付佣金$500，交易稅$500，則應借記長期股權投資　(A)$321,000　(B)$320,500　(C)$320,000　(D)$100,000。

(　) 4. 丙公司購買丁公司之普通股作為投資，下列何者並非丙公司該投資可能歸類之會計項目？　(A)持有至到期日之投資　(B)備供出售金融資產　(C)透過損益按公允價值衡量之金融資產　(D)採權益法之投資。

(　) 5. ①關聯企業係指投資者對其有重大影響力的企業與子公司　②非公司組織之企業不可能為企業之關聯企業　③評估企業是否具有重大影響力時應考量目前可執行之潛在表決權之影響　④投資者持有被投資者20%以上之表決權時，則推定投資者具重大影響　⑤投資者未持有被投資者20%以上之表決權時，投資者不可能具重大影響　⑥企業對關聯企業之會計處理應採用權益法。以上項目為正確敘述的有幾項？　(A)一項　(B)二項　(C)三項　(D)四項。

(　) 6. 甲公司於X1年初購入乙公司40%股票作為長期投資，當年度乙公司獲利$200,000。X2年3月6日乙公司發放現金股利$160,000，問此項股利之發放，對甲公司之影響是　(A)資產總額增加　(B)資產總額減少　(C)長期投資減少　(D)收入增加。

( ) 7. 購買長期投資所支付之手續費,應列為 (A)長期投資成本 (B)營業費用 (C)營業外費用 (D)佣金支出。

( ) 8. 購買長期股權投資,在下列哪種情形下應編合併報表? (A)20%以下 (B)20～50%之間 (C)50%以上 (D)100萬元以上。

( ) 9. 甲公司X1年初以每股$60購入乙公司普通股50,000股中的20,000股作為長期投資。今悉乙公司資料:X1年度淨利$15,000;X2年終發放現金股利$300,000;X2年度淨損$200,000,則甲公司X2年終長期股權投資餘額(權益法)為 (A)$1,080,000 (B)$1,060,000 (C)$880,000 (D)$850,000。

( ) 10. 甲公司X1年初以$600,000購入乙公司普通股100,000股中的30%。而乙公司:X1年6月宣告並發放現金股利$150,000,X1年度淨利$250,000,年終市價@$25.50,則甲公司X1年終長期股權投資餘額為 (A)$600,000 (B)$615,000 (C)$630,000 (D)$675,000。

( ) 11. 甲公司X1年初以$600,000購入上市之乙公司40%普通股最為長期投資,乙公司X1年度淨損$60,000,X2年度淨利$400,000,X3年2月發放現金股$200,000及股票股利$100,000,X3年度淨利$120,000,則X3年底甲公司長期投資帳戶餘額為 (A)$740,000 (B)$736,000 (C)$704,000 (D)$664,000。

( ) 12. X0年初寶山公司以$800,000,投資甲公司面額$10之普通股40,000股,占其股權30%,作為長期投資。X0年度甲公司稅後淨損$600,000,X0年底甲公司普通股市價@$16,在X1年5月甲公司發放現金股利$400,000,則下列分錄,何者正確? (A)按成本與淨變現價值孰低法,X0年底借記長期投資未實現跌價損失$160,000,貸記現金$160,000 (B)按成本與淨變現價值孰低法,X1年5月借記現金$120,000,貸記長期投資$120,000 (C)按權益法,X0年底借記長期投資損失$120,000,貸記投資收入$120,000 (D)按權益法,X1年5月借記現金$120,000,貸記長期投資$120,000。

( ) 13. 甲公司以現金投資乙公司股票10,000股,每股價格$10,並付佣金$1,000,且將此投資分類為備供出售金融資產,則此投資之原始認列金額為何? (A)$99,000 (B)$100,000 (C)$101,000

(D)$110,000。

( ) 14. 長期股權投資採成本與淨變現價值孰低法處理者，於投資年度收到現金股利時，投資公司應貸記　(A)投資收益　(B)長期投資　(C)股利收入　(D)投資權益。

( ) 15. 某公司長期股權投資有關股利如下：

①X1年初購入甲公司100,000股股票中之30%（具有重大影響力），X1年5月收到現金股利每股$2。

②X2年初投資乙公司1%股票3,000股，每股面值$10，6月5日收到股票股利300股，當日每股市價$20，8月1日收到現金股利$5,000。

問該公司X2年度綜合損益表中股利收入為　(A)$0　(B)$65,000　(C)$68,000　(D)$71,000。

( ) 16. 甲公司於X1年1月2日以每股$30取得乙公司5,000股普通股，此時，乙公司發行流通在外之股票計有普通股20,000股，甲公司對此股票投資採用權益法處理。假設乙公司X1年之淨利為$50,000，年底每股之市價$32，該年並發放現金股利每股$1.6，則下列有關甲公司此股票投資之敘述，何者錯誤？　(A)X1年認列投資收益$12,500　(B)X1年12月31日之投資項目餘額為$154,500　(C)X1年度投資項目帳面金額增加$10,000　(D)X1年因認列自乙公司所收之股利而減少此投資項目帳面金額$8,000。

( ) 17. 甲公司以$116,000購入面額$100,000、票面利率10%之債券，其有效利率為7%，分類為「透過損益按公允價值衡量之金融資產」，並決定不攤銷折溢價。若該債券年底公允價值為$113,500，請問下列何者正確？　(A)應以攤銷後成本評價該投資　(B)應認列透過損益按公允價值衡量金融資產之損失$2,500　(C)應認列其他綜合損益－金融資產未實現評價損益$2,500　(D)現金利息小於認列之利息收入。

( ) 18. 長期股權投資採成本法處理者，當被投資公司宣告現金股利時，投資公司應貸記　(A)現金　(B)應收股利　(C)長期投資－股票　(D)投資利益。

( ) 19. X9年1月1日甲公司購買乙公司流通在外30%股權1,000,000股。甲公司依權益法處理此投資，X9年12月31日資產負債表中，甲公

司報導對乙公司投資餘額為\$35,400,000，乙公司X9年度淨利為\$20,000,000，宣告並發放現金股利\$2,000,000，則甲公司X9年1月1日對乙公司之投資成本為何？　(A)\$29,400,000　(B)\$30,000,000 (C)\$34,800,000　(D)\$35,400,000。

(　) 20. 長期股權投資採權益法處理者，當被投資公司宣告現金股利時，投資公司應貸記　(A)長期股權投資　(B)股利收入　(C)現金　(D)應收股利。

(　) 21. 丙公司於X2年1月1日以公允價值\$98,000購買面額\$120,000之零息債券，並列入「備供出售金融資產」，有效利率為5%。購買時發生交易成本\$724。X2年12月31日債券之公允價值為\$102,000，試問丙公司X2年年底財務報表中會出現之備供出售金融資產未實現評價損益之金額為何？　(A)未實現評價損失\$1,660　(B)未實現評價損失\$900 (C)未實現評價利益\$3,276　(D)未實現評價利益\$4,000。

(　) 22. X1年初甲公司以\$200,000取得乙公司普通股之股權比例25%，乙公司X1年度淨利\$60,000並發放\$16,000之現金股利，則甲公司X1年底投資帳戶餘額為　(A)\$211,000　(B)\$219,000　(C)\$181,000 (D)\$189,000。

(　) 23. 我國一般公認會計原則規定，短期投資應按下列何法評價？　(A)市價法　(B)成本法　(C)成本與淨變現價值孰低法　(D)淨變現價值法。

(　) 24. 為投資而購入他公司之股票，該股票之市價大漲時　(A)承認本公司收益之增加　(B)承認本公司現金之增加　(C)調整該投資之帳面價值 (D)以上皆非。

(　) 25. 短期投資市價低於帳面成本，其跌價部分作成調整分錄，借：短期投資跌價損失，貸：備抵短期投資跌價損失，此貸方科目係　(A)流動負債　(B)淨值之一部分　(C)短期投資之減值部分　(D)跌價損失之抵銷部分。

(　) 26. 「短期投資跌價損失」科目，係列於　(A)資產負表之短期投資減值部分　(B)綜合損益表之業外支出項下　(C)財務狀況表之股東權益減項　(D)綜合損益表之營業支出項下。

(　) 27. X1年2月1日甲公司現金\$400,000按面值（每股\$100）購入乙公司普

通股作短期投資，X1年度乙公司營業虧損$200,000，X1年底乙公司普通股每股市價為$95，則X1年12月31日甲公司財務狀況表上短期投資的帳面價值為　(A)$400,000　(B)$420,000　(C)$380,000　(D)$440,000。

（　）28. 中興公司X1年初帳列「短期投資備抵跌價損失」科目貸方餘額為$7,000，X1年底短期投資成本$380,000，市價$376,000，則X1年底評價分錄應借記　(A)短期投資備抵跌價損失$3,000　(B)短期投資備抵跌價損失$4,000　(C)短期投資未實現跌價損失$4,000　(D)短期投資備抵跌價損失$3,000。

（　）29. 大中公司於X1年10月1日以每股$112購入甲公司每股面值$100普通股8,000股，及按每股面值$100購入乙公司普通股5,000股作短期投資，X1年12月31日甲、乙公司普通股每股公開市價依次為$95、$103；又X2年12月31日甲、乙公司普通股每股公開市價依次為$105、$98，則X2年12月31日大中公司帳上「備低跌價損失－短期投資」科目之餘額為　(A)貸方$146,000　(B)貸方$155,000　(C)貸方$66,000　(D)零。

（　）30. X2年初甲公司以每股$15之價格取得乙公司普通股600,000股，占乙公司30%的股權，甲公司對乙公司具重大影響力。乙公司X2年度之淨利為$800,000，發放現金股利$200,000，X3年度發生淨損$100,000，未發放股利，乙公司之損益於一年中平均發生。甲公司對此投資採權益法處理，X3年7月1日甲公司以$4,600,000出售所持有乙公司股票的一半，則甲公司X3年度應認列處分投資損益是多少？　(A)利益$2,500　(B)利益$17,500　(C)利益$25,000　(D)損失$12,500。

解答：

1. (D)　2. (C)　3. (A)　4. (A)　5. (C)　6. (C)　7. (A)　8. (C)　9. (B)
10. (C)　11. (C)　12. (D)　13. (C)　14. (B)　15. (A)　16. (C)　17. (B)　18. (D)
19. (B)　20. (A)　21. (A)　22. (A)　23. (C)　24. (D)　25. (C)　26. (B)　27. (C)
28. (A)　29. (C)　30. (D)

二、計算題

10-01 太電公司（投資公司）於X1年4月初，以$500,000購入華新公司流通在外普通股1000,000股中的20%（計20,000股）。

華新公司（被投資公司）X1、X2年間，有關資料如下：

X1/12/31　被稅純益$320,000（20%計$64,000）

〃　　　　每股市價$24

X2/4/10　發放現金股利，每股$1.8

12/31　營業純損$50,000（20%計$10,000）

〃　　　　每股市價$20

根據上述資料，假設：(1)華新公司為非上市公司，(2)太電公司對華新公司有影響力，試為太電公司（投資公司）作成應有分錄。並計算91年終，長期股權投資帳面餘額。

解答：

分　錄	(1)成本法 （華新為末上市公司）		(2)權益法 （太電對華新有影響力）	
X1/4/1長期股權投資	500,000		500,000	
現金		500,000		500,000
12/31長期股權投資		免	64,000	
投資收入				64,000
〃　未實現長期投資跌價損失		免		免
備抵長期投資跌價				
X2/4/10　現金	36,000		36,000	
投資收入		36,000		
長期股權投資		—		36,000
12/31　投資損失		免	10,000	
長期股權投資				10,000
〃　未實現長期投資跌價損失		免		免
備抵長期投資跌價				
X2年底　長期投資帳面餘額	$500,000		$518,000	

10-02 東海公司成立於X1年初，發行普通股2000,000股，每股面值$10，發行
價格$25，二年下來資料如下：

X1年度　淨利 $420,000　　　發放股利　無　　　　　年終市價　$20

X2年度　淨損 $270,000　　　發放股利 $200,000　　　年終市價　$28

試作：

(1)設白沙公司於X1年初購入東海公司普通股20,000股作為長期投資，試作：
X1年初至X2年底所有相關分錄。

(2)設白沙公司X1年初購入東海公司普通股60,000股，作為長期投資，試作：
X1年初至X2年底所有相關分錄。

解答：

(1) 白沙公司僅占10%股權，應採成本法（東海公司為非上市公司）或成本與
市價孰低法（東海公司為上市公司）評價。

X1/ 1/1　長期股權投資　　　5000,000（＝$25×20,000股）

　　　　　現金　　　　　　　　　　500,000

　12/31　①成本法：免作評價分錄

　　　　　②成本與淨變現價值孰低法：$（25－20）×20,000股＝$100,000

　　　　　未實現長期投資跌價損失 100,000

　　　　　　備抵長期投資跌價　　　　100,000

X2/X/X　現金　　　　　　　20,000（＝$2,000,000×10%）

　　　　　投資收入　　　　　　　　20,000

　12/31　①成本法：免作評價分錄

　　　　　②成本與淨變現價值孰低法：市價回升，沖銷跌價

　　　　　備抵長期投資跌價　　　　　　　　100,000

　　　　　　未實現長期投資跌價損失　　　　　100,000

(2) 白沙公司占有30%股權，應採損益評價法。

X1/1/1　長期股權投資　　　1,5000,000（＝$25×60,000股）

　　　　　現金　　　　　　　　　　1,5000,000

　12/31　長期股權投資　　　126,000（＝$420,000×30%）

　　　　　投資收入　　　　　　　　126,000

X2/X/X	現金	60,000	（＝$200,000×30%）
	長期股權投資		60,000
12/31	投資損失	81,000	（＝$270,000×30%）
	長期投資股權		81,000

10-03 中船公司握有台灣航運公司25%股權，X1年度台航公司獲利$100,000，並於X2年初宣告並發放現金股利$80,000，試為中船公司按：(1)成本法；(2)權益法，作成有關分錄。

解答：

(1) 成本法：X1/12/31　　　免

X2年初	現金	20,000	
	投資收入		20,000

(2) 權益法：

X1/12/31	長期股權投資	25,000	
	投資收入		25,000
X2年初	現金	20,000	
	長期股權投資		20,000

10-04 中華民國於X1年間購入下列權益證券作為長期股權投資：

名稱	股數	成本	X1年終市價	X2年終市價
美和普通股	10,000股	$50	$40	$42
金龍普通股	5,000股	20	25	30
榮工普通股	5,000股	30	25	25

試以成本與淨變現價值孰低法，為中華公司作成：

X1年終，未實現跌價損失為若干？並作成評價分錄。

X2年間，出售美和普通股5,000股，每股出售價$56，試作出售分錄。

X3年終，應有若干「備抵長期投資跌價」餘額？並作出評價分錄。

解答：

(1) 股　票	總成本	總市價
美和普通股	$500,000	$450,000
金龍普通股	100,000	125,000

| 榮工普通股 | 150,000 | 125,000 | 未實現跌價損失 |
| 合　　計 | $750,000 | −$700,000 | =$50,000 |

| X1/12/31 | 未實現長期投資跌價損失 | 50,000 | |
| | 備抵長期投資跌價 | | 50,000 |

(2) X2年中

現金	280,000	
出售投資利益		30,000
長期股權投資		250,000

(3)

股　　票	總成本	總市價	
美和普通股	$500,000	$450,000	
金龍普通股	100,000	125,000	
榮工普通股	150,000	125,000	應有備抵跌價之餘額
合　　計	$500,000	−$485,000	=$15,000

| X2/12/31 | 備抵長期投資跌價 | 35,000 | |
| | 未實現長期投資跌價損失 | | 35,000 |

10-05 中華公司有關長期股權投資之事項如下：

X1/ 3/10　以$393,000購入小華公司25%股權，計30,000股@$13.10。

　　4/10　收到小華公司現金股利，每股$1。

　　12/31　小華公司稅後純益$240,000。

　　 〃 　小華公司股票，每股市價$11.40。

X2/ 4/ 8　收到小華公司現金股利，每股$1，股票股利10%。

　　5/30　出售小華公司股票8,000股，每股售價$10.60，因而使股權降為20%以下。

　　12/31　小華公司稅後純益$300,000。

　　 〃 　小華公司股票，每股市價$10.20。

X3/ 1/ 8　中華公司決定將所有小華公司股票轉為短期投資，以充實流動資金，本日小華公司股票每股市價$10.80。

試為中華公司作有關長期股權投資之全部應有分錄，假定：

(1)對中華公司有重大影響力，採權益法處理時。

解答：

分　錄	(1)權益法
X1/ 3/10　長期股權投資	393,000
現金	393,000
4/10　現金	30,000
長期股權投資	30,000
12/31　長期股權投資	60,000
投資收入	60,000
〃　　未實現投資跌價損失	—
備抵投資跌價	—
X2/ 4/ 8　現金	30,000
長期股權投資	30,000
投資收入	—
4/ 8　股票股利免分錄	$\dfrac{\$393,000}{33,000\,股} = \$11.9$
但應重算每股成本	
5/30　現金	84,800
出售投資損失	10,480
長期股權投資	95,280
12/31　稅後純益：	免（改成本法）
〃　　備抵投資跌價	免
未實現投資跌價損失	
X3/ 1/ 8　短期投資	270,000
投資損失	27,720
長期股權投資	297,720
〃　　備抵投資跌價	—
未實現投資跌價損失	—

10-06 利台公司於民國X1年5月1日購入下列上市公司股票作為長期投資：

(1)甲公司：2,000股，每股$12，面值$10。

乙公司：3,000股，每股$15，面值$10，股價以現金付訖。

(2)X1年中收到現金股利：甲公司$2,000，乙公司$3,000。

(3)X1年底股票市價：甲公司$13，乙公司$12。

(4)X2年4月1日出售乙公司股票1,000股，每股售價$13。

(5)X2年12月31日股票市價如下：甲公司每股$13，乙公司每股$12.50。

試為利台公司逐日作成應有分錄。

解答：

(1)	X1/5/01	長期股權投資	69,000	
		現金		69,000
(2)	X1年中	現金	5,000	
		長期股權投資		5,000

(3) X1/12/31

股　　票	總成本	總市價
甲公司股票	$22,000	$26,000
乙公司股票	42,000	36,000
合　　計	$64,000	－ $62,000 ＝ $2,000（跌價）

未實現長期投資跌價損失	2,000	
備抵長期投資跌價		2,000

(4)	X2/4/01	現金	13,000	
		出售投資損失	1,000	
		長期股權投資		14,000

(5) 12/31

股　　票	總成本	總市價
甲公司股票	$22,000	$26,000
乙公司股票	28,000	25,000
合　　計	$50,000	－ $51,000　沒有跌價損失

備抵長期投資跌價	2,000	
未實現長期投資跌價損失		2,000

10-07 大明公司X1年度長期股權投資資料如下：

1/9　買入小明公司普通股200,000股，占其股權20%，每股購價$25，面值$10。

4/15　收到小明公司X0年度盈餘分配之現金股利，每股$2。

12/31　小明公司X1年度稅後淨利$1,800,000。

X2/4/8　小明公司發送現金股利$1,200,000。

試作：(1)若大明公司對小明公司具有重大影響力，(2)若大明公司對小明公司無
影響力，分別逐日作成應有分錄。

解答：

		(1)權益法		(2)成本法	
X1/01/09	長期股權投資	5,000,000		5,000,000	
	現金		5,000,000		5,000,000
4/15	現金	400,000		400,000	
	長期股權投資		400,000		400,000
12/31	長期股權投資	360,000		免	
	投資收入		360,000		
X2/04/08	現金	240,000		240,000	
	長期股權投資		240,000		……
	投資收入		……		240,000

10-08 中華公司發行並流通在外普通股有100,000股，每股面值$10。

大華公司於X1年初以$300,000購入中華公司普通股20,000股作為長期
投資，採成本與淨變現價值孰低法評價。

試作：下列個別獨立情況下，大華公司與中華公司雙方應有分錄。

(1)中華公司於7/1宣告以帳面價值$110,000之小華公司股票作為財產股利分
配，當時小華公司股票市價$200,000，旋以8/1發放，大華公司收到時以短
期投資入帳。

(2)中華公司於7/1宣告10%股票股利，當時中華公司股票市價每股$18，旋於8/1
發放股票股利。9/1大華公司出售中華公司股票11,000股，得款$264,000。

解答：

(1)

	大華公司（投資者）		中華公司（被投資者）	
	應收股利 40,000		保留盈餘 200,000	
	投資收入	40,000	應付財產股利	200,000
7/1	$200,000×20% = 40,000		短期投資 90,000	
			處分投資利益	90,000
8/1	交易為目的投資 40,000		應付財產股利 200,000	
	應收股利	40,000	短期投資	200,000

(2)

大華公司（投資者）		中華公司（被投資者）	
8/1 免分錄。但重算每股成本：		7/1 保留盈餘 180,000	
$\dfrac{\$300,000}{20,000+2,000} = @\$13.6363$		應付股票股利	100,000
		股本溢價	80,000
9/1 現金 264,000		8/1 應付股票股利 100,000	
長期股權投資	150,000	股本	100,000
出售投資利益	114,000		

10-09 亞泥公司於X1年12/1以每股$30取得遠紡公司普通股70,000股作為長期投資，占其流通在外股之30%，具有重大影響力。遠紡公司其他資料如下：

	X2年	X3年
本期淨利	$350,000	$600,000
每股現金股利	1	2
每股年底市價	24	29

試為亞泥公司作成應有分錄。

解答：

X1/12/1	長期股權投資	2,100,000	
	現金		2,100,000

	X2年		X3年	
(1)長期股權投資	105,000		180,000	
投資收入		105,000		180,000
(2)現金	70,000		140,000	
長期股權投資		70,000		140,000

10-10 甲公司X1年度「持有至到期日金融資產—公司債」的相關資訊如下：

① 1月1日以\$103,312購入乙公司一年前發行的公司債，公司債面額
\$100,000，票面利率9%，市場利率8%，付息日為每年12月31日，
到期日為X4年12月31日。

② 4月1日以\$100,750購入面額\$100,000丙公司之公司債，票面利率
9%，市場利率9%，付息日為每年3月1日，到期日為X5年3月1日。

③ 7月1日以\$97,513購入面額\$100,000丁公司之公司債，票面利率
9%，市場利率10%，付息日為每年7月1日，到期日為X4年7月1日。

甲公司採有效利率法攤銷折溢價，且未作迴轉分錄。

試求：（請一律四捨五入至整數位）

(1)記錄甲公司X1年12月31日對乙公司、丙公司及丁公司相關投資的分錄。
　　（每家公司的投資各作一筆分錄）

(2)計算甲公司X2年度的利息收入。

解答：

(1) ①X1/12/31　現金　　　　　　　　　9,000 (= 100,000×0.09×1)
　　　　　　　　持有至到期日金融資產
　　　　　　　　　—乙公司債　　　　　735
　　　　　　　　　利息收入　　　　　　　8,265 (= 103,312×0.08×1)

　　②X1/12/31　應收利息—丙公司債　6,750 (= 100,000×0.09×9/12)
　　　　　　　　　利息收入　　　　　　　6,750

　　③X1/12/31　應收利息　　　　　　4,500
　　　　　　　　持有至到期日金融資產
　　　　　　　　　—丁公司債　　　　　376
　　　　　　　　　利息收入　　　　　　　4,876 (= 97,513×0.1×6/12)

(2) 乙公司債：(103,312 − 735)×0.08×1 = 8,206

丙公司債：100,000×0.09×1 = 9,000

丁公司債：4,876 + (97,513 + 376×2)×0.1×6/12 = 9,789

甲公司×2年度之利息收入 $26,995

10-11 短期債券投資期末評價

仁愛商店X1年8/1曾購入下列債券作為短期投資：

① 遠紡公司債成本$103,000(不含應計利息面額$100,000)，年息6%，每年10/1付息一次。

② 大亞公司債成本$98,000(不含應計利息面額$100,000)，年息7.2%，每年3/1及9/1各付息一次。

X1年底市價 遠紡公司債$100,800，大亞公司債$99,000，均已含應計利息。

X2年底市價 遠紡公司債$103,800，大亞公司債$100,000，均已含應計利息。

試作：(1)X1年底應收利息之調整，及期末評價分錄。

(2)X2年3/1、9/1及10/1收取債息分錄。

(3)X2年底應收利息之調整，及期末評價分錄。

解答：

(1)① 調整：

應收利息 3,900

　　利息收入 3,900

遠紡債：$100,000×6%×3/12 = $1,500

大亞債：$100,000×7.2%×4/12 = $2,400

② 評價：

短期投資跌價損失 5,100

　　備抵短期投資跌價 5,100

	成　　本	市　　價	
遠紡債	$103,000 + 1,500	$100,800	
大亞債	98,000 + 2,400	99,000	
合　計	$204,900	− $199,800	=$5,100（跌價）

378

(2) 收取債息：

	3/1 大亞	9/1 大亞	10/1 遠紡
現金	3,600	3,600	6,000
應收利息	2,400		1,500
利息收入	1,200	3,600	4,500

每月債息遠紡：$100,000 × 6%/12 = $500

大亞：$100,000 × 7.2%/12 = $600

(2) ① 調整：

應收利息	3,900	
利息收入		3,900

② 評價：

備抵短期投資跌價	4,000	
短期投資回升利益		4,000

	成 本	市 價
遠紡債	$104,500	$103,800
大亞債	100,400	100,000
合 計	$204,900	− $203,800 = $1,100（跌價）

$5,100 − $1,100 = $4,000（沖回備抵跌價）

10-12 短期股票投資之會計處理

上旗公司X1年終持有下列短期證券投資：

甲公司普通股	5,000股	成本	$155,000
乙公司普通股	10,000股	成本	655,000
丙公司普通股	8,000股	成本	360,000
		合計	$1,170,000

X1年底帳列備抵投資跌價（貸）$9,000。

X2/1/18　售乙公司普通股$5,000股，每股售價$70，另扣除稅捐及手續費 $3,500。

X1/4/18　以每股$85外加手續費$1,400購入丁公司普通股3,000股。

X1/12/31　決定將全部短期證券投資，改列為長期股票投資，當時市價為：

甲公司$28　　乙公司$71　　丙公司$43　　丁公司$88

試作：(1)1/18出售股票。

　　　(2)4/18購入丁公司股票。

　　　(3)12/31改列分錄及期末財務報表之表達。

解答：

(1)　　X1/1/18　現金　　　　　　346,500（＝$70×5,000－3,500）

　　　　　　　　出售投資利益　　19,000

　　　　　　　　短期投資　　　　　327,500[＝($655,000/10,000)×5,000]

(2)　　X1/4/18　短期投資　　　　256,400（＝$85×3,000＋1,400）

　　　　　　　　現金　　　　　　256,400

(3)　①　X1/12/31　長期股權投資　1,098,900

　　　　　　　　短期投資　　　　1,098,900（按成本轉換，因市價較高）

　　　　　　　　備抵短期投資跌價　9,000

　　　　　　　　其他收入　　　　　9,000

　　②　財務報表之表達：

	成　　本		市　　價	
甲	5,000	$155,000	甲 28	$140,000
乙	5,000	327,500	乙 71	355,000
丙	8,000	360,000	丙 43	344,000
丁	3,000	256,400	丁 88	264,000
		$1,098,900	＜	$1,103,000

部分財務狀況表　X1.12.31		部分綜合損益表　X1年度		
基金及投資：		營業外收支：		
長期股權投資	$1,098,900	出售投資利益	$19,000	
減備抵長期股權投資跌價	0	其他收入	9,000	$28,000

10-13 短期股票投資

和明公司短期投資事項如下：

X1年 3/5 購入甲公司普通股2,000股@$35，交易成本$100。

4/15 購入乙公司普通股3,000股@$25，交易成本$100。

6/25 收到甲公司普通股現金股利$4,000。

6/30 購入乙公司普通股2,000股@$26，交易成本$50。

7/25 收到乙公司普通股現金股利$4,500。

9/25 出售乙公司普通股1,500股@$30，交易成本$300。

（出售部分之成本，採加權平均法計算）

12/31 股票市價甲公司普通股$36，乙公司普通股$22。

試作：(1)逐日作成分錄。

(2)計算X1年度短期投資之總損益。

(3)X1年終財務狀況表上短期投資之表達。

解答：

(1) 3/5 短期投資 70,100   7/25 現金 4,500

　　　　　　現金 70,100   短期投資 4,500

　　4/15 短期投資 75,100

　　　　　　現金 75,100   9/25 現金 44,700

　　6/25 現金 4,000   出售投資利益 7,905

　　　　　　短期投資 4,000   短期投資 36,795

$（75,100＋52,050－4,500）/5,000股＝$24.53

$24.53×1,500股＝$36,795

12/31	股　數	成　本	市　價
甲股	2,000	$66,100	$72,000
乙股	3,500	85,855	77,000
合計		$151,955 －	$149,000 ＝ 跌價$2,955

12/31 短期投資跌價損失 2,955

　　　　備抵短期投資跌價 2,955

(2) $(7,905－2,955)＝$4,950利益

(3)　　　財務狀況表　　　X1.12.31

短期投資	$151,955
減備抵短期投資跌價	2,955
	$149,000

10-14 短期投資之會計處理

新華公司短期投資係按「一般公認會計原則」之規定處理。X1年度有關投資資料如下，試逐日作成分錄及相關計算。

2/14　按每股13，購進甲公司$10面值之普通股10,000股，另付手續費$1,000，當時甲公司已宣告每股$1之現金股利及10%股票股利。

2/28　收到甲公司發放現金股利每股$1，股票股利1,000股。

3/1　按96%購進乙公司千元面值之六厘公司債20張，該債券付息日為每年5/1，11/1，另付手續費$800。

4/1　按每股$10.4購進丙公司10元面值之普通股2,000股，另付手續費$700。

5/1　收到乙公司債券利息。

7/1　按105%價格購進丁公司八厘公司債，面額$100,000，付息日為每年4/1，10/1。

9/20　出售甲公司股票3,000股，每股售價$12，另付手續費及稅捐$500。

10/1　收到丁公司債券利息。

11/1　收到乙公司債券利息。

12/31　調整債券投資之應計利息。

12/31　證券市價甲公司普通股$10.20，乙公司債券104%。
　　　　丙公司普通股$10.50，丁公司債券102%。

解答：

2/14	短期投資—股票	131,000	
	現金		131,000
2/28	現金	10,000	
	短期投資		10,000

每股成本$（131,000 − 10,000）/11,000 = $11

3/1	短期投資─債券	20,000	（＝$1,000×20×96%＋800）
	應收利息	400	（＝$20,000×6%×4/12）
	現金		20,400
4/1	短期投資─股票	21,500	
	現金		21,500
5/1	現金	600	
	應收利息		400
	利息收入		200　（＝$20,000×6%×2/12）
7/1	短期投資─債券	105,000	
	應收利息	2,000	（＝$100,000×8%×3/12）
	現金		107,000
9/20	現金	35,500	
	出售短期投資利益		2,500
	短期投資─股票		33,000　（＝$11×$3,000）
10/1	現金	4,000	
	應收利息		2,000
	利息收入		2,000
11/1	現金	600	
	利息收入		600
12/31	應收利息	2,200	
	利息收入		2,200
			乙債券$20,000×6%×2/12＝$200
			丁債券$100,000×8%×3/12＝$2,000
12/31	短期投資跌價損失	9,100	
	備抵短期投資跌價		9,100

股票	總成本	總市價	
甲公司	$88,000	$81,600	甲公司＝$11×$(11,000－3,000)＝$88,000
丙公司	21,500	21,000	
合　計	$109,500	－ $102,600	＝$6,900（跌價損失）

債券	總成本	總市價
乙債券	$ 20,000	$20,800
丁債券	105,000	102,000
合　計	$125,000	$122,800

$125,000 － $122,800 ＝ $2,200（跌價損失）

10-15 營所稅及法定公積之計算

茲設甲、乙、丙，三家公司相關資料如下

公　司	X1年度稅前淨利	最近五年累積虧損
甲公司	$ 90,000	$ 50,000
乙公司	200,000	120,000
丙公司	300,000	40,000

試分別依1.普通申報，2.藍色申報，為各該公司計算：

(1)應納營所稅，(2)應提撥法定盈餘公積。

項別		1.普通申報	2.藍色申報
(1)營所稅	甲公司 乙公司 丙公司		
(2)法定公積	甲公司 乙公司 丙公司		

解答：

項別		1.普通申報	2.藍色申報
(1)營所稅	甲公司	$90,000×15% = $13,500	$90,000 － 50,000 = $40,000（免稅）
	乙公司	$(200,000×25% － 10,000) = $40,000	$(200,000 － 120,000)×15% = $12,000
	丙公司	$(300,000×25% － 10,000) = $65,000	$(300,000 － 40,000)×25% － $10,000 = $55,000
(2)法定公積	甲公司	$(90,000 － 13,500 － 50,000)×10% = $2,650	$(90,000 － 50,000 － 0)×10% = $4,000
	乙公司	$(200,000 － 40,000 － 120,000)×10% = $4,000	$(200,000 － 120,000 － 12,000)×10% = $6,800
	丙公司	$(300,000 － 65,000 － 40,000)×10% = $19,500	$(300,000 － 40,000 － 55,000)×10% = $20,500

10-16 短期股票投資期末評價

展延公司曾於X1年中，購入下列股票作為短期股資。

台泥公司普通股 5,000股@$70 $350,000

中化公司普通股 3,000股@$40 $120,000

X1年12/31股票市價台泥股@$60 中化@$45

X2年12/31股票市價台泥股@$60 中化@$42

X3年12/31股票市價台泥股@$80 中化@$50

試作該公司短期股票投資X1、X2、X3年底之評價分錄，並列式計算有關數額。

解答：

(1) X1年底

① 計算

X1年底	股　數	總成本	總市價	跌價損失
台泥股	5,000股	$350,000	$300,000	
中化股	3,000股	120,000	135,000	
合　計		$470,000 －	$435,000 ＝	$35,000

② 評價分錄

X1/12/31	短期投資跌價損失	35,000	
	備抵短期投資跌價		35,000

(2) X2年底

① 計算

X2年底	股　數	總成本	總市價	跌價損失
台泥股	5,000股	$350,000	$300,000	
中化股	3,000股	120,000	126,000	
合　計		$470,000 －	$426,000 ＝	$44,000

② 評價分錄

X2/12/31	短期投資跌價損失	9,000	
	備抵短期投資跌價		9,000

(3) X3年底

　① 計算

X3年底	股　數	總　成　本	總　市　價	跌價損失
台泥股	5,000股	$350,000	$400,000	
中化股	3,000股	120,000	150,000	
合　計		$470,000	－ $550,000	＝（$80,000）

　② 評價分錄

　　X3/12/31　備抵短期投資跌價　　44,000

　　　　　　　　其他收入（短期投資回升利益）　　44,000

第十一章

其他資產

11-1

投資性不動產

一、定義

現行企業屬於自用、營業用不動產,分類於「不動產、廠房及設備」項下,而非自用、非營業使用的不動產,則分類至「投資性不動產」項下,將不同使用目的不動產分別歸類,正確且適性的反應經濟效益。然而應如何辨識哪些不動產應歸屬至「不動產、廠房及設備」?哪些應屬「投資性不動產」項下?依據下表所示之企業會計準則第十六號「投資性不動產」持有目的與出租方式兩面向判斷。倘若實務上企業某些不動產有混合使用目的情形,以兩種使用目的所產生經濟效益之重大性為評估標準,擇一歸類。

依據	屬投資性不動產	非屬投資性不動產
持有目的	1.為獲取租金或長期資產未來增值 2.未明確決定或閒置	1.營業使用(供生產、銷售、勞務、員工等) 2.待處分
出租方式	以營業租賃出租之不動產	以融資租賃出租之不動產

二、認列與衡量

被歸類至投資性不動產項下之資產,於確認與其相關之未來經濟效益很有可能流入企業、成本能夠可靠衡量時,應認列為資產。以三種取得方式認列成本:

1. 購入

企業以現金購入投資性不動產,該資產成本包含購買價格-折扣與讓價、

爲使資產達運作狀態前所支付可直接歸屬的成本（如法律服務費、仲介費、關稅捐、其他交易成本）、復原成本，即未來履行該資產應擔負還原之相關成本費用。然而若企業以超過正常付款期間之延遲付款方式取得（如分期付款買賣方式），其成本應爲約當現銷價格，即企業總付款金額與約當現銷價格的差異應予以資本化，應於授信期間內認列利息費用。

2. 租賃

企業以融資租賃方式持有不動產權益，應依企業會計準則公報第二十號「租賃」融資租賃之規定認列成本，其所支付額外款項，按最低租賃給付之一部分處理，列爲成本，但不計入負債。

3. 交換

企業採非貨幣性或貨幣加上非貨幣換入投資性不動產，應以公允價值衡量。若換入與換出資產皆有可靠的公允價值，換入資產應以換出資產的公允價值衡量；但若換出與換入資產皆無可靠公允價值，換入資產成本應以換出資產帳面價值加支付現金爲衡量。

當企業對於持有不動產的使用目的有所變動，若具有客觀證據證明時，得以將不動產調整分類，轉換前後各項性質資產的認列差異數，應作爲當期損益，以轉換方向處理方式如下所述：

1. 投資性不動產→自用（不動產、廠房及設備）或營業銷售使用（存貨）：
   投資性不動產轉換日之公允價值作爲自用不動產或存貨（營業銷售使用目的）之認列成本，後續依各自「不動產、廠房及設備」、「存貨」辦法處理。
2. 自用資產或營業銷售使用→投資性不動產：
   自用資產於轉換日之前需先將帳面價值與公允價值間差異數以資產重估規定辦法；營業銷售使用之存貨，於轉換日公允價值與帳面價值之差異認列爲當期損益。

投資性不動產於成本認列後，每期衡量方法有以下兩種模式：

1. 公允價值模式：公允價值變動之損益，當期認列損益
2. 成本模式：依據IAS16成本模式處理，投入成本減除累計折舊與累計

減損為投資性不動產帳面價值，惟須額外揭露不動產公允價值相關資訊。

我國於導入國際財務報導準則（IFRS）初期，金管會考量當時不動產市場之公允價值資訊及相關評價規定未臻完備，採用公允價值模式將投資性不動產公允價值影響數直接認列於資產負債表及綜合損益表，恐造成投資性不動產公允價值波動過大，以當時證券發行人財務報告編製準則規定，投資性不動產後續衡量僅得採成本模式。嗣因不動產實價登錄政策實施，且公允價值資訊較能反映投資性不動產之真實價值，金管會於103年開放得選擇採公允價值，俾利投資性不動產公允價值影響數反映於財務報表，進而提升財報品質。

企業為使財報能提供更可靠且攸關資訊，以反映交易對企業財務狀況、財務績效或現金流量之影響，可自願變動其會計政策。因投資性不動產公允價值模式相較成本模式之衡量方式，更能提供財報使用者攸關之資訊，故企業可自願由成本模式改採公允價值模式，並追溯適用且計算會計政策變動之影響數。企業決定投資性不動產由成本模式改採公允價值衡量，帳載投資性不動產金額將增加，且追溯調整後企業保留盈餘及淨值也將提升。舉例：潤泰全、潤泰新董事會於X2年決議變動會計政策，投資性不動產由成本模式衡量改為公允價值模式。以潤泰全X1年第2季投資性不動產以成本法模式編列與X2年第2季以公允價值模式重編X1年第2季財務報表為例，兩種模式下的資產價值顯著差異：

X1年第2季投資性不動產以成本法模式編列，帳上以投入成本記錄為增添資產，並按期認列折舊與減損，同時揭露公司投資性不動產的公允價值，及採用公允價值之參考依據：

(十一) 投資性不動產

| | X1年 | | |
	土地	建築物	合計
1月1日	$ 425,756	$ 597,744	$ 1,023,500
成本	(59,116)	(330,950)	(390,066)
累計折舊及減損	$ 366,640	$ 266,794	$ 633,434
1月1日	$ 366,640	$ 266,794	$ 633,434
增添	—	221	221

報廢－成本		－	(	248) (	248)
報廢－累計折舊		－		245	245
折舊費用		－	(	7,298) (	7,298)
6月30日	$	366,640	$	259,714	$ 625,354
6月30日	$	425,756	$	597,717	$ 1,023,473
成本	(	59,116) (		338,003) (	397,119)
累計折舊及減損	$	366,640	$	259,714	$ 626,354

2.本集團持有之投資性不動產公允價值之資訊：

	民國X1年6月30日		民國X0年12月31日		評價
	帳面金額	公允價值	帳面金額	公允價值	方式
土地及建築物	$558,432	$1,081,870	$562,700	$1,081,870	(1)
土地及建築物	67,922		70,734		(2)
	$626,354		$633,434		

(1)公允價值係管理階層參考相關鄰近地區類似不動產之市場交易價值分別評估。
(2)交易不頻繁且亦尚未取得可靠之替代公允價值估計數，故無法可靠決定公允價值。

　　X2年第2季投資性不動產以公允價值模式編列，並重編X1第2季投資性不動產公允價值資訊。依據「證券發行人財務報告編製準則」規定，投資性不動產採用公允價值法評價須揭露評價日期、方法、依據、專家意見等相關資訊。

(十一) 投資性不動產

	X2年		
	土地	建築物	合計
1月1日（重編後）	$ 4,681,106	$ 300,621	$ 4,981,727
增添	－	377	377
公允價值調整利益	10,424	813	11,237
6月30日	$ 4,691,520	$ 301,811	$ 4,993,341

	X1年		
	土地	建築物	合計
1月1日（重編後）	$ 1,636,892	$ 305,798	$ 1,942,690
增添	—	221	221
報廢損失	—	(3)	(3)
公允價值調整利益（損失）	7,910	(1,610)	6,300
6月30日（重編後）	$ 1,644,802	$ 304,406	$ 1,949,208

2.投資性不動產公允價值評價基礎

本集團持有之投資性不動產主要為桃園市楊梅廠房、台中市梧棲土地及新北市淡水潤福生活新象館房地等標的，主要用以出租賺取租金收入，租約期間約一至十八年。民國X1年6月30日、X0年12月31日、X0年6月30日及X0年1月1日主要假設及相關說明如下：

(1)本集團主要投資性不動產所在地、估價方法、估價事務所、估價師姓名及估價日期列示如下：

標的	X1年6月30日		X0年12月31日		X0年6月30日		X0年1月1日	
	房地及車位等	房地	房地及車位等	房地	房地及車位等	房地	房地及車位等	房地
所在地	桃園市及台中市等	新北市	桃園市及台中市等	新此市	桃園市及新北市等	新此市	桃園市及新此市等	新此市
估價方法	收益法		收益法		收益法		收益法	
估價事務所	第一太平戴維斯不動產估價師事務所	中鼎不動產估價師事務所	第一太平戴維斯不動產估價師事務所	中鼎不動產估價師事務所	第一太平戴維斯不動產估價師事務所	中鼎不動產估價師事務所	第一太平戴維斯不動產估價師事務所	中鼎不動產估價師事務所
估價師	張譯之、張宏楷、葉玉芬	簡武池	張譯之、張宏楷、葉玉芬	簡武池	張譯之、張宏楷、葉玉芬	簡武池	張擇之、張宏楷、葉玉芬	簡武池
估價基準日	X1年6月30日（註）		X0年12月31日		X0年6月30日（註）		X0年1月1日	

註：部分標的係取得估價師就原估價報告於民國X1年及X0年6月30日之有效性聲明。

(3)本集團係使用收益法之折現現金流量分析法評估公允價值，其鑑價方法推估過程係參考當地租金及相似標的的租金比較資訊用以決定每年租金成長率區間，並考量空置損失後推估未來三至十年期租金淨收入，並加計該標的期末處分價值後為未來現金流入，以適當折現率折現後加總推算至估價日期。未來現金流出係與營

運直接相關之支出，如地價稅、房屋稅、保險費、管理費及維修費用等，係以當年度實際發生之支出，參考公司目前營運情形及未來可能變化推估而得。

(4)折現率區間請詳下表，係採中華郵政股份有限公司牌告二年期郵政定期儲金小額存款機動利率加三碼，另風險溢酬則依基準利率考慮流通性、風險性、增值性及管理上之難易程度等因素加以比較決定。

	X1年6月30日	X0年12月31日	X0年6月30日	X0年1月1日
折現率	2.970%～3.595%（註）	2.595%～3.595%	2.595%～3.595%（註）	2.595%～3.595%

註：部分標的係取得估價師就原估價報告於民國X1年及X0年6月30日之有效性聲明。

(5)本集團投資性不動產評價方法採用收益法評價，其評價方法之現金流量、分析期間及折現率等係依「證券發行人財務報告編製準則」規定辦理。

3.投資性不動產公允價值資訊請詳附註十二(四)。

　　附註揭露部分，除說明公允價值衡量的方法與假設，對於公允價值衡量方法所使用的參數因子進行敏感度分析，讓資訊使用者充分理解此衡量方法下未來可能面臨的風險：

(四) 公允價值資訊

4.本集團用以衡量公允價值所使用之方法及假設說明如下：

(5)本集團採公允價值衡量之投資性不動產的公允價值評價技術係依「證券發行人財務報告編製準則」規定，以自行估價方式採收益法計算。相關之參數假設及輸入值資訊如下：

① 現金流量：依現行租賃契約、當地租金或市場相似比較標的租金行情評估，並排除過高或過低之比較標的，有期末價值者，得加計該期末價值之現值。

② 分析期間：收益無一定期限者，分析期間以不逾十年為原則，收益有特定期限者，則依剩餘期間估算。

③ 折現率：採風險溢酬法，以一定利率為基準，加計投資性不動產之個別特性估算。所稱一定利率為基準，不得低於中華郵政股份有限公司牌告二年期郵政定期儲金小額存款機動利率加三碼。

④ 成長率：參考過去十年消費者物價指數平均變動率調整。

9.有關屬第三等級公允價值衡量項目所使用評價模型之重大不可觀察輸入值之量化資訊及重大不可觀察輸入值變動之敏感度分析說明如下：

	X1年6月30日公允價值	評價技術	重大不可觀察輸入值	區間	輸入值與公共價值關係
投資性不動產	$4,993,341	收益法之折現現金流量分析法	長期租金收入成長率及折現率	註	長期租金收入成長率愈高，公允價值愈高；折現率愈高，公允價值愈低

	X1年12月31日公允價值	評價技術	重大不可觀察輸入值	區間	輸入值與公共價值關係
投資性不動產	$4,981,727	收益法之折現現金流量分析法	長期租金收入成長率及折現率	註	長期租金收入成長率愈高，公允價值愈高；折現率愈高，公允價值愈低

	X0年6月30日公允價值	評價技術	重大不可觀察輸入值	區間	輸入值與公共價值關係
投資性不動產	$1,949,208	收益法之折現現金流量分析法	長期租金收入成長率及折現率	註	長期租金收入成長率愈高，公允價值愈高；折現率愈高，公允價值愈低

	X0年1月1日公允價值	評價技術	重大不可觀察輸入值	區間	輸入值與公共價值關係
投資性不動產	$1,942,690	收益法之折現現金流量分析法	長期租金收入成長率及折現率	註	長期租金收入成長率愈高，公允價值愈高；折現率愈高，公允價值愈低

　　X0年第2季財務報表投資性不動產原本以成本法模式衡量之帳載數為626,354仟元，於X1年第2季變更為公允價值法衡量重編後，投資性不動產帳載數為1,949,208仟元，兩方法差異數入當期損益，權益變動表加入會計原則變動重編調整影響數10,663,979仟元之後，大幅提升企業淨值。

原X0年第2季投資性不動產採成本法模式衡量之權益變動表如下：

三、證券發行人財務報告編製準則及商業會計法之規定

397

(一)證券發行人財務報告編製準則第9條第四款「投資性不動產」

四、投資性不動產：

(一) 指為賺取租金或資本增值或兩者兼具，而由所有者所持有或具使用控制權承租人所持有之不動產。

(二) 投資性不動產之會計處理應依國際會計準則第四十號規定辦理，後續衡量採用公允價值模式者，應依下列規定辦理：

1. 公允價值之評價應採收益法。但未開發之土地無法以收益法評價者，應採用土地開發分析法。

2. 採收益法評價應依下列規定辦理：

(1) 現金流量：應依現行租賃契約、當地租金或市場相似比較標的租金行情評估，並排除過高或過低之比較標的，有期末價值者，得加計該期末價值之現值。

(2) 分析期間：收益無一定期限者，分析期間以不逾十年為原則，收益有特定期限者，則應依剩餘期間估算。

(3) 折現率：限採風險溢酬法，以一定利率為基準，加計投資性不動產之個別特性估算。所稱一定利率為基準，不得低於中華郵政股份有限公司牌告二年期郵政定期儲金小額存款機動利率加三碼。

3. 公允價值之評價應依下列規定辦理：

(1) 持有投資性不動產單筆金額未達實收資本額百分之二十及新臺幣三億元者，得採自行估價或委外估價。

(2) 持有投資性不動產單筆金額達實收資本額百分之二十或新臺幣三億元以上者，應取得專業估價師出具之估價報告，或自行估價並請會計師就合理性出具複核意見。

(3) 持有投資性不動產單筆金額達總資產百分之十以上者，應取具二家以上專業估價師出具之估價報告，或取具聯合估價師事務所二位估價師出具之估價報告，或取具一位專業估價師出具之估價報告，並請會計師就合理性出具複核意見。

4. 發行人應於資產負債表日依下列規定檢討評估公允價值之有效性，以決定是否重新出具估價報告，達本目之3、(2)、(3)標準者均應至少每年取具專業估價師估價報告及會計師合理性複核意見：

(1) 採委外估價者，應請估價師檢視原估價報告，或請會計師就原委外估價報告之有效性出具複核意見。

(2) 採自行估價並請會計師就合理性出具複核意見者，應請會計師就原自行估價報告之有效性出具複核意見。

(3) 未達本準則規定應委外估價或請會計師複核之標準，並採自行估價者，得自行評估原估價報告之有效性，或請會計師就原自行估價報告之有效性出具複核意見。

(三) 投資性不動產後續衡量採公允價值模式者，其揭露除依國際會計準則第四十號規定辦理外，應於附註揭露下列資訊：

1. 勘估標的之現行租賃契約重要條款、當地租金行情及市場相似比較標的評估租金行情。

2. 投資性不動產目前狀態、過去收益之數額及變動狀態、目前合理淨收益推估之依據及理由。

3. 未來各期現金流入與現金流出之變動狀態如何決定及決定之依據。

4. 收益資本化率或折現率之調整及決定之依據及理由。

5. 收益價值推估過程、引用計算參數及估價結果之適當及合理性說明。

6. 採土地開發分析法之理由、土地開發分析計畫重點、總體經濟情形之預估、估計銷售總金額、利潤率及資本利息綜合利率。前揭資訊與前期如有重大差異時，應說明理由及其對公允價值之影響。

7. 採委外估價者，應揭露委外估價之估價事務所、估價師姓名及估價日期。經會計師出具合理性複核意見者，應揭露複核會計師及所屬事務所之名稱、複核結論及複核報告日等資訊。

8. 應分別揭露委外估價與自行估價之公允價值評價結果。經會計師就合理性出具複核意見者，應予註明。

(四) 公允價值採委外估價者，應由具備我國不動產估價師資格且符合
下列條件之估價師進行估價，並應遵循不動產估價師法、不動產
估價技術規則等相關規定，及參考財團法人中華民國會計研究發
展基金會（以下簡稱會計基金會）發布之相關評價準則公報辦
理：

　1.須具備四年以上之不動產估價實務經驗，如具備不動產估價相
當科系畢業領有畢業證書，須具備三年以上之不動產估價實務
經驗。

　2.未曾因不動產估價業務上有關詐欺、背信、侵占、偽造文書等
犯罪行為，經法院判決有期徒刑以上之罪。

　3.最近三年無票信債信不良紀錄及最近五年無遭受不動產估價師
懲戒委員會懲戒之紀錄。

　4.不得為發行人之關係人或有實質關係人之情形。

(五) 公允價值採自行估價者，除依本準則規定外，應參考會計基金會
發布之相關評價準則公報，並依下列規定辦理：

　1.建立估價之作業流程並納入內部控制制度，包括估價人員之專
業資格與條件、取得及分析資訊、評估價值、估價報告之製作
及相關文件之保存。

　2.估價報告之內容應列示所依據資訊及結論之理由，並由權責人
員簽章，其內容至少應包括勘估標的之基本資料、估價基準
日、標的物區域內不動產交易之比較實例、估價之假設及限制
條件、估價方法及估價執行流程、估價結論及估價報告日等。

(六) 具備會計師法規定執業資格之會計師就發行人委外估價或自行估
價報告之合理性出具複核意見者，應符合下列條件：

　1.具備四年以上辦理發行人財務報告查核簽證之經驗，或具備四
年以上辦理財務報告查核簽證之經驗並參加評價相關訓練達
九十小時以上且取得及格證書。

　2.未曾因辦理發行人財務報告查核簽證或出具不動產估價合理性
複核意見業務上有關詐欺、背信、侵占、偽造文書等犯罪行
為，經法院判決有期徒刑以上之罪。

3.最近三年無票信債信不良紀錄及最近五年無遭受會計師懲戒委員會懲戒之紀錄。

4.不得為發行人、出具估價報告之估價師或於發行人自行估價報告簽章之權責人員之關係人或有實質關係人之情形，或為發行人財務報告之簽證會計師。

(七) 會計師就發行人委外估價或自行估價報告之合理性出具複核意見者，應依本準則及下列規定辦理：

1.承接案件前應審慎評估專業能力與訓練、實務經驗及獨立性。執行複核案件前應充分瞭解財務報告編製相關法令、國際財務報導準則及不動產估價等與所複核案件相關之規定，並不得接受委任提出公允價值結論。

2.進行複核案件應妥善規劃及執行適當作業流程，以形成結論並據以出具複核意見書；相關執行程序、蒐集資料及作成結論應詳實登載於複核案件工作底稿。

3.執行複核程序時，應就估價報告之範圍、所使用之資料來源、估價所使用參數及估價方法、估價所採用之資訊及所執行之調查、估價人員所作各項調整、估價推論過程等事項逐項評估其適當性及合理性，並確認符合本準則及相關法令規定。複核發行人自行估價報告時應另就發行人自行估價之作業流程等內部控制制度設計與執行之有效性逐項分析。

4.發行人委外估價或自行估價報告使用假設、估計、參數或土地開發分析使用資訊與前期有重大差異時，應予分析確定有合理依據，與不動產估價師或自行估價人員有不同意見者，應提出理由。

5.複核報告內容至少應包括委任人、複核會計師及所屬事務所之名稱及地址、複核之目的及用途、複核案件之重大假設及限制、所執行複核工作之範圍、複核程序所採用之主要資訊、複核結論、複核報告日等，並聲明複核意見真實且正確、具備專業性與獨立性及遵循主管法令規定等事項。

(八) 發行人之子公司持有投資性不動產者，亦應依本款規定辦理。

(九) 發行人股票無面額或每股面額非屬新臺幣十元者，本款第二目之

3有關單筆投資性不動產金額達實收資本額百分之二十之估價標準，以資產負債表歸屬於母公司業主之權益百分之十計算之。

(二)商業會計處理準則第17條

投資性不動產，指為賺取租金或資本增值或兩者兼具，而由所有者或融資租賃之承租人所持有之不動產。投資性不動產應按其成本原始認列，後續衡量應以成本減除累計折舊及累計減損之帳面金額列示。

11-2

政府補助及政府輔助

一、定義

企業響應政府政策提供協助後獲得政府的輔助、或面臨不可抗逆之災害損失而申請補助，企業依據政府提供的補助方式與內容認列適當。政府提供補輔助方式可區分兩種性質：「與資產有關」以及「與收益有關」。所謂與資產有關補助，依據企業會計準則公報第二十一號「政府補助及政府輔助」其主要條件為須購買、建造或其他方式取得長期資產，例如企業響應節能減碳汰舊換新，增添政府指定部分機款的節能設備，日後企業得以向政府提出補助申請，另一與資產有關之外者，皆視為與收益有關之補助，例如：新冠疫情期間符合標準的特定行業得以申請的紓困補助，即與收益有關。

二、認列與衡量

企業參與政府補助專案所支出費用，入帳方式與一般交易相同，惟日後企業提出專案申請時，應檢附憑證並提交相關文件，政府若審查通過，通常於結案後，按約定將補助款核銷撥款，企業於合理確信能遵循政府要求辦法且該項補輔助可獲得的時候，始得認列政府補輔助內容。其依據政府補輔助的性質有

以下不同會計處理方式：

(一)與資產有關

政府補助款與折舊性資產/設備相關，企業應於資產/設備的折舊耐用年數之內以系統而合理的方式，分年認列其他收入。

1. 當企業於購買資產當年度收到政府補助或退稅時，得做為當年度成本減項或費用減少，若為資產減項並認列遞延科目，於折舊耐用年限內按期認列損益。

2. 當企業於購買資產之次年度收到政府補助或退稅時，作為當年度資產未折減餘額的減項續提折舊，或作為其他收入。

日後若企業發生須退還補助款的時候，應將返還的金額認列為資產帳面價值增加或遞延補助款的減少，若帳面價值已無金額吸收該筆退款，應於當年度認列損益，同時對該資產進行減損評估。

(二)與收益有關

政府補助款與收益相關之補助款，企業於取得補助款當年度全數認列其他收入，若發生須退還補助款的時候，若為收到補助款當年度，即認列為其他收入減項；若為次年度，認列為其他費用。

第十二章

流動負債

12-1

流動負債之定義及種類

(一)流動負債之種類

流動負債通常包括下列各科目，如應付帳款、應付票據、銀行透支、預收貨款、應付費用及應付所得稅等。而其種類如圖12-1：

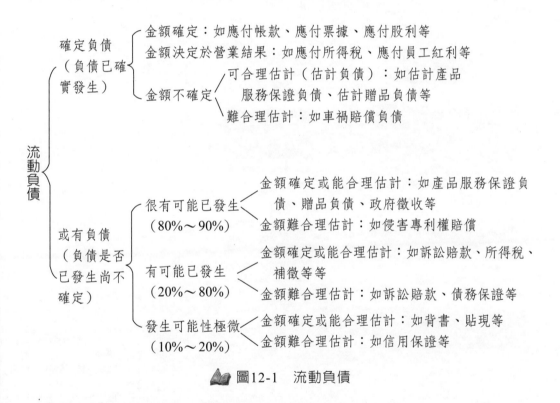

確定負債
（負債已確
實發生）
　金額確定：如應付帳款、應付票據、應付股利等
　金額決定於營業結果：如應付所得稅、應付員工紅利等
　金額不確定
　　可合理估計（估計負債）：如估計產品
　　服務保證負債、估計贈品負債等
　　難合理估計：如車禍賠償負債

或有負債
（負債是否
已發生尚不
確定）
　很有可能已發生
　（80%～90%）
　　金額確定或能合理估計：如產品服務保證負
　　債、贈品負債、政府徵收等
　　金額難合理估計：如侵害專利權賠償
　有可能已發生
　（20%～80%）
　　金額確定或能合理估計：如訴訟賠款、所得稅、
　　補徵等等
　　金額難合理估計：如訴訟賠款、債務保證等
　發生可能性極微
　（10%～20%）
　　金額確定或能合理估計：如背書、貼現等
　　金額難合理估計：如信用保證等

圖12-1　流動負債

(二)流動負債之定義

依商業會計法之規定，所謂流動負債指將於一年內，以流動資產或其他流動負債清償之債務，如長期負債一年到期部分，但營業週期長於一年者，應改

以一個營業週期劃分流動及非流動之標準。但其例外者爲：(1)將以償債基金償付之長期負債一年到期部分；(2)短期負債轉長期負債者（再融資）。上述兩者非屬流動負債。

(三)負債準備

爲一種現時清償義務，屬於不確定時點及金額的負債，亦可以當作資產的減項。相對於其他負債而言其主要差別是負債準備未來清償的時點及金額具有不確定性，且有些應計費用會併入應付帳款、其他應付款合併表達，但負債準備需單獨列報。其認列與揭露原則如下表：

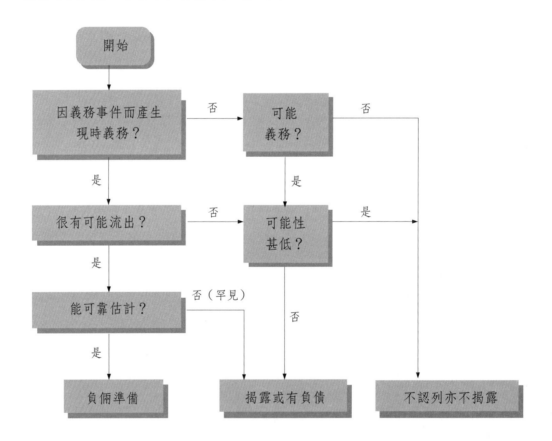

(四)或有負債

1. 過去事件所產生之可能義務，其存在與否僅能由一個或多個不確定之

未來事件之發生或不發生加以證實。

2. 過去事件所產生之現時義務，但因下列原因未予認列：

　　(1) 清償該義務並非很有可能使經濟利益流出（不可能性大於可能性）。

　　(2) 金額無法合理估計。

　　其與負債準備之主要差別為，「或有」係指未認列之資產及負債，其存在與否僅能由一個或多個不確定之未來事件之發生或不發生加以證實。且或有負債係指不符合認列基準之負債。而通常或有負債的會計處理方法皆是不入帳但須揭露於財務報表之中，依照其估計未來發生可能性判斷如以下分類：

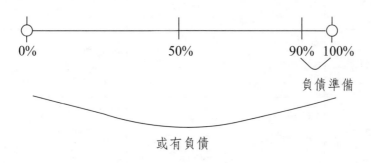

12-2

確定負債之會計處理

確定負債之處理，見表12-1所示：

表12-1　確定負債之會計處理

項　目	種　類	分　錄
已確實發生之負債	應付帳款 應付票據等	存貨　　　　　　　　*** 　　應付帳款　　　　　　***
負債之結果取決於營業	應付所得稅等	所得稅費用　　　　　*** 　　應付所得稅　　　　　***
負債金額不確定 但可合理估計	估計服務保證負債 估計應付贈品	產品服務保證費用　*** 　　估計服務保證負債　***

1. 應付帳款

指因營業行為而產生購貨之負債，其對應之科目為應收帳款。若賣方給予現金折扣時，應付帳款之分錄有總額法與淨額法。其相關之分錄如表12-2所示：

表12-2　應付帳款現金折扣之會計方法

項　目	總額法	淨額法
購貨時	進貨　　　　　　*** 　　應付帳款　　　　　***	進貨　　　　　　*** 　　應付帳款　　　　　***
折扣期間內付款	應付帳款　　　　*** 　　現金　　　　　　*** 　　進貨折扣　　　　***	應付帳款　　　　　*** 　　現金　　　　　　***
折扣期間外付款	應付帳款　　　　*** 　　現金　　　　　　***	應付帳款　　　　　*** 　　未享進貨折扣　　*** 　　現金　　　　　　***

進貨折扣應列於綜合損益表，為進貨之減項。

未享進貨折扣應列於綜合損益表，為其他費用與損失。

2. 應付票據

指企業為因營業行為如購貨等，或融資借款而開出之債權憑證（本票、支票或匯票，一般為支票）。可分付息與不付息票據。其分錄如表12-3：

表12-3　付息票據與不付息票據之會計處理

項　目	付息票據	不付息票據
購貨時	進貨　　　　　　*** 　　應付票據　　　　***	進貨　　　　　　*** 　　應付票據折價　　***
應計利息	利息費用　　　　*** 　　應付利息　　　　***	利息費用　　　　*** 　　應付票據折價　　***
付款	應付票據　　　　*** 　　應付利息　　　　*** 　　現金　　　　　　***	應付票據　　　　*** 　　現金　　　　　　***

3. 應付費用

因為權責發生制，故某些費用過期尚未支付，則應作下列分錄：

（借）××費用　　　　　***
　　（貸）應付費用　　　　　　***

4. 預收收益

指企業尚未提供勞務或貨品時，預先收取之款項。故貸記預收收益，待提供勞務或貨品再將預收收益轉為收益。

5. 應付營業稅與應付所得稅

企業於購貨或勞務時，須支付5%之營業稅，稱進項稅額；另銷售貨品或勞務時，須向客戶收取5%營業稅，稱銷項稅額。每月月底結算進項稅額與銷項稅額之淨額。若進項稅額小於銷項稅額，則產生應付營業稅；若進項稅額大於銷項稅額，則產生應退稅額。營業人應於每單月15日前，向政府有關機構申報繳納前兩個月份之營業稅。

平時
　進貨　　　　****　　　　　現金　　　　****
　進項稅額　　****　　　　　　銷貨收入　　****
　　現金　　　　****　　　　　　銷項稅額　　****
月底
　銷項稅額　　****　　　　　銷項稅額　　****
　進項稅額　　****　　或　　　應退稅額　　****
　　應付營業稅　　****　　　　進項稅額　　****
單月15日
　應付營業稅　　****
　　現金　　　　****

企業於每年7月要預估暫繳所得稅。但當年度要估計當年之應繳之營利事業所得稅，並於次年5月31日申報納稅。

預估暫繳所得稅

7/1，預付所得稅 ＊＊＊＊

現金 ＊＊＊＊

年底

12/31，所得稅費用 ＊＊＊＊

應付所得稅 ＊＊＊＊

次年5/31

應付所得稅 ＊＊＊＊

現金 ＊＊＊＊

6. 估計負債

產品售後服務保證負債：由於企業於不良品之控制，基於成本考量，不可能控制於零水準。故每一批生產之產品在某水準下，將產生不良品。故企業要先行預估不良品之負債，而不得遞延至次年。其分錄如表12-4：

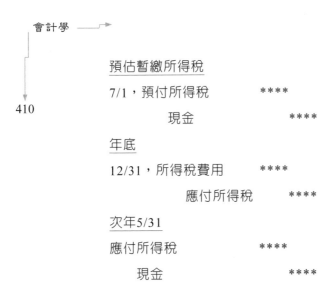

表12-4　產品售後服務保證負債之會計處理

項　目	分　錄		
銷售	現金	＊＊＊	
	應收帳款		＊＊＊
年底估計	產品服務保證費用	＊＊＊	
	估計產品服務保證負債		＊＊＊
次年實際發生	估計產品服務保證負債	＊＊＊	
	材料		＊＊＊
	現金		＊＊＊

12-3

或有負債之會計處理

所謂或有負債為肇因於過去或現在，目前尚未確定，其確定與否，應視未

來之情況演變才能確定，如訴訟等。

其處理方式如下：

或有利得或損失之處理方式分三種：

1. 入帳。

2. 附註揭露。

3. 不入帳亦無須揭露。

或有利得之部分，由於實現與否尚難確定，不宜認列。而或有損失很可能發生且金額可合理估計者，應予以認列入帳。估計損失有上下限時，應取最允當金額認列。無法選定最允當金額時，應取下限認列，並揭露尚有額外損失發生之可能性。而評估是否發生損失時，宜取具專家意見以為依據。

而其詳細之處理方式，見表12-5。

表12-5　或有事項之會計處理表

或有事項之會計處理		
或有事項種類及其發生之可能性	金額的確定程度	
	確定或能合理估計者	不能合理估計者
或有損失：		
很有可能	應預計入帳	不預計入帳，但應附註揭露其性質，並說明金額無法估計
有可能	不預計入帳，但應附註揭露其性質及金額，或合理的金額範圍	同上
極少可能	不預計入帳，亦不必揭露，但揭露亦可	同左
或有利得：		
很有可能	不預計入帳，應附註揭露	同左
有可能	不預計入帳，可附註揭露	同左
極少可能	不預計入帳，亦不揭露	同左

或有損失之會計處理：

（或有損失之處理）

損失之原因（項目）	一般事項 之應計入帳	不應計 入帳	應計 入帳
1.應收款項之收現性	✕		
2.對產品保證及損壞品之債務	✕		
3.提供給客戶之獎品及獎金	✕		
4.企業資產可能遭到火災、爆炸或其他災害造成的損失		✕	
5.一般企業風險		✕	
6.投保財產意外險的財產遭受災害的損失		✕	
7.財產被沒收的可能			✕
8.待訟決或有威脅性的訴訟			✕
9.未主張之請求權及稅捐			✕
10.對他人的債務擔保			✕
11.商業銀行信用保證的債務			✕
12.已出售之應收款項			✕

12-4

應收應付款對應分錄

若東吳公司出售貨品予東華公司，則其相關分錄如下所示：

	東吳公司		東華公司	
	應收帳款		應付帳款	
售貨：	應收帳款 ✕✕ 　銷貨收入 ✕✕	購貨：	存貨 ✕✕ 　應付帳款 ✕✕	
呆帳評估：	呆帳費用 ✕✕ 　備抵呆帳 ✕✕		無須作分錄	
後續情況： ①收款	現金 ✕✕ 　應收帳款 ✕✕	後續情況： ①付款	應付帳款 ✕✕ 　現金 ✕✕	
②B公司破產	備抵呆帳 ✕✕ 　應收帳款 ✕✕	②破產	進入破產程序	

	東吳公司			東華公司		
	應收票據			**應付票據**		
售貨：				購貨：		
收到票據：	應收票據	××		①付息	存貨	××
①付息	銷貨收入		××		應付票據	××
12/31	應收利息	××		12/31	利息費用	××
調整利息	利息收入		××	調整利息	應付利息	××
收到貨及利息	現金	××		支付貨及利息	應付票據	××
	應收票據	××			利息費用	××
	應收利息	××			應付利息	××
	利息收入	××			現金	××
②不付息	應收票據	××		②不付息	存貨	××
	銷貨收入	××			應付票據折價	××
	應收票據溢價	××			應付票據	××
12/31	應收票據溢價	××			利息費用	××
調整利息	利息收入		××		應付票據折價	××
收到現金	現金	××		支付現金	利息費用	××
	應收票據	××			現金	××
	應收票據溢價	××			利息費用	××
	利息收入		××		應付票據折價	××

12-5

票據貼現之相關對應分錄

　　若東吳公司出售商品予東華公司，而東華公司開立支票予東吳公司，最後東吳公司將東華公司之票據向中華銀行作貼現，其相關分錄如下：

東吳公司	中華銀行	東華公司
1. 東華開票予東吳（利息）		

1. 東華開票予東吳（利息）

東吳公司		東華公司	
應收票據	××	存貨	××
銷貨收入	××	應付票據	××

2. 東吳拿東華票至中華銀行貼現

東吳公司		中華銀行	
折現損失	××	應收票據	××
現金	××	應收利息	××
應收票據貼現	××	現金	××
利息收入	××	折現利得	××

3. 東華公司支付貨款

(1) 東華公司支付貨款予中華銀行

東吳公司		中華銀行		東華公司	
應收票據貼現	××	現金	××	應付票據	××
應收票據	××	應收票據	××	應付利息	××
		應收利息	××	利息費用	××
		利息收入	××	現金	××

(2) 若東華公司到期不支付款項，
則東吳公司要替東華公司支付
予中華銀行

東吳公司		中華銀行	
應收帳款	××	現金	××
應收票據	××	應收票據	××
應收利息	××	應收利息	××
		利息收入	××
應收票據貼現	××		
現金	××		

12-6

證券發行人財務報告編製準則、商業會計法
及商業會計處理準則之規定

(一)證券發行人財務報告編製準則（民國111年11月24日）

第10條

負債應作適當之分類。流動負債與非流動負債應予以劃分。但如按流動性

之順序表達所有負債能提供可靠而更攸關之資訊者，不在此限。

各負債項目預期於資產負債表日後十二個月內清償之總金額，及超過十二個月後清償之總金額，應分別在財務報告表達或附註揭露。

流動負債係指企業預期於其正常營業週期中清償該負債；主要為交易目的而持有該負債；預期於資產負債表日後十二個月內到期清償該負債，即使於資產負債表日後至通過財務報告前已完成長期性之再融資或重新安排付款協議；企業不能無條件將清償期限遞延至資產負債表日後至少十二個月之負債，負債之條款可能依交易對方之選擇，以發行權益工具而導致其清償者，並不影響其分類。流動負債至少應包括下列各項目：

一、短期借款：

(一) 包括向銀行短期借入之款項、透支及其他短期借款。

(二) 短期借款應依借款種類註明借款性質、保證情形及利率區間，如有提供擔保品者，應註明擔保品名稱及帳面金額。

(三) 向金融機構、股東、員工、關係人及其他個人或機構之借入款項，應分別註明。

二、應付短期票券：

(一) 為自貨幣市場獲取資金，而委託金融機構發行之短期票券，包括應付商業本票及銀行承兌匯票等。

(二) 應付短期票券應以有效利息法之攤銷後成本衡量。但未付息之短期應付短期票券若折現之影響不大，得以原始票面金額衡量。

(三) 應付短期票券應註明保證、承兌機構及利率，如有提供擔保品者，應註明擔保品名稱及帳面金額。

三、透過損益按公允價值衡量之金融負債－流動：

(一) 持有供交易之金融負債：

1. 其發生主要目的為短期內再買回。

2. 於原始認列時即屬合併管理之可辨認金融工具組合之一部分，且有證據顯示近期該組合為短期獲利之操作模式。

3. 除財務保證合約或被指定且為有效避險工具外之衍生金融負債。

(二) 指定透過損益按公允價值衡量之金融負債。

(三) 透過損益按公允價值衡量之金融負債應按公允價值衡量。但指定

爲透過損益按公允價值衡量之金融負債，其公允價值變動金額屬信用風險所產生者，除避免會計配比不當之情形或屬放款承諾及財務保證合約須認列於損益外，應認列於其他綜合損益。

四、避險之衍生金融負債－流動：依避險會計指定且爲有效避險工具之金融負債。

五、合約負債：指企業依合約約定已收取或已可自客戶收取對價而須移轉商品或勞務予客戶之義務。

六、應付票據，指應付之各種票據：

(一) 應付票據應以有效利息法之攤銷後成本衡量。但未付息之短期應付票據若折現之影響不大，得以原始發票金額衡量。

(二) 因營業而發生與非因營業而發生之應付票據，應分別列示。

(三) 金額重大之應付銀行、關係人票據，應單獨列示。

(四) 已提供擔保品之應付票據，應註明擔保品名稱及帳面金額。

(五) 存出保證用之票據，於保證之責任終止時可收回註銷者，得不列爲流動負債，但應於財務報告附註中說明保證之性質及金額。

七、應付帳款：

(一) 因賒購原物料、商品或勞務所發生之債務。

(二) 應付帳款應以有效利息法之攤銷後成本衡量。但未付息之短期應付帳款若折現之影響不大，得以原始發票金額衡量。

(三) 因營業而發生之應付帳款，應與非因營業而發生之其他應付款項分別列示。

(四) 金額重大之應付關係人款項，應單獨列示。

(五) 已提供擔保品之應付帳款，應註明擔保品名稱及帳面金額。

八、其他應付款：不屬於應付票據、應付帳款之其他應付款項，如應付稅捐、薪工及股利等。依公司法規定經董事會或股東會決議通過之應付股息紅利，如已確定分派辦法及預定支付日期者，應加以揭露。

九、本期所得稅負債：指尚未支付之本期及前期所得稅。

十、負債準備－流動：

(一) 指不確定時點或金額之負債。

(二) 負債準備之會計處理應依國際會計準則第三十七號規定辦理。

(三) 負債準備應於發行人因過去事件而負有現時義務，且很有可能需

要流出具經濟效益之資源以清償該義務，及該義務之金額能可靠估計時認列。

(四) 發行人應於附註中將負債準備區分為員工福利負債準備及其他項目。

十一、與待出售非流動資產直接相關之負債：指依出售處分群組之一般條件及商業慣例，於目前狀態下，可供立即出售，且其出售必須為高度很有可能之待出售處分群組內之負債。

十二、其他流動負債：不能歸屬於以上各類之流動負債。

非流動負債係指非屬流動負債之其他負債，至少應包括下列各項目：

一、應付公司債（含海外公司債）：發行人發行之債券。

(一) 發行債券須於附註內註明核定總額、利率、到期日、擔保品名稱、帳面金額、發行地區及其他有關約定限制條款等。如所發行之債券為轉換公司債者，並應註明轉換辦法及已轉換金額。

(二) 應付公司債之溢價、折價為應付公司債之評價項目，應列為應付公司債之加項或減項，並按有效利息法，於債券流通期間內加以攤銷，作為利息費用之調整項目。

二、長期借款：

(一) 包括長期銀行借款及其他長期借款或分期償付之借款等。長期借款應註明其內容、到期日、利率、擔保品名稱、帳面金額及其他約定重要限制條款。

(二) 長期借款以外幣或按外幣兌換率折算償還者，應註明外幣名稱及金額。

(三) 向股東、員工及關係人借入之長期款項，應分別註明。

(四) 長期應付票據及其他長期應付款項應以有效利息法之攤銷後成本衡量。

三、租賃負債：

(一) 係指承租人尚未支付租賃給付之現值。

(二) 租賃負債之會計處理應依國際財務報導準則第十六號規定辦理。

四、遞延所得稅負債：指與應課稅暫時性差異有關之未來期間應付所得稅金額。

五、其他非流動負債：不能歸屬於以上各類之非流動負債。

418

前二項有關透過損益按公允價值衡量之金融負債、避險之衍生金融負債、以成本衡量之金融負債、應付票據、應付帳款、其他應付款項目之會計處理，應依國際會計準則第九號規定辦理。

第三項及第四項有關透過損益按公允價值衡量之金融負債、避險之金融負債、應付票據、應付帳款、其他應付款、與待出售非流動資產直接相關之負債、應付公司債、長期借款等項目有關公允價值之衡量及揭露，應依國際財務報導準則第十三號規定辦理。

第三項及第四項有關透過損益按公允價值衡量之金融負債、合約負債、避險之金融負債、租賃負債、負債準備等項目，應依流動性區分為流動與非流動。

(二)商業會計處理準則（民國110年9月16日）

第25條

流動負債，指商業預期於其正常營業週期中清償之負債；主要為交易目的而持有之負債；預期於資產負債表日後十二個月內到期清償之負債，即使該負債於資產負債表日後至通過財務報表前已完成長期性之再融資或重新安排付款協議；商業不能無條件將清償期限遞延至資產負債表日後至少十二個月之負債。

流動負債包括下列會計項目：

一、短期借款：指向金融機構或他人借入或透支之款項。

(一) 應依借款種類註明借款性質、保證情形及利率區間，如有提供擔保品者，應揭露擔保品名稱及帳面金額。

(二) 向金融機構、業主、員工、關係人、其他個人或機構借入之款項，應分別揭露。

二、應付短期票券：指為自貨幣市場獲取資金，而委託金融機構發行之短期票券，包括應付商業本票及銀行承兌匯票等。應付短期票券應註明保證、承兌機構及利率；如有提供擔保品者，應揭露擔保品名稱及帳面金額。

三、透過損益按公允價值衡量之金融負債－流動：指持有供交易或原始認列時被指定為透過損益按公允價值衡量之金融負債。

四、避險之金融負債－流動：指依避險會計指定且為有效避險工具之金融負債。

五、以成本衡量之金融負債－流動：指與無活絡市場公開報價之權益工具連結，並以交付該等權益工具交割之衍生工具，其公允價值無法可靠衡量之金融負債。

六、應付票據：指商業應付之各種票據。

(一) 因營業而發生與非因營業而發生者，應分別列示。

(二) 金額重大之應付關係人票據，應單獨列示。

(三) 已提供擔保品者，應揭露擔保品名稱及帳面金額。

(四) 存出保證用之票據，於保證之責任終止時可收回註銷者，得不列為流動負債，但應揭露保證之性質及金額。

七、應付帳款：指因賒購原物料、商品或勞務所發生之債務。

(一) 因營業而發生與非因營業而發生者，應分別列示。

(二) 金額重大之應付關係人款項，應單獨列示。

(三) 已提供擔保品者，應揭露擔保品名稱及帳面金額。

八、其他應付款：指不屬於應付票據、應付帳款之應付款項，如應付薪資、應付稅捐、應付股息紅利等。應付股息紅利，如已確定分派辦法及預定支付日期者，應予揭露。

九、本期所得稅負債：指尚未支付之本期及前期所得稅。

十、預收款項：指預為收納之各種款項；其應按主要類別分別列示，有特別約定事項者，應予揭露。

十一、負債準備－流動：指不確定時點或金額之流動負債。商業因過去事件而負有現時義務，且很有可能需要流出具經濟效益之資源以清償該義務，及該義務之金額能可靠估計時，應認列負債準備。

十二、其他流動負債：指不能歸屬於前十一款之流動負債。

　　短期借款、應付短期票券、應付票據、應付帳款及其他應付款，應以攤銷後成本衡量。但折現金額影響不大者，得以交易金額衡量。

(三)商業會計法（民國103年6月18日）

第27條

　　會計項目應按財務報表之要素適當分類，商業得視實際需要增減之。

第29條

財務報表附註，係指下列事項之揭露：

一、聲明財務報表依照本法、本法授權訂定之法規命令編製。

二、編製財務報表所採用之衡量基礎及其他對瞭解財務報表攸關之重大會計政策。

三、會計政策之變更，其理由及對財務報表之影響。

四、債權人對於特定資產之權利。

五、資產與負債區分流動與非流動之分類標準。

六、重大或有負債及未認列之合約承諾。

七、盈餘分配所受之限制。

八、權益之重大事項。

九、重大之期後事項。

十、其他為避免閱讀者誤解或有助於財務報表之公允表達所必要說明之事項。

商業得視實際需要，於財務報表附註編製重要會計項目明細表。

第41條

資產及負債之原始認列，以成本衡量為原則。

第54條

各項負債應各依其到期時應償付數額之折現值列計。但因營業或主要為交易目的而發生或預期在一年內清償者，得以到期值列計。

公司債之溢價或折價，應列為公司債之加項或減項。

第64條

商業對業主分配之盈餘，不得作為費用或損失。但具負債性質之特別股，其股利應認列為費用。

習題與解答

一、選擇題

(　) 1. 一年內到期之長期負債，以流動資產償還者，應列入　(A)長期負債　(B)流動負債　(C)估計負債　(D)或有負債。

(　) 2. 應付帳款借餘在資產負債表上應列為　(A)流動負債　(B)流動負債減項　(C)流動資產　(D)流動資產減項。

(　) 3. 下列科目中何者不屬於負債科目？　(A)預收佣金　(B)代扣員工保險費　(C)銀行透支　(D)備抵壞帳（壞帳準備）。

(　) 4. 下列何者非流動負債？　(A)銀行透支　(B)應收帳款貸餘　(C)應付現金股利　(D)待發放股票股利。

(　) 5. 下列何項應列入資產負債表之流動負債？　(A)應收帳款貸餘　(B)應收票據貼現　(C)應收票據折價　(D)應付帳款借餘。

(　) 6. 下列有幾個科目不宜列入流動負債？①分期付款銷貨遞延毛利　②預收貨款　③應收票據貼現　④銀行透支　⑤應收帳款明細帳貸餘　(A)四項　(B)三項　(C)二項　(D)一項。

(　) 7. 丙公司數年前向丁銀行借款$1,000,000，到期日為X5年7月1日，但丙公司於X2年12月26日違反借款合約，依照合約，丁銀行有權要求丙公司立即償還借款金額之60%。對於該筆$1,000,000借款，丙公司於X2年12月31日資產負債表應分類為流動負債：　(A)$0　(B)$400,000　(C)$600,000　(D)$1,000,000。

(　) 8. 下列五項中屬於流動負債者有幾項？①預付保險費　②預收租金收入　③應付抵押借款　④應付現金股利　⑤銀行透支　(A)一項　(B)二項　(C)三項　(D)四項。

(　) 9. 丙公司對於進貨之會計處理採用總額法，X13年12月31日應付帳款餘額為$75,000，X13年度之進貨為$300,000，已取得之進貨折扣$7,500。X13年度進貨折扣共計$15,000，其中$1,500之進貨折扣尚未

逾折扣期限。若丙公司欲由總額法改為淨額法,則X13年底資產負債表上之應付帳款調整後應有之金額為何? (A)$60,000 (B)$66,000 (C)$73,500 (D)$75,000。

( ) 10. 甲公司9月1日賒購一批商品$48,000,付款條件2/10、n/30,9月3日因商品規格不符退貨$5,000,9月10日支付現金$24,500,10月1日到期時開立一張4個月期,年利率6%的票據,予以償清貨款。試問12月31日財務報表上應認列之利息費用為多少? (A)$270 (B)$277.5 (C)$360 (D)$370。

( ) 11. 甲公司皆以賒購方式進貨。該公司今年的銷貨成本為$500,000,且期末存貨比期初存貨少$25,000。若期末應付帳款比期初應付帳款多$25,000,試問:本期應付帳款的付現金額是多少? (A)$450,000 (B)$475,000 (C)$500,000 (D)$525,000。

( ) 12. 甲公司X1年10月1日收到顧客一張面額$180,000的票據,票面利率3%,半年後到期。甲公司X1年12月31日已作相關利息收入之調整分錄,X2年初未作迴轉分錄,則X2年票據到期時應有之會計處理為何? (A)貸記應收利息$1,350 (B)貸記利息收入$2,700 (C)貸記利息收入$5,400 (D)借記現金$181,350。

( ) 13. X1年1月24日本公司開出六個月後到期之期票向銀行貼現,使本公司發生 (A)或有負債 (B)長期負債 (C)遞延負債 (D)流動負債。

( ) 14. 某公司於X1年底開出六個月期,不附息之票據向銀行貼現,此項交易將使資產負債表 (A)流動資產增加,流動負債減少 (B)業主權益減少,流動負債增加 (C)業主權益減少,流動資產減少 (D)流動資產及流動負債總額不受影響。

( ) 15. 甲公司在X1年1月1日收到一紙面額$60,000,利率6%,4個月到期之附息票據。甲公司於X1年2月1日因資金需求持該票據向乙銀行貼現,貼現率為10%。甲公司可自乙銀行取得多少現金? (A)$61,200 (B)$60,000 (C)$59,670 (D)$58,500。

( ) 16. 甲公司於X2年8月1日向銀行借款,開立一張面額$43,575、9個月期、不附息票據,若市場利率為5%,試問:甲公司X2年底財務報表上應認列之流動負債金額為多少? (A)$41,500 (B)$42,000

(C)$42,875 (D)$43,575。

( ) 17. 明德公司於X1年10月1日簽發一年期，不附息，面額$220,000之本票一紙，向銀行貼現，貼現率為10%，則X2年12月31日調整後「應付票據折價」帳戶之餘額為 (A)$5,000 (B)$15,000 (C)$20,000 (D)$22,000。

( ) 18. 榮發公司X1年9月1日向銀行借款，期間1年，公司開立面額$11,000之不附息票據乙紙給銀行，當日借得現金$10,000，借款日應借記 (A)利息費用$1,000 (B)預付利息$1,000 (C)應付利息$1,000 (D)應付票據折價$1,000。

( ) 19. 丙公司X5年10月1日向銀行借款，並開立一張面額$53,000，1年期之不附息票據，該票據之有效利率為6%。試問：X5年12月31日財務報表上該票據應認列之相關負債金額為何？ (A)$50,000 (B)$50,750 (C)$53,000 (D)$53,795。

( ) 20. 文生公司於X0年初簽發一紙四年期，面額$120,000之不附息票據，用以購買公平市價$76,260之機器一部。若當時公平利率為12%，則X1年的利息費用為 (A)$16,128 (B)$9,151 (C)$14,400 (D)$10,249。

( ) 21. 甲公司將X5年3月1日收到面額$250,000、附息6%、8個月期的票據，向銀行貼現。貼現率7.5%，並收到現金$255,125。試問：甲公司票據貼現的日期為： (A)X5年5月1日 (B)X5年6月1日 (C)X5年7月1日 (D)X5年8月1日。

( ) 22. 公司已發行的累積特別股，若有積欠未分配之特別股股利，在報表中應如何表達？ (A)不必入帳，但應附註揭露 (B)認列負債，不須附註揭露 (C)認列負債，且須附註揭露 (D)不必入帳，須附註揭露。

( ) 23. 甲公司要求客戶先支付部分訂金，X9年度相關資料如下：

X8年12月31日預收貨款餘額 $270,000

X9年度向客戶預收之金額 475,000

X9年度因完成交易而實現之預收貨款金額 430,000

X9年度因訂單取消而退還之預收貨款金額 105,000

試問：甲公司X9年12月31日之預收貨款餘額為

(A)$0　(B)$210,000　(C)$315,000　(D)$640,000。

(　)24. 積欠累積優先股股利，是屬於公司的　(A)流動負債　(B)股東權益　(C)或有負債　(D)長期負債。

(　)25. 下列各種負債中：估計售後服務保證負債$3,000，估計應付所得稅負債$5,500，估計訴訟賠償負債（輸贏未知）$2,000，估計債務保證負債（被保證人信譽良好）$1,500，估計應付贈品負債（已逾期）$4,000，應列於正式報表者有　(A)$8,500　(B)$12,500　(C)$14,000　(D)$16,000。

(　)26. 甲公司財務報表採月結制，所以每月月底會作調整分錄。甲公司X3年5月1日有下列帳戶餘額：應付票據$100,000，應付利息$200。5月31日有下列帳戶餘額：應付票據$100,000，應付利息$400。若當月份的利息支出，付了$300現金，試問該票據的票面利率為多少？(A)0.5%　(B)2.4%　(C)5%　(D)6%。

(　)27. 或有負債在財務報表上較佳的揭示方式是　(A)預計入帳　(B)附註揭露　(C)不必預計入帳，亦不須附註揭露　(D)視情況而定。

(　)28. 下列何者為應計負債？　(A)應付股利　(B)預收租金　(C)即將到期之應付公司債　(D)應付薪金。

(　)29. 或有負債之認列係基於　(A)成本原則　(B)客觀性原則　(C)穩健原則　(D)收益實現原則。

(　)30. 將應收票據向銀行貼現，會發生　(A)遞延負債　(B)估計負債　(C)或有負債　(D)流動負債。

解答：

1. (B)　2. (C)　3. (D)　4. (D)　5. (A)　6. (C)　7. (C)　8. (C)　9. (C)
10. (A)　11. (A)　12. (A)　13. (D)　14. (A)　15. (C)　16. (C)　17. (B)　18. (B)
19. (D)　20. (D)　21. (D)　22. (A)　23. (B)　24. (C)　25. (A)　26. (D)　27. (D)
28. (D)　29. (C)　30. (C)

二、計算題

12-01 旺來公司X1年9月1日因購土地而簽發六個月期本票，面值$106,000，不附息，當時市場利率12%，試作下列分錄：

解答：

X1/9/1	（借）土地	100,000	
	應付票據折價	6,000	
	（貸）應付票據		106,000
X1/12/31	（借）利息費用	4,000	
	（貸）應付票據折價		4,000
X2/3/1	（借）應付票據	106,000	
	利息費用	2,000	
	（貸）現金		106,000
	應付票據折價		2,000

12-02 天馬公司X0年9月1日簽發半年期無息票據乙紙，面額$676,000，向銀行借得現款$650,000，試作此借款之實際利率若干？

解答：

$(676,000 - 650,000)/\$650,000 \times 100\% = 4\%$

$4\% \times 2 = 8\%$

此借款利率 = 8%

12-03 大同公司於X1年9月1日因進貨而簽發六個月期本票，面值$100,000，不附息，當時市場利率12%。試作成下列日期應有分錄：

(1)X1/9/1簽發本票；(2)X1年終調整；(3)X2/3/1到期日

解答：

(1)X1/9/1	（借）進貨	100,000	
	（貸）應付票據		100,000
(2)X1/12/31	免作分錄		
(3)X2/3/1	（借）應付票據	100,000	
	（貸）現金		100,000

第十三章

長期負債

複利現值、複利終值、年金現值與年金終值
（查表請見附錄二）

　　所謂貨幣時間之價值為資金經過一定期間之投資所增加之價值。如現在之1,000元與一年後之1,000元價值不同，其差異為現在之1,000元加上一年後之利息（假設利息之年利率為10%，$1,000×10\% = \$100$），其價值1,100元（$= \$1,000 + \$100$）大於一年後之1,000元。這種價值之變化為貨幣時間價值。原來之1,000元為現值（現在之價值），一年後之1,100元為終值（最終之價值）。一般而言，實務上，其計算之方式皆以複利為基礎，故本章皆以複利為基礎而不談單利之情況。所謂複利為每經過一期間應將所生利息再加本金再計利息，逐期滾算者。如上例，若一年後之1,100元再投入計算利息（而非僅以1,000元為本金計算）為1,210元〔$=1,100 + (\$1,100×10\%)$〕。其現值與終值關係為：

$$PV × (1 + i)^n = FV$$

n為$(1 + i)$之次方，$(1 + i)$之n次方，稱終值之利率因子

$$FV / [1 / (1 + i)^n] = PV$$

n為$(1 + i)$之次方，而$1 / (1 + i)$之n次方，稱現值之利率因子

PV：Present Value（現值）

P：Principal（本金）

i：Interest rate（利率／折現率）

n：Period（期間，n年）

FV：Future Value（終值）

　　終值為貨幣於未來某一時點之價值，亦即目前金額未來之價值。其複利終值之公式為：

$$FV = P \times (1 + i)^n$$

如現在之1元存在銀行，第n年後之價值，稱終值。而現值為貨幣於目前之價值，其複利現值公式為：

$$PV = FV/(1 + i)^n$$

如現在存在銀行之多少元，第n年後為\$1,000，稱現在存在銀行之多少元為現值。又有稱年金者，指某一段特定期間內，連續每期固定金額之支付者。支付發生於每期期末者稱普通年金；支付發生於每期期初者稱期初年金。所謂年金終值為連續每期支付固定金額之未來價值。如連續三年每年存入銀行\$10,000，三年後可得之最終價值。一般金融機構稱為零存整付。其中因支付之時點不同，可分為普通年金終值與期初年金終值。

普通年金終值之公式為：

$$FV = PMT \left\{ \left[(1 + i)^n - 1 \right] / i \right\} = PMT \left(FVIFA_{i,n} \right)$$

期初年金終值之公式為：

$$FV = PMT \left(FVIFA_{i,n} \right) (1+i)$$

此乃期初年金終值較普通年金終值多複利一次。

而所謂年金現值為以後各期固定支付之現在價值，如存一筆錢以支付以後各期之固定支出。此亦金融業稱整存零付。其種類為普通年金現值、期初年金現值，與永續年金現值。

普通年金現值之公式為：

$$PV = PMT \left\{ \left[1 - (1+i)^{-n} \right] / i \right\} = PMT \left(PVIFA_{i,n} \right)$$

期初年金現值之公式為：

$$PV = PMT（PVIFA_{i,n}）（1+i）$$

　　永續年金現值為一直支付各期固定調永久之現在價值。如老年年金之支付即屬永續年金之方式，政府應編制多少預算才能支付老年年金到永久。永續年金之公式為：

$$PV = PMT/ i$$

PMT：每年之固定之付款

FVIFA$_{i,n}$：Future Value Interest factor for an annuity（年金終值利率因子）

PVIFA$_{i,n}$：Present Value Interest factor for an annuity（年金現值利率因子）

　　計算終值與現值時，其中之兩要素為期間（n）與利率（i）將影響其金額。一般而言，期間為一年，利率為年利率。但複利之計息期間不滿一年時，其期間將改為月、季、半年為基礎，而年利率便成為名目利率而非有效利率（實際利率）。此時名目利率與有效利率（實際利率）之關係公式為：

$$1 + i = （1 + r / n）^{m}$$

r：名目利率

m：每年複利次數

i：有效利率（實際利率）

應付公司債之定義與會計處理

1. 公司債之介紹

(1) 意義：係指股份有限公司約定於一定日期（或分期）支付一定之本金，及按期支付一定之利息給投資人的一種長期書面承諾。

(2) 種類：

種　類 ──
1. 依償還期間長短分 ──┬─ 短期公司債
　　　　　　　　　　　└─ 長期公司債
2. 依債券有無記名分 ──┬─ 記名公司債
　　　　　　　　　　　└─ 無記名公司債
3. 依還本方法分 ──┬─ 一次還本公司債
　　　　　　　　　└─ 分期還本公司債
4. 依可否提前贖回分 ──┬─ 可提前贖回公司債
　　　　　　　　　　　└─ 不可提前贖回公司債
5. 依可否轉換分 ──┬─ 可轉換公司債
　　　　　　　　　└─ 不可轉換公司債
6. 依有無擔保品分 ──┬─ 信用公司債
　　　　　　　　　　└─ 抵押公司債

圖13-1　公司債之種類

(3) 發行限額：

①擔保公司債之總額，不得逾公司現有全部資產減去全部負債及無形資產後之餘額。

②無擔保公司債之總額，不得超過前項餘額二分之一。

(4) 發行價格：

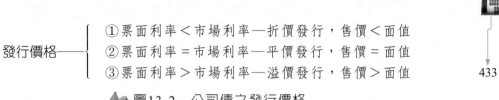

發行價格 ⎰ ①票面利率＜市場利率—折價發行，售價＜面值
　　　　 ⎱ ②票面利率＝市場利率—平價發行，售價＝面值
　　　　 　 ③票面利率＞市場利率—溢價發行，售價＞面值

📖 圖13-2　公司債之發行價格

　　票面利率（名義利率）為公司債票面上所附利率；市場利率（有效利率或實際利率）為發行時投資人所要求的投資報酬率。

　　企業發行公司債有平價、折價或溢價發行，其原因為若公司債之票面利率低於市場利率，則投資者不會去購買此公司債，如此將迫使發行公司折價發行，以補貼投資者購買公司債所產生未來之利息損失；而若公司債之票面利率大於市場利率，那投資者將非常有意願購買公司債，但許多投資者都要購買，如此發行公司即可溢價發行。此溢價為投資者補貼發行公司未來多付利息之損失。若票面利率與市場利率同，則無所謂補貼，故按票面值發行。

　　而公司債發行價格，實務上依供需由市場決定，但可用數學公式導出理想之發行價格如下：

> （本金×依市場利率折算之複利現值）＋（利息×依市場利率折算之年金現值）
> 　＝理想發行價格

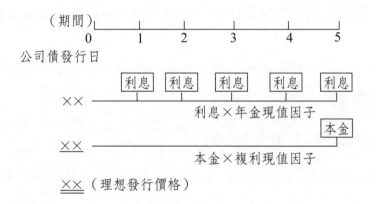

(5) 發行程序：

發行程序 —— ① 董事會的決議
② 主管機關審核
③ 募集公司債公告
④ 應募人填應募書
⑤ 發行公司債券

圖13-3　公司債發行程序

2. 公司債之會計處理

(1) 公司債會計處理之特質

① 目的在於產生有利之財務槓桿作用。

② 債券與股票之不同點在於債券必須定期支付利息，到期即應還本。

③ 公司債折價在資產負債表中應列為應付公司債的減項，溢價則列為加項。

④ 公司債若非於到期償付，其清償價格與帳面價值（包括未攤銷發行成本）之差額，應列為非常損益（溢、折價須攤銷至償還日）。

⑤ 公司舉借新債償還舊債時，其舊債收回之損益亦應列為當期之非常損益。

⑥ 公司債之溢、折價應攤銷於債券流通期間，溢價攤銷減少利息費用，折價攤銷增加利息費用。

(2) 發行時之溢、折價之會計處理

由於公司債到期日公司所負的債務僅公司債面額，因此公司債發行時的折價或溢價（利息的補貼）必須在債券存續期間（自出售日至到期日）分期攤銷，使此應付公司債折價及溢價的餘額在公司債到期日為零。其相關之處理如表13-1。

表13-1　公司債發行之會計處理

項　目	利　率	分　錄
1.折價發行	市場利率＞票面利率	（借）現金　　　　　　　　　　** 　　　　應付公司債折價　　　　** （貸）應付公司債　　　　　　　**
2.平價發行	市場利率＝票面利率	（借）現金　　　　　　　　　　** 　　　（貸）應付公司債　　　　　**
3.溢價發行	市場利率＜票面利率	（借）現金　　　　　　　　　　** 　　　（貸）應付公司債溢價　　　** 　　　　　應付公司債　　　　　**

(3) 在二付息日之間發行公司債之會計處理

若公司債出售之時點，在發行日後或介於二個付息日之間，此時投資者應將過期利息先行支付，待下期發行公司付息時，再行回收。惟此項利息並非公司債本身發行價格，所以發行公司必須使用利息費用或應付利息單獨列帳。

(4) 年終應計項目調整之帳務處理

年底時若公司債之利息支付日不在12月31日，則為權責基礎，發行公司與投資者應作應收利息及利息收入之調整分錄，另要作應付公司債溢、折價之攤銷。其相關之處理如表13-2：

表13-2　債券發行債務人及債權人之會計處理

	長期債務人	長期投資者
1.平價之調整	（借）利息費用　　　　　　** 　　（貸）　應付公司債利息　**	（借）應收利息　　　　　　** 　　（貸）　利息收入　　　**
2.溢價之調整	（借）利息費用　　　　　　** 　　　　應付公司債溢價　　** 　　（貸）　應付公司債利息　**	（借）應收利息　　　　　　** 　　（貸）　長期投資—債券　** 　　　　　　利息收入　　**
3.折價之調整	（借）利息費用　　　　　　** 　　（貸）　應付公司債折價　** 　　　　　　應付公司債利息　**	（借）應收利息　　　　　　** 　　　　長期投資—債券　　** 　　（貸）　利息收入　　　**

(5) 溢、折價之攤銷處理

應付公司債折、溢價之攤銷，為利息之補貼，而利息之產生為每年產生，故其溢、折價應按每年攤銷。就折價攤銷而言，為發行者對投資者願意投資利息較低的公司債而放棄利息較高之其他投資工具。故發行者在發行時以折價之方式補貼投資者每年損失之利息（票面利率 < 市場利率），惟其利息差額為每年產生，故應用合理而有系統之方式予以攤銷。而溢價發行為折價之相反，即投資者為補貼發行者每年支付利息超過市場利息者（票面利率 > 市場利率），惟其利息差額為每年產生，故應用合理而有系統之方式予以攤銷。依其攤銷之方式可分為直線法及利息法。

①直線法：將溢、折價（應付公司債溢、折價）之部分，按公司債之發行期間平均分攤之分錄為：

溢價之攤銷：
（借）應付公司債溢價　　　*****
　　（貸）利息費用　　　　　　*****
折價之攤銷：
（借）利息費用　　　　　*****
　　（貸）應付公司債折價　　　*****

其攤銷金額之計算如表13-3、13-4：

表13-3　折價攤銷表

項　目	A	B	C	D	E
期次，付息日	票面利息 ＝票面金額×票面利率 （貸：現金）	公司債折價 ＝第0期D/期數 （貸方）	利息費用 ＝A＋B （借方）	未攤銷折價 ＝上期D－本期C	帳面餘額 ＝票面金額－ D或上期E ＋本期B
0	***	***	***		
1					

表13-4　溢價攤銷表

項　目	A	B	C	D	E
期次，付息日	票面利息 ＝票面金額×票面利率 （貸：現金）	公司債溢價 ＝第0期D/期數 （借方）	利息費用 ＝A－B （貸方）	未攤銷溢價 ＝上期D－本期C	帳面餘額 ＝票面金額－D或上期E－本期B
0	***	***	***		
1					

②利息法：將公司債之期初帳面值乘市場利率得出利息費用，再與公司債之面值乘票面利率得出實際支出利息之差額，列為溢折價之攤銷額（此法僅為一般公認會計原則所接受，若直線法所算出之金額與利息法差異不大者，得用直線法）。

其分錄為：

溢價之攤銷：

（借）應付公司債溢價　　　*****

　　（貸）利息費用　　　　　　*****

折價之攤銷：

（借）利息費用　　　　　　　*****

　　（貸）應付公司債折價　　　*****

其攤銷金額之計算如表13-5、13-6：

表13-5　折價攤銷表

項　目	A	B	C	D	E
期次，付息日	利息費用 ＝上期E×市場利率 （借方）	票面利息 ＝票面金額×票面利率 （貸：現金）	公司債折價 ＝A－B （貸方）	未攤銷折價 ＝上期D－本期C	帳面餘額 ＝票面金額－D或上期E＋本期C
0	***	***	***		
1					

📖 表13-6　溢價攤銷表

項　目	A	B	C	D	E
期次，付息日	票面利息 ＝票面金額×票面利率 （貸：現金）	利息費用 ＝上期E×市場利率 （貸方）	公司債折價 ＝A－B （貸方）	未攤銷溢價 ＝上期D－本期C	帳面餘額 ＝票面金額＋D或上期E－本期C
0	***	***	***		
1					

期初帳面值×市場利率＝利息費用

票面金額×票面利率＝實際支付之利息

利息費用－實際支付之利息＝折價攤銷額

實際支付之利息－利息費用＝溢價攤銷額

(6) 發行成本之處理

在公司債籌備發行期間及銷售所發生的費用，如簽證費、顧問費、印刷費、廣告費及印花稅等，通常不列入債券成本中，必須另立公司債發行成本入帳，並按公司債之期間予以攤銷。

①發行成本
- A.發生時──（借）公司債發行成本
　　　　　　　　（貸）現金
- B.攤銷時──（借）攤銷費用（或利息費用）
　　　　　　　　（貸）公司債發行成本

②發行成本採直線法攤銷

③公司債之發行成本應列為遞延借項

(7) 公司債之消滅

到期清償為公司債到期，以現金一次全部清償，由於公司債不論是溢、折價發行，公司債到期時，其溢、折價科目皆為0，故只需按面額償還。而公司債之贖回為公司債定有贖回條款，於贖回日將應付公司債折、溢價未攤銷金

額及遞延公司債發行成本未攤銷金額一律轉銷，其差額數列為非常損失（見表 13-7）。

表13-7　公司債之消滅

項　目	到期清償	公司債之贖回
攤銷	利息費用　　　　　　　×× 公司債發行費用　　　　×× 　　應付公司債折價　　　　×× 　　遞延公司債發行成本　××	利息費用　　　　　　　×× 公司債發行費用　　　　×× 　　應付公司債折價　　　　　×× 　　遞延公司債發行成本　　××
清償	應付公司債　　　　　　×× 　　現金　　　　　　　　××	應付公司債　　　　　　×× 非常損失　　　　　　　×× 　　應付公司債折價　　　　　×× 　　現金　　　　　　　　　　×× 　　遞延公司債發行成本　　××

3. 綜合性結論

企業在籌資時，有不同之工具，而其予以按長期債券投資、短期債券投資、股本及公司債之意義、性質、溢折價方式予以比較之（見表13-8）。

表13-8　短期債券投資、長期債券投資、公司債及股本比較表

項　目	意　義	性　質	有無 折、溢價	折、溢價 科目	折、溢價 攤銷	備　註
短期債券投資	以閒置資金轉入	流動資產	有	無，溢、折價表現於短期投資上	不必攤銷	
長期債券投資	以控制被投資或與其建立密切業務關係	基金及長期投資	有	無，溢、折價表現於長期投資上	債券以持有期間攤銷	攤銷方法原則上應用利息法，但直線法如其結果與利息法無重大差異，亦可採用

項　目	意　義	性　質	有無 折、溢價	折、溢價 科目	折、溢價 攤銷	備　註
公司債	股份有限公司對外發行之債券	長期負債	有	• 公司債溢價 • 公司債折價	以實際、流通期間攤銷	
股本	企業對外發行之股票	淨值	不得折價發行，僅有溢價	股票溢價	不必攤銷	

13-3

長期應付票據

長期應付票據（本票、支票或匯票）大都發生於購買資產及融資（借款），依會計學原理，應按現值入帳。其種類分附息與不附息兩種。其分錄如表13-9：

表13-9　付息及不付息票據之會計處理

項　目	付息票據	不付息票據
購資產時	機器設備　　　*** 　　應付票據　　　***	機器設備　　　*** 　　應付票據折價　*** 　　應付票據　　　***
應計利息	利息費用　　　*** 　　應付利息　　　***	利息費用　　　*** 　　應付票據折價　***
付款	應付票據　　　*** 應付利息　　　*** 　　現金　　　　***	應付票據　　　*** 　　現金　　　　***

實務上之長期應付票據大都為本票，短期應付票據為支票。

13-4

證券發行人財務報告編製準則、商業會計法
及商業會計處理準則之規定

(一)證券發行人財務報告編製準則（民國111年11月24日）

第10條

　　負債應作適當之分類。流動負債與非流動負債應予以劃分。但如按流動性之順序表達所有負債能提供可靠而更攸關之資訊者，不在此限。

　　各負債項目預期於資產負債表日後十二個月內清償之總金額，及超過十二個月後清償之總金額，應分別在財務報告表達或附註揭露。

　　流動負債係指企業預期於其正常營業週期中清償該負債；主要為交易目的而持有該負債；預期於資產負債表日後十二個月內到期清償該負債，即使於資產負債表日後至通過財務報告前已完成長期性之再融資或重新安排付款協議；企業不能無條件將清償期限遞延至資產負債表日後至少十二個月之負債，負債之條款可能依交易對方之選擇，以發行權益工具而導致其清償者，並不影響其分類。流動負債至少應包括下列各項目：

　　一、短期借款：

　　　　(一) 包括向銀行短期借入之款項、透支及其他短期借款。

　　　　(二) 短期借款應依借款種類註明借款性質、保證情形及利率區間，如有提供擔保品者，應註明擔保品名稱及帳面金額。

　　　　(三) 向金融機構、股東、員工、關係人及其他個人或機構之借入款項，應分別註明。

　　二、應付短期票券：

　　　　(一) 為自貨幣市場獲取資金，而委託金融機構發行之短期票券，包括應付商業本票及銀行承兌匯票等。

　　　　(二) 應付短期票券應以有效利息法之攤銷後成本衡量。但未付息之短期應付短期票券若折現之影響不大，得以原始票面金額衡量。

(三) 應付短期票券應註明保證、承兌機構及利率,如有提供擔保品者,應註明擔保品名稱及帳面金額。

三、透過損益按公允價值衡量之金融負債－流動:

(一) 持有供交易之金融負債:

1. 其發生主要目的為短期內再買回。

2. 於原始認列時即屬合併管理之可辨認金融工具組合之一部分,且有證據顯示近期該組合為短期獲利之操作模式。

3. 除財務保證合約或被指定且為有效避險工具外之衍生金融負債。

(二) 指定透過損益按公允價值衡量之金融負債。

(三) 透過損益按公允價值衡量之金融負債應按公允價值衡量。但指定為透過損益按公允價值衡量之金融負債,其公允價值變動金額屬信用風險所產生者,除避免會計配比不當之情形或屬放款承諾及財務保證合約須認列於損益外,應認列於其他綜合損益。

四、避險之金融負債－流動:依避險會計指定且為有效避險工具之金融負債。

五、合約負債:指企業依合約約定已收取或已可自客戶收取對價而須移轉商品或勞務予客戶之義務。

六、應付票據,指應付之各種票據:

(一) 應付票據應以有效利息法之攤銷後成本衡量。但未付息之短期應付票據若折現之影響不大,得以原始發票金額衡量。

(二) 因營業而發生與非因營業而發生之應付票據,應分別列示。

(三) 金額重大之應付銀行、關係人票據,應單獨列示。

(四) 已提供擔保品之應付票據,應註明擔保品名稱及帳面金額。

(五) 存出保證用之票據,於保證之責任終止時可收回註銷者,得不列為流動負債,但應於財務報告附註中說明保證之性質及金額。

七、應付帳款:

(一) 因賒購原物料、商品或勞務所發生之債務。

(二) 應付帳款應以有效利息法之攤銷後成本衡量。但未付息之短期應付帳款若折現之影響不大,得以原始發票金額衡量。

(三) 因營業而發生之應付帳款,應與非因營業而發生之其他應付款項

分別列示。

(四) 金額重大之應付關係人款項,應單獨列示。

(五) 已提供擔保品之應付帳款,應註明擔保品名稱及帳面金額。

八、其他應付款:不屬於應付票據、應付帳款之其他應付款項,如應付稅捐、薪工及股利等。依公司法規定經董事會或股東會決議通過之應付股息紅利,如已確定分派辦法及預定支付日期者,應加以揭露。

九、本期所得稅負債:指尚未支付之本期及前期所得稅。

十、負債準備-流動:

(一) 指不確定時點或金額之負債。

(二) 負債準備之會計處理應依國際會計準則第三十七號規定辦理。

(三) 負債準備應於發行人因過去事件而負有現時義務,且很有可能需要流出具經濟效益之資源以清償該義務,及該義務之金額能可靠估計時認列。

(四) 發行人應於附註中將負債準備區分為員工福利負債準備及其他項目。

十一、與待出售非流動資產直接相關之負債:指依出售處分群組之一般條件及商業慣例,於目前狀態下,可供立即出售,且其出售必須為高度很有可能之待出售處分群組內之負債。

十二、其他流動負債:不能歸屬於以上各類之流動負債。

非流動負債係指非屬流動負債之其他負債,至少應包括下列各項目:

一、應付公司債(含海外公司債):發行人發行之債券。

(一) 發行債券須於附註內註明核定總額、利率、到期日、擔保品名稱、帳面金額、發行地區及其他有關約定限制條款等。如所發行之債券為轉換公司債者,並應註明轉換辦法及已轉換金額。

(二) 應付公司債之溢價、折價為應付公司債之評價項目,應列為應付公司債之加項或減項,並按有效利息法,於債券流通期間內加以攤銷,作為利息費用之調整項目。

二、長期借款:

(一) 包括長期銀行借款及其他長期借款或分期償付之借款等。長期借款應註明其內容、到期日、利率、擔保品名稱、帳面金額及其他約定重要限制條款。

(二) 長期借款以外幣或按外幣兌換率折算償還者，應註明外幣名稱及金額。

(三) 向股東、員工及關係人借入之長期款項，應分別註明。

(四) 長期應付票據及其他長期應付款項應以有效利息法之攤銷後成本衡量。

三、租賃負債：

(一) 係指承租人尚未支付租賃給付之現值。

(二) 租賃負債之會計處理應依國際財務報導準則第十六號規定辦理。

四、遞延所得稅負債：指與應課稅暫時性差異有關之未來期間應付所得稅金額。

五、其他非流動負債：不能歸屬於以上各類之非流動負債。

前二項有關透過損益按公允價值衡量之金融負債、避險之金融負債、應付票據、應付帳款、其他應付款項目之會計處理，應依國際財務報導準則第九號規定辦理。

第三項及第四項有關透過損益按公允價值衡量之金融負債、避險之金融負債、應付票據、應付帳款、其他應付款、與待出售非流動資產直接相關之負債、應付公司債、長期借款等項目有關公允價值之衡量及揭露，應依國際財務報導準則第十三號規定辦理。

第三項及第四項有關透過損益按公允價值衡量之金融負債、合約負債、避險之金融負債、租賃負債、負債準備等項目，應依流動性區分為流動與非流動。

(二)商業會計處理準則（民國110年9月16日）

第26條

非流動負債，指不能歸屬於流動負債之各類負債，包括下列會計項目：

一、透過損益按公允價值衡量之金融負債－非流動。

二、避險之金融負債－非流動。

三、以成本衡量之金融負債－非流動。

四、應付公司債：指商業發行之債券。

(一) 應付公司債之溢價、折價為應付公司債之評價項目，應列為應付公司債之加項或減項，並按有效利息法，於債券流通期間加以攤銷，作為利息費用之調整項目。

(二) 發行債券之核定總額、利率、到期日、擔保品名稱、帳面金額、發行地區及其他有關約定限制條款，應予揭露。

五、長期借款：指到期日在一年以上之借款。

(一) 應以攤銷後成本衡量。

(二) 應揭露其內容、到期日、利率、擔保品名稱、帳面金額及其他約定重要限制條款；其以外幣或按外幣兌換率折算償還者，應註明外幣名稱及金額。

(三) 向業主、員工及關係人借入之長期款項，應分別揭露。

六、長期應付票據及款項：指付款期間在一年以上之應付票據、應付帳款，應以攤銷後成本衡量。

七、負債準備－非流動：指不確定時點或金額之非流動負債。

八、遞延所得稅負債：指與應課稅暫時性差異有關之未來期間應付所得稅。

九、其他非流動負債：指不能歸屬於前八款之其他非流動負債。

(三)商業會計法（民國103年6月18日）

第54條（負債）

各項負債應各依其到期時應償付數額之折現值列計。但因營業或主要為交易目的而發生或預期在一年內清償者，得以到期值列計。

公司債之溢價或折價，應列為公司債之加項或減項。

習題與解答

一、選擇題

( ) 1. 擔保公司債的發行總額不得逾公司現有全部 (A)資產—負債—無形資產 (B)資產—負債 (C)資產—負債—資本 (D)資產—負債—無形資產。

( ) 2. 公司債之發行價格等於 (A)面值之複利現值+利息之複利現值 (B)面值之年金現值+利息之年金現值 (C)面值及各期利息之和 (D)面值之複利現值+利息之年金現值。

( ) 3. 若債券票面利率較市場利率為低時，債券發行應以 (A)折價 (B)溢價 (C)平價 (D)以上皆非 發行，才可不更改債券票面利率，而使債券票面利率與市場利率相等。

( ) 4. 公司債若券面利率高於市場利率，通常採 (A)溢價發行 (B)折價發行 (C)平價發行 (D)照券面發行。

( ) 5. 債券以溢價發行時，其每年支付之利息較按照一般市場利率計算之利息為 (A)多 (B)少 (C)不一定 (D)以上皆非。

( ) 6. 甲公司以$5,250,000發行面額$5,000,000公司債，並另支付印刷費用$2,100與券商手續費$40,000。記錄上述交易時，「公司債溢價」金額為 (A)$250,000 (B)$247,900 (C)$210,000 (D)$207,900。

( ) 7. 會計上對於發行股票之溢價與發行債券之溢價的處理為 (A)兩者均不逐期攤銷 (B)前者不逐期攤銷，後者逐期攤銷 (C)前者逐期攤銷，後者不逐期攤銷 (D)兩者均逐期攤銷。

( ) 8. 以平均法攤銷應付公司債折價將使 (A)各期利息費用均相等 (B)利息費用逐期降低 (C)利息費用逐期增加 (D)利息費用加折價攤銷等於現金支付之利息。

( ) 9. 未攤銷公司債溢價應 (A)列於資產負債表上作為公司債之加項

(B)列為資產負債表上作為公司債之減項　(C)列於資產負債表上之資本公積　(D)列於綜合損益表上之非營業收入。

( )10.應付公司債折價在資產負債上列為　(A)應付公司債之減項　(B)應付公司債之加項　(C)盈餘準備　(D)以上皆非。

( )11.發行公司每期分攤應付公司債折價之結果，使　(A)利息費用減少　(B)利息費用增加　(C)利息費用不變　(D)應付公司債增加。

( )12.公司債溢價之攤銷額為　(A)負債之減少　(B)利息費用之增加　(C)利息費用之減少　(D)負債之增加。

( )13.甲公司於X1年初發行2年期公司債，面額$3,000,000，票面利率為4%，市場有效利率為6%，每年6月30日以及12月31日付息，請問此公司債X2年12月31日之分錄為何？（若有小數，請四捨五入求取整數）。

期數	2%（$1年金現值）	3%（$1年金現值）	4%（$1年金現值）	6%（$1年金現值）	7%（$1年金現值）	8%（$1年金現值）	9%（$1年金現值）	10%（$1年金現值）
1	0.980392	0.970874	0.961538	0.943396	0.980392	0.970874	0.961538	0.943396
2	1.941561	1.913470	1.886095	1.833393	0.961169	0.942596	0.924556	0.889996
3	2.883883	2.828611	2.775091	2.673012	0.942322	0.915142	0.888996	0.839619
4	3.807729	3.717098	3.629895	3.465106	0.923845	0.888487	0.854804	0.792094

(A)借記：利息費用$89,126，貸記：應付公司債折價$29,126以及現金$60,000。借記：應付公司債$3,000,000，貸記：現金$3,000,000。

(B)借記：利息費用$89,126，貸記：應付公司債溢價$29,126以及現金$60,000。借記：現金$3,000,000，貸記：應付公司債$3,000,000。

(C)借記：利息費用$89,126，貸記：應付公司債溢價$29,126以及現金$60,000。借記：應付公司債$3,000,000，貸記：現金$3,000,000。

(D)借記：利息費用$89,126，貸記：應付公司債折價$29,126以

及現金$60,000。借記：現金$3,000,000，貸記：應付公司債$3,000,000。

( ) 14. 公司債折價如採利息法攤銷，則發行債券公司　(A)利息費用及折價攤銷金額均遞增　(B)利息費用遞增，折價攤銷金額遞減　(C)利息費用遞減，折價攤銷金額遞增　(D)利息費用及折價攤銷金額均遞減。

( ) 15. 有關公司債的敘述，何者為真？　(A)出售公司債所得資金，多用於購買貨物　(B)公司債每年必須攤銷　(C)折價發行乃補償持有人因票面利率低所造成的損失　(D)溢價發行就是公司收益。

( ) 16. 甲公司X13年4月1日發行面值$400,000，5年到期，票面有利率8%，每年4月1日及10月1日付息之公司債，發行價格為$369,113（有效利率10%），試求：X13年底應付公司債帳面價值為何？　(A)$371,569 (B)$372,858　(C)$373,746　(D)$400,000。

( ) 17. 試就下列資訊，分析甲公司X1年12月31日資產負債表應如何表達？

甲公司於X1年10月31日開立三個月後到期之票據向乙銀行借款$500,000，票面利率8%等於有效利率。X2年1月31日，甲公司雖已如期清償前述$500,000之借款，但為彌補資金缺口，另於X2年2月1日與乙銀行達成授信協議，取得$600,000之授信額度，並自實際動支授信額度日起算，三年後到期。甲公司隨即於X2年2月2日向乙銀行借款$400,000。

甲公司X1年度財務報表於X2年3月25日對外發布。

(A) 應付票據$500,000應全數列為流動負債。

(B) 應付票據$100,000列為流動負債，另$400,000列為長期負債。

(C) 應付票據$400,000列為流動負債，另$100,000列為長期負債。

(D) 應付票據$500,000全數列為長期負債。

( ) 18. 乙公司X5年2月1日發行面額$200,000，票面利率9%，每年2月1日和8月1日付息一次的四年期公司債，當時市場有效利率為9%。若乙公司採曆年制，試問：X6年2月1日支付利息日需認列的利息費用為多少？　(A)$1,500　(B)$3,000　(C)$7,500　(D)$9,000。

( ) 19. 小虹公司於X1年5月1日發行公司債$4,000,000，年利率8%，每半年付息一次，十年到期；因市場利率11%，公司乃以$3,282,977折價發

行。若小虹公司對折價採平均法攤銷，則該公司X1年度的利息費用為（四捨五入到整數） (A)$261,135 (B)$220,000 (C)$180,564 (D)$160,000。

( ) 20. 甲公司於X1年10月1日依$97發行票面利率8%，面額$1,000,000之公司債，付息日為1月1日及7月1日，則甲公司於X1年10月1日發行公司債共收到多少現金？ (A)$970,000 (B)$980,000 (C)$990,000 (D)$1,000,000。

( ) 21. 甲公司將面額$2,000,000，20年期，票面利率6%之公司債，於X1年3月1日平價發行，到期日為X21年1月1日，每年1月1日及7月1日付息，則投資人應支付之現金總額為何？ (A)$2,000,000 (B)$2,020,000 (C)$2,060,000 (D)$2,120,000。

( ) 22. 丙公司X4年1月1日發行面額$50,000公司債，票面利率6%，市場利率5%，每年年底支付利息，3年到期，發行價格$51,362。試問X4年丙公司應攤銷之溢價金額為何？ (A)$432 (B)$453 (C)$2,568 (D)$3,082。

( ) 23. 和美公司於X2年4月1日奉准發行年息6厘，10年期公司債一批，面額$100,000，每年4月1日及10月1日各付息一次，此公司債全部於X2年6月1日一次出售，經查和美公司X2年10月1日之付息分錄為：借記公司債利息$2,200及應付公司債利息$1,000，貸記公司債折價$200及現金$3,000，和美公司採直線法攤銷其公司債折價，則和美公司出售此批公司債共獲得現金 (A)$95,100 (B)$94,100 (C)$93,100 (D)$92,100。

( ) 24. 承上題，和美公司X2年底調整後，此批公司債之帳面價值為 (A)$95,450 (B)$94,450 (C)$93,450 (D)$92,450。

( ) 25. 千大公司於民國X1年1月1日奉准發行面額$150,000，票面利率9%，五年到期之公司債，每年1月1日及7月1日各付息一次。公司在X1年3月1日出售時，售價$160,965，請問X1年3月1日出售時，公司債溢價為 (A)借餘$10,950 (B)貸餘$10,950 (C)借餘$8,700 (D)貸餘$8,700。

( ) 26. 戊公司於X1年1月1日向己銀行借得$37,900，並簽發一張面額

$37,900，票面利率10%的長期應付票據予己銀行，當日市場利率為10%，雙方並約定，各年12月31日償付固定金額$10,000，則戊公司X2年12月31日長期應付票據之帳面金額為何？　(A)$17,900　(B)$24,859　(C)$31,690　(D)$37,900。

(　　) 27. X1年初發行面額$100,000，一年到期之公司債，每半年付息一次，前兩期攤銷表部分資料如下（利息費用四捨五入）：

付息期次	現金利息	折價攤銷	利息費用	未攤銷折價
1	3,500	338	？	？
2	？	？	3,851	3,366

該債券發行價格為　(A)$96,634　(B)$96,296　(C)$95,945　(D)$95,824。

(　　) 28. 小君公司於X3年4月1日發行二年期公司債，面額$200,000，年息一分，每年4月1日和10月1日各付一次，市場利率為8釐，則發行價格為若干？　(A)$200,840　(B)$206,420　(C)$207,260　(D)$169,724。

1元4期	4%	5%	8%	10%
複利現值	0.854804	0.822703	0.735030	0.683013
年金現值	3.269895	3.545951	3.312127	3.169865

(　　) 29. 若公司擬於明年舉借新的負債償還將於明年到期之公司債，則此一即將到期之公司債，在財務報表上應列為　(A)流動負債　(B)仍列為長期負債　(C)遞延負債　(D)股東權益　項下。

(　　) 30. 小黃公司為期七年期公司債，提撥償債基金準備，將使　(A)償債基金增加　(B)應付公司債增加　(C)公司債利息費用減少　(D)可供分派股利之保留盈餘減少。

解答：

1. (A)　2. (D)　3. (A)　4. (A)　5. (A)　6. (D)　7. (B)　8. (A)　9. (A)
10. (A)　11. (B)　12. (C)　13. (A)　14. (A)　15. (C)　16. (B)　17. (A)　18. (A)

19. (A)　20. (C)　21. (B)　22. (A)　23. (A)　24. (B)　25. (D)　26. (B)　27. (C)
28. (A)　29. (D)　30. (D)

二、計算題

13-01 大華公司於X2年1月1日發行5年（10期）的公司債$3,000,000，票面利率8%，付息日為1月1日與7月1日，發行時市場利率為12%。公司採用利息法攤銷折、溢價。X5年1月1日付息後，以$102價格將債券贖回。

試作：（金額部分，請四捨五入至元）

(1) 計算公司債的發行價格。

(2) X2年12月31日調整分錄中，應攤銷的折價是多少？

(3) X5年1月1日贖回的損益是多少？

年金現值表

年數 ＼ 利率	4%	6%	8%	10%	12%
9	7.435332	6.801692	6.246888	5.759024	5.328250
10	8.110896	7.360087	6.710081	6.144567	5.650223

解答：

(1) 發行價格 = $3,000,000×(7.360087 - 6.801692) + $120,000×7.360087 = $2,558,395

(2) X2年6月30日利息費用 = $2,558,395×6% = $153,504

　　X2年6月30日攤銷數 = $153,504 - $120,000 = $33,504

　　X2年12月31日利息費用 = ($2,558,395 + $33,504)×6% = $155,514

　　X2年12月31日攤銷數 = $155,514 - $120,000 = $35,514

(3) X5年1月1日帳面價值 = $3,000,000×$P_{4,6\%}$ + $120,000×$P_{4,6\%}$ = $2,792,094

　　贖回損失 = $3,000,000×102% - $2,792,094 = $267,905

13-02 崑君公司於民國X1年4月1日發行面額$600,000，年息6%，每年4月1日及10月1日付息之十年期公司債，全部債券於X1年6月1日始出售，得款$582,400。

試作：

(1) X1年6月1日出售時之分錄。

(2) X1年10月1日付息時之分錄。

(3) X1年12月31日調整利息時之分錄。

(4) X2年4月1日付息時（本年初未作轉回分錄）之分錄。

(5) 計算X2年度之利息費用為多少？

(6) 計算X2年度支付現金的利息為多少？（公司債折、溢價於付息日及年底採直線法攤提）

解答：

(1) X1/6/1：

（借）現金	582,400	
公司債折價	23,600	
（貸）應付公司債		600,000
應付利息		6,000

(2) X1/10/1：

（借）利息費用	12,800	
應付利息	6,000	
（貸）公司債折價		800
現金		18,000

(3) X1/12/31：

（借）利息費用	9,600	
（貸）應付利息		9,000
公司債折價		600

(4) X2/4/1：

（借）利息費用	9,600	
應付利息	9,000	
（貸）現金		18,000
公司債折價		600

(5) X2年度之利息費用 = $38,400

(6) X2年度支付現金之利息 = $36,000

13-03 大安公司於X1年4月1日奉准發行公司債面值100萬元，年息6釐，五年到期，每年4月1日及10月1日各付息一次，至5月1日按$1,075,800之價格（內含應計利息）全部發行完畢，試作：

(1) X1年有關公司債之分錄及X2年4月1日之分錄（假設X2年初已作迴轉分錄）。

(2) X2年度綜合損益表上之利息費用為若干？

解答：

(1) X1/5/1：

（借）現金	1,075,800	
（貸）應付公司債		1,000,000
應付利息		5,000
公司債溢價		70,800

X1/10/1：

（借）利息費用	19,000	
應付利息	5,000	
公司債溢價	6,000	
（貸）現金		30,000

X1/12/31：

（借）利息費用	11,400	
公司債溢價	3,600	
（貸）應付利息		15,000

X2/4/1：

（借）利息費用	26,400	
公司債溢價	3,600	
（貸）現金		30,000

(2) X2年度利息費用 = $45,600

13-04 信景公司於X1年3月1日奉准發行6釐公司債$2,000,000，每年3月1日及9月1日各付息一次，期限五年，當日按票面發行$1,200,000，得款即轉存銀行。又X1年6月1日以110%之價格另加利息（以應付利息入帳）發

行其餘公司債。該公司以利息法攤銷溢價，當時之市場利率為5%。

試作：

(1) X1年3月1日發行分錄。

(2) X1年6月1日發行分錄。

(3) X1年9月1日支付利息及攤提溢價之分錄（溢價之攤提採利息法）。

(4) X1年12月31日調整分錄。

解答：

(1) X1/3/1：

   （借）銀行存款 　　　　　1,200,000

      （貸）應付公司債 　　　　　　　　　1,200,000

(2) X1/6/1：

   （借）現金 　　　　　　　892,000

      （貸）應付公司債 　　　　　　　　　800,000

         公司債溢價 　　　　　　　　　　80,000

         應付利息 　　　　　　　　　　　12,000

(3) X1/9/1：

   （借）利息費用 　　　　　41,000

      公司債溢價 　　　　　　7,000

      應付利息 　　　　　　　12,000

      （貸）現金 　　　　　　　　　　　60,000

(4) X1/12/31：

   （借）利息費用 　　　　　34,550

      公司債溢價 　　　　　　5,450

      （貸）應付利息 　　　　　　　　　40,000

13-05 X1年初簽發面額$60,000，不附息二年到期之本票，向某銀行借款，因當時之市場利率為10%，故收到現金$49,587。

試依利息法作有關分錄。

解答：

(1) X1年1/1簽發本票借款時：

（借）現金　　　　　　　　49,587

　　應付票據折價　　　　　10,413

　　（貸）應付票據　　　　　　　　　60,000

(2)X1年12/31認列利息費用時：

（借）利息費用　　　　　　4,959

　　（貸）應付票據折價　　　　　　　4,959

(3)X2年12/31認列利息費用並償還時：

（借）利息費用　　　　　　5,454

　　應付票據　　　　　　　60,000

　　（貸）應付票據折價　　　　　　　5,454

　　　　　現金　　　　　　　　　　60,000

13-06 甲公司X0年1月1日簽發面額$100,000之本票，三年期，到期日為X2年12月31日，購入機器一部，該本票為不附息票據，市場利率為10%。每年複利一次，本利到期一次還清。

試按上列情況，作成三年間應有分錄。

解答：

(1)X0/1/1：

（借）機器設備　　　　　　75,132

　　應付票據折價　　　　　24,868

　　（貸）長期應付票據　　　　　　100,000

(2)X0/12/31：

（借）利息費用　　　　　　7,513

　　（貸）應付票據折價　　　　　　　7,513

(3)X1/12/31：

（借）利息費用　　　　　　8,265

　　（貸）應付票據折價　　　　　　　8,265

(4)X2/12/31：

（借）利息費用　　　　　　9,090

　　長期應付票據折價　　　100,000

（貸）應付票據折價　　　　　　　　　9,090

　　　　現金　　　　　　　　　　　　100,000

13-07 利率8%之複利現值表：

期數（n）	1	2	3	4	5
每元複利現值	0.92593	0.85734	0.79383	0.73501	0.68058

(1)若現在存入$100,000，求六年後之到期值。

(2)若自X1年起五年，每年底均可領取$50,000，則X1年初應存入本金
若干？

(3)若於五年後可領取$100,000，則現在應存入若干？

解答：

(1)$158,688

(2)$50,00×(0.92593 + 0.85734 + 0.79383 + 0.73501 + 0.68058)

　= $50,000×3.99269

　= $199,635

(3)$100,000×0.68058 = $68,058

13-08 利率10%之複利現值表：

期數（n）	1	2	3	4
每元複利現值	0.90909	0.82645	0.75131	0.68301

(1)連續三年，每年年終收入$10,000，則第一年初現值？

(2)第二、四年年終各收入$50,000，則第一年初現值？

(3)甲公司X1年初出售土地，成本$40,000，當日收現$6,084，另收面額
均為$15,972本票三張，分別於X1、X2、X3年底到期，不附息，當
日市場利率10%，試求三張本票之現值及出售土地分錄。

解答：

(1)$10,00×(0.90909 + 0.82645 + 0.75131) = $24,869

(2) $50,00×(0.82645 + 0.68301) = $75,473

(3) 三張本票之現值：

X1年底到期者：$14,520

X2年底到期者：$13,200

X3年底到期者：$12,000

出售分錄：

（借）現金	6,084	
應收票據	47,916	
（貸）應收票據折價		8,196
土地		40,000
出售土地利益		5,804

13-09 全興公司於X0年1月1日購置機器一部，簽付一張二年期，面額$11,025 本票，當時市場利率5%。

試作：全興公司購置機器至到期償付票據之全部分錄。

解答：

(1) X0/1/1：

（借）機器設備	10,000	
應付票據折價	1,025	
（貸）長期應付票據		11,025

(2) X0/12/31：

（借）利息費用	500	
（貸）應付票據折價		500

(3) X1/12/31：

（借）利息費用	525	
（貸）應付票據折價		525

(4) X1/1/1：

（借）長期應付票據	11,025	
（貸）現金		11,025

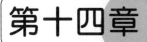

第十四章

股東權益——平衡
股本、資本公
積、保留盈餘

14-1

組織型態

企業之型態分為獨資、合夥及公司。

1. 獨資為一人所獨有並負擔連帶清償責任。

2. 合夥為兩人以上依合夥契約規定互約出資而聯合經營，並共同負擔盈餘之企業。

3. 公司組織可分為股份有限公司、有限公司、兩合公司與無限公司。

現在就新、舊公司法比較表、公司種類、合夥與獨資之性質、公司組織之優、缺點、公司組織之設立方式及股份有限公司種類、型態、管理機構之關聯性，予以介紹。

表14-1　新舊公司法比較表

公司種類	新公司法	舊公司法
無限公司	兩人以上股東所組織，對公司債務負連帶清償責任之公司	兩人以上股東所組織，對公司債務負連帶清償責任之公司
有限公司	一人以上股東所組織，就其出資額為限，對公司負其責任之公司	五人以上、二十一人以下股東所組織，就其出資額為限，對公司負其責任之公司
兩合公司	一人以上無限責任股東，與一人以上有限責任股東所組織，其無限責任股東，對公司債務負連帶清償責任，有限責任股東就其出資額為限，對公司負其責任	一人以上無限責任股東，與一人以上有限責任股東所組織，其無限責任股東，對公司債務負連帶清償責任，有限責任股東就其出資額為限，對公司負其責任
股份有限公司	兩人以上股東或政府、法人股東一人所組織，全部資本分為股份；股東就其所認股份，對公司負其責任之公司	七人以上股東所組織，全部資本分為股份；股東就其所認股份，對公司負其責任之公司

(1) 公司之種類如圖14-1：

```
                    ┌─────────┐        ┌─────────────┐
                    │ 公司之種類 │────────│ 受公司法規範  │
                    └─────────┘        └─────────────┘
    ┌──────────┬──────────┴──────┬──────────┐
┌────────┐  ┌────────┐      ┌────────┐   ┌────────┐
│ 股份有限 │  │ 有限公司 │      │ 無限公司 │   │ 兩合公司 │
│ 公司    │  │        │      │        │   │        │
└────────┘  └────────┘      └────────┘   └────────┘
```

股份有限公司	有限公司	無限公司	兩合公司
兩人以上股東或政府。法人股東一人所組織，全部資本分為股份；股東就其所認股份，對公司負其責任之公司。	一人以上股東所組織，就其出資額為限，對公司負其責任之公司。	二人以上股東所組織，對公司債務負連帶無限清償責任之公司。	一人以上無限責任股東，與一人以上有限責任股東所組織，其無限責任股東，對公司債務負連帶清償責任，有限責任股東，以出資額為限對於公司負其責任。

圖14-1

(2) 合夥與獨資之性質如圖14-2：

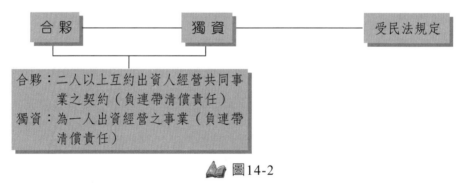

合夥：二人以上互約出資人經營共同事業之契約（負連帶清償責任）
獨資：為一人出資經營之事業（負連帶清償責任）

圖14-2

(3) 公司組織之優點如圖14-3：

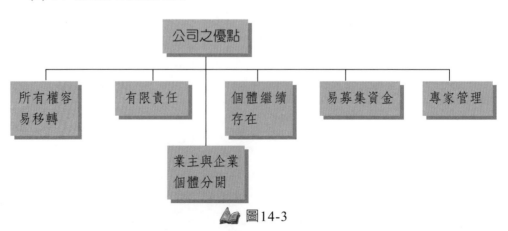

圖14-3

(4) 公司組織之缺點如圖14-4：

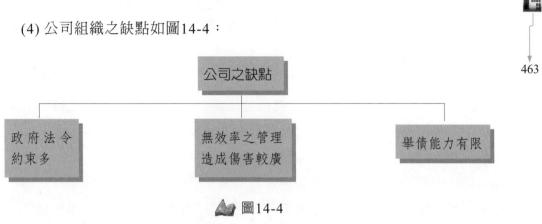

📖 圖14-4

(5) 公司組織之設立方式如圖14-5：

📖 圖14-5

(6) 股份有限公司種類、型態、法令及所管之政府機構關係如圖14-6：

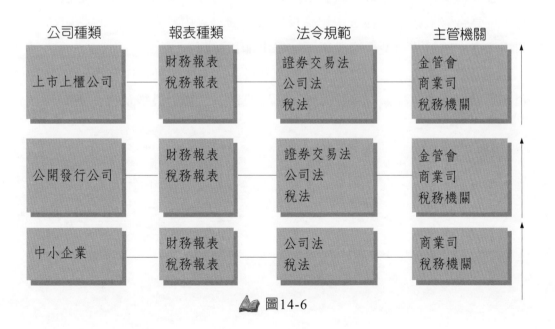

📖 圖14-6

由上述(5)可知公司之設立分為：發起設立，指由發起人認足並繳納第一次應發行之股份，而成立新公司者。發起人所認股份不得少於核准發行股份四分之一。發起人得以公司所需之財產抵繳；募集設立（又稱招募設立），發起人所認股份不得少於第一次發行股份四分之一（即核定股數的十六分之一）。除發起人得以公司所需之財產抵繳，其餘向外招募以現金為限。

又由上述(6)可知組織之種類、合夥獨資與公司之差異，及公司之優缺點。最後由股份有限公司之型態可知其走向，由中小企業往公開發行公司，最終至上市上櫃公司，往此路途上走，其分界點為公開發行公司。因為以中小企業而言，希望稅繳少一點，因而期望本期淨利負數（極小化），故其較重視稅法之規定（稅務機關之控管）。而公開發行公司之型態則以股票價值最大化為目標，故期望本期淨利大（極大化），因而較重視證券交易法（金管會之控管）。

14-2

股東權益之定義

股東權益為企業之資產減負債之餘額，在獨資企業稱為資本主權益；在合夥企業為合夥人權益；在公司組織稱為股東權益。由於實務上90%之組織為公司組織者，故以公司型態之股東權益為主加以說明。

而資本（股本）之定義為業主對商業投入之資本，並向主管機關登記者。企業應揭露股本之種類、每股面額、額定股數、已發行股數及特別條件。

14-3

股東權益之組成項目

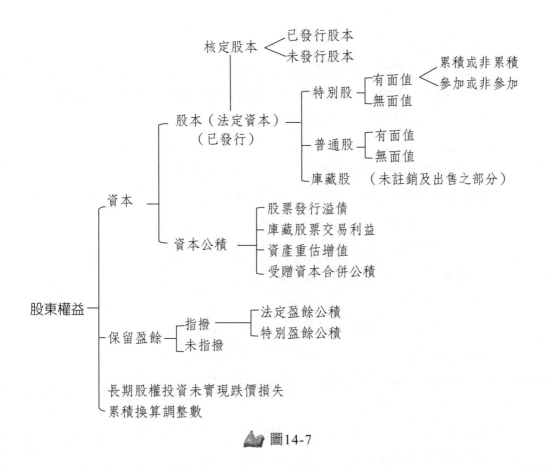

圖14-7

14-4

發行股票與其會計處理

1. 股份之種類：

(1) 普通股與特別股。所謂普通股為每一股東所享權利均相等之股票，為公司發行主要之股票。特別股為股東享有之權利及義務與普通股不同，一般特別股有優先獲得一定股利之權利，但卻無投票權。

 (2) 有面額股票、無面額股票、無設定價值股票、設定價值股票。有面額股票為股票上印有面額者（上市櫃公司每張股票每股$10，共計$10,000），無面額股票為股票無印有面額者，而無面額股票又分為無設定價值股票與設定價值股票。

2. 公司股份及股票之發行：

 (1) 同次發行之股份，其發行條件相同者，每股價格應歸一律相同。

 (2) 核定股份總數，得分次發行，但第一次應發行之股份，不得少於股份總數四分之一，且股東所認購股份其應繳股款，必須一次繳足。

 (3) 我國公司法規定不得發行無面額股票。

 (4) 我國公司法規定無記名股票不得大於發行總數二分之一。

 (5) 股東認購股份應繳的股款，必須一次繳足，不得分次繳付。

 (6) 公開發行股票公司原則上不得低於票面金額，但依證交法第27條規定得折價發行。

3. 公司之普通股股東通常享有下列權利：

 (1) 選舉及被選舉為董事或監察人。

 (2) 分配股息紅利。

 (3) 參與公司之重要經營決策。

 (4) 優先認購新股：依公司法規定，公司發行新股時，應保留新股總額10%至15%，由公司員工承購。

 (5) 分配公司之剩餘財產。

4. 通常發行股份可分為五個程序進行：

 (1) 核定股本總額。

 (2) 認購股份。

 (3) 繳納股款。

 (4) 交付股款繳納憑證。

 (5) 憑股款繳納憑證交付股票。

5. 現金發行股份之會計處理如表14-2：

表14-2　現金發行股份之會計處理

項　目	會計處理
核定股本總額	僅需作備忘錄
認購股份	（借）應收股款　　　　　　　**** 　　（貸）已認普通股　　　　　　****
繳納股款	（借）現金　　　　　　　　　**** 　　（貸）應收股款　　　　　　　****
交付股款繳納憑證	僅需作備忘錄
憑股款繳納憑證交付股票	（借）已認普通股　　　　　**** 　　（貸）普通股股本　　　　　****

但簡單而言，其會計處理之分錄如下：

(1) 平價發行

```
（借）現金              ****
    （貸）股本              ****
```

(2) 溢價發行

```
（借）現金              ****
    （貸）股本              ****
        資本公積—股本溢價      ****
```

14-5

資本公積之介紹及其規定

1. 資本公積（或稱資本盈餘）之組成，依公司法規定其組成有：
   (1) 股本溢價。
   (2) 受領贈與。
   (3) 處分不動產、廠房及設備溢價（新的公司法已將此條取消）。
   (4) 資產重估增值。

(5) 自合併而消滅公司承受之資產減除負擔之債務，及對股東給付額後移餘額（合併公積）。

2. 資本公積之用途與限制：

📖 表14-3　資本公積之用途與限制

資本公積之用途	限　　制
1.填補虧損	須以盈餘公積（包括法定及特別）填補資本虧損，仍有不足時，方得以資本公積填補之（但特別盈餘公積因係股東會決議提列，應視提列所指定用途）。
2.轉增資	資本公積除填補公司虧損外，得將之全部或一部分撥充資本；尚無明文規定必先填補虧損後，始得以資本公積轉增資配股。惟依證交法規定公開發行公司以法定盈餘公積或資本公積撥充資本時，應先填補虧損。

3. 法定公積（依公司法規定企業當年度之稅後淨利，其10%應列入法定公積中）：

(1) 法定（盈餘）公積歷年來所提存之數額已達資本總額時，公司就可以不必再提存法定公積。

(2) 法定公積撥充資本者，以該公積已達實收資本50%，並以補充其半數為限。

(3) 法定公積和資本公積應填補公司虧損後，始可轉增資。但限於超過票面金額發行股票所得之溢價，與受領贈與之所得。

(4) 公司發行新股時，資本公積之全部或一部分撥充資本，按股東原來股份之比例發給新股。

(5) 公司無盈餘時，不得分配股利；但法定（盈餘）公積所提存數額已超過資本總額的50%，或是有盈餘年度所提盈餘公積（法定公積加特別公積）超過20%，則公司可就超過部分的盈餘公積發放股利。

庫藏股之定義與會計處理

1. 庫藏股票之定義

庫藏股指公司收回已發行股票尚未再出售或註銷者。依公司法之規定，公司有下列情形，而股東表示反對時，股東可要求公司依當時之公平市價，收回其股份：(1)締結變更或終止關於出租全部營業，委託經營或其他經常共同經營之契約；(2)讓與全部或主要部分之營業或財產；(3)受讓他人全部營業或財產，對公司營運有重大影響者；(4)公司與他公司合併時。

2. 其他相關處理

(1) 係指公司所持有自己之股票，曾發行在外，又經收回尚未註銷者。

(2) 庫藏股票並非公司之資產，其成本應列為股東權益的減項。

(3) 庫藏股票交易之會計處理方法有二種：①成本法，又稱單項交易觀念；②面值法，又稱雙重交易觀念。

(4) 庫藏股票交易永遠不增加保留盈餘，但可減少保留盈餘。

(5) 庫藏股票註銷時，原發行溢價應沖銷，購入成本與原發行價格之差額借記（或貸記）庫藏股票交易資本公積，不足時借記保留盈餘。

(6) 公司持有之庫藏股票無表決權、分配股利和分配剩餘財產之權。

(7) 收回後六個月內要再售出，否則應即註銷，並辦理減資。

(8) 公司為延攬人才，得買回自家公司股票，以轉讓予員工。但其規定如下：董事會特別決議通過，買回數不超過實收資本額5%，收買後轉讓於員工，未轉讓前不得享有股東權益，不得超過保留盈餘加已實現資本公積之金額。

(9) 上市上櫃公司得經董事會三分之二董事出席，出席董事二分之一同意，買回公司股票，不受公司法第167條第1項規定限制。

3. 轉讓股份予員工

(1) 配合附認股權公司債，附認股權特別股、可轉換公司債、可轉換特別

股或認股權證之發行，作為股權轉換之用。

(2) 公司非因本身財務或業務之因素，但因證券市場發生連續暴跌情事，致股價非正常之下跌，為維護公司信用及股東權益所必要者。

(3) 轉讓予員工部分應於買回之日起三年內轉讓，未轉讓者視為未發行股份，應辦理變更登記。

4. 庫藏股之會計處理

可分成本法與面值法：

(1) 成本法

所謂成本法，指買入庫藏股時即意圖再賣出，故買入時將其所有之成本借記庫藏股，當庫藏股再出售時若售價高於原成本，其差額應貸記資本公積；若售價低於原成本，其差額應先沖抵同類性質之資本公積，再不足時，則借記保留盈餘。庫藏股若不再出售應予以註銷，則應將原發行股票之面值及發行溢價皆加以沖銷。

(2) 面值法

所謂面值法，指庫藏股買入時即視為股票註銷，故應將股票面值借記庫藏股，並將原發行溢價沖銷，若為差異則借或貸記資本公積或保留盈餘，待以後再出售時，則出售價格與庫藏股面值間之差異，亦借或貸記資本公積或保留盈餘。

會計處理如表14-4：

表14-4　庫藏股之會計處理

	成本法	面值法
購買庫藏股	（借）庫藏股—普通股 *** 　　（貸）現金　　　　***	（借）庫藏股—普通股 *** 　　資本公積　　　　*** 　　保留盈餘　　　　*** 　　（貸）現金　　　　***

	成本法	面值法
出售庫藏股（溢價）	（借）現金　　　　*** 　　（貸）庫藏股　　*** 　　　　資本公積　　***	（借）現金　　　　*** 　　（貸）庫藏股　　*** 　　　　資本公積　　***
出售庫藏股（折價）	（借）現金　　　　*** 　　　資本公積　　*** 　　　保留盈餘　　*** 　　（貸）庫藏股　　***	（借）現金　　　　*** 　　（貸）資本公積　*** 　　　　庫藏股　　　***
註銷	（借）普通股股本　*** 　　　資本公積　　*** 　　（貸）庫藏股　　*** 　　　　資本公積　　***	（借）普通股股本　*** 　　（貸）庫藏股　　***

5. 庫藏股財務報表表達

(1) 庫藏股非公司資產，故不得列示於資產負債表項下，應作爲股東權益減項。

(2) 成本法下，庫藏股列爲股東權益總額之減項。

(3) 面值法下，庫藏股列爲股本之減項。

14-7

保留盈餘之介紹及其他股東權益項目

(一)保留盈餘

1. 定義與分類

保留盈餘或累積虧損指由營業結果所產生之權益。可再分類如下：

(1) 法定盈餘公積

依公司法或其他相關法令規定自盈餘中指（提）撥之公積。

(2) 特別盈餘公積

依法令或盈餘分派之議案，自盈餘中指撥之公積，以限制股息及紅利之分派者。

(3) 未分配盈餘或累積虧損

未經指撥之盈餘或未經填補之虧損。

2. 保留盈餘之用途

依公司法規定，公司之未分配盈餘於完納一切稅捐後，填補虧損後，可用以分配股利或轉增資：(1)分配現金股利；(2)轉增資。

3. 保留盈餘分配股利之會計方法

其方法見表14-5。

表14-5　保留盈餘分配股利之會計方法

項　目	股東會決議日	發放日
分配現金股利	（借）保留盈餘　　　　＊＊＊ 　　（貸）應付現金股利　＊＊＊	（借）應付現金股利　＊＊＊ 　　（貸）現金　　　　　＊＊＊
轉增資	（借）保留盈餘　　　　＊＊＊ 　　（貸）應付股票股利　＊＊＊	（借）應付現金股利　＊＊＊ 　　（貸）股本　　　　　＊＊＊

4. 保留盈餘變動之因素

保留盈餘之組成項目如表14-6：

 表14-6

（減少）	保留盈餘	（增加）
1. 本期純損。		1. 本期純益。
2. 前期損益調整及若干會計原則變動溯調整。		2. 前期收益調整及若干會計原則變動之追溯調整。
3. 股利分配。		3. 以資本公積或資本彌補虧損。
4. 庫藏股票交易。		
5. 公司重整沖銷資產。		

5. 保留盈餘之指（提）撥

提撥保留盈餘之目的，在於使財務報表使用者能夠了解保留盈餘中，已經有部分指定用途，不能用來發放股利。

其他規定：

(1) 指撥並非盈餘之分配，而是限制分配，俟其限制解除時，仍可以之分配股利。

(2) 俟指撥原因消失或目的已成就時，應轉回保留盈餘，不得轉記其他科目，而該科目之餘額為零。

(3) 指撥保留盈餘之原因約有三種：

　①法令規定者，如法定盈餘公積。

　②契約限制者，如償債基金準備、意外損失準備、擴充廠房準備、平均股利準備。

　③自願性者，如廠房擴建準備，或有損失準備。

(4) 保留盈餘之指撥與資產之提撥不同，亦毫無關聯。

(二)其他股東權益項目

1. 長期股權投資未實現跌價損失

指長期股權投資採成本與淨變現價值孰低法評價所認列之未實現跌價損失，應列為業主權益等之減項。

2. 累積換算調整數

係指因外幣交易或外幣財務報表換算所產生之換算調整數，應列為業主權益之加減項。

14-8

股利之介紹

1. 股利的種類分為：
   (1) 現金股利：以現金為股利，支付給股東。
   (2) 財產股利：以資產之公平市價作為股利數額，借記保留盈餘。
   (3) 負債股利：以應付票據為股利，應付票據到期時，股東可領取現金。
   (4) 股票股利（又稱為無償配股）：從保留盈餘或資本公積轉為資本，但公司之資產、負債及股東權益均無變動，股東收到股票。
   而臺灣企業股利之發放以現金股利及股票股利為多，又以投資者之立場，希望收取股票股利為多。但企業若發放大量之股票股利，將膨脹股本及稀釋每股盈餘。

2. 股票股利之內容：股票股利若占流通在外股份之20%或25%以下者，稱為小額股票股利，應按市價借記保留盈餘。反之，若在20%或25%以上者，稱為大額股票股利，應按面值借記保留盈餘。我國股票股利之會計處理，一律採大額股票股利處理方式，應按面值計價。故國內股東皆喜歡企業發放股票股利（因為市價超過面值很多）。

3. 盈餘分配原則：依公司法規定，公司盈餘分配，必須按照規定程序辦理：
   (1) 繳納所得稅。
   (2) 彌補以前年度的虧損。
   (3) 提列法定公積以（稅前淨利－所得稅－全部累積虧損）×10%計算。
   (4) 按公司章程訂定及股東會決議提存資本（盈餘）公積及各項準備。
   (5) 餘額按股東所持有股份比例分配股利、紅利、董監事酬勞及員工紅利。

(6) 公司盈餘分配後仍有餘額應轉入累積盈餘（又稱保留盈餘）。

4. 實務上而言，公開發行（含上市櫃）公司之普通股股利發放時間表如表14-7〔舉例言之，一般分配現金股利（配現金股利之基準日爲除息基準日）與股票股利（配股票股利之基準日爲除權基準日）爲主〕。

表14-7　董事會、股東會及除權（息）基準日之時程表

日　期	事　項	細　項	其　他
4/30	依證交法，企業之財務報表應上傳金管會	企業之財務報表（已經會計師查核）應上傳金管會	利用網路傳給金管會
3～4月	開第一次董事會	確認財務報表及分配股利	六個月內開股東常會
5～6月	開股東常會（前三天停止融資，前五天停止融券）	確認財務報表及分配股利	宣告日（股東決議日）
7～8月	除權（息）基準日	前七個交易日停止融券前五個交易日停止融資後一日為停止過戶日	登記日二個月內發放股利給股東
10月	支付股利予股東	股東拿到股息與股利	發放日

5. 又特別股股利可分累積及參加之型態如下：

(1) 累積特別股股利爲若當年度未發放股利時，下年度可累計上年度之股利一起發放。

(2) 參加特別股股利爲特別股股東可參與普通股股東之分配，故爲參加。

(3) 累積與參加特別股股利爲又是累積又可參與普通股之分配。

6. 股票股利與股票分割之異同：

(1) 所謂股票分割，爲將股票一股分割成多股，其結果和股票股利一樣，將會增加股數。

(2) 在臺灣，公司較喜愛發放股票股利，美國公司較喜愛採股票分割，而兩者之相同處爲皆會增加股數，而降低每股帳面值及每股市價。不同處爲股票分割無須作任何分錄，而股票股利要作一分錄，將保留盈餘轉入股本。

14-9

股利發放之會計處理

股利之發放以現金及股票為主，就企業之權責發生制而言，當企業決定要發放之股利時（即股東決議日），權責即已確定，故應予以入帳。

其會計處理如表14-8：

表14-8　股利發放之會計處理

項　目	宣告日（股東決議日）	登記日	發放日
分配現金股利	（借）保留盈餘　　　　 *** 　　（貸）應付現金股利 ***	不作分錄	（借）應付現金股利 *** 　　（貸）現金　　　　 ***
分配股票股利	（借）保留盈餘　　　　 *** 　　（貸）應付股票股利 ***	不作分錄	（借）應付現金股利 *** 　　（貸）股本　　　　 ***

14-10

每股價值之介紹及每股盈餘之會計處理

企業評價其經營績效及獲利能力時，常以企業流通在外之股數為基礎，分別除以股東權益或本期淨利，以得出每一股所得到之價值。這種價值可作為企業整體價值之標準。如要投資或併購某一企業時，其要投資之金額即可以每股淨值或每股盈餘為標準。以下分別介紹各價值之計算方式。

(一)票面價值

指記載於股票上之價值。其計算如下：

$$每股票面價值 = \frac{發行股本總額}{已發行股數}$$

依相關法令規定公開發行公司、上櫃及上市公司票面價值（面值）一律爲十元。

(二)每股帳面價值（即每股淨值）

每股股份所代表股東權益的價值。其計算如下：

1. 無特別股時

$$普通股每股帳面價值 = \frac{股東權益}{已發行股數－庫藏股數}$$

2. 發行特別股時

$$(1)特別股每股帳面價值 =$$
$$\frac{特別股清算價值（面值或收回價值）＋特別股股利（包括積欠股利）}{期末流通在外特別股股數}$$
$$= \frac{特別股權益}{期末流通在外特別股股數}$$

$$(2)普通股每股帳面價值 = \frac{全部股東權益總額－特別股權益}{期末流通在外普通股股數}$$

$$(3)流通在外股數 = 已發行股數—已收回庫藏股數$$

此價值可作併購之價值。如台積電併購德碁即以每股淨值爲計算併購價值之基礎。

(三)每股市價

每股股票在證券市場出售可獲得的價值，一般以當日收盤價爲基礎。
其公式爲：

$$每股市價 = \frac{期末流通在外普通股股數 \times 每股市價（當日收盤價）}{期末流通在外普通股票數}$$

　　每股市價與每股盈餘間之比率稱本益比，投資者皆追求合理之市價，但難求。而投資者可以此本益比（如二十倍）乘每股盈餘而得出合理每股市價，若當時之市價低於合理之每股市價，則可投資之；反之，則不投資。

(四)每股清算價值

　　股東在公司停止營業，出售資產，清償債務，每股可向公司收回之金額。

(五)每股盈餘（EPS）

　　每股盈餘為投資機構分析企業投資風險之指標之一，亦為企業告訴投資者經營績效之指標。故企業常以每股盈餘之趨勢圖表示企業獲利性及成長性。但近來企業以分配股票股利之方式，膨脹股本，而加速稀釋企業之每股盈餘，而降低每股盈餘之達成性。但企業又以現金股利代替股票股利時，投資者又拋售其股票，而使其股價下跌，故要發放股票股利或現金股利將影響每股盈餘之達成性及股價之維持性，實為兩難。故現在之企業以股票股利為主並搭配部分之現金股利，以達成每股盈餘及股價之平衡性。

1. 每股盈餘之定義

　　係指公司之普通股每股在一會計年度中所賺得之盈餘，常被用來作為評估股票投資價值的重要根據。而其每股盈餘在簡單資本結構與複雜資本結構下有不同之計算方式。

2. 簡單資本結構下之每股盈餘

(1) 所謂簡單資本結構，係指公司僅有普通股，或普通股及不可轉換之特別股，或雖有其他可能變成普通股之證券或權利，但其總稀釋效果未達3%者。

(2) 公式：

簡單資本結構下之每股盈餘

$= \dfrac{\text{本期純益（或純損）} - \text{特別股股利（不含積欠股利）}}{\text{普通股加權平均流通在外股數}}$

(3) 加權平均股數之處理：

表14-9 加權平均股數之處理

股數變動	處理方式
1.增發新股	按流通期間比例加權平均
2.購回庫藏股	按流通期間比例加權平均
3.股票股利	追溯調整原有股份
4.股票分割	追溯調整原有股份

3. 複雜資本結構之每股盈餘

(1) 所謂複雜資本結構，係指公司有普通股，及其他可能變成普通股之認股證或可轉換公司債或特別股者。

(2) 約當普通股：其形式上非普通股之證券，但持有人可變成普通股之股東，且其價值主要來自普通股之價值。

(3) 非約當普通股：形式上非普通股之證券，但持有者可變成普通股之股東，其價值並非來自普通股之價值。表示初購時，非為轉換而為取得股利。

(4) 複雜資本結構每股盈餘之計算，可分為基本每股盈餘與完全稀釋每股盈餘。

①辨認方式如表14-10：

表14-10　複雜資本結構下，每股盈餘之判斷

種　類	處　理	項　目	計算方式
普通股	視為約當普通股		放入基本每股盈餘與完全稀釋每股盈餘計算之中
優先認股權	視為約當普通股		放入基本每股盈餘與完全稀釋每股盈餘計算之中
可轉換特別股（公司債）	1.發行時現金收益率＜銀行基本利率×2/3……屬約當普通股	具稀釋作用	放入基本每股盈餘計算之中
		不具稀釋作用	不放入
	2.發行時現金收益率＞銀行基本利率×2/3……非屬約當普通股	具稀釋作用	放入完全稀釋每股盈餘計算之中
		不具稀釋作用	不放入
認股權	稀釋作用	認股價格＜全年平均市價	
	約當股數（庫藏股法）	可認購股數－收回庫藏股股數＝認購股數－（可認購股數×認購價格）／市價	
可轉換證券	稀釋作用	可節省特別股股利或稅後利息費用／約當股數＜計入約當股數前具稀釋作用　可節省特別股股利或稅後利息費用／約當股數＞＝計入約當股數前無具稀釋作用	
	約當股數（如果轉換法）	若該證券發行當日即轉換成普通股，而使本期普通股平均股數增加之部分	

②計算方式如表14-11：

表14-11　複雜資本結構下，每股盈餘之計算方式

種　類	公　式
基本每股盈餘	本期損益－不可轉換特別股股利－可轉換但非約當普通股特別股股利－無稀釋作用約當普通股之特別股利＋有稀釋作用約當普通股之公司債稅後利息
	普通股加權平均流動在外股數＋有稀釋作用之約當普通股加權平均流通在外股數
完全稀釋每股盈餘	本期損益－不可轉換特別股股利－可轉換但非約當普通股特別股股利－無稀釋作用約當普通股之特別股股利＋有稀釋作用約當普通股之公司債稅後利息
	普通股加權平均流動在外股數＋有稀釋作用之約當普通股加權平均流通在外股數＋有稀釋作用之非約當普通股加權平均流通在外股數

綜合言之，若企業為簡單資本結構，則應表達及揭露簡單每股盈餘；企業若屬複雜資本結構，則應表達及揭露基本每股盈餘及完全稀釋每股盈餘。

14-11

證券發行人財務報告編製準則、商業會計法及公司法之規定

(一)證券發行人財務報告編製準則（民國111年11月24日）

第11條

資產負債表之權益項目與其內涵及應揭露事項如下：

一、歸屬於母公司業主之權益：

　　(一) 股本：

　　　　1. 股東對發行人所投入之資本，並向公司登記主管機關申請登記者。但不包括符合負債性質之特別股。

2. 股本之種類、每股面額、額定股數、已發行且付清股款之股數、期初與期末流通在外股數之調節表、各類股本之權利、優先權及限制、由發行人或由其子公司或關聯企業持有發行人之股份、保留供選擇權與股票銷售合約發行（轉讓、轉換）之股份及特別條件等，均應附註揭露。

3. 發行可轉換特別股及海外存託憑證者，應揭露發行地區、發行及轉換辦法、已轉換金額及特別條件。

(二) 資本公積：指發行人發行金融工具之權益組成部分及發行人與業主間之股本交易所產生之溢價，通常包括超過票面金額發行股票溢價、受領贈與之所得及其他依本準則相關規範所產生者等。資本公積應按其性質分別列示，其用途受限制者，應附註揭露受限制情形。

(三) 保留盈餘（或累積虧損）：由營業結果所產生之權益，包括法定盈餘公積、特別盈餘公積及未分配盈餘（或待彌補虧損）等。

1. 法定盈餘公積：依公司法之規定應提撥定額之公積。

2. 特別盈餘公積：因有關法令、契約、章程之規定或股東會決議由盈餘提撥之公積。

3. 未分配盈餘（或待彌補虧損）：尚未分配亦未經指撥之盈餘（未經彌補之虧損為待彌補虧損）。

4. 盈餘分配或虧損彌補，應依公司法規定經董事會或股東會決議通過後方可列帳。但有盈餘分配或虧損彌補之議案者，應於當期財務報告附註揭露。

(四) 其他權益：包括國外營運機構財務報表換算之兌換差額、透過其他綜合損益按公允價值衡量之金融資產未實現損益、避險工具之損益、重估增值等累計餘額。

(五) 庫藏股票：庫藏股票應按成本法處理，列為權益減項，並註明股數。

二、非控制權益：

(一) 指子公司之權益中非直接或間接歸屬於母公司之部分。

(二) 企業於併購時，有關被併購者之非控制權益組成部分，應依國際財務報導準則第三號規定衡量。

(三) 發行人應依國際財務報導準則第十二號規定揭露具重大性之非控制權益之子公司及該非控制權益等資訊。

發行人得選擇將確定福利計畫之再衡量數認列於保留盈餘或其他權益並於附註中揭露。確定福利計畫之再衡量數認列於其他權益者，後續期間不得重分類至損益或轉入保留盈餘。

第13條

權益變動表至少應包括下列內容：

一、本期綜合損益總額，並分別列示歸屬於母公司業主之總額及非控制權益之總額。

二、各權益組成部分依國際會計準則第八號所認列追溯適用或追溯重編之影響。

三、各權益組成部分期初與期末帳面金額間之調節，並單獨揭露來自下列項目之變動：

(一) 本期淨利（或淨損）。

(二) 其他綜合損益。

(三) 與業主（以其業主之身分）之交易，並分別列示業主之投入及分配予業主，以及未導致喪失控制之對子公司所有權權益之變動。

發行人應於權益變動表或附註中，表達本期認列為分配予業主之股利金額及其相關之每股股利金額。

第14條

現金流量表係提供報表使用者評估發行人產生現金及約當現金之能力，以及發行人運用該等現金流量需求之基礎，即以現金及約當現金流入與流出，彙總說明企業於特定期間之營業、投資及籌資活動，其表達與揭露應依國際會計準則第七號規定辦理。

(二)商業會計法 (民國103年6月18日)

第41條

　　資產及負債之原始認列，以成本衡量爲原則。

第41-1條

　　資產、負債、權益、收益及費損，應符合下列條件，始得認列爲資產負債表或綜合損益表之會計項目：

　　一、未來經濟效益很有可能流入或流出商業。

　　二、項目金額能可靠衡量。

第41-2條

　　業在決定財務報表之會計項目金額時，應視實際情形，選擇適當之衡量基礎，包括歷史成本、公允價值、淨變現價值或其他衡量基礎。

第42條

　　資產之取得，係由非貨幣性資產交換而來者，以公允價值衡量爲原則。但公允價值無法可靠衡量時，以換出資產之帳面金額衡量。受贈資產按公允價值入帳，並視其性質列爲資本公積、收入或遞延收入。

第43條

　　存貨成本計算方法得依其種類或性質，採用個別認定法、先進先出法或平均法。存貨以成本與淨變現價值孰低衡量，當存貨成本高於淨變現價值時，應將成本沖減至淨變現價值，沖減金額應於發生當期認列爲銷貨成本。

第44條

　　金融工具投資應視其性質採公允價值、成本或攤銷後成本之方法衡量。

　　具有控制能力或重大影響力之長期股權投資，採用權益法處理。

第45條

　　應收款項之衡量應以扣除估計之備抵呆帳後之餘額爲準，並分別設置備抵呆帳項目；其已確定爲呆帳者，應即以所提備抵呆帳沖轉有關應收款項之會計項目。因營業而發生之應收帳款及應收票據，應與非因營業而發生之應收帳款及應收票據分別列示。

第46條

　　折舊性資產，應設置累計折舊項目，列爲各該資產之減項。資產之折舊，應逐年提列。資產計算折舊時，應預估其殘值，其依折舊方法應先減除殘值者，以減除殘值後之餘額爲計算基礎。資產耐用年限屆滿，仍可繼續使用者，得就殘值繼續提列折舊。

第47條

　　資產之折舊方法，以採用平均法、定率遞減法、年數合計法、生產數量法、工作時間法或其他經主管機關核定之折舊方法爲準；資產種類繁多者，得分類綜合計算之。

第48條

　　支出之效益及於以後各期者，列爲資產。其效益僅及於當期或無效益者，列爲費用或損失。

第49條

　　遞耗資產，應設置累計折耗項目，按期提列折耗額。

第50條

　　購入之商譽、商標權、專利權、著作權、特許權及其他無形資產，應以實際成本爲取得成本。前項無形資產自行發展取得者，以登記或創作完成時之成本作爲取得成本，其後之研究發展支出，應作爲當期費用。但中央主管機關另有規定者，不在此限。

第51條

商業得依法令規定辦理資產重估價。

第52條

依前條辦理重估或調整之資產而發生之增值,應列爲未實現重估增值。經重估之資產,應按其重估後之價額入帳,自重估年度翌年起,其折舊、折耗或攤銷之計提,均應以重估價值爲基礎。

第53條

預付費用應爲有益於未來,確應由以後期間負擔之費用,其衡量應以其有效期間未經過部分爲準。

第54條

各項負債應各依其到期時應償付數額之折現值列計。但因營業或主要爲交易目的而發生或預期在一年內清償者,得以到期值列計。公司債之溢價或折價,應列爲公司債之加項或減項。

第55條 (抵繳資本財務之估價)

資本以現金以外之財物抵繳者,以該項財物之公允價值爲標準;無公允價值可據時,得估計之。

第56條

會計事項之入帳基礎及處理方法,應前後一貫;其有正當理由必須變更者,應在財務報表中說明其理由、變更情形及影響。

第57條

商業在合併、分割、收購、解散、終止或轉讓時,其資產之計價應依其性質,以公允價值、帳面金額或實際成交價格爲原則。

第58條

　　商業在同一會計年度內所發生之全部收益，減除同期之全部成本、費用及損失後之差額，為本期綜合損益總額。

第59條

　　營業收入應於交易完成時認列。分期付款銷貨收入得視其性質按毛利百分比攤算入帳；勞務收入依其性質分段提供者得分段認列。前項所稱交易完成時，在採用現金收付制之商業，指現金收付之時而言；採用權責發生制之商業，指交付貨品或提供勞務完畢之時而言。

第60條

　　與同一交易或其他事項有關之收入及費用，應適當認列。

第61條

　　商業有支付員工退休金之義務者，應於員工在職期間依法提列，並認列為當期費用。

第62條

　　申報營利事業所得稅時，各項所得計算依稅法規定所作調整，應不影響帳面紀錄。

第64條（盈餘分配及特別股）

　　商業對業主分配之盈餘，不得作為費用或損失。但具負債性質之特別股，其股利應認列為費用。

(三)公司法（民國110年12月29日）

第241條

　　公司無虧損者，得依前條第一項至第三項所定股東會決議之方法，將法定盈餘公積及下列資本公積之全部或一部，按股東原有股份之比例發給新股或現金：

一、超過票面金額發行股票所得之溢額。

二、受領贈與之所得。

前條第四項、第五項規定，於前項準用之。

以法定盈餘公積發給新股或現金者，以該項公積超過實收資本額百分之二十五之部分為限。

習題與解答

一、選擇題

( )1. 下列哪一項不屬於資本公積？　(A)資產重估增值準備　(B)股本溢價　(C)企業合併所獲利益　(D)償債基金準備。

( )2. 股票溢價發行所發生之利益謂之　(A)資本盈餘　(B)捐贈盈餘　(C)營業盈餘　(D)重估價盈餘。

( )3. 公司發行符合權益工具條件之可轉換特別股，當該可轉換特別股轉換成普通股時，下列關於轉換時之會計處理，何者正確？　(A)保留盈餘可能增加　(B)資本公積可能增加　(C)可能認列轉換損益　(D)保留盈餘與資本公積可能同時增加。

( )4. 公司股東權益總額，會因下列何種事項發生增減？　(A)提撥償債基金準備　(B)辦理資產重估提列增值準備　(C)宣告股票股利　(D)以資本公積彌補虧損。

( )5. 甲公司於X1年初曾經以每股$12買回庫藏股50,000股，其後陸續將庫藏股再度出售。截至目前為止，甲公司帳上：「庫藏股」借餘$429,600、「資本公積－庫藏股票交易」貸餘$5,600、「資本公積－普通股發行溢價」貸餘$4,000及「保留盈餘」貸餘$32,000。若甲公司在X1年11月3日又以每股$8，再度出售庫藏股3,000股，試問：關於此次的庫藏股出售，下列敘述，何者正確？　(A)借記：資本公積－普通股發行溢價$4,000　(B)借記：資本公積－庫藏股票交易$12,000　(C)借記：保留盈餘$6,400　(D)貸記：庫藏股$24,000。

( )6. X1年1月1日甲公司權益相關項目之餘額如下：特別股股本（30,000股），5%非累積，每股清算價值為$15，面額$300,000；特別股發行溢價$90,000；普通股股本（40,000股）$400,000；普通股發行溢價$120,000；保留盈餘$500,000，則普通股每股帳面金額為　(A)$13

(B)$24　(C)$25.5　(D)$27.75。

(　　) 7. 丙公司於X12年8月1日以每股$11購入庫藏股5,000股，X12年10月2日出售1,000股，每股售價$15；X12年10月31日出售2,000股，每股售價$8；若丙公司X12年8月1日時「資本公積－庫藏股交易」之餘額為零，則其X12年10月31日「資本公積－庫藏股交易」之餘額為 (A)貸方餘額$0　(B)借方餘額$2,000　(C)貸方餘額$4,000　(D)借方餘額$4,000。

(　　) 8. 凡優先股票於公司發息時，除優先取得定率之股息外，尚有分配剩餘利潤之權益者，稱為　(A)累積優先股　(B)表決優先股　(C)參加優先股　(D)非參加優先股。

(　　) 9. 某公司發行流通在外之股份包含普通股40,000股，每股面額$10及6%累積非參加特別股10,000股，面額$10。該公司至X0年初為止並無積欠股息，X0年度以分派現金股利$26,000，X1年底宣告將於X2年初發放現金股利$5,000，則X1年底資產負債表流動負債中所列應付股利為 (A)$6,000　(B)$5,000　(C)$9,000　(D)$10,000。

(　　) 10. 阿力公司流通在外的普通股100,000股，每股面值$10，10%特別股40,000張，每股面值$20，X1年可分配的股利數為$296,000，若特別股為累積全部參加，且已積欠一年股利時，則X1年特別股可分得股利若干？　(A)$96,000　(B)$160,000　(C)$176,000　(D)$178,000。

(　　) 11. 下列何者並非影響「保留盈餘」餘額的可能原因？　(A)追溯適用或追溯重編之影響數　(B)現金股利分配　(C)受領股東贈與公司本身股票　(D)庫藏股票以低於成本之價格出售。

(　　) 12. 台美公司發行4%之累積非參加特別股$100,000，普通股$180,000，因虧損未發放股利，第四年預計發放股利$50,000，則第四年普通股可分得多少股利？　(A)$16,000　(B)$48,000　(C)$38,000　(D)$34,000。

(　　) 13. 歐士公司發行6%、面額$100的累積特別股10,000股，X1年12月31日有面額$10的普通股100,000股流通在外。若董事會宣告$150,000的現金股利，上個年度特別股未收到任何股利，則特別股及普通股各分配到多少？　(A)特別股分配的金額是普通股的2倍　(B)特別股分配

$120,000 (C)受限制的保留盈餘為$60,000，以備將來發放 (D)特別股分配$60,000，普通股分配$90,000。

( ) 14. 智仁公司資本結構為：①特別股：200,000股，每股面值$10，股利率5%，累積，部分參加至7%；②普通股：800,000股，每股面值$10。今知特別股已積欠一年股利，該公司X1年分派現金股利$680,000，則 (A)特別股股東可分派$260,000 (B)特別股股東可分派$264,000 (C)普通股股東可分派$260,000 (D)普通股股東可分派$464,000。

( ) 15. X2年某公司流通在外之股份有普通股15,000股，面值每股@$20，及7%特別股10,000股，面值每股@$10（累積部分參加至9%），已知X0、X1兩年均未宣告發放股利，X2年可供發放股利之盈餘為$45,000，則本年度特別股可分得之股利為 (A)$23,250 (B)$27,000 (C)$21,750 (D)$21,000。

( ) 16. 公司分派盈餘時，應先 (A)填補虧損 (B)提法定盈餘公積 (C)提特別盈餘公積 (D)分派特別股股息。

( ) 17. 公司法規定：公司於分派盈餘時，應先提列法定盈餘公積，其金額為 (A)依公司章程訂定之百分比提列 (B)按課稅後淨利提列10% (C)按稅前淨利提列10% (D)按分派盈餘後之餘額提列10%。

( ) 18. 股份有限公司提撥法定盈餘公積，將使股東權益 (A)減少 (B)增加 (C)不變 (D)不一定。

( ) 19. 乙公司於X1年1月1日發行普通股100,000股，每股發行價格$15。X3年5月1日以每股$36，買回1,000股庫藏股；X3年9月30日，以每股$42，出售庫藏股500股。則乙公司X3年9月30日出售庫藏股之會計分錄應包括 (A)借記：庫藏股票$18,000 (B)貸記：庫藏股票$21,000 (C)貸記：資本公積－庫藏股票交易$3,000 (D)貸記：現金$21,000。

( ) 20. 若發放普通股股票股利，則 (A)減少了在外普通股每股的帳面價值 (B)並不減少在外普通股的股份 (C)減少股東權益 (D)增加公司淨資產。

( ) 21. 下列的會計處理，何者符合一般公認會計原則？ (A)公司宣布發放股票股利時，分錄中的「應付股票股利」已列入負債科目 (B)處分

不動產、廠房及設備的收益，為符合公司法的規定，以稅後淨額轉入資本公積，不列為當年度的營業收入　(C)投資以後年度收到被投資公司所發放的股票股利時，以股利收入入帳，並作備忘錄　(D)公司發行累積特別股，其積欠股利未列入負債，僅以附註揭露。

(　) 22. 甲公司權益中之資本公積項下包括：普通股發行溢價$800,000，庫藏股票交易$100,000。甲公司以每股$30買回自己已發行面額$10的股票100,000股，在次一會計年度方出售這些庫藏股票，處分價格為$20，則此出售庫藏股交易對相關帳戶之影響，何者正確？　①資本公積－普通股發行溢價不變；②資本公積－庫藏股票交易不變；③保留盈餘減少；　(A)不變，不變，減少　(B)不變，減少，不變　(C)不變，減少，減少　(D)減少，減少，減少。

(　) 23. 5月20日以24,000股庫藏股，按成本法入帳，6月10日售出庫藏股500股，得款$5,000，則應借記現金$5,000及　(A)保留盈餘$1,000　(B)資本公積庫藏股交易$1,000　(C)保留盈餘$500，資本公積普通股溢價$500　(D)資本公積普通股溢價$500，資本公積庫藏股交易$500。

(　) 24. 下列敘述，何者正確？　(A)股利發放數超過盈餘數謂之建股股息　(B)應付股票股利為公司之負債　(C)庫藏股票售價低於原取得成本部分應列為營業外損失　(D)募集設立採分次發行時，第一次應至少發行股份總數四分之一，而發起人至少應認足其中四分之一,其餘向外招募。

(　) 25. 本公司X1年1月1日流通在外的普通股有100,000股，5月1日增資發行24,000股，8月1日收回庫藏股18,000股，求X1年度普通股流通在外加權平均股數為　(A)107,500股　(B)108,500股　(C)109,000股　(D)109,500股。

(　) 26. 甲公司X1年12月31日有面額$100，8%之累積特別股$1,000,000及面額$10之普通股$5,000,000流通在外，該公司X1年度之淨利為$1,800,000，未宣告股利。特別股股利已積欠1年，且X1年度4月1日曾買回庫藏股票40,000股，至年底尚未再發行，則甲公司X1年度之每股盈餘為何？　(A)$3.37　(B)$3.53　(C)$3.66　(D)$3.83。

(　) 27. 君君公司X1年度淨利為$765,000，有關股份資料如下：9%累積特別
股，每股面值$100，全年流通在外10,000股，普通股1月1日流通在
外20,000股，7月1日增資5,000股，則X1年度普通股每股盈餘為
(A)$34　(B)$30.6　(C)$30　(D)$27。

(　) 28. 甲公司X9年1月1日有流通在外普通股300,000股，並於5月1日現金
增資發行新股100,000股。同年8月1日該公司為實施庫藏股，於市場
上買回40,000股普通股，且於10月1日由特定人認購其中20,000股。
此外，該公司帳上另有每股面額$100，8%，累積、非參加之特別股
10,000股。若甲公司X9年淨利為$790,000，其X9年之普通股每股盈
餘應為　(A)$2　(B)$2.08　(C)$2.23　(D)$2.5。

(　) 29. 下列何項敘述正確？　(A)股票分割將使保留盈餘減少　(B)公司將其
曾發行之股票予以收回且註銷者為庫藏股票　(C)計算普通股每股盈
餘係採用年底流通在外股數　(D)清算股利非真正股利而是資本的退
回。

(　) 30. 下列敘述中，有哪幾項是正確的？①股票股利與股票分割均使流通在
外之股數增加；②發放股票股利會使得股東權益增加；③股票分割通
常會降低每股市價；④應付財產股利以發放日之公平市價作為入帳基
礎。　(A)①③④　(B)①③　(C)②③④　(D)②④ 。

解答：

1. (D)　2. (A)　3. (B)　4. (B)　5. (C)　6. (B)　7. (A)　8. (C)　9. (B)
10. (C)　11. (C)　12. (D)　13. (B)　14. (D)　15. (C)　16. (A)　17. (B)　18. (C)
19. (C)　20. (A)　21. (D)　22. (C)　23. (A)　24. (D)　25. (B)　26. (A)　27. (D)
28. (A)　29. (D)　30. (B)

二、計算題

14-01 下列為大君公司帳上部分科目餘額,請計算該公司之股東權益總額。

股本	$20,000	退休金準備	$150
股本溢價	2,000	償債基金	250
受贈資本	1,000	擴充廠房準備	300
法定公積	200	保留盈餘	1,500

解答:

股東權益總額 = $(20,000 + 2,000 + 1,000 + 200 + 300 + 1,500) = $25,000

14-02 大大公司流通在外普通股有200,000股,每股面值$10

X2/5/1	股東會通過X1年度盈餘分配案,並宣告如下:
	(大額) 情況甲:發放股票股利15%,每股市價$16
	(小額) 情況乙:發放股票股利30%,每股市價$16
5/20	除息日
6/10	發放日

解答:

股利種類	X2/5/1宣告日	X2/6/10發放日
情況甲: 小額	(借)保留盈餘　　　480,000 　　(貸)應付股票股利　　300,000 　　　股本溢價　　　　　180,000	(借)應付股票股利 300,000 　(貸)普通股本　　　　300,000
情況乙: 大額	(借)保留盈餘　　　600,000 　　(貸)應付股票股利　　600,000	(借)應付股票股利 600,000 　(貸)普通股本　　　　600,000

14-03 中山公司X1年12月31日資產負債表的權益部分如下:

普通股(面額$10,核准500,000股,發行400,000股)	$4,000,000
資本公積—普通股溢價	2,400,000
保留盈餘	2,560,000
權益總額	$8,960,000

X2年中山公司發生下列庫藏股票交易，試按成本法作下列交易必要的
　　分錄：

(1) 8月10日以每股$15之價格買回股票80,000股。

(2) 8月15日出售1,000股庫藏股，每股$18。

(3) 9月10日出售3,000股庫藏股，每股$15。

(4) 9月15日出售2,000股庫藏股，每股$13。

(5) 9月30日將剩餘之庫藏股票註銷，假設該部分股票之原始發行價格為$16。

解答：

(1) X2/8/10

庫藏股票	120,000	
現金（$15×8,000）		120,000

(2) X2/8/15

現金（$18×1,000）	18,000	
庫藏股票（$15×1,000）		15,000
資本公積—庫藏股票交易		3,000

(3) X2/9/10

現金（$15×3,000）	45,000	
庫藏股票		45,000

(4) X2/9/15

現金（$13×2,000）	26,000	
資本公積—庫藏股票交易	3,000	
保留盈餘	1,000	
庫藏股票		30,000

(5) X2/9/30

普通股股本（$10×2,000）	20,000	
資本公積—普通股溢價（$6×2,000）	12,000	
庫藏股票（$15×2,000）		30,000
資本公積—庫藏股票交易		2,000

14-04 四香公司X1年資本結構為：特別股：200,000股，每股面值$10，股利率5%，累積全年流通在外；普通股：每股面值$10，1月1日流通在外500,000股，5月1日現金增資60,000股，7月1日發放10%股票股利。若該公司X1年淨利為$991,000，則四香公司X1年普通股每盈餘為？

解答：

普通股加權平均流通在外股數：594,000股

每股盈餘 = 〔$991,000 − (200,000 × $10 × 5%)〕÷ 594,000 = $1.5

14-05 乙公司在X1年1月設立並且發行普通股股票及特別股股票如下所示。假設至X4年12月底沒有額外發行新股。

特別股（10%，每股面額$10，發行並且流通在外股數$8,000股）
$160,000

普通股（每股面額$10，發行並且流通在外股數15,000股）　$450,000

試作（下列每小題均為獨立事件，假設在X3年及X4年發放的股利總金額分別為$10,000及$90,000，請分別計算乙公司在X3年及X4年發放的特別股股利和普通股股利金額）：

(1) 特別股為非累積特別股。

(2) 特別股為累積特別股，並且在X1年和X2年沒有積欠股利。

(3) 特別股為累積特別股，並且在X1年和X2年沒有發放股利。

解答：

(1) X3年：

特別股股利 = $10 × 8,000 × 10% = $8,000

普通股股利 = $10,000 − $8,000 = $2,000

X4年：

特別股股利 = $10 × 8,000 × 10% = $8,000

普通股股利 = $90,000 − $8,000 = $82,000

(2) X3年：

特別股股利 = $10 × 8,000 × 10% = $8,000

普通股股利 = $10,000 − $8,000 = $2,000

X4年：

特別股股利 = $10×8,000×10% = $8,000

普通股股利 = $90,000 − $8,000 = $82,000

(3) X3年：

特別股股利 = $10,000

普通股股利 = $0

X4年：

特別股股利 = ($8,000×3 − $10,000) + $10×8,000×10% = $22,000

普通股股利 = $90,000 − $22,000 = $68,000

14-06 大利公司成立於民國X1年8月1日奉准發行普通股15,000股，每股票面金額$10，試作如下之交易分錄：

8月10日　　收到10,000股之認股書，每股認購價格$10。

8月15日　　收到8月10日已認股份之全部股款。

8月16日　　發行已收股款之全股票10,000股。

10月1日　　收到5,000股之認股書，每股認購價格$12。

10月15日　　10月1日所收之認股書，本日已全部收到股款，並發給股票。

解答：

8/10	應收股款	100,000	
	已認股本		100,000
8/15	現金	100,000	
	應收股款		100,000
8/16	已認股本	100,000	
	普通股本		100,000
10/1	應收股款	60,000	
	已認股本		50,000
	普通股溢價		10,000
10/15	現金	60,000	
	已認股本	50,000	
	應收股款		60,000
	普通股本		50,000

14-07 白日公司X1年度期初未分配盈餘為$38,000，該年度稅前淨利為$200,000，所得稅$50,000，分配項目有：(1)法定公積10%；(2)特別公積15%；(3)職工獎金20%；(4)現金股利35%。請作X1年盈餘分配之分錄。

解答：

保留盈餘	170,000	
應付所得稅		50,000
法定盈餘公積		15,000
特別盈餘公積		22,500
應付職工獎金		30,000
應付現金股利		52,500

14-08 利達公司發行6%特別股10,000股，每股面值$100，及普通股20,000，每股面值$100，X0、X1年可供分配之股利分別為$30,000及$540,000，試依下列特別股各種不同之條件，計算X1年度特別股及普通股應分得之股利額：

(1) 非累積、非參加。

(2) 累積、非參加。

(3) 非累積、非參加。

(4) 累積、完全參加。

(5) 非累積、限制參加至10%。

(6) 累積、限制參加至10%。

解答：

(1) 特別股股利 = $60,000

普通股股利 = $480,000

(2) 特別股股利 = $90,000

普通股股利 = $450,000

(3) 特別股股利 = $180,000

普通股股利 = $360,000

(4) 特別股股利 = $200,000

普通股股利 = $340,000

(5) 特別股股利 = $100,000

　　普通股股利 = $440,000

(6) 特別股股利 = $130,000

　　普通股股利 = $410,000

14-09 龍大公司於X0年初成立，並立即發行面值$100的8%累積特別股10,000股，贖回價格$108，及面值$10的普通股60,000股。X4年底股東權益總額為$2,400,000，該公司僅支付X0年度之特別股股利。

試作：計算龍大公司X4年底普通股每股帳面價值。

解答：

X4年底普通股每股帳面價值 = $16.67

14-10 嘉立公司X1年11月初成立，有關股票之發行如下：

　　　11/1　核准發行普通股100,000，每股面值$10。

　　　11/8　收到認股書60,000股，每股認購價格$16。

　　　11/15　收到上述60,000股之股款。

　　　11/25　發給60,000股之股票。

試逐日作成分錄。

解答：

11/1	僅作備忘錄		
11/8	應收股款	960,000	
	已認股本		600,000
	股本溢價		360,000
11/15	現金	960,000	
	應收股款		960,000
11/25	已認股本	600,000	
	股本		600,000

14-11 丙公司X7、X8及X9年度之淨利分別為$750,000、$800,000及$820,000。最近三年度普通股流通在外股數變動情形如下：

	X9年	X8年	X7年
流通在外股數，1月1日	345,000	300,000	250,000
發行股票，X7年7月1日			50,000
發放股票股利15%，X8年9月1日		45,000	
股份分割2：1，X9年2月1日	345,000		
發行股票，X9年4月1日	20,000		
流通在外股數，12月31日	710,000	345,000	300,000

試作：

(1) 丙公司X7年普通股加權平均流通在外股數為何？

(2) 丙公司編製X8及X9年度財務報表時，應列示之每股盈餘分別為何（四捨五入至小數點第二位）？

解答：

(1) X7年普通股加權平均流通在外股數：

X7年　　1月1日　250,000股×6/12 = 125,000股

　　　　7月1日　300,000股×6/12 = 150,000股

　　　　　　　　　　　　　　　　　275,000股

X7年普通股加權平均流通在外股數 = 275,000股

(2) 若編製比較報表時，計算加權平均流通在外股數時，應追溯計算。

X8年　　1月1日　300,000股×1.15×2　　×8/12=　　460,000股

　　　　9月1日　345,000股×2　　　　　×4/12=　　230,000股

X8年普通股加權平均流通在外股數　　　　　　　　690,000股

X9年　　1月1日　345,000股×2　　　　　×1/12=　　57,500股

　　　　2月1日　690,000股　　　　　　×2/12=　　115,000股

　　　　4月1日　710,000股　　　　　　×9/12=　　532,500股

X9年普通股加權平均流通在外股數　　　　　　　　705,000股

X8年每股盈餘 = $\dfrac{\$800,000}{690,000\,股} = \$1.16$

X9年每股盈餘 = $\dfrac{\$820,000}{705,000\,股} = \$1.16$

第十五章

會計變動與
錯誤更正

15-1

會計原則與錯誤之分類及其處理方法

　　會計變動分爲會計原則變動、會計估計變動與報表個體變動三類。其會計處理分爲當期調整法、追溯重編法與推延調整法。而錯誤之類型可分爲影響資產負債表、影響綜合損益表，與同時影響資產負債表及綜合損益表三類。

　　會計變動與錯誤更正之會計處理如表15-1所示。

表15-1　會計變動與錯誤更正之會計處理

當期調整法	計算以前年度累積影響數，列爲當年度綜合損益表會計原則變動累積影響數，不重編以前年度報表。
追溯重編法	計算以前年度累積影響數，作爲前期損益調整項目，並重編以前年度報表。
推延調整法	不計算以前年度累積影響數，僅就剩餘帳面價值，自變動年度，改新原則或方法處理。

　　依據國際會計準則IAS 8之規定，有以下各情況之會計處理方式：

會計政策之選擇及適用	當某一IFRS明確適用於某項交易、其他事項或情況時，應依該IFRS決定適用該項目之會計政策。 若無某一IFRS明確適用於企業之交易、其他事項或情況時，管理階層應運用其判斷以訂定，並採用可提供對使用者經濟決策之需求具攸關性及可靠性資訊之會計政策。
會計政策之一致性	企業對於類似交易、其他事項或情況應一致地選擇及適用會計政策，除非某一IFRS明確規定或允許將項目分類且不同類別宜採用不同會計政策。
會計政策變動之應用	除追溯適用有限制外，會計政策之變動在企業對於首次適用某一IFRS而產生之會計政策變動，其會計應依該IFRS特定之過渡規定處理；如該IFRS對該變動並無特定之過渡規定，或自願變動一項會計政策，則應追溯適用該變動。

會計估計變動	係指評估資產及負債目前狀況與相關之未來預期效益與義務後,而對資產、負債帳面金額或資產各期耗用金額所作之調整。會計估計變動係因新資訊或新發展所導致,因而並非錯誤更正。 會計估計變動之影響應於下列期間推延認列於損益: • 變動當期,若變動僅影響當期;或 • 變動當期及未來期間,若變動影響當期及未來期間。
錯誤	錯誤可能發生於財務報表要素之認列、衡量、表達或揭露。除決定錯誤對於特定期間之影響數或累積影響數在實務上不可行外,企業應於發現錯誤後之首次通過發布之整份財務報表中,按下列方式追溯更正重大前期錯誤: • 重編錯誤發生之該前期所表達之比較金額;或 • 若錯誤發生在所表達最早期間之前,則應重編所表達最早期間之資產、負債及權益之初始餘額。
實務上不可行	係指當企業已盡所有合理之努力卻仍無法適用某項規定時,則適用該規定為實務上不可行。某特定前期如有下列情形之一時,會計政策變動之追溯適用或前期錯誤更正之追溯重編於實務上不可行: • 追溯適用或追溯重編之影響數無法決定; • 追溯適用或追溯重編時須對管理階層於該期間可能之意圖作出假設; • 追溯適用或追溯重編須作金額之重大估計,而企業無法將下列有關該等估計之資訊與其他資訊客觀區分: ①對前述金額認列、衡量或揭露之日已存在之狀況提出證明;且 ②該期財務報表通過發布時已可取得。

15-2

會計原則變動之意義與會計處理

(一)會計原則變動

1. 意義：由一個一般公認之會計原則變更為另一個一般公認之會計原則。
2. 採當期調整法調整，其差額應記入「會計原則變動之累積影響數」，並列於非常損益與本期損益之間，並編製擬制性之資料。
3. 少數例外則採追溯重編法。

(二)會計原則變動之會計處理

其處理依表15-3所示。

表15-3 會計原則變動之會計處理表

項 目	方 法
一般之會計原則變動	當期調整法
例外：	
存貨由後進先出法改他法	追溯重編法
長期工程合約之方法改變（由全部完工法改完工百分比法，或由完工百分比法改全部完工法）	
採礦業所採方法改變（由全部探勘法改探勘成功法，或反之）	
鐵路業之折舊方法由重置法或汰舊法改普通折舊法	
企業初次發行而改變會計原則	
改變會計原則以符合新公布之一般公認會計原則	

會計估計變動之意義與會計處理

估計變動：由新經驗、新資料、新事項（本質與以往不同），使估計發生變動。

1. 如不動產、廠房及設備使用年限或殘值的估計變動。
2. 採推延調整法（順延調整法、既往不究法）調整。
   (1) 由發現年度及以後年度共同承擔差額。
   (2) 不調整前期損益。
3. 若會計估計變動而導致會計原則變動，一律按估計變動處理。
4. 若估計變動與原則變動同時發生，則其影響數應分別處理，應先處理原則變動，再處理估計變動之影響。

15-4

報表個體之變動（編製報表主體之變動）之意義與會計處理

報告個體之變動（編製報表主體之變動）：

1. 財務報表編製主體之變動，致當年度之財務報表編製主體與以前年度不同，如乙、丙兩公司原來各自編表，今年與甲公司（母公司）合併編表。
2. 採用追溯重編法處理。

15-5

會計錯誤之意義與其更正之會計處理

會計錯誤：由一個一般公認之會計原則變更為另一個非一般公認之會計原則。另因為以下之錯誤亦屬之。

會計錯誤更正：由一個非一般公認之會計原則變更為另一個一般公認之會計原則，採追溯重編法更正之。

錯誤種類：

1. 由非一般公認會計原則改爲一般公認會計原則。

2. 由一般公認會計原則改爲非一般公認會計原則。

3. 採用舊資料而忽略錯誤。

4. 計算錯誤。

5. 誤用資料而錯誤。

6. 調整分錄之錯誤。

7. 資本支出與收益支出之錯誤。

資本支出與收益支出誤計之影響：資本支出與收益支出劃分不當，將影響多年之資產負債表及綜合損益表之正確性見表15-4。若發現錯誤應調整前期損益。

表15-4 資本支出與收益支出錯誤之影響表

錯誤情形	當　期				資產存續期間			
	綜合損益表		資產負債表		綜合損益表		資產負債表	
	費用	淨利	資產	期末資本	費用	淨利	資產	期末資本
1.收益支出誤為資本支出	少計	多計	多計	多計	多計	少計	多計	多計
2.資本支出誤為收益支出	多計	少計	少計	少計	少計	多計	少計	少計

8. 會計科目使用錯誤。

9. 成本分攤錯誤。

10. 短期投資轉長期投資雖經董事會決議，但無適當佐證或屬刻意安排者。

11. 短期投資轉長期投資一年後非因重大突發性現金需求而出售者。

由上述種類，可分爲：

1. 僅影響資產負債表。

2. 僅影響綜合損益表。

3. 同時影響資產負債表及綜合損益表。

其會計處理如表15-5：

📖 表15-5　錯誤之會計處理

僅影響資產負債表	應將其重新分類為適當科目
僅影響綜合損益表	• 錯誤於當年度發生：當年度作更正分錄 • 錯誤於以前年度發生：追溯重編法處理
同時影響資產負債表及綜合損益表	• 可自動相互抵銷：第二年結帳前發現應作更正分錄 • 不可自動相互抵銷：作更正分錄。

15-6

證券發行人財務報告編製準則之規定

證券發行人財務報告編製準則（民國111年11月24日）

第6條

　　發行人有會計變動者，應依下列規定辦理：

一、會計政策變動：

　　(一) 會計政策係指企業編製及表達財務報表所採用之特定原則、基礎、慣例、規則及實務。

　　(二) 若發行人為能使財務報告提供交易、其他事項或情況對發行人財務狀況、財務績效或現金流量之影響提供可靠且更攸關之資訊，而自願於新會計年度改變會計政策者，應將變動之性質、新會計政策能提供可靠且更攸關資訊之理由，及改用新會計政策追溯適用變更年度之前一年度影響項目與預計影響數，及對前一年度期初保留盈餘之實際影響數等內容，洽請簽證會計師就合理性逐項分析並出具複核意見，作成議案提報董事會決議通過及監察人承認後公告申報。

　　(三) 如自願於新會計年度改變會計政策有國際會計準則第八號第二十三段所定，該變動在特定期間之影響數或累積影響數之決定在實務上不可行之情形，應依國際會計準則第八號第二十四段及前目規定計算影響數，並將追溯適用在實務上不可行之原因、會

計政策變動如何適用及何時開始適用等內容，洽請簽證會計師就合理性逐項分析出具複核意見，並對變更會計政策之前一年度查核意見之影響表示意見後，依前揭程序規定辦理公告申報。

(四) 除前目影響數之決定在實務上不可行外，應於改用新會計政策年度開始後二個月內，計算會計政策變動追溯適用之變更年度之前一年度影響項目及實際影響數，及對前一年度期初保留盈餘之實際影響數，提報董事會通過與監察人承認後公告申報，並提報變更當年度股東會；若會計政策變動之實際影響數與原公告申報數差異達新臺幣一千萬元以上者，且達前一年度營業收入淨額百分之一或實收資本額百分之五以上者，應就差異分析原因並洽請簽證會計師出具合理性意見，併同公告申報。

(五) 發行人股票無面額或每股面額非屬新臺幣十元者，前目有關實收資本額百分之五之規定，以資產負債表歸屬於母公司業主之權益百分之二點五計算之。

(六) 發行人於會計年度開始日後始自願變動會計政策者，應公告申報改用新會計政策追溯適用之變更期間、前一年度影響項目與實際影響數，及對前一年度期初保留盈餘之實際影響數，並應增加說明於會計年度開始日後始變動會計政策之合理性及必要性，併同其他事項於公告申報前洽請會計師就合理性逐項分析並出具複核意見，作成議案提報董事會決議通過及監察人承認後公告申報，並提報最近一次股東會。若發行人追溯適用新會計政策對當年度各季財務報告之影響數已達本法施行細則第六條所定重編財務報告標準者，應重編相關期間財務報告並洽請簽證會計師重行查核或核閱後重行公告申報。

二、會計估計值變動：

(一) 會計估計值係指企業採用衡量技術及輸入值估計財務報表中受衡量不確定性影響之金額。

(二) 會計估計值變動中屬折舊性、折耗性資產耐用年限、折舊（耗）方法與無形資產攤銷期間、攤銷方法之變動、殘值之變動及其公允價值之評價技術變動所致者，應將變動之性質、變動能提供可靠且更攸關資訊之理由，洽請簽證會計師就合理性分析並出具複

核意見，作成議案提報董事會決議通過及監察人承認後公告申報，並提報最近一次股東會。發行人若於會計年度中變動時，亦同，並應增加說明變動時點之合理性及必要性。

本條所稱之公告申報，係指輸入本會指定之資訊申報網站。

已依本法規定設置獨立董事者，依第一項規定提董事會決議時，應充分考量各獨立董事之意見，獨立董事如有反對或保留意見，應於董事會議事錄載明。

已依本法規定設置審計委員會者，依第一項規定應經監察人承認事項，應經審計委員會全體成員二分之一以上同意，並提董事會決議。

前項所稱審計委員會全體成員，以實際在任者計算之。

習題與解答

一、選擇題

( )1. 下列何者為屬於會計原則變動？　(A)原採非會計原則改採一般公認之會計原則　(B)改變故意不切實際之估計　(C)改變計算錯誤　(D)採用新公布之會計原則。

( )2. 下列何者為屬於會計估計變動？　(A)原採非會計原則改採一般公認之會計原則　(B)依據新資訊改變之估計年限　(C)改變計算錯誤　(D)採用新公布之會計原則。

( )3. 下列何者為屬於會計錯誤更正？　(A)原採非會計原則改採一般公認之會計原則　(B)依據新資訊改變之估計年限　(C)不動產、廠房及設備採直線法改加速折舊法　(D)採用新公布之會計原則。

( )4. 會計原則變動累積影響數應列於何表？　(A)資產負債表　(B)綜合損益表　(C)股東權益變動表　(D)現金流量表。

( )5. 下列何者會計原則變動須要重編報表？　(A)不動產、廠房及設備採直線法改加速折舊法　(B)存貨採先進先出法改後進先出法　(C)壞帳之提列法從資產負債表法改綜合損益表法　(D)長期工程合約由完工比例法改全部完工法。

( )6. 小小公司X1年度期初存貨高估，下列何者為對？　(A)當期銷貨成本低估　(B)下年度業主權益低估　(C)當年度淨利高估　(D)當年度保留盈餘低估。

( )7. 下列何者可採前期損益調整？　(A)不動產、廠房及設備採直線法改加速折舊法　(B)火災損失　(C)期末發現前期會計錯誤　(D)期末發現之本期會計錯誤。

( )8. 何者錯誤會前後期互抵？　(A)折舊錯誤　(B)存貨期末數高估　(C)會計原則變動累積影響數　(D)壞帳。

( ) 9. 小小公司X1年度期末存貨高估1,000，X2年度期末存貨高估500，下列何者為對？ (A)X2年度淨利高估1,500 (B)X2年度淨利高估500 (C)X2年度淨利低估500 (D)X2年度淨利低估1,500。

( ) 10. 下列何者為對？ (A)會計原則變動採當期調整法或追溯重編法 (B)會計估計變動採追溯重編法 (C)會計錯誤採當期調整法 (D)財務報表個體變動採當期調整法。

( ) 11. 甲公司成立於X4年1月1日，甲公司X4年至X7年度財務報表上顯示存貨成本分別為$800,000、$500,000、$700,000及$600,000。X8年初甲公司新任會計師查核時發現該公司X4年至X7年之期末存貨計算錯誤，錯誤情形如下：X4年多計$30,000，X5年少計$20,000，X6年多計$40,000，X7年少計$10,000，試計算甲公司存貨錯誤對X6年度及X7年度本期純益之影響為何？ (A)X6年度本期純益少計$40,000，X7年度本期純益多計$10,000 (B)X6年度本期純益多計$40,000，X7年度本期純益少計$10,000 (C)X6年度本期純益少計$60,000，X7年度本期純益多計$50,000 (D)X6年度本期純益多計$60,000，X7年度本期純益少計$50,000。

( ) 12. 甲公司在X1年間發生之錯誤有：①購入一批價值$30,000之存貨，在分類帳上重複記錄；②12月30日購入$25,000商品，起運點交貨，由於此批商品在X2年1月2日才送達，因此盤點人員並未將之計入期末存貨，甲公司在收到商品時才予以入帳；③另外，甲公司將成本$28,000的商品寄存在A地的乙公司，盤點人員在進行期末盤點時並未將之計入存貨。假設甲公司採定期盤存制，試問：這些錯誤將對甲公司當期損益產生何種影響（不考慮所得稅）？ (A)高估本期淨利$27,000 (B)高估本期淨利$2,000 (C)低估本期淨利$58,000 (D)低估本期淨利$83,000。

( ) 13. 公司記錄預收預付現金時，均將相對會計項目記入實帳戶，年底再將各項目調整成正確餘額。試問：年底漏作哪一項目之調整分錄，將造成資產高估？ (A)預收租金 (B)預付保險費 (C)應收利息 (D)應付水電費。

( ) 14. 甲公司X1年期末存貨高估$20,000，X2年期末存貨低估$50,000，在

不考慮所得稅之影響時，下列敘述，何者正確？　(A)X1年銷貨成本低估$20,000，X2年淨利高估$50,000　(B)X1年權益高估$20,000，X2年銷貨成本高估$70,000　(C)X1年淨利高估$20,000，X2年銷貨成本低估$30,000　(D)兩年度存貨錯誤抵銷，X2年期末權益金額正確。

(　) 15. 甲公司採用定期盤存制，若X2年期末存貨高估$4,000，則對X3年底資產負債表之影響為何？　(A)資產高估、權益高估　(B)資產低估、權益低估　(C)資產正確、權益低估　(D)資產正確、權益正確。

(　) 16. 記呆帳費用之影響：　(A)僅資產負債表不正確　(B)僅綜合損益表不正確　(C)資產負債表和綜合損益表兩種報表都不正確　(D)不影響損益。

(　) 17. 甲公司X1年因賒銷商品而自客戶處取得一紙面額$30,000，3年期不附息票據，當時類似票據之有效利率為9%。甲公司借記應收票據$30,000及貸記銷貨收入$30,000。試問，甲公司X1年如此之帳務處理，將分別對X1、X2、X3 年之淨利造成何種影響？　(A)高估、低估、低估　(B)高估、無影響、無影響　(C)低估、高估、無影響　(D)無影響、無影響、無影響。

(　) 18. 乙公司發生下列兩項錯誤：X2年期末存貨高估$25,000，X3年期末存貨低估$17,000。如果乙公司一直未發現錯誤，故未進行更正，試問：這兩項錯誤對乙公司X3年的淨利及X3年期末的權益影響為何（不考慮所得稅）？　(A)淨利低估$42,000，權益低估$42,000　(B)淨利低估$42,000，權益低估$17,000　(C)淨利低估$17,000，權益低估$17,000　(D)淨利高估$8,000，權益高估$17,000。

(　) 19. 張三於風景區開設民宿，並在遊客訂房時收取訂金，且隨即認列收入。X1年12月，該民宿收到旅客所付之訂金共$8,000，其中有75%係為X2年元月之訂房。試問，若該民宿未於X1年底作12月收取訂金之調整分錄，將使X1年之財務報表產生何種錯誤？　(A)收入高估，資產高估　(B)收入高估，負債低估　(C)權益低估，負債低估　(D)資產高估，負債高估。

(　) 20. 會計期間結束之時，將進行調整分錄，如果乙公司不慎遺漏其應計薪資的調整，本期將造成：　(A)費用低估與負債低估　(B)費用高估與

淨利低估　(C)資產高估與負債高估　(D)費用高估與負債高估。

(　　) 21. 甲公司在X1年初取得乙公司30%之股權，並採權益法處理。X2年間，乙公司宣告並發放之普通股現金股利總數為$200,000；X2年底，乙公司結算當年度淨利為$150,000。X2年初，甲公司之新進會計人員因對公司業務不甚熟悉，誤將該投資列為備供出售金融資產處理，且在年底以其公允價值，認列備供出售金融資產未實現利益$12,000。該會計人員之錯誤，將對甲公司X2年本期淨利造成何種影響？　(A)本期淨利低估$33,000　(B)本期淨利低估$45,000　(C)本期淨利高估$15,000　(D)本期淨利高估$27,000。

解答：

1. (D)　2. (B)　3. (A)　4. (B)　5. (D)　6. (D)　7. (C)　8. (B)　9. (C)
10. (A)　11. (D)　12. (C)　13. (B)　14. (B)　15. (D)　16. (C)　17. (A)　18. (B)
19. (B)　20. (A)　21. (C)

二、計算題

15-01 美玉公司X6年度發生下列事項：

(1)甲機器於X4年初以$70,000購入，估計耐用五年，殘值$10,000。原採用倍數餘額遞減法，於99年底決定改用直線法提列折舊。

(2)乙機器於X1年初以$110,000購入，按直線法提列折舊，殘值$10,000。五年累計折舊為$50,000。目前發現機器耐用年限比原估計多了三年，殘值$4,000。

(3)丙機器於X5年初以$60,000購入，估計耐用年限四年，殘值估計為$6,000。採用倍數餘額遞減法第一年折舊為$27,000。

試作：分別列示改正或會計變動之分錄，及X6年度各機器之折舊分錄。

解答：

(1)會計原則變動：

	原倍數餘額法	新直線法
X4	$70,000×1/5×2=$28,000	$12,000
X5	$42,000×1/5×2=$16,800	$12,000
	已提　$44,800　應提	$24,000
X6年中	累計折舊　20,800	
	會計原則變動累積影響數　20,800	
X6年終	折舊　12,000	
	累計折舊—機器	12,000

(2)會計估計變動：

（$110,000 - $10,000）/N年 = $50,000/5年　N = 10（年）

（$110,000 - $50,000 - $4,000）/（10 - 5 + 3）= $7,000

折舊　　　　　7,000

　　累計折舊—機器　　　　7,000

(3)會計錯誤更正：

X5年度　$60,000×1/4×2 = $30,000（少提$3,000）

X6年度　$30,000×1/4×2 = $15,000

前期損益　　　　3,000

折舊　　　　　15,000

　　累計折舊機器　　　　18,000

15-02 (1)大大公司成立於X1年初，採後進先出法計價，歷年期末存貨數額如下：

X1年終$30,000，X2年終$40,000，X3年終$50,000，X4年終$60,000。

今如改用先進先出法計算，則歷年毛利增減額如下：

X1年度毛利增加$5,000，X2年度毛利減少$1,000，X3年度毛利增加$6,000，X4年度毛利增加$7,000。

試作：

①採先進先出法計價，歷年之期末存貨價值。

②若該公司X5年初，決定改採先進先出法計價，試作應有分錄。

(2)大大公司成立於X1年初，存貨採後進先出法計價，歷年度毛利額如下：

X1年度$66,000，X2年度$77,000，X3年度$88,000，X4年度$99,000。

今如改用先進先出法計價，則歷年存貨數額列示如下：

年　　度	後進先出法	先進先出法
X1年終	$30,000	$35,000
X2年終	40,000	44,000
X3年終	50,000	60,000
X4年終	60,000	77,000

試作：

①採先進先出法計價，歷年之毛利額。

②若該公司X5年初，決定改採先進先出法計價，試作應有分錄。

解答：

(1)①

	X1年終	X2年終	X3年終	X4年終
後進先出法期末存貨額	$30,000	$40,000	$50,000	$60,000
X1年毛利	+ 5,000	+5,000	+5,000	+5,000
X2年毛利		−1,000	−1,000	−1,000
X3年毛利			+6,000	+6,000
X4年毛利				+7,000
先進先出法期末存貨額	$35,000	$44,000	$60,000	$77,000

②X5年初：

存貨（1/1）　　17,000　（＝$77,000－60,000）

　　會計變動之累積影響數　　17,000

2. ①

	X1年度	X2年度	X3年度	X4年度
後進先出法之毛利額	$66,000	$77,000	$88,000	$99,000
X1年存貨	+5,000	−5,000		
（35,000－30,000）				
X2年存貨		+4,000	−4,000	
（44,000－40,000）				

X3年存貨			+10,000	−10,000
(60,000 − 50,000)				
X4年存貨				+17,000
(77,000 − 60,000)				
先進先出法之毛利額	$71,000	$76,000	$94,000	$106,000

② X5年初：

存貨（1/1）　　17,000

　　會計變動之累積影響數　　17,000

15-03 欣欣公司於民國X1年1月1日成立，該公司民國X1年至X4年度列報之銷貨成本分別為$300,000、$400,000、$500,000及$600,000。民國X5年初該公司新任會計師發現該公司對民國X1年至X4年度之期末存貨有下列錯誤：

年度	錯誤情形
X1	多計$40,000
X2	少計$30,000
X3	少計$40,000
X4	多計$20,000

試問：

(1) 欣欣公司民國X3年度及X4年度正確之銷貨成本金額應分別為多少元？

(2) 這些錯誤對於欣欣公司民國X3年度及X4年度資產負債表股東權益淨值之影響為何？

解答：

(1)

	X1	X2	X3	X4
帳列銷貨成本	$300,000	$400,000	$500,000	$600,000
X1年期末存貨多計40,000	+40,000	−40,000		
X2年期末存貨少計30,000		−30,000	+30,000	
X3年期末存貨少計40,000			−40,000	+40,000

X4年期末存貨多計20,000				+20,000
正確銷貨成本	$340,000	$330,000	$490,000	$660,000

(2) X3年度股東權益淨值少計$40,000

X4年度股東權益淨值多計$20,000

第十六章

現金流量表

現金流量表之目的與功能

現金流量對於企業來說是一個重要概念，是指企業在一定會計期間按照現金收付實現制，透過一定經濟活動（包括營業活動、投資活動、融資活動和非經常性項目）而產生的現金流入、現金流出及其總量情況的總稱。即：企業特定期間內的現金和約當現金的流入和流出的數量。

現金流量分析具有以下作用。

1. 對獲取現金的能力作出評價。

2. 對償債能力作出評價。

3. 對收益的質量作出評價。

4. 對投資活動和融資活動作出評價。

現金流量管理是公司內部控制的一項重要職能，編製現金流量表則是其方法之一，建立完善的現金流量管理體系，是確保企業的生存與發展、提高企業市場競爭力的重要保障。

現金流量表之內容

現金流量表之內容：現金流量表為表達企業特定期間之營業、投資與融資（理財）活動所產生之現金流入與流出，並按營業、投資與融資（理財）活動予以劃分。

現金流量表之明細內容：

1. 營業活動之現金流量

其明細如表16-1：

📖 表16-1　營業活動現金流量之明細項目

現金流入	銷售或提供勞務之收現
	利息收入及股利收入之收現
	其他非因投資、融資活動所產生之收現
現金流出	進貨付現
	薪資付現
	利息費用付現
	所得稅費用付現
	營業成本付現
	其他非因投資、融資活動所產生之付現

2. 投資活動之現金流量

其明細見表16-2：

📖 表16-2　投資活動現金流量之明細項目

現金流入	處分權益證券價款收現
	處分不動產、廠房及設備價款收現
	處分或收回其他債權憑證收現
現金流出	取得權益證券之付現
	取得不動產、廠房及設備之付現
	承作貸款及取得約當現金以外之債權憑證付現

3. 融資（理財）活動之現金流量

其明細如表16-3：

📖 表16-3　融資活動現金流量之明細項目

現金流入	現金增資
	借款
現金流出	支付現金股利
	償還借入款
	購買庫藏股

16-3

現金流量表之編製基礎與其分類

(一)現金流量表之編製基礎

編製現金流量表時，首先必須考慮的是判別何者為現金？何者為約當現金？凡屬於現金者，應同時符合下列三條件：

1. 係屬公認之交易媒介：凡具貨幣性，能於當地流通，及可作為支付工具者。
2. 係屬自由運用之資金：凡未受法律、契約或指定用途等之限制，可自由運用者。
3. 係運用時無損其本金者：凡動用此資金時，無損其本金者。

所以，除了一般認為之現金（如庫存現金、活期存款、活期儲蓄存款及零星支出之零用金）者外，其他（如定期存款、定期儲蓄存款、銀行本票、銀行支票、郵政匯票及保付支票等）亦屬現金之範圍。

凡不屬於現金者，應判定其是否為約當現金。若同時具備下列條件之短期且具高度流動性之投資者，即屬約當現金。

1. 隨時可轉換成定額現金者。
2. 即將到期且利率變動對其價值之影響甚少者。

一般而言，約當現金係指自投資日起三個月內到期或清償非現金之短期投資或債權憑證，如從投資日起到到期日止三個月內到期或清償之國庫券、商業本票、銀行承兌匯票。

到此一步驟，現金流量表之編製基礎（現金與約當現金）即已確定。

(二)現金流量表之分類（見圖16-1）

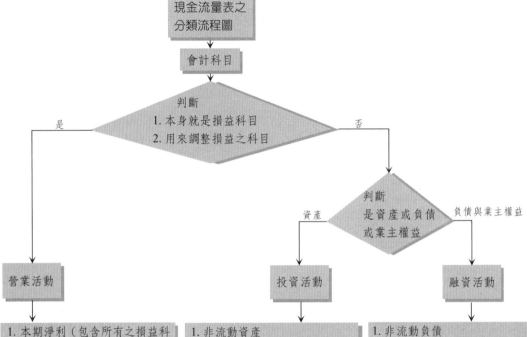

 圖16-1

下一步驟，係決定現金流量表之分類。首先應判定該科目是否與損益之決定有關（屬營業活動），如：

1. 本身就是損益科目（但排除非動用現金之收入與費用、非屬營業活動項下之損失與利益、公報規定應單獨列示者）。或；

2. 用來調整損益之流動資產與流動負債科目。

　　若該科目係與損益之決定有關者，應屬營業活動項下。茲分別說明如下：

1. 本身就是損益科目，但應排除下列項目

(1)「非動用到現金之收入與費用」之項目及分錄（注意其分錄未有現金科目）：

　①遞延收益攤銷：

　　　遞延收益　　××
　　　　　收益　　　××

　②應付公司債溢價攤銷：

　　　應付公司債溢價　××
　　　　　利息費用　　　　××

　③長期債券投資折價攤銷：

　　　長期債券投資　××
　　　　　利息收入　　　××

　④權益法認列之投資收益超收到之現金股利部分：

　　　長期投資　　××
　　　　　投資收益　　××

　⑤遞延所得稅負債減少：

　　　遞延所得稅負債　　××
　　　　　所得稅費用－遞延　　××

⑥遞延所得稅資產增加：

  遞延所得稅資產　　　××

   所得稅費用—遞延　　××

⑦長期股權投資折額攤銷：

  長期投資　　××

   投資收益　　××

⑧折舊、折耗及壞帳：

  折舊費用、折耗費用及壞帳費用　　××

   累計折舊、累計折耗、備抵壞帳　　××

⑨無形資產之攤銷：

  攤銷　　　××

   無形資產　　××

⑩應付公司債折價攤銷：

  利息費用　　　　××

   應付公司債—折價　　××

⑪發行成本之攤銷：

  公司債發行費用（或利息費用）　××

   遞延公司債發行成本　　　　××

⑫長期債券投資溢價攤銷：

  利息收入　　　　　××

   長期債券投資—溢價　　××

⑬遞延所得稅負債增加：

　　所得稅費用—遞延　××

　　　　遞延所得稅負債　　××

⑭遞延所得稅資產減少：

　　所得稅費用—遞延　××

　　　　遞延所得稅資產　　××

⑮權益法認列之投資損失：

　　投資損失　　××

　　　　長期投資　　××

⑯長期股權投資溢額攤銷：

　　投資收益　　××

　　　　長期投資　　××

⑰應計退休金負債增加：

　　退休金費用　　　　××

　　　　應計退休金負債　　××

⑱短期權益證券投資採成本與淨變現價值孰低法提列損失（回升時亦同，其分錄相反）：

　　短期投資未實現跌價損失　××

　　　　備抵跌價損失　　　　××

(2)「非屬營業活動項下之損失與利益」之項目：

　①非營業交易之損失：

　　A. 處分不動產、廠房及設備損失。

　　B. 出售短、長期投資損失。

　　C. 非常損失。

②非營業交易之利益：

　　A. 處分不動產、廠房及設備利益。

　　B. 出售短、長期投資利益。

　　C. 非常利益。

2. 用來調整損益之科目

用來調整損益之科目，其明細如表16-4：

表16-4　用來調整損益之科目與被調節損益關聯表

項　　目	被調節之損益項目
應收帳款及應收票據之增加或減少	銷貨收入
應收收益及預收收益之增加或減少	其他營業收益
應收利息（股利）之增加或減少	利息及股利收入
存貨、應付帳款及應付票據之增加或減少	銷貨成本
應付薪資及預付薪資之增加或減少	薪資費用
應付利息之增加或減少	利息費用
應付費用及預付費用之增加或減少	其他營業費用
應付所得稅、遞延所得稅負債及遞延所得稅資產之增減	所得稅費用

若非屬上述者（不符合歸類於營業活動項下），則繼續，判定上述科目係屬資產科目或負債及業主權益科目。若屬資產科目則應列入投資活動項下，若屬負債或業主權益科目則應列入融資（理財）活動項下。例如：

(1) 資產類（屬投資活動）：

①流動資產：

　　A. 受限制用途之銀行存款或現金（如質押之定期存款、備償存款等）。

　　B. 短期投資。

　　C. 其他應收款（非營業行為而產生者）。

　　D. 其他預付款（非營業行為而產生者）。

　　E. 短期墊款。

　　F. 其他流動資產（非營業行為而產生者）。

②非流動資產：

　　A. 基金、長期投資及應收款（非營業行為而產生者）。

　　B. 不動產、廠房及設備（如預付購置設備款、未完工程及租賃資產）。

　　C. 遞耗資產。

　　D. 無形資產（如商標權、專利權及開辦費）。

③其他資產（如非營業資產、閒置資產、存出保證金、催收款項、代付
　　款、暫付款、遞延借項、技術合作費、權利金、電腦軟體開發費等）。

(2) 負債類（屬融資活動）：

①流動負債：

　　A. 短期債務（如短期借款、銀行透支、應付股利等）。

　　B. 預收款項（非由營業活動產生）。

　　C. 其他流動負債（非由營業活動產生）。

②非流動負債：

　　A. 長期負債（如應付工程款、長期借款、應付分期帳款、應付租
　　　　賃負債等）。

　　B. 什項負債（如存入保證金、土地增值稅負債、代收款、暫收款
　　　　等）。

　　C. 遞延收入。

(3) 業主權益科目（屬融資活動）：

①股本。

②資本公積。

③保留盈餘（除本期損益部分，如股利等）。

　　由以上科目之性質可知，為何以此分類標準可判定其現金流量表之歸類
（屬資產科目者，其性質係屬投資活動，故列入投資活動項下；屬負債與業主
權益科目者，其性質係屬理財活動，故列入理財活動項下）。

　　綜上所述可得到一分類之基本精神：

1. 營業活動係包括：綜合損益表中各損益科目，但排除：(1)非動用到現
　　金之收入與費用；(2)非屬營業活動項下之收益與損失；(3)公報規定應
　　單獨列示者（大部分之流動資產與負債科目與營業有關係者）。

2. 投資活動係包括：非流動之資產科目及少部分之流動資產科目非營業
　　所產生者。

3. 理財活動係包括：非流動之負債科目，及少數流動負債且非營業所產
   生者與業主權益之科目。

16-4

現金流量表之格式與其編製

(一)現金流量表之格式

東吳公司

現金流量表

××年××月××日至××年××月××日

營業活動之現金流量：	
本期淨利	***
調整項目	***
營業活動之淨現金流量	***
投資活動之現金流量：	
投資活動之現金流入	***
投資活動之現金流出	(***)
投資活動之淨現金流量	***
融資活動之現金流量：	
融資活動之現金流入	***
融資活動之現金流出	(***)
融資活動之淨現金流量	***
本期現金與約當現金之增（減）數	***
加期初現金與約當現金數	***
期末現金與約當現金數	***

(二)現金流量表之編製

其編製首先須有當年度之綜合損益表、兩年度之資產負債表，及相關補充
資訊（說明何者項目有動到現金與否）。

再者，其編製之方法有直接法與間接法。實務上，企業大都以間接法編製。而直接法與間接法之差異，在營業活動之表達方式。

1. 間接法

是從綜合損益表之本期損益調整當期不影響現金之損益項目，及用來調整與損益有關之流動資產與負債（但排除短期投資及與營業無關之資產與負債項目）。

根據以上營業活動之分類精神，而採間接法編製營業活動之現金流量時，其方式如下：

> 營業活動之淨現金流量
> ＝本期淨利＋未動用到現金之收入－未動用到現金之支出
> ＋非營業交易之損失－非營業交易之利益±公報規定應單獨列示者
> （如，＋兌換損失，－兌換利益）
> ±用來調整損益之科目（如，－應收帳款增加，＋應收票據之減少，
> －流動資產增加數，＋流動資產減少數，－流動負債減少數，＋流動
> 負債增加數）

(1) 調整項目

如表16-5所示。

表16-5　不動用到現金之調整項目表

淨利加項	淨利減項
折舊	權益法投資利益
壞帳	公司債溢價攤銷
攤銷	應收帳款增加數
權益法投資損失	存貨增加數
公司債折價攤銷	應付帳款減少數
債券發行成本攤銷	應付費用減少數……
出售資產損失	等
應收帳款減少數	
存貨減少數	
預付費用減少數	

淨利加項	淨利減項
應付帳款增加數 應付費用增加數…… 等	

(2) 現金流量表之格式：間接法

東吳公司

現金流量表

××年××月××日至××年××月××日

營業活動之現金流量：	
本期淨利	***
調整項目	***
營業活動之淨現金流量	***
投資活動之現金流量：	
投資活動之現金流入	***
投資活動之現金流出	(***)
投資活動之淨現金流量	***
融資活動之現金流量：	
融資活動之現金流入	***
融資活動之現金流出	(***)
融資活動之淨現金流量	***
本期現金與約當現金之增（減）數	***
加期初現金與約當現金數	***
期末現金與約當現金數	***

(3) 補充資訊

利息費用付現	***
所得稅付現	***

2. 直接法

　　為直接列出與營業活動所產生之各項現金流入及現金流出項目，即將綜合損益表中與營業活動有關之各項目，由應計基礎轉換成現金基礎。

其內容包括下列項目：

(1) 銷貨之收現。

(2) 利息收入與股利收入之收現。

(3) 其他營業收益之收現。

(4) 進貨付現。

(5) 薪資付現。

(6) 利息費用付現。

(7) 所得稅費用付現。

(8) 其他營業費用付現。

由應計基礎轉換成現金基礎之公式：

(1) 收入類：

收入 − 流動資產增加數 + 流動資產減少數 + 流動負債增加數 − 流動負債減少數 = 收入收現數

如：

銷貨收入 − 應收帳款增加數 + 應收帳款減少數 + 預收貨款增加數 − 預收貨款減少數 = 銷貨收入收現數

(2) 費用類：

費用 + 流動資產增加數 − 流動資產減少數 − 流動負債增加數 + 流動負債減少數 = 費用付現數

如：

銷貨成本 − 應付帳款增加數 + 應付帳款減少數 + 預付費用增加數 − 預付費用減少數 = 進貨付現數

(1) 現金流量表之格式：直接法

大安公司

現金流量表

××年××月××日至××年××月××日

營業活動之現金流量：

    現金流入：

        銷貨之收現　　　　　　　　　　　***

        利息收入與股利收入之收現　　　***

        其他營業收益之收現　　　　　　***

    現金流出：

        進貨付現　　　　　　　　　　　(***)

        薪資付現　　　　　　　　　　　(***)

        利息費用付現　　　　　　　　　(***)

        所得稅費用付現　　　　　　　　(***)

        其他營業費用付現　　　　　　　(***)

        營業活動之淨現金流量　　　　　***

投資活動之現金流量：

        投資活動之現金流入　　　　　　***

        投資活動之現金流出　　　　　　(***)

        投資活動之淨現金流量　　　　　***

融資活動之現金流量：

        融資活動之現金流入　　　　　　***

        融資活動之現金流出　　　　　　(***)

        融資活動之淨現金流量　　　　　***

    本期現金與約當現金之增（減）數　***

    加期初現金與約當現金數　　　　　***

    期末現金與約當現金數　　　　　　***

(2) 補充資訊

營業活動之現金流量：

    本期淨利　　　　　　***

    調整項目　　　　　　***

    營業活動之淨現金流量　***

16-5

現金流量表編製倒推之公式法

從另一方面而言，現金流量表如一恆等式般，因為現金流量表最後答案為本期現金與約當現金增減數，由此可倒推其公式：

> 資產 ＝ 負債 ＋ 業主權益
>
> 累積數：現金 ＋ 其他資產 ＝ 負債 ＋ 業主權益現金
>
> ＝ 負債 ＋ 業主權益 － 其他資產

亦可以當期數表達：

> 本期現金與約當現金增（減）數
>
> ＝ 負債本期增（－減）數 ＋ 本期損益
>
> ＋ 股本本期增（－減）數 ＋ 資本公積本期增（－減）數
>
> － 其他資產本期增（＋減）數

> 本期現金與約當現金增（減）數
>
> ＝ 本期損益 － 其他流動資產本期增（＋減）數
>
> ＋ 流動負債本期增（－減）數 － 非流動資產本期增（＋減）數
>
> ＋ 流動負債本期增（－減）數 ＋ 股本本期增（－減）數
>
> ＋ 資本公積本期增（－減）數

由此公式可歸納出：

📖 表16-6 恆等式之現金流量歸類表

本期損益 － 其他流動資產本期增（＋減）數 ＋ 流動負債本期增（－減）數	排除不影響現金之收入與費用（＋費用，－收入）及不影響現金之資產與負債	屬營業活動
－非流動資產本期增（＋減）數	排除不影響現金之資產與負債	屬投資活動

+非流動負債本期增（–減）數＋股本本期增（–減）數＋資本公積本期增（–減）數	排除之股東權益與負債	屬融資活動

例子如下：

大安公司
綜合損益表

銷貨收入		5,000
銷貨成本		2,000
銷貨毛利		3,000
營業費用：		
折舊費用	200	
其他費用	800	1,000
本期純益		2,000

大安公司
比較資產負債表

		20A 年	20B 年	本期增減數
現金及約當現金		$ 5,000	$ 7,000	$ 2,000
存貨		10,000	8,000	(2,000)
土地		500,000	600,000	100,000
房屋		20,000	20,000	0
累計折舊		(200)	(400)	(200)
資產總額		$534,800	$634,600	$99,800
應付帳款		$ 14,000	$ 11,800	(2,200)
應付公司債		0	100,000	100,000
普通股		500,000	500,000	0
保留盈餘		20,800	22,800	2,000
負債與股東權益總額		$534,800	$634,600	$99,800

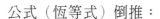
公式（恆等式）倒推：

保留盈餘	$2,000
普通股	0
應付公司債	100,000
應付帳款	（2,200）
減：	
存貨	（2,000）
土地	100,000
房屋	0
累計折舊	（200）
現金及約當現金增加數	$2,000

將公式中非屬動用到現金之項目排除：

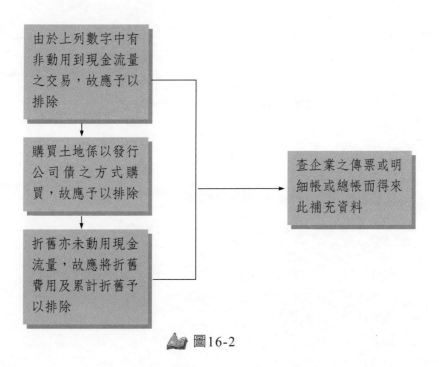

圖16-2

公式：

本期純益	$2,000	
折舊（已列入純益中）	200	（應予以排除）
存貨	2,000	
應付帳款	（2,200）	
土地（不動用現金不列入）		
累計折舊（不動用現金不列入）		
房屋	0	
普通股	0	
現金及約當現金增加數	$2,000	

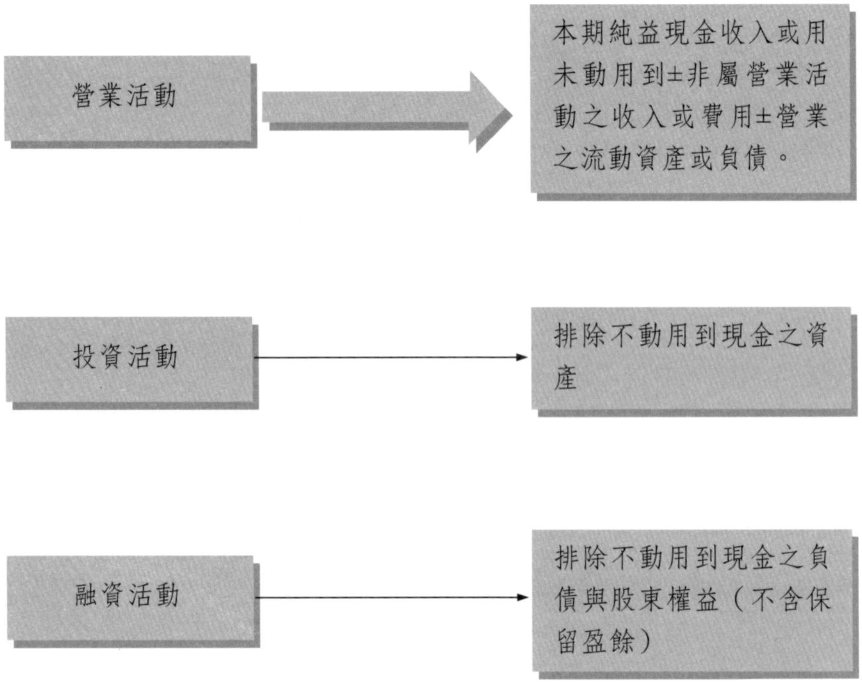

營業活動	本期純益現金收入或用未動用到±非屬營業活動之收入或費用±營業之流動資產或負債。
投資活動	排除不動用到現金之資產
融資活動	排除不動用到現金之負債與股東權益（不含保留盈餘）

圖16-3　編製出現金流量表

現金流量表

營業活動現金流量：	
本期純益	$2,000
加折舊	200
加存貨增加數	2,000
減應付帳款減少數	（2,200）
營業活動淨現金流入	2,000
投資活動現金流量：	
投資活動淨現金流入	0
融資活動現金流量：	
融資活動淨現金流入	0
本期現金及約當現之本期增加數	2,000
期初現金及約當現金餘額	5,000
期末現金及約當現金餘額	$ 7,000

16-6

證券發行人財務報告編製準則之規定

證券發行人財務報告編製準則（民國111年11月24日）

第14條

　　現金流量表係提供財務報告主要使用者評估發行人產生現金及約當現金之能力，以及發行人運用該等現金流量需求之基礎，即以現金及約當現金流入與流出，彙總說明企業於特定期間之營業、投資及籌資活動，其表達與揭露應依國際會計準則第七號規定辦理。

習題與解答 ⟶

一、選擇題

( ) 1. 表達企業在特定期間有關營業、投資及理財活動的現金流入與流出之動態報表，謂之　(A)資產負債表　(B)綜合損益表　(C)權益變動表　(D)現金流量表。

( ) 2. 下列何項應屬「營業活動之現金流入項目」？　(A)抵押借款取得現金　(B)應收帳款收現　(C)出售不動產、廠房及設備　(D)現金增資發行新股。

( ) 3. 下列何者不須表達於現金流量表？　(A)於集中市場買回庫藏股　(B)發放現金股利　(C)現金增資　(D)發放股票股利。

( ) 4. 甲公司將當年所提列之折舊費用編列在現金流量表的營業活動現金流量項下。試問：甲公司係以何種方法編製現金流量表？　(A)淨額法　(B)總額法　(C)直接法　(D)間接法。

( ) 5. 公司採直接法編製現金流量表，下列敘述，何者正確？　(A)若當年度有部分流通在外之可轉換公司債被轉換為普通股，此一事項應列入籌資活動之現金流量　(B)應在營業活動現金流量列入折舊費用，以作為調整項　(C)處分設備利得應列入營業活動現金流量之調整項　(D)銷貨收現應列於營業活動現金流量。

( ) 6. 華隆公司本年度稅後純益$100,000，綜合損益表中有：折舊$16,000，壞帳$2,000，出售不動產、廠房及設備利益$5,000，則該公司本年度營業活動之淨現金流入為　(A)$105,000　(B)$111,000　(C)$116,000　(D)$113,000。

( ) 7. 下列現金流量表之處理方式，何者錯誤？　(A)公司支付予其他企業的利息，得分類為籌資活動的現金流量　(B)公司支付予股東的現金股利，得分類為籌資活動的現金流量　(C)公司出售設備所得之現

金，應分類為投資活動的現金流量　(D)公司收取他人使用公司資產所支付的權利金，應分類為投資活動的現金流量。

(　) 8. 台光公司本年度純益$1,500,000，年中曾現金增資發行新股100,000股，每股售$12，償還抵押借款$400,000，發放現金股利$250,000，則理財活動之淨現金流入為　(A)$550,000　(B)$650,000　(C)$850,000　(D)$2,050,000。

(　) 9. 永光公司本年度銷貨淨額$300,000，期初應收帳款$25,000，期末應收帳款$32,000，則該公司本年度之營業活動因銷貨及帳款收現，而流入之現金為　(A)$300,000　(B)$307,000　(C)$293,000　(D)$243,000。

(　) 10. 尚德公司本年度銷貨成本$200,000，期初存貨$12,000，期末存貨$15,000，期初應付帳款$20,000，期末應付帳款$26,000，則該公司本年度之營業活動因進貨及帳款付現，而流出之現金為　(A)$200,000　(B)$209,000　(C)$203,000　(D)$197,000。

(　) 11. 下列有關現金流量表的敘述，何者正確？　(A)資本化之研究發展成本應分類為營業活動之現金流量　(B)償還借款利息與借款本金部分應分類為籌資活動之現金流量　(C)取得或出售自營或交易目的證券應分類為營業活動之現金流量　(D)現金或約當現金之項目間的移動應包含於營業活動之現金流量。

(　) 12. 羽田公司本年度銷貨收入為$280,000，銷貨退回$1,600，銷貨折扣$3,400，期初應收帳款$30,000，期末應收帳款$22,000，當年轉銷壞帳$1,000，期末提列備抵壞帳$1,400，則當年因銷貨及帳款收現而流入之現金為　(A)$288,000　(B)$283,000　(C)$272,000　(D)$267,000。

(　) 13. 乙公司X5年期初相關帳戶餘額為機器設備$36,000，累計折舊$9,000，保留盈餘$15,000。X5年期末相關帳戶餘額為機器設備$26,000，累計折舊$9,500，保留盈餘$29,000。X5年間乙公司賣了一部機器設備（成本$10,000，累計折舊$4,000），收到現金$7,000。乙公司X5年發放現金股利$8,000，假設其他相關資產與負債沒有任何變動，試問：X5年由營業產生之現金流量為何？　(A)$21,000

(B)$21,500　(C)$22,000　(D)$25,500。

(　　) 14. 企業以間接法編製現金流量表之「營業活動之現金流量」時，下列何者非屬本期淨利之調整項目？　(A)折舊費用　(B)處分不動產、廠房及設備利益　(C)採用權益法認列之損益份額　(D)備供出售金融資產未實現評價損益。

(　　) 15. 大立公司某年純益$50,000，當年度曾記列專利權攤銷$10,000，公司債溢價攤銷$20,000，折舊費用$30,000，壞帳費用$15,000，則由營業活動產生之現金流量為　(A)$65,000　(B)$70,000　(C)$85,000　(D)$125,000。

(　　) 16. 下列五項敘述：①未實現長期股權投資跌價損失屬於營業外損失；②應收帳款明細帳戶有貸差，必須列為流動負債；③庫藏股票採成本法入帳，編表時列股本減項；④現金流量表應按營業、投資及理財活動之現金流量排列；⑤財務會計認為營利事業所得稅為費用。敘述錯誤者有　(A)②④　(B)①③　(C)①④　(D)②③。

(　　) 17. 將成本$15,000之長期股權投資以$18,000價格售出，宣告並發放股票股利$10,000，沖銷壞帳$5,000，上列交易在現金流量表中之揭露為（營業活動以間接法表達）：

	營業活動	投資活動	理財活動
(A)	$8,000	$15,000	─
(B)	5,000	18,000	$(10,000)
(C)	─	15,000	(10,000)
(D)	(3,000)	18,000	─

(　　) 18. 下列項目中有幾項應列於現金流量表中之「理財活動之現金流量」？①支付利息費用②支付現金股利③收入現金股利④出售庫藏股票⑤處分不動產、廠房及設備　(A)一項　(B)二項　(C)三項　(D)四項。

(　　) 19. 甲公司X1年度資料：折舊費用$7,000，應付帳款減少$800，出售土地利得$8,000，支付現金股利$1,800，向銀行融資$4,200，購買設備$6,000，本期淨利$11,000，則間接法所算出之營業活動淨現金流入為　(A)$9,200　(B)$10,000　(C)$10,800　(D)$15,400。

( ) 20. 下列為甲公司X1年度部分財務資料：

本期淨利$12,600

應收帳款增加數3,800

存貨增加數2,200

應付帳款增加數4,000

折舊費用2,600

出售土地損失2,800

另外，甲公司出售土地收到現金$48,000，購買設備付現$37,000，支付現金股利$3,500。請問：甲公司X1年度投資活動之淨現金流量為若干？ (A)淨現金流入$8,200 (B)淨現金流入$11,000 (C)淨現金流出$11,000 (D)淨現金流入$13,800。

( ) 21. 丙公司本年度有關財務資料如下：①稅後淨利$90,000②提列折舊費用$15,000③應收帳款增加$2,000④應付帳款增加$10,000⑤預付費用增加$8,000⑥存貨增加$4,000⑦出售設備利益$13,000⑧發放現金股利$7,000。則由營業活動而產生的現金 (A)$70,000 (B)$63,000 (C)$83,000 (D)$82,300。

( ) 22. 本期純益$10,000，應收帳款餘額期末較期初增加$90，備抵壞帳增加$10，存貨減少$75，應付公司債溢價攤銷$240，應付帳款減少$380，應付股利增加$50，壞帳費用$10，則本期由營業活動產生之現金流量為 (A)$9,855 (B)$9,375 (C)$9,385 (D)$9,425。

( ) 23. 甲公司X1年發行公司債得現$1,000,000，現付公司債利息$100,000，現購存貨$1,900,000，現購庫藏股$300,000，現購不動產、廠房及設備$700,000，現金發行特別股$800,000，支付特別股現金股利$200,000，則X7年度因投資活動而發生之淨現金流入（出）為 (A)$700,000 (B)$2,600,000 (C)$1,000,000 (D)$2,900,000。

( ) 24. 同上題，該公司因理財活動而發生之淨現金流入為 (A)$1,600,000 (B)$1,300,000 (C)$1,800,000 (D)$1,200,000。

( ) 25. 下列何者非屬投資之現金流量？ (A)購買設備 (B)貸款予其他企業 (C)投資股票之股利收入 (D)收回對其他企業之貸款。

( ) 26. 甲公司X4年度的相關資料如下：

本期淨利$400,000

支付所得稅$70,000

支付利息$270,000

出售機器得款（含處分資產損失$100,000）$340,000

折舊費用$90,000

應收帳款提列呆帳$40,000

應收帳款淨額增加$60,000

根據以上資料，若甲公司對利息之收取與支付以及股利之收取均選擇列入營業活動，股利之支付則列入籌資活動，則甲公司X4年度來自營業活動之現金流量為多少？　(A)現金流量淨流入$450,000　(B)現金流量淨流入$460,000　(C)現金流量淨流入$530,000　(D)現金流量淨流入$570,000。

( ) 27. 下列何項應為營業活動之現金流量項目？　(A)支付現金股利　(B)應付票據屆期還本付息　(C)購入專利權　(D)現金增資發行特別股。

( ) 28. 丙公司X1年度資料：稅後淨利$110,000，折舊$70,000，應收帳款減少$8,000，售地利益$80,000，支付現金股利$18,000，發行長期票據得款$42,000，現購設備$60,000，則其理財活動淨現金流入為 (A)$108,000　(B)$60,000　(C)$42,000　(D)$24,000。

( ) 29. 乙公司X1年度資料：發行公司債得款$500,000，現付公司債利息$50,000，現購存貨$950,000，現購庫藏股$150,000，現購機器設備$350,000，發行特別股收現$400,000，支付特別股現金股利$100,000，則其理財活動之淨現金流入為　(A)$900,000 (B)$800,000　(C)$65,000　(D)$60,000。

( ) 30. 甲公司向銀行借款$2,000,000，購買運輸設備$800,000，另處分不動產、廠房及設備得款$400,000並產生處分損失$20,000，下列敘述，何者正確？　(A)籌資活動現金流量為淨流入$1,200,000　(B)投資活動之淨現金流量為淨流出$380,000　(C)處分不動產、廠房及設備之損失應作為營業活動現金流量之調整　(D)投資活動之淨現金流量為淨流出$800,000。

解答：

1. (D)　2. (B)　3. (D)　4. (D)　5. (D)　6. (D)　7. (D)　8. (A)　9. (C)
10. (D)　11. (C)　12. (B)　13. (D)　14. (D)　15. (C)　16. (B)　17. (D)　18. (B)
19. (A)　20. (B)　21. (A)　22. (B)　23. (A)　24. (B)　25. (C)　26. (C)　27. (B)
28. (D)　29. (C)　30. (C)

二、計算題

分錄計算編表

16-01　下列各項現金流入或流出，應歸屬於營業活動？投資活動？理財活動？
請逐項說明之。

(1) 現銷商品　　　　　　　　　(11) 出售不動產、廠房及設備之售價

(2) 應收帳款及應收票據收現　　(12) 貸款予關係企業

(3) 收取利息收入及股利收入　　(13) 購買股票及債券投資

(4) 現購商品　　　　　　　　　(14) 購買不動產、廠房及設備

(5) 償還貨欠及償付票款　　　　(15) 現金增資發行新股之售價

(6) 支付各項營業費用　　　　　(16) 舉借長期借款

(7) 支付稅捐　　　　　　　　　(17) 發行公司債售價

(8) 支付利息　　　　　　　　　(18) 支付現金股利

(9) 收回「貸出款項」　　　　　(19) 購買庫藏股

(10) 出售股票或債券投資　　　　(20) 償還公司債及抵押借款

解答：

營業活動之項目：(1)(2)(3)(4)(5)(6)(7)(8)。

投資活動之項目：(9)(10)(11)(12)(13)(14)。

理財活動之項目：(15)(16)(17)(18)(19)(20)。

16-02　在編製間接法之「現金流量表」中，下列各項，何者應列為營業活動之
現金流量？投資活動之現金流量？或理財活動之現金流量？

(1) 本期稅後純益

(2) 計提壞帳

(3) 計提折舊

(4) 專利權攤銷

(5) 長期股權投資（成本法）之現金股利

(6) 長期股權投資（權益法）之投資收入

(7) 出售投資損失

(8) 出售不動產、廠房及設備利益

(9) 本期應收帳款增加數

(10) 本期存貨減少數

(11) 本期應付票據減少數

(12) 出售機器設備之價款

(13) 出售長期投資之價款

(14) 購買土地

(15) 購買長期債券投資

(16) 現金增發新股之售價

(17) 發行公司之售價

(18) 本期長期應付票據增加

解答：

營業活動之現金流量：(1)(2)(3)(4)(5)(6)(7)(8)(9)(10)(11)。

投資活動之現金流量：(12)(13)(14)(15)。

理財活動之現金流量：(16)(17)(18)。

16-03 台南公司民國X1年度綜合損益表如下：

銷貨收入		$200,000
銷貨成本		
期初存貨	$25,000	
進貨	225,000	
期末存貨	(180,000)	(70,000)
折舊費用		(20,000)
壞帳費用		(8,500)
專利權攤銷		(15,000)
薪資費用		(25,000)
保險費用		(2,500)
投資損失（權益法）		(4,000)
所得稅費用		(13,750)
本期純益		$41,250

其他補充資料如下：

① 應收帳款淨額（減除備抵壞帳後淨額）增加數$50,500。

　② 預付保險費增加$5,000。

　③ 期初應付薪資$8,000，期末應付薪資$2,000。

　④ 期初應付所得稅$5,000，期末應付所得稅$13,750。

　⑤ 期初應付帳款$30,000，期末應付帳款$45,000。

　⑥ 當年度支付現金股利$30,000。

試作：

(1) 計算台南公司X1年度由營業活動產生之現金流量。

(2) 請評論台南公司X1年度本期淨利與營業活動現金流量金額差異之原因。

解答：

(1) 本期淨利　　　　　　　　　　$41,250

　　調整項目

　　折舊費用　　　　　　　　　　20,000

　　專利權攤銷　　　　　　　　　15,000

　　投資損失　　　　　　　　　　4,000

　　應收帳款淨額增加　　　　　(50,500)

　　預付保險費增加　　　　　　(5,000)

　　應付薪資減少　　　　　　　(6,000)

　　應付所得稅增加　　　　　　8,750

　　應付帳款增加　　　　　　　15,000

　　存貨增加　　　　　　　　(155,000)

　　營業活動淨現金流出　　　$(112,500)

(2) ①本期淨利為$41,250，但因前述調整項目，例如存貨增加，應收帳款增
　　　加……等原因，導致本期營業活動產生現金淨流出$112,500。

　　②會導致應收帳款增加，有可能是為增加銷貨，而延長授信期間，亦有可
　　　能應收帳款之品質變差，催收績效不佳等情形產生。

　　③本年進貨225,000，卻只賣出70,000，須深入了解是否受到上游塞貨，亦
　　　或是存貨管理不當所造成。

16-04　彥武公司X0、X1年終資產負債表資料如下：

	X1年終	X0年終		X1年終	X0年終
現金	$ 30,000	$ 10,000	應付帳款	$ 30,000	$ 25,000
應收帳款(淨)	50,000	30,000	長期借款	20,000	40,000
存貨	30,000	50,000	股本@ $10	240,000	100,000
設備	315,000	200,000	保留盈餘	50,000	75,000
累計折舊	(85,000)	(50,000)			
合計	$ 340,000	$240,000	合計	$340,000	$240,000

另於X0年中：

(1)現購設備$75,000。

(2)按面值增資發行新股10,000股。

(3)以股票40,000股換入設備，股票面值與市價相同。

(4)本期純益$40,000。

試為該公司編製X1年度現金流量表。

解答：

彥武公司

現金流量表

X1年度

營業活動之現金流量		
本期純益	$40,000	
加：折舊	35,000	
存貨減少	20,000	
應付帳款增加	5,000	
減：應收帳款增加	(20,000)	
營業活動之淨現金流入		$80,000
投資活動之現金流量		
現購設備		(75,000)
投資活動之淨現金流出		
理財活動之現金流量		
發行新股收現	$100,000	
發放現金股利	① (65,000)	

償還長期借款	（20,000）	
理財活動之淨現金流入		15,000
本期現金增加		$20,000
加：期初現金餘額		10,000
期末現金餘額		$30,000

現金流量補充說明：

發行股票 40,000 股@$10	$40,000	
換入設備（市價）	（40,000）	

相關計算：

① 由「保留盈餘」科目推算：

　期初$75,000 － 現金股利X ＋ 本期純益$40,000 ＝ 期末$50,000

　得：X ＝ $65,000

	X1年終	X1年初		X1年終	X1年初
現金	$ 40,000	$ 50,000	應付帳款	$ 40,000	$ 30,000
應收帳款	76,000	64,000	股本@$10	230,000	150,000
備抵壞帳	（6,000）	（4,000）	股本溢價	20,000	0
存貨	80,000	30,000	保留盈餘	45,000	30,000
機器設備	190,000	90,000			
累計折舊	45,000	（20,000）			
合計	$335,000	$210,000	合計	$335,000	$210,000

16-05 建台公司X1年度相關資料如下：

另悉該公司X1年度：

(1)有一部機器因不符使用而售出，得款$32,000，其成本為$40,000，
　累計折舊為$10,000。

(2)現金增資發行新股8,000股，每股售價$12.50。

(3)另有新增機器皆為現購。

(4)年中曾發放現金股利$25,000。

(5)本年度曾實際發生壞帳,沖銷$3,000。年終提列壞帳$5,000。

試依上述資料代為編製現金流量表。

解答:

建台公司

現金流量表

X1年度

營業活動之現金流量		
本期純益　　　(1)	$40,000	
加:折舊　　　(2)	35,000	
壞帳	5,000	
應付帳款增加	10,000	$90,000
減:應收帳款增加 (3)	(15,000)	
存貨增加	(50,000)	
出售機器利益	(2,000)	(67,000)
營業活動之淨現金流入		$23,000
投資活動之現金流量		
出售機器設備價款	$32,000	
現購機器設備　(4)	(140,000)	
投資活動之淨現金流出		(108,000)
理財活動之現金流量		
發行新股股利	$100,000	
發放現金股利	(25,000)	
理財活動之淨現金流入		75,000
本期現金減少		($10,000)
加:期初現金餘額		50,000
期末現金餘額		$40,000

相關計算:

(1) 由保留盈餘科目:$(30,000 + X − 25,000) = $45,000　X = $40,000

(2) 由累計折舊科目:$(20,000 − 10,000) + X = $45,000　X = $35,000

(3) 由應收帳款科目:調整前帳面餘額 − 期初帳面餘額=本期帳款增加

　　$[(76,000 − 1,000) − (64,000 − 4,000)] = $15,000

(4) 由機器設備科目：$(90,000－40,000) + X = $190,000　X = $140,000

16-06 中信公司X1年及X0年之比較資產負債表如下：

中信公司
比較資產負債表

科目名稱	X1年12月31日	X0年12月31日
現金	$ 215,700	$ 107,000
應收帳款	182,000	234,000
土地	180,000	260,000
建築物	700,000	700,000
累計折舊—建築物	(150,000)	(100,000)
資產總額	$1,127,700	$1,201,000
應付帳款	$ 123,700	$ 311,000
普通股股本	750,000	690,000
保留盈餘	254,000	200,000
負債與權益總額	$1,127,700	$1,201,000

其他資料如下：

① X1年中信公司淨利為$279,000。

② X1年宣告與發放的股利為$225,000，公司列為籌資活動。

③ 除了「累計折舊」外，公司「非流動資產」的變動都對現金流量有
　 直接影響。

④ X1年「土地」出售金額為$59,000。

試作：

(1) X1年度營業活動之淨現金流量。

(2) X1年度投資活動之淨現金流量。

(3) X1年度籌資活動之淨現金流量。

(4) X1年度之自由現金流量（free cash flow）。

解答：

(1) X1年度營業活動之淨現金流量 = $214,700（流入）

　 營業活動之現金流量

　 本期淨利 　　　　　　　　　　　　　　　　　　　　　　$279,000

　 調整

處分土地損失$（59,000 － 80,000） $(21,000)

折舊費用$(150,000 － 100,000) 50,000

應收帳款減少$(182,000 － 234,000) 52,000

應付帳款減少$(123,700 － 311,000) (187,300) (64,300)

營業活動之淨現金流入 $214,700

(2)X1年度投資活動之淨現金流量 = $59,000（流入）

(3)X1年度籌資活動之淨現金流量 = $(750,000 － 690,000) － $225,000

= $165,000（流出）

(4)X1年度之自由現金流量 = $(214,700 － 0 － 225,000) = －$10,300

	X1年終	X0年初		X1年終	X0年初
現金	$75,000	$60,000	應付票據	$60,000	$66,000
應收帳款（淨）	91,000	105,000	公司債	56,000	70,000
存貨	63,000	87,000	公司債溢價	3,000	5,000
土地	88,000	73,000	普通股本	200,000	225,000
機器設備	120,000	130,000	保留盈餘	68,000	58,000
累計折舊	(60,000)	(46,000)			
專利權	10,000	15,000			
合計	$387,000	$424,000	合計	$387,000	$424,000

16-07 興隆公司比較資產負債表及相關資料如下：

另悉本年度：

(1)本期淨利$56,000。

(2)按面額收回普通股$25,000作為庫藏股。

(3)本年計提折舊$20,000。

(4)出售舊機器得款$5,000，成本$10,000，累計折舊$6,000。

(5)按帳面價值（面值$14,000，溢價$2,000）以現金贖回公司債並註銷。

(6)發放現金股利$46,000。

試為該公司編製X1年度現金流量表。

興隆公司
現金流量表
X1年度

營業活動之現金流量		
本期淨利	$56,000	
加：折舊	① 20,000	
各項攤銷	5,000	
應收帳款減少	14,000	
存貨減少	24,000	$119,000
減：出售機器利益	（1,000）	
應付票據減少	（6,000）	（7,000）
營業活動之淨現金流入		$112,000
投資活動之現金流量		
出售房屋售價	$5,000	
購入土地	（15,000）	
投資活動之淨現金流出		（10,000）
理財活動之現金流量		
收回普通股	（$25,000）	
償還公司債	（16,000）	
發放現金股利	（46,000）	
理財活動之淨現金流出		（87,000）
本期現金增加		$15,000
期初現金餘額		60,000
期末現金餘額		$75,000

解答：

相關計算：

	比較資產負債表		損益表	
	X0年底	X1年底	X1年度	
現金	$4,000	$22,500	銷貨收入	$110,000
應收帳款（淨額）	6,000	5,500	銷貨成本	82,500
存貨	12,000	10,000	銷貨毛利	$27,500
固定資產（淨額）	80,000	73,000	營業費用	19,500
合計	$102,000	$111,000	本期淨利	$8,000
流動負債	7,000	7,500		
普通股本	90,000	100,000		
保留盈餘	5,000	3,500		
合計	$102,000	$111,000		

① $[60,000 - (46,000 - 6,000)] = $20,000$

16-08 正大公司X1年度比較資產負債表及綜合損益表資料如下：
該公司X1年度未曾添購或出售任何不動產、廠房及設備，流動負債均因賒購商品而發生。則X1年度之：

( ) 1. 現金基礎下銷貨成本為　(A)$80,000　(B)$80,500　(C)$84,500　(D)$85,000。

( ) 2. 現金流量表中營業活動淨現金流入為　(A)$10,000　(B)$11,000　(C)$12,000　(D)$18,000。

( ) 3. 現金流量表中理財活動淨現金流入為　(A)$500　(B)$8,500　(C)$9,000　(D)$10,000。

( ) 4. 存貨周轉次數為　(A)6.5次　(B)7次　(C)7.5次　(D)8次。

解答：

1.(A)　2.(D)　3.(A)　4.(C)

1. $(12,000 + X - 10,000) = $82,500$　$X = $80,500$（進貨）

　$(Y + 7,500 - 7,000) = $80,500$　$Y = $80,000$　(A)

2. $[8,000 + (80,000 - 73,000) + (6,000 - 5,500) + (12,000 - 10,000) + (7,500 - 7,000)] = $18,000$　(D)

3. 分析保留盈餘：$(5,000 + 8,000 - 3,500) = $9,500$（股利分配）

$(100,000 - 90,000) - \$9,500 = \$500$　(A)

資產負債表科目	X1年終	X1年初	綜合損益表科目	X1年度
應收帳款	$54,000	$50,000	銷貨淨額	$320,000
應收利息	500	600	股利收入	6,700
存貨	37,000	40,000	利息收入	5,000
預付貨款	1,800	2,200	銷貨成本	185,000
應付帳款	40,700	42,000	營業費用	92,000
應付營業費用	3,800	2,100	利息費用	14,000
應付利息	1,300	1,700	所得稅	9,000
應付所得稅	3,600	2,800		

4. $\dfrac{\$82,500}{1/2\ \$(12,000+10,000)} = 7.5$次　(C)

16-09 尖美公司X1年度部分資料如下：

補充資料：

(1)綜合損益表科目，除股利收入以現金基礎認列外，其餘各科目均以權責基礎認列。

(2)營業費用中包含折舊費用$8,500。

試為該公司編製營業活動部分（直接法）之現金流量表，並請列式計算各項目金額。

解答：

尖美公司

現金流量表（營業活動部分）（直接法）

民國X1年度

營業活動之現金流量		
現金流入：		
銷貨收現	① $316,000	
股利收入收現	6,700	
利息收入收現	② 5,100	$327,800
現金流出：		
進貨付現	③ $182,900	
營業費用付現	④ 81,800	
利息費用付現	⑤ 14,400	
所得稅費用付現	⑥ 8,200	287,300
營業活動淨現金流入		$ 40,500

計算：

① 銷貨收入－應收帳款增加數＝現金基礎之銷貨

$[320,000 - (54,000 - 50,000)] = \$316,000$

② 利息收入－應收利息增加數＝現金基礎之利息收入

$[5,000 - (500 - 600)] = \$5,100$

③ 期初存貨＋本期進貨－期末存貨＝銷貨成本

$[40,000 + X - 37,000] = \$185,000$

得 $X = \$182,000$ 進貨，再代入：

進貨－應付帳款增加數＋預付貨款增加數＝現金基礎之進貨

$[182,000 - (40,700 - 42,000) + (1,800 - 2,200)] = \$182,900$

④ 營業費用－應付營業費用增加數－折舊＝現金基礎之利息費用

$[92,000 - (3,800 - 2,100) - 8,500] = \$81,800$

⑤ 利息費用－應付利息增加數＝現金基礎之利息費用

$[14,000 - (1,300 - 1,700)] = \$14,400$

⑥ 所得稅費用－應付所得稅增加數＝現金基礎之所得稅費用

$[9,000 - (3,600 - 2,800)] = \$8,200$

16-10 千力公司相關財務資料如下：

比較資產負債表
民國X1及X0年12月31日

	X1年終	X0年終		X1年終	X0年終
現金及約當現金	$36,000	$24,000	應付票據	$48,000	$33,000
應收帳款	57,000	50,000	應付利息	10,000	16,000
減：備抵壞帳	(3,000)	(2,000)	應付所得	12,000	9,000
存貨	25,000	28,000	公司債	24,000	0
預付費用	7,000	6,000	普通股本	200,000	160,000
長期投資	100,000	80,000	保留盈餘	88,000	82,000
土地	80,000	0			
房屋	120,000	160,000			
減：累計折舊	(40,000)	(46,000)			
合計	$382,000	$300,000	合計	$382,000	$300,000

綜合損益表
X1年度

銷貨收入		$400,000
銷貨成本		300,000
毛利		$100,000
營業費用		
壞帳	$9,000	
折舊	14,000	
薪金	5,000	28,000
營業淨利		$72,000
投資收入	$9,000	
售屋利益	8,000	
利息費用	(3,000)	14,000
稅前淨利		$86,000
所得稅		20,000
稅後淨利		$66,000

補充資料：本年曾發生

(1) 發放現金股利$60,000

(2) 實際沖銷壞帳$8,000

　　年終計提壞帳$9,000

(3) 出售房屋得款$28,000

　　成本$40,000

　　累計折舊$20,000

試為該公司編製X1年度現金流量表。

解答：

千力公司

現金流量表

X1年度

營業活動之現金流量		
稅後純益	$66,000	
折舊	14,000	
售屋利益	(8,000)	
應收帳款增加 ①	(6,000)	
存貨減少	3,000	
預付費用增加	(1,000)	
應付票據增加	15,000	
應付利息減少	(6,000)	
應付所得稅增加	3,000	
營業活動之淨現金流入		$80,000
投資活動之現金流量		
出售房屋售價	$28,000	
購買長期投資	(20,000)	
購買土地	(80,000)	
投資活動之淨現金流金		(72,000)
融資活動之現金流量		
發行股票售價	$40,000	
發行公司債售價	24,000	
發放現金股利	(60,000)	
融資活動之淨現金流入		4,000
本期現金及約當現金增加		$12,000
加：期初現金及約當現金餘額		24,000
期末現金及約當現金餘額		$36,000

相關計算：

① 期末帳款淨額 − 期初帳款淨額＝本期帳款增加數

　$(57,000 − 3,000) − $(50,000 − 2,000) = $6,000

第十七章

財務報表分析

17-1

財務報表分析之意義與功能

　　財務報表分為資產負債表、綜合損益表、業主權益變動表與現金流量表四大報表。資產負債表表示企業之資產（擁有之資源）、負債（欠債權人之款項）及股東權益（股東所擁有之價值）之情況，及特定日之財務狀況，為一存量及靜態（累積數）之報表，其有一恆等式：資產 = 負債 + 股東權益。綜合損益表表示企業某段期間之獲利情況及經營成果，為一流量及動態（當期數）之報表，其中包括收入、費用、利得與損失。業主權益變動表表示企業股東權益之變動，為一存量及靜態（累積數）之報表，其中包括股本、資本公積與保留盈餘等之增加或減少。現金流量表為以現金流入與流出，彙總說明企業於特定期間之營業、投資與融資活動，為一流量及動態（當期數）之報表，其中包括營業、投資與融資活動之現金流量。

　　其主要之意義在幫助報表之使用者，利用分析之方法，評估企業之經營績效，以作為決策之用。

表17-1　財務報表之功能

投資者	債權人
使其可知：	使其可知：
企業過去營運績效，及其未來趨勢。	企業過去營運績效，及其未來趨勢。
企業過去淨利之變化，及其未來趨勢。	企業過去淨利之變化，及其未來趨勢。
企業過去之財務狀況，及其未來趨勢。	企業過去之財務狀況，及其未來趨勢
企業之負債結構與資本結構，對將來籌資狀況之了解。	企業之未來償債情況。
企業與其他企業相比較之狀況。	

比率分析之方法與項目

財務報表分析可分為靜態（垂直）與動態（水平）分析兩種。

所謂靜態分析為同一年度財務報表各項目加以比較分析，以找出其間之關係，如以銷貨收入為100%。其他損益科目作為其分子百分比之當年度綜合損益表比例，又如當年度之銷貨毛利率。

所謂動態分析為將不同年度同一比例予以比較，如趨勢分析、增減變動分析。

比較之種類：

1. 同一期間項目與項目之比較：

   (1) 同一報表之科目相互比較：如銷貨毛利與銷貨收入比較，產生銷貨毛利率。

   (2) 同一報表之類與類之比較：如流動資產與流動負債比較，產生流動比率。

   (3) 同一報表科目與類之比較：如存貨與資產比較，產生存貨占資產比率。

   (4) 不同報表之科目與科目比較：如銷貨收入與存貨比較，產生存貨周轉率。

   (5) 不同報表之類與類比較：如負債與資產比較，產生負債比率。

   (6) 不同報表之科目與類比較：如銷貨收入與資產比較，產生資產周轉率。

2. 不同期間同一科目、同一類或同一比率之比較：

   (1) 前後期報表同一科目、同一類或同一比率以得出其增加或減少。

   (2) 連續數年（五年）針對同一科目、同一類或同一比率之比較，以推測未來趨勢。

3. 同一期間某一標準或某一水準之比較：

   (1) 與同業平均水準或競爭者之水準比較。

   (2) 與預算比較。

財務報表比率分析為利用公司之財務資訊計算出財務比率，其中包括：

1. 償債能力分析

即可測量出企業之短期償債能力。如：

(1) 流動性比率 ＝ 流動資產／流動負債。原則上，其值以2為宜，但愈大愈表示該企業短期償債能力之安全性。

(2) 速動性比率分析 ＝（流動資產 － 存貨 － 預付費用）／流動負債。原則上，其值以大於1為宜，愈大表示該企業短期償債能力之安全性更強。

(3) 利息保障倍數 ＝ 息前稅前純益／本期利息支出。原則上，其值愈大愈表示該企業償還利息之能力為佳。

(4) 固定費用涵蓋比率 ＝（息前稅前純益 ＋ 租賃支出）／〔本期利息支出 ＋ 租賃支出 ＋ 償債基金（1 － 稅率）〕。原則上，其值愈大愈表示該企業償還固定費用之能力為佳。

2. 財務結構分析

以衡量企業之財務結構與長期償債能力是否健全。如：

(1) 負債比率分析（負債占資產比率）＝ 負債總額／資產總額。原則上，其值以不高於50%為宜，值愈小表示該企業自有資金愈高，其財務較穩健。

(2) 長期資金占資產比率 ＝（股東權益淨額 ＋ 長期負債）／不動產、廠房及設備淨額。原則上，其值以高於1為宜，值愈大愈表示該企業皆以長期資金供應長期性之資產。其值小於1表示企業以短期資金支付不動產、廠房及設備，如此將造成企業財務狀況不良。

3. 經營能力分析

利用某些資產之營運績效，以衡量企業之經營狀況是否健全，績效是否良好。如：

(1) 應收款項（包括應收帳款及因營業行為而產生之應收票據）周轉率（次）＝ 銷貨淨額／平均應收款項（平均應收款項為期初應收款項與

期末應收款項之平均數）。原則上，其值以不低於4次為宜，值愈大表示該企業對應收款項之管理愈佳。

(2) 應收款項（包括應收帳款及因營業行為而產生之應收票據）周轉天數 = 365／應收款項周轉率。原則上，其值以不高於90天為宜，天數愈少表示該企業對應收款項收款之管理愈佳。

(3) 存貨周轉率（次）= 銷貨成本／平均存貨（平均存貨為期初存貨與期末存貨之平均數）。原則上，其值以不低於4次為宜，值愈大表示該企業對存貨之管理愈佳。

(4) 存貨周轉天數 = 365／存貨周轉率。原則上，其值以不高於90天為宜，天數愈少表示該企業對存貨出售之管理愈佳。

(5) 不動產、廠房及設備周轉率 = 銷貨淨額／不動產、廠房及設備淨額。其周轉率愈高，代表不動產、廠房及設備之利用績效愈佳。

(6) 總資產周轉率 = 銷貨淨額／資產總額。其周轉率愈高，代表總資產之利用績效愈佳。

4. 獲利能力分析

為衡量企業獲利之能力及投資者報酬率等。如：

(1) 資產報酬率=〔稅後損益 + 利息費用×（1 － 稅率）〕／平均資產總額。此係衡量企業資產運用之效率，其值愈大表示該企業對資產之管理所得之報酬愈佳。

(2) 股東權益報酬率 = 稅後損益／平均股東權益淨額。此係衡量股東投入之資金運用之效率，其值愈大表示該股東對企業之投資，所得之報酬愈佳。

(3) 純益率 = 稅後損益／銷貨淨額。此係衡量企業之經營能力獲利性，其值愈大表示企業之經營能力愈佳。

(4) 每股盈餘 =（稅後淨利 － 特別股股利）／加權平均已發行股數。此係衡量企業之經營能力與獲利性，顯示每股之價值，其值愈大表示企業之經營能力愈佳。

(5) 本益比 = 每股市價／每股盈餘。本益比愈低，企業股價之風險較低；本益比愈高，企業股價之風險較高。

5. 現金流量分析

為衡量企業現金之來源與運用。如：

565

(1) 現金流量比率 ＝ 營業活動淨現金流量／流動負債。此係衡量企業營運資金之來源與運用。原則上，其值以愈大愈表示該企業短期資金之來源與運用較具安全性。

(2) 現金流量允當比率 ＝ 最近五年度營業活動淨現金流量／最近五年度（資本支出＋存貨增加額＋現金股利）。

(3) 現金再投資比率 ＝（營業活動淨現金流量－現金股利）／（不動產、廠房及設備毛額＋長期投資＋其他資產＋營運資金）。

6. 槓桿度分析

衡量企業之經營風險與財務風險。如：

(1) 營業槓桿度 ＝（營業收入淨額－變動營業成本與費用）／營業利益。其營業槓桿度愈大表示該企業之營業風險與報酬愈大。如，若經濟景氣好之情況，則企業之營業報酬愈大；若經濟景氣差之情況，則企業之營業報酬愈差，風險愈大。但營業槓桿度值愈小表示該企業之營業風險與報酬愈小。如，若經濟景氣好之情況，則企業之營業報酬較小；若經濟景氣差之情況，則企業之營業風險亦較小。

(2) 財務槓桿度 ＝ 營業利益／（營業利益－利息費用）。其財務槓桿度愈大表示該企業之借款風險與報酬愈大。如，若經濟景氣好之情況，則企業之獲利愈大；若經濟景氣差之情況，則企業之償債風險愈大。但其財務槓桿度愈小表示該企業之借款風險報酬愈小。如，若經濟景氣好之情況，則企業之獲利較小；若經濟景氣差之情況，則企業之償債風險愈小。

財務報表大都採用比較分析與趨勢分析。所謂比較分析是將公司之財務比率或資訊與其他公司或同業作比較，以洞察出其差異。而趨勢分析為公司將多年之財務比率或資訊自行作趨勢比較分析，以看出企業未來之趨勢發展。如X2年度之財務比率分析。其外部資料之來源可從公司自行蒐集同業之資訊、銀行公會之行業別比率分析與鄧白氏公司（D＆B）之相關資料等。

企業也可參考理想財務報表之百分比，作為公司財務分析之依據。

另由下表可知理想財務報表之百分比：

資產負債表

· 流動資產：	60%		負債：	40%	
·	速動資產	30%	流動負債		30%
·	存貨	30%	長期負債		10%
· 固定資產：	40%		股東權益：	60%	
·			股本		30%
·			資本公積		10%
·			保留盈餘		20%
· 總計：	100%		總計：	100%	

綜合損益表

銷貨收入		100%
銷貨成本		75%
銷貨毛利		25%
營業費用：		13%
推銷費用	5%	
管理費用	4%	
研發費用	4%	
營業利益		12%
營業外損益		1%
稅前損益		11%
所得稅		3%
稅後純益		8%

企業作財務比率分析時，亦須與其他公司及同業之數據予以比較，如此可知企業之優劣點。

另由表17-2可知東吳建設公司與其他公司及同業之比較財務分析。

表17-2　大安建設公司與其他公司財務比率之比較表

項目／年度		I				II			
		大安	冠德	三采	同業	大安	冠德	三采	同業
財務結構	負債占資產比例	82.27%	54.22%	75.27%	62.10%	39.77%	52.96%	60.57%	61.61%
	長期資金占不動產、廠房及設備比例	1526.97%	580.87%	919.00%	531.91%	1566.73%	58.62%	620.00%	389.11%
償債能力	流動比例	141.53%	183.67%	131.00%	155.50%	200.56%	190.44%	155.00%	142.80%
	速動比例	5.15%	29.78%	32.00%	14.90%	34.34%	42.67%	56.00%	10.40%
	利息保障倍數	−273.71	10.09	1.28	NA	18.69	17.27	1.92	NA
經營能力	應收款項周轉率	1.11	6.71	4.5	8.6	3.64	3.37	4.26	8.9
	應收款項收現日數	329	54	81	42	100	108	86	41
	存貨周轉率	0.0003	0.76	0.68	0.5	1.3343	0.77	0.92	0.4
	平均售貨日數	1216667	480	537	730	273	475	397	913
	不動產、廠房及設備周轉率	0.0876	5.74	19	4.8	46.7821	5.19	14	2.7
	總資產周轉率	0.0024	0.53	0.54	NA	1.4123	0.51	0.86	NA
獲利能力	資產報酬率	−0.71%	6.39%	6.00%	5.20%	26.97%	5.70%	8.00%	2.30%
	股東權益報酬率	−3.57%	16.18%	23.00%	13.80%	74.33%	11.73%	25.00%	5.90%
	占實收資本比例（營業利益）	−4.89%	28.93%	31.00%	NA	144.48%	22.04%	33.00%	NA
	（稅前純益）	−3.82%	25.32%	33.00%	NA	123.98%	21.95%	34.00%	NA
	純益率（稅後）	−291.98%	9.82%	9.00%	12.70%	18.08%	10.30%	10.00%	6.50%
	每股盈餘	−0.39	2.23	3.61	NA	12.55	2.2	3.41	NA

　　杜邦分析圖：爲杜邦公司發展出來用以找出改善經營績效之方法。其目標在追求股東權益報酬率最大。其公式爲：純益率×資產周轉率。

　　由圖17-1可知，其杜邦圖之財務分析案例。

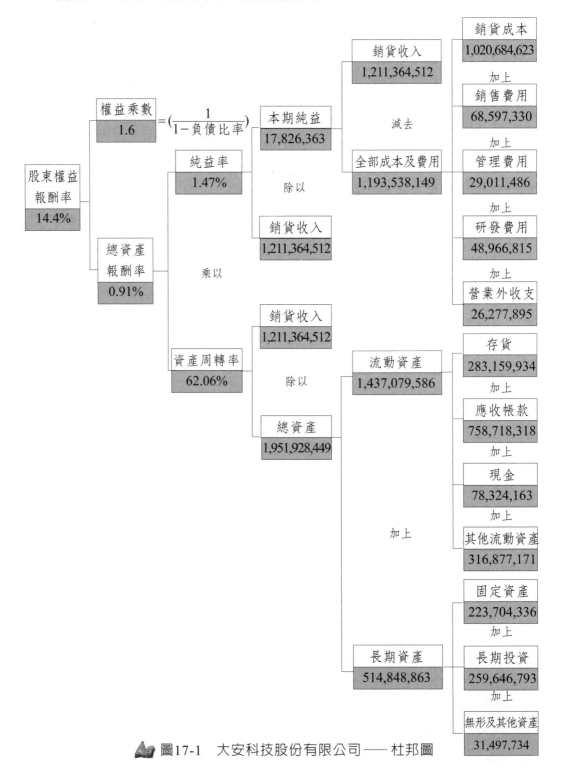

📖 圖17-1　大安科技股份有限公司 —— 杜邦圖

17-3

財務比率之使用者與用途

財務比率之使用者與用途如下：

1. 管理當局利用財務比率分析以規劃、控制、改善營運績效及財務狀況，與預防營業及財務危機。

2. 債權人（金融機構）利用財務比率分析來評估企業之獲利、償債能力及控管債權人。

投資者（投資之法人）利用財務比率分析來評估企業之營業績效、成長情況與獲利、償債能力，進而投資公司。

17-4

財務比率之限制

1. 同業之財務比率難以合理取得與比較。由於各企業成長方式不同、產業亦難以取得有意義之資訊以供比較。

2. 各企業採用之會計方法不一，將造成比較困難。如，折舊方法、存貨計價方法等。

3. 財務比率較不具攸關性，因為此資料皆以歷史資料為主，故無法預測未來性。

4. 企業之財務資料有時為窗飾之資料。

財務資訊無法反應現實之價值。如，土地等以歷史成本為價值，非以現實之市價。數據無法表示通貨膨脹之情況。

習題與解答

一、選擇題

( ) 1. 流動比率2.5，存貨占流動資產1/3，預付費用$5,000，流動負債為
$18,000，則速動資產為 (A)$20,000 (B)$25,000 (C)$30,000
(D)$35,000。

( ) 2. 丁公司某年終資產負債表顯示，流動資產$290,000（內含存貨
$130,000及預付費用$15,000），流動負債$145,000（內含預收收
入$29,000），則其速動比率 (A)1：1 (B)1.25：1 (C)2：1
(D)2.5：1。

( ) 3. 甲商店流動比率為2，速動比率為1，若以現金支付預付費用後，將使
(A)流動比率下降 (B)速動比率下降 (C)兩種比率均下降 (D)兩種
比率均不變。

( ) 4. 丙公司之流動比率200%，速動比率100%，今若現購商品（採帳面結
存制），將使 (A)流動比率下降 (B)速動比率下降 (C)兩種比率
皆下降 (D)兩種比率皆不變。

( ) 5. 在應計制下，應收帳款實際發生壞帳，沖銷債權，將使①流動比率降
低；②本期淨利減少；③流動資金減少；④應收帳款周轉率提高。上
述四項，正確者有 (A)一項 (B)二項 (C)三項 (D)四項。

( ) 6. 財務報表分析中，動態分析是 (A)縱之分析 (B)橫之分析 (C)同
一會計期間的比較 (D)將相關科目以比率方式分析。

( ) 7. 若一公司的總資產報酬率為12%，銷貨毛利率為20%，淨利率為6%，
則其總資產周轉率大約為幾倍？ (A)3.33倍 (B)2倍 (C)1.33倍
(D)0.6倍。

( ) 8. 下列敘述中，有哪幾項是錯誤的？①流動比率常被用來衡量短期償債
能力的指標；②兩家公司運用資金相同，則流動比率也一定相同；

③以現金償還貨欠，流動比率不變；④編製現金流量表時，凡不影響現金流量之交易，就不需編入與揭露　(A)①②③　(B)②③④　(C)①②④　(D)①③④。

(　) 9. 下列何者不包含在速動資產之內？　(A)銀行存款　(B)應收票據　(C)預付費用　(D)短期投資。

(　) 10. 甲公司X3年平均應收帳款為$150,000，平均存貨為$60,000，當年度銷貨收入為$1,500,000，毛利率為40%。若一年以360天計，且甲公司之進貨均為現購，則該公司營業週期是多少？　(A)25天　(B)50.4天　(C)60天　(D)72天。

(　) 11. 甲公司X2年期初普通股流通在外股數為35,000股，10月1日現金增資發行20,000股普通股。甲公司X2年淨利$64,000，並宣告發放普通股股利$20,000、特別股股利$12,000。若甲公司年底股票市價為每股$26，試問：X2年年底本益比為何？　(A)16.25　(B)20　(C)23.64　(D)32.5。

(　) 12. 丙公司本期淨利$120,000，所得稅率25%，流動資產$200,000，全年流通在外之長期負債$500,000，有效利率10%，則依據以上資料計算公司利息保障倍數為　(A)5　(B)4.2　(C)4.8　(D)6.2。

(　) 13. 小小公司共需資金$100,000，若全部資金皆由股東提供，則資產報酬率與資本報酬率皆為10%，若由股東供應半數，餘數向外舉債，利息為年息5%，則舉債經營將使資本報酬率　(A)降為7.5%　(B)降為5%　(C)升為15%　(D)不變，仍為10%。

(　) 14. 小小公司財務記錄如下：

公司債	$150,000	營業淨利	$18,000
普通股本	30,000	債券利息費	9,000
償債準備	20,000	稅前淨利	$9,000
保留盈餘	10,000	所得稅	4,200
		本期淨利	$4,800

該公司之股東投資報酬率為　(A)8%　(B)15%　(C)6%　(D)12%。

(　) 15. 大大公司之本益比為10，股利發放率75%，每股股利$3，則年終時每

股市價為　(A)$4　(B)$5　(C)$30　(D)$40。

( )　16. 甲公司出售商品後提供6個月的免費維修服務，今年期末帳上低估未來可能必須提供的售後服務成本，會影響的財務比率有幾項？①流動比率②利息保障倍數③總資產報酬率④存貨周轉率　(A)1項　(B)2項　(C)3項　(D)4項。

( )　17. 下列何種情況，較適合利用「財務槓桿作用」？　(A)負債總額＞資產總額　(B)保留盈餘＞股本　(C)投資報酬率＞借款利率　(D)借款利率＞投資報酬率。

( )　18. 婷茵公司X1年度提列法定盈餘公積$15,000，當年度稅前利潤率（純益率）為20%，所得稅率25%，則其銷貨淨額為　(A)$250,000　(B)$500,000　(C)$750,000　(D)$1,000,000。

( )　19. 中中公司之銷貨額$800,000，固定成本$200,000，變動成本$480,000，則其損益兩平點為　(A)$500,000　(B)$600,000　(C)$700,000　(D)$400,000。

( )　20. 大大公司X1年度之銷貨為$500,000，固定成本$30,000，變動成本$420,000，則其損益兩平點為　(A)$50,000　(B)$187,500　(C)$82,000　(D)$450,000。

( )　21. 小小公司該年度銷貨$900,000，銷貨退回$50,000，期初存貨$100,000，本期進貨$550,000，進貨退出$5,000，期末存貨$50,000，求當年銷貨毛利率為　(A)20%　(B)25%　(C)30%　(D)15%。

( )　22. 下列哪一比率用來衡量企業短期償債能力？　(A)速動比率　(B)投資報酬率　(C)銷貨成長率　(D)毛利率。

( )　23. 下列敘述，何者為真？　(A)甲店流動比率大於乙店，則甲店流動資金必多於乙店　(B)甲店毛利率高於乙店，則甲店毛利額必大於乙店　(C)甲店流動資金多於乙店，則甲店流動資產必大於乙店　(D)甲店之成本毛利率大於乙店，則甲店之銷貨毛利率必大於乙店。

( )　24. 丁公司X1年度現銷之銷貨收入為$300,000，賒銷之銷貨收入淨額為$500,000，X1年期初應收帳款為$100,000，期末應收帳款為$150,000，則X1年度應收帳款平均收現日數（假設1年以365日計）

為　(A)57.00日　(B)68.48日　(C)91.25日　(D)109.61日。

( ) 25. 下列何者可測知企業之收帳能力？　(A)銷貨淨額與應收帳款之比率　(B)速動資產與流動負債之比率　(C)銷貨成本與應收帳款之比率　(D)進貨淨額與應付帳款之比率。

( ) 26. 下列敘述，何者為真？　(A)若流動資產愈多，不動產、廠房及設備愈小，則償債能力愈強　(B)若甲店流動資產大於乙店，則甲店流動比率必大於乙店　(C)甲店流動資產多於乙店，則甲店償債能力強於乙店　(D)買賣發生毛損，則必產生營業淨損。

( ) 27. 若原流動比率大於1，以現金償還應付帳款後，將使流動比率　(A)提高　(B)降低　(C)不變　(D)不一定。

( ) 28. 假設甲公司X3年度之存貨周轉率為12，應付帳款周轉率為15，應收帳款周轉率為10，若1年以365天計算，請問：甲公司之淨營業週期為何？（請四捨五入至小數點後第二位）　(A)18.25天　(B)30.41天　(C)42.59天　(D)91.25天。

( ) 29. 下列敘述，何者恆為正確？　(A)公司的現金比率愈高愈不會有閒置資金的疑慮　(B)公司的總資產報酬率高於權益報酬率，表示公司之財務槓桿操作對股東有利　(C)公司的利息保障倍數愈高，表示其盈餘支付利息之能力愈強　(D)公司的短期資金占全部資金來源比例愈大，表示其資本結構愈穩定。

( ) 30. 下列財務比率以及分析目的的配對，何者錯誤？

財務比率	分析目的
(A)利息保障倍數	衡量企業的獲利能力
(B)存貨平均銷售期間	衡量存貨的管理能力
(C)營業利潤率	衡量企業的獲利能力
(D)應收帳款平均收款期間	衡量應收帳款的管理能力

解答：

1. (B)　2. (A)　3. (B)　4. (B)　5. (D)　6. (B)　7. (B)　8. (B)　9. (C)
10. (C)　11. (B)　12. (B)　13. (C)　14. (A)　15. (D)　16. (C)　17. (C)　18. (D)

19. (A) 20. (B) 21. (C) 22. (A) 23. (D) 24. (C) 25. (A) 26. (D) 27. (A)
28. (C) 29. (C) 30. (A)

二、計算題

17-01 東吳公司X1、X0年底財務資料如下：

	X1年12/31	X0年12/31		X1年12/31	X0年12/31
現金	$ 63,000	$ 12,000	應付帳款	$ 50,000	$ 25,000
應收帳款	67,000	53,000	八　公司債	100,000	100,000
存貨	80,000	70,000	股本@$10	240,000	160,000
設備	240,000	190,000	保留盈餘	60,000	40,000
	$450,000	$325,000		$450,000	$325,000

另悉X1年度之：

銷貨淨額數$600,000　　　　本期純益加$100,000

毛利率25%　　　　　　　　7/1曾增資發行新股

設一年以360天計算，試求該公司X1年度或年終之：

(1)流動比率　　　(5)存貨周轉率　　　(9)每股盈餘（每股獲利率）

(2)速動比率　　　(6)平均銷售期　　　(10)公司債息保障倍數

(3)應收帳款周轉率　(7)營業週期所需日數　(11)每股帳面價值

(4)平均收帳期　　(8)營運資金　　　　(12)股東權益報酬率

解答：

$(1)\dfrac{\$(63,000+67,000+80,000)}{\$50,000}=420\%$ 或 4.2

$(2)\dfrac{\$(63,000+67,000)}{\$50,000}=26\%$ 或 2.6

$(3)\dfrac{\$600,000}{1/2\times\$(53,000+67,000)}=10$次／年

$(4)\dfrac{360天}{10次}=36$天／次

$(5)\dfrac{\$600,000（1-25\%）}{1/2\times\$(70,000+80,000)}=60$天／年

(6) $\dfrac{360 \text{ 天}}{6 \text{ 次}} = 60 \text{天} / \text{次}$

(7) $36 \text{天} + 60 \text{天} = 96 \text{天}$

(8) $\$(63,000 + 67,000 + 80,000) - \$50,000 = \$160,000$

(9) $\dfrac{\$100,000}{\$[160,000 + (80,000 \times 6/12)]} = \$0.5 / \text{股}$

(10) $\dfrac{\$100,000}{\$100,000 \times 8\%} + 1 = 13.5 \text{（倍）}$

(11) $\dfrac{\$(240,000 + 60,000)}{24,000 \text{ 股}} = \$12.5 / \text{股}$

(12) $\dfrac{\$100,000}{1/2 \times \$(200,000 + 300,000)} = 40\%$

17-02 潤泰公司X1年底之資產負債狀況如下：

現金	$10,000	流動負債	$ 25,000
應收帳款（淨款）	20,000	長期負債	50,000
存貨	45,000	股本（每股面值$10）	100,000
預付費用	15,000	保留盈餘	25,000
固定資產	100,000		
其他資產	10,000		
資產合計	$200,000	負債及股東權益	$200,000

另悉：全年銷貨淨額為$400,000，銷貨毛利為$160,000，且年初及年底之應收帳款、存貨、不動產、廠房及設備金額大致接近。

若一年以360天計，試為計算X1年底或年度之：

(1)運用資金比率　(4)平均銷售日數　(7)負債比率　(10)銷貨毛利率

(2)酸性測驗比率　(5)每股帳面價值　(8)固定比率

(3)平均收帳　　　(6)股東權益比率　(9)營業週期

解答：

(1) $\dfrac{\$(10,000 + 20,000 + 45,000 + 15,000)}{\$25,000} = 360\%$

(2) $\dfrac{\$(10,000 + 20,000)}{\$25,000} = 120\%$

(3) $360 \text{天} \div \left(\dfrac{\$400,000}{\$20,000} \right) = 18 \text{天}$

(4) $360 天 \div \left(\dfrac{\$400,000 - \$160,000}{\$45,000} \right) = 67.5 天$

(5) $\dfrac{\$(100,000 + 25,000)}{10,000 \; 股} = \$12.5 \; / \; 股$

(6) $\dfrac{\$(100,000 + 25,000)}{\$200,000} = 62.5\%$

(7) $\dfrac{\$(25,000 + 50,000)}{\$200,000} = 37.5\%$

(8) $\dfrac{\$100,000}{\$50,000} = 200\%$

(9) $18 天 + 67.5 天 = 85.5 天$

(10) $\$160,000/\$400,000 = 40\%$

17-03 台北公司X1年底流動資產有現金、應收帳款、存貨三項，合計金額 $3,000,000元，已知流動比率為2.5，速動比率為1.8。台北公司X1年期初存貨為500,000元，當年度平均存貨周轉率為5次，銷貨皆採取賒銷，毛利率為20%，且收款期間為90天，假設全年度銷貨係平均發生，一年以360天計算，不需要考慮呆帳。

試求：台北公司X1年底現金、應收帳款及期末存貨之金額。

解答：

$\dfrac{流動資產（C.A.）}{流動負債（C.L.）} = \dfrac{3,000,000}{C.L.} = 2.5$

$\therefore C.L. = \$1,200,000$

$\dfrac{速動資產}{C.L.} = 1.8$

速動資產 $= \$1,200,000 \times 1.8 = \$2,160,000$

期末存貨 $= \$(3,000,000 - 2,160,000) = \$840,000$

$\dfrac{銷貨成本}{\$(500,000 + 840,000)/2} = 5$

銷貨成本 $= \$3,350,000$

賒銷 $\times (1 - 20\%) = \$3,350,000$

賒銷 $= \$4,187,500$

$\dfrac{360}{90} = 4$ （應收帳款周轉率）

$\dfrac{\$4,187,500}{應收帳款} = 4$

∴應收帳款 = $1,046,875

現金 = $1,113,125 (= $2,160,000 − $1,046,875)

17-04 勝利公司X6年底的應收帳款、備抵壞帳及存貨餘額分別為$980,000、$140,000（貸餘）及$910,000；X7年度的銷貨（賒銷）及銷貨成本則分別為$9,800,000及$8,680,000。勝利公司依綜合損益表法提列壞帳費用，壞帳率為3%。X7年度計沖銷$105,000的壞帳及收回$56,000已沖銷的壞帳。X7年底的應收帳款及存貨分別為$1,505,000及$1,260,000。此外，勝利公司唯一的不動產、廠房及設備係於X7年初以面額$4,356,000，X8年底到期的不附息票據（市場利率10%）交換設備一批，另支付運費$48,000及關稅$36,000，耐用年限10年，採直線法提列折舊。期初及期末的不動產、廠房及設備分別占總資產的25%及20%。

試求：假設一年360天，計算勝利公司下列數字或金額：（若不整除，請一律四捨五入至小數點後第二位）

(1)X7年度平均應收帳款收款天數。

(2)X7年度存貨周轉率。

解答：

	X6/12/31	X7/12/31
應收帳款	$980,000	$1,505,000
減：備抵壞帳	140,000	385,000①
	$840,000	$1,120,000

① 備抵壞帳

X7/	105,000	X7/1/1	140,000	
			56,000	
		X7/12/31	91,000	←調整前
		X7/12/31	294,000	←壞帳提列數$9,800,000×3%
				= $294,000
		X7/12/31	385,000	←調整後

(1) $\dfrac{\$9,800,000}{\$(840,000+1,120,000)\div2} = 10$ 次

$\dfrac{360}{10} = 36$ 天（平均應收帳款收款天數）

(2) $\dfrac{\$8,680,000}{\$(910,000+1,260,000)\div2} = 8$ 次（存貨周轉率）

(3) 營業週期 $= 36$ 天 $+ \dfrac{360}{8} = 36$ 天 $+ 45$ 天 $= 81$ 天

17-05 順德公司X1年終財務資料如下：

（部分）資產負債表
X1.12.31

流動資產：		流動負債：	
現金	$14,000	應付票據	$15,000
應收帳款（淨額）	16,000	應付帳款	10,000
存貨	18,000	流動負債合計	$25,000
預付費用	2,000		
流動資產合計	$50,000		

另悉：期初應收帳款 $12,000　本期銷貨淨額　$140,000

期初存貨　　　13,000　本期銷貨成本　　124,000

試為該公司計算X1年終下列流動性分析比率（全年以365天計）：

(1)流動比率　　　　(2)速動比率　　　(3)營運資金　　　(4)應收帳款周轉次數

(5)應收帳款周轉日數　(6)存貨周轉次數　(7)存貨周轉日數　(8)營業週期

解答：

(1) 流動比率 $= \dfrac{\$50,000}{\$25,000} = 200\%$（或2）

(2) 速動比率 $= \dfrac{\$(14,000+16,000)}{\$25,000} = 120\%$（或1.2）

(3) 營運資金 $= \$(50,000 - 25,000) = \$25,000$

(4) 應收帳款周轉日數 $= \dfrac{\$140,000}{1/2 \times \$(12,000+16,000)} = 10$ 次／年

(5) 應收帳款周轉次數 $= \dfrac{365 \text{天}}{10 \text{次}} = 36.5$／次

(6) 存貨周轉次數 $= \dfrac{\$124,000}{1/2 \times \$(13,000+18,000)} = 8$ 次／年

(7) 存貨周轉日數 $= \dfrac{365\,天}{8\,次} = 45.6\,天\,/\,次$

(8) 營業週期 $= 45.6\,天 + 36.5 = 82\,天$

17-06 甲公司X1年度的銷貨毛利為銷貨收入的40%；營業費用為銷貨毛利的50%；折舊費用為$240,000，占全部營業費用的30%，利息費用為營業費用的10%；所得稅稅率為20%。

此外，甲公司X1年普通股平均流通在外股數為96,000股，普通股每股市價為$84。

試求：根據上述資料，計算甲公司X1年度下列金額或數字：

(1) 淨利　　　　(2) 淨利率　(3) 利息保障倍數

(4) 每股盈餘　　(5) 本益比

解答：

(1) $240,000 ÷ 0.3 = $800,000……營業費用

　$800,000 × 0.1 = $80,000……利息費用

　$800,000 ÷ 0.5 = $1,600,000……銷貨毛利

　$(1,600,000 − 800,000 − 80,000) × 0.8 = $576,000……本期淨利

(2) $1,600,000 ÷ 0.4 = $4,000,000……銷貨收入

　淨利率 $= $576,000/$4,000,000 = 14.4\%$

(3) 利息保障倍數 ＝（稅前淨利＋利息費用）／利息費用

　　　　　　　 $= $(720,000 + 80,000)/$80,000 = 10$ 倍

(4) 每股盈餘 $= $576,000/96,000 = 6

(5) 本益比 $= $84/$6 = 14$

17-07 華夏公司X1年度相關資料如下：

期初資產總額	$400,000	期初股東權益	$220,000
期末資產總額	480,000	期末股東權益	280,000
本期稅前純益	100,000	本期利息費用	10,000

期初有普通股18,000股，4/1現金增資4,000股，9/1收回3,000股，期末普通市價$172，所得稅率20%

試為該公司計算X1年度或年終之獲利能力分析比率：

(1)資產報酬率　　　　(2)股東權益報酬率

(3)財務槓桿指數　　　(4)每股盈餘　　　　　　(5)本益比

解答：

(1)資產報酬率 $= \dfrac{稅前純益\$100,000 + 利息費用\$10,000}{平均資產總額\ 1/2 \times \$(400,000+480,000)} = 25\%$

$\qquad（或）= \dfrac{\$[80,000+10,000(1-20\%)]}{1/2 \times \$(400,000+480,000)} = 20\%$

(2)股東權益報酬率 $= \dfrac{稅後純益\$80,000}{平均股東權益\ 1/2 \times \$(220,000+280,000)} = 32\%$

(3)財務槓桿指數 $= \dfrac{股東權益報酬率\ 32\%}{資產報酬率\ 20\%} = 1.6$（或 $\dfrac{32\%}{25\%} = 1.28$）

(4)每股盈餘 $= \dfrac{稅後純益\$80,000}{\$[18,000+(4,000 \times 9/12)-(3,000 \times 4/12)]} = \$4\ /\ 股$

(5)本益比 $= \dfrac{每股市價\$72}{每股盈餘\$4} = 18$（倍）

17-08 人人公司在X1/12/31與X2/12/31的財務狀況表中有下列部分資訊：

	X2/12/31	X1/12/31
存貨	$240,000	$180,000
應收帳款（淨額）	150,000	120,000
普通股	380,000	380,000
保留盈餘	120,000	140,000

另外，部分財務比率資料如下：

存貨周轉率：4倍；股東權益報酬率：25%；應收帳款周轉率：8倍

試作：

計算銷貨毛利率、淨利率。（四捨五入至小數點第二位，再以百分比表示）

解答：

銷貨成本 $= [\$(240,000 + 180,000) \div 2] \times 4 = \$840,000$

銷貨收入 $= [\$(150,000 + 120,000) \div 2] \times 8 = \$1,080,000$

銷貨毛利 $= \$(1,080,000 - 840,000) = \$240,000$

銷貨毛利率 $= \$(240,000 \div 1,080,000) = 22.22\%$

淨利 $= [\$(380,000 + 120,000 + 380,000 + 140,000) \div 2] \times 25\% = \$127,500$

淨利率 $= \$127,500 \div \$1,080,000 = 11.81\%$

17-09 甲公司X1年底因火災致部分財務資料毀損，惟從殘缺報表中獲悉：

另有其他資料：

	X1年底	X0年底
現金	$60,000	$20,000
應收帳款（淨額）	145,000	252,000
存貨	400,000	360,000
應付帳款	100,000	180,000
應付票據	60,000	120,000
普通股本（@$10）	800,000	800,000
保留盈餘	227,000	202,000

①存貨周轉率3.6次

②普通股股東權益報酬率22%

③應收帳款周轉率9.4次

④資產報酬率20%

⑤100年底資產總額為$1,10,450

試計算：

(1) X1年度：銷貨成本、銷貨淨額、本期淨利。

(2) X1年底的資產總額。

解答：

(1) 由存貨周轉率推算銷貨成本：$\dfrac{X}{1/2 \times \$(360,000+400,000)} = 3.6$次

$$X = \$1,368,000 \text{（銷貨成本）}$$

由應收帳款周轉率推算銷貨淨額：$\dfrac{Y}{1/2 \times \$(252,000+145,000)} = 9.4$次

$$Y = \$1,865,900 \text{（銷貨淨額）}$$

由普通股權益報酬推自營業淨利：$\dfrac{Z}{1/2 \times \$(1,002,000+1,027,000)} = 22\%$

（即本期淨利） $Z = \$223,190 \text{（營業淨利）}$

(2) 由資產報酬率推算X1年底資產總額：$\dfrac{\$223,190}{1/2 \times \$(1,210,450+a)} = 20\%$

$$a = \$1,021,450 \text{（資產總額）}$$

17-10 遠百公司X1年度及X1年底財務資訊如下：

資料總額（1/1）	$920,000
資產總額（12/31）	1,080,000
全年流通在外普通股	50,000 股
銷貨收入	1,500,000
銷貨成本	900,000
付現費用（含利息$20,000、稅捐$50,000）	160,000
折舊及攤銷	80,000
銷貨退回	20,000
負債總額（12/31）	600,000
現金股利	48,000
股票市價（12/31）	45

試據上述資料算X1年底之比率分析：

(1)資產周轉率　　　(4)本益比　　　　　　　(7)利息保障倍數

(2)資產報酬率　　　(5)現金股利與盈餘比　　(8)每股帳面價值

(3)每股盈餘　　　　(6)負債／資產總額比率　(9)每股現金流量

解答：

(1) $\dfrac{\$(1,500,000-20,000)}{1/2\times\$(920,000+1,080,000)} = \dfrac{\$1,480,000}{\$1,000,000} = 148\%$

(2) $\$[(1,500,000 - 20,000) - 900,000 - 160,000 - 80,000] = $ 淨利$340,000

$\dfrac{\text{稅前淨利}\$340,000+\text{利息支出}\$20,000}{1/2\times\$(920,000+1,080,000)} = 36\%$

(3) $\dfrac{\$340,000}{50,000} = \$6.8$／股

(4) $\dfrac{\text{市價}\$45}{\text{每股盈餘}\$6.8} = 6.62$（倍）

(5) $\dfrac{\$48,000}{\$340,000} = 14.12\%$

(6) $\dfrac{\$600,000}{\$1,080,000} = 55.56\%$

(7) $\dfrac{\$340,000}{\$20,000} + 1 = 18$（倍）

$(8) \dfrac{\$(1,080,000 - 600,000)}{50,000 \ 股} = \dfrac{\$480,000}{50,000} = \$9.6$

本期淨利\$340,000 + 折舊及攤銷\$80,000 - 現金股利\$48,000 = \$372,000現金流入

$(9) \dfrac{\$372,000}{50,000 \ （股）} = \$7.44 \ / \ 股$

參考文獻

● 中文部分

公司法，經濟部商業司，2021年12月。

股票上市上櫃關係法規，實用稅務出版股份有限公司，1997年，六版。

商業會計法，經濟部商業司，2014年6月。

財務會計準則公報，會計研究發展基金會，2016年。

銀行業會計制度範本，會計研究發展基金會，2010年。

證交法，財政部證管會，2006年5月。

證券發行人財務報告編製準則，財政部證管會，2022年11月。

陳樹。證券發行與實務，證基會，1997年。

曾新闖。企業經營分析，智傑出版社，1996年，初版。

黃綵璋。如何閱讀財務報表，建宏出版社，1997年，初版。

鄭丁旺、汪泱若、黃金發。初級會計學（上、下），1997年，六版。

鄭丁旺。中級會計學（上、下），1997年，六版。

謝劍平。財務管理：新觀念與本土化，台北：智勝文化，1997年，初版。

● 英文部分

Belverd E. Needles, Jr., & Marian Powers. *Financial Accounting*, 7th ed., Houghton Mifflin, 2001.

Carl S. Warren, James M. Reeve, & Philip E. Fess. *Financial Accounting*, 7th ed., South-Western, 1999.

Clyde P. Stickney & Roman L. Weil. *Financial Accounting*, 8th ed., Harcount, 1998.

586

Eugene F. Brigham & Joel F. Houston. *Fundational of Financial Management*, 9th ed., Harcourt, 2001.

Eugene F. Brigham, Louis C. Gapenski, & Michael C. Ehrhardt. *Financial Management*, 9th ed., Harcourt, 2000.

Humen H. Jones, Michael L. Werner, Katherene P. Terrell, & Robert L. Terrell. *Introduction to Financial Accounting*, 2nd ed., Prentice-Hall, 2000.

Jerry J. Weygantdt, Donald E. Kieso, & Walter G. Kell. *Accounting Principles*, 6th ed., John Wiley & Sons, 1999.

John J. Wild. *Financial Accounting*, 1st ed., McGraw-Hill, 2000.

Roger H. Hermanson & James Don Edward. *Financial Accounting*, 8th ed., Irwin, 1999.

Walter T. Harrison, Jr., & Charles T. Horngren. *Financial Accounting*, 3th ed., Prentice-Hall, 1998.

Wilbur G. Lewellen, John A. Halloran, & Howard P. Lanser. *Financial Management*, 1st ed., South-Western, 2000.

附録一

📖 國際財務報導準則公報（IFRSs）

財務報導之觀念架構	
Framework	The Conceptual Framework for Financial Reporting 財務報導之觀念架構

國際財務報導準則公報（IFRSs）	
IFRS 1	First-time Adoption of International Financial Reporting Standards 首次採用國際財務報導準則
IFRS 2	Share-based Payment 股份基礎給付
IFRS 3	Business Combinations 企業合併
IFRS 4	Insurance Contracts 保險合約
IFRS 5	Non-current Assets Held for Sale and Discontinued Operations 待出售非流動資產及停業單位
IFRS 6	Exploration for and Evaluation of Mineral Resources 礦產資源探勘及評估
IFRS 7	Financial Instruments: Disclosures 金融工具：揭露
IFRS 8	Operating Segments 營運部門
IFRS 10	Consolidated Financial Statements 合併財務報表
IFRS 11	Joint Arrangements 聯合協議
IFRS 12	Disclosure of Interests in Other Entities 對其他個體之權益之揭露
IFRS 13	Fair Value Measurement 公允價值衡量

International Financial Reporting Interpretations Committee (IFRIC) 國際財務報導準則解釋(IFRIC)	
IFRIC 1	Changes in Existing Decommissioning, Restoration and Similar Liabilities 現有除役、復原及類似負債之變動

IFRIC 2	Members' Shares in Co-operative Entities and Similar Instruments 合作社社員之股份及類似工具
IFRIC 4	Determining whether an Arrangement contains a Lease 決定一項安排是否包含租賃
IFRIC 5	Rights to Interests arising from Decommissioning, Restoration and Environmental Rehabilitation Funds 除役、復原及環境修復基金孳息之權利
IFRIC 6	Liabilities arising from Participating in Specific Market-Waste Electrical and Electronic Equipment 參與特定市場所產生之負債：廢電機電子設備
IFRIC 7	Applying the Restatement Approach under IAS 29 Financial Reporting in Hyperinflationary Economies 採用國際會計準則第29號「高度通貨膨脹經濟下之財務報導」之重編法
IFRIC 9	Reassessment of Embedded Derivatives 嵌入式衍生工具之重評估
IFRIC 10	Interim Financial Reporting and Impairment 期中財務報導與減損
IFRIC 12	Service Concession Arrangements 服務特許權協議
IFRIC 13	Customer Loyalty Programmes 客戶忠誠計畫
IFRIC 14	IAS 19-The Limit on a Defined Benefit Asset, Minimum Funding Requirements and their Interaction 國際會計準則第19號：確定福利資產之限制、最低資金提撥要求及其相互影響
IFRIC 15	Agreements for the construction of real estate 不動產建造協議
IFRIC 16	Hedges of a net investment in a foreign operation 國外營運機構淨投資之避險
IFRIC 17	Distributions of Non-cash Assets to Owners 分配非現金資產予業主
IFRIC 18	Transfers of Assets from Customers 客戶資產之轉入

IFRIC 19	Extinguishing Financial Liabilities with Equity Instruments 發行權益工具以消滅金融負債
IFRIC 20	Stripping Costs in the Production Phase of a Surface Mine 露天礦場於生產階段之剝除成本
國際會計準則公報（IASs）	
IAS 1	Presentation of Financial Statements 財務報表之表達
IAS 2	Inventories 存貨
IAS 7	Statement of Cash Flows 現金流量表
IAS 8	Accounting Policies, Changes in Accounting Estimates and Errors 會計政策、會計估計變動及錯誤
IAS 10	Events after the Reporting Period 報導期間後事項
IAS 11	Construction Contracts 建造合約
IAS 12	Income Taxes 所得稅
IAS 16	Property, Plant and Equipment 不動產、廠房及設備
IAS 17	Leases 租賃
IAS 18	Revenue 收入
IAS 19	Employee Benefits 員工福利
IAS 20	Accounting for Government Grants and Disclosure of Government Assistance 政府補助之會計及政府輔助之揭露
IAS 21	The Effects of Changes in Foreign Exchange Rates 匯率變動之影響
IAS 23	Borrowing Costs 借款成本

IAS 24	Related Party Disclosures 關係人揭露
IAS 26	Accounting and Reporting by Retirement Benefit Plans 退休福利計畫之會計與報導
IAS 27	Separate Financial Statements 單獨財務報表
IAS 28	Investments in Associates and Joint Ventures 投資關聯企業及合資
IAS 29	Financial Reporting in Hyperinflationary Economies 高度通貨膨脹經濟下之財務報導
IAS 32	Financial Instruments: Presentation 金融工具：表達
IAS 33	Earnings Per Share 每股盈餘
IAS 34	Interim Financial Reporting 期中財務報導
IAS 36	Impairment of Assets 資產減損
IAS 37	Provisions, Contingent Liabilities and Contingent Assets 負債準備、或有負債及或有資產
IAS 38	Intangible Assets 無形資產
IAS 39	Financial Instruments: Recognition and Measurement 金融工具：認列與衡量
IAS 40	Investment Property 投資性不動產
IAS 41	Agriculture 農業

會計解釋常務委員會發布之解釋公告

	會計解釋常務委員會發布之解釋公告
SIC 7	Introduction of the Euro 引入歐元
SIC 10	Government Assistance-No Specific Relation to Operating Activities 政府輔助：與營業活動無特定關聯
SIC 15	Operating Leases-Incentives 營業租賃：誘因
SIC 25	Income Taxes-Changes in the Tax Status of an Entity or its Shareholders 所得稅：企業或其股東之納稅狀況改變
SIC 27	Evaluating the Substance of Transactions Involving the Legal Form of a Lease 評估法律形式為租賃之交易實質
SIC 29	Service Concession Arrangements: Disclosures 服務特許權協議：揭露
SIC 31	Revenue-Barter Transactions Involving Advertising Services 收入：廣告服務之交換
SIC 32	Intangible Assets-Web Site Costs 無形資產：網站成本

資料來源：金融監督管理委員會，國際財務報導準則（IFRSs）下載。

附録二

平衡

借

貧

▲

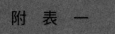
附表一

複利終值
$$FV_{k,n} = (1+k)^n$$

INTEREST RATES

Periods	0.5%	0.67%	0.75%	1%	1.5%	2%	2.5%	3%	3.5%	4%	4.5%	5%	6%	7%
1	1.0050	1.0067	1.0075	1.0100	1.0150	1.0200	1.0250	1.0300	1.0350	1.0400	1.0450	1.0500	1.0600	1.0700
2	1.0100	1.0134	1.0151	1.0201	1.0302	1.0404	1.0506	1.0609	1.0712	1.0816	1.0920	1.1025	1.1236	1.1449
3	1.0151	1.0201	1.0227	1.0303	1.0457	1.0612	1.0769	1.0927	1.1087	1.1249	1.1412	1.1576	1.1910	1.2250
4	1.0202	1.0269	1.0303	1.0406	1.0614	1.0824	1.1038	1.1255	1.1475	1.1699	1.1925	1.2155	1.2625	1.3108
5	1.0253	1.0338	1.0381	1.0510	1.0773	1.1041	1.1314	1.1593	1.1877	1.2167	1.2462	1.2763	1.3382	1.4026
6	1.0304	1.0407	1.0459	1.0615	1.0934	1.1262	1.1597	1.1941	1.2293	1.2653	1.3023	1.3401	1.4185	1.5007
7	1.0355	1.0476	1.0537	1.0721	1.1098	1.1487	1.1887	1.2299	1.2723	1.3159	1.3609	1.4071	1.5036	1.6058
8	1.0407	1.0546	1.0616	1.0829	1.1265	1.1717	1.2184	1.2668	1.3168	1.3686	1.4221	1.4775	1.5938	1.7182
9	1.0459	1.0616	1.0696	1.0937	1.1434	1.1951	1.2489	1.3048	1.3629	1.4233	1.4861	1.5513	1.6895	1.8385
10	1.0511	1.0687	1.0776	1.1046	1.1605	1.2190	1.2801	1.3439	1.4106	1.4802	1.5530	1.6289	1.7908	1.9672
11	1.0564	1.0758	1.0857	1.1157	1.1779	1.2434	1.3121	1.3842	1.4600	1.5395	1.6229	1.7103	1.8983	2.1049
12	1.0617	1.0830	1.0938	1.1268	1.1956	1.2682	1.3449	1.4258	1.5111	1.6010	1.6959	1.7959	2.0122	2.2522
13	1.0670	1.0902	1.1020	1.1381	1.2136	1.2936	1.3785	1.4685	1.5640	1.6651	1.7722	1.8856	2.1329	2.4098
14	1.0723	1.0975	1.1103	1.1495	1.2318	1.3195	1.4130	1.5126	1.6187	1.7317	1.8519	1.9799	2.2609	2.5785
15	1.0777	1.1048	1.1186	1.1610	1.2502	1.3459	1.4483	1.5580	1.6753	1.8009	1.9353	2.0789	2.3966	2.7590
16	1.0831	1.1122	1.1270	1.1726	1.2690	1.3728	1.4845	1.6407	1.7340	1.8730	2.0224	2.1829	2.5404	2.9522
17	1.0885	1.1196	1.1354	1.1843	1.2880	1.4002	1.5216	1.6528	1.7947	1.9479	2.1134	2.2920	2.6928	3.1588
18	1.0939	1.1270	1.1440	1.1961	1.3073	1.4282	1.5597	1.7024	1.8575	2.0258	2.2085	2.4066	2.8543	3.3799
19	1.0994	1.1346	1.1525	1.2081	1.3270	1.4568	1.5987	1.7535	1.9225	2.1068	2.3079	2.5270	3.0256	3.6165
20	1.1049	1.1421	1.1612	1.2202	1.3469	1.4859	1.6386	1.8061	1.9898	2.1911	2.4117	2.6533	3.2071	3.8697
21	1.1104	1.1497	1.1699	1.2324	1.3671	1.5157	1.6796	1.8603	2.0594	2.2788	2.5202	2.7860	3.3996	4.1406
22	1.1160	1.1574	1.1787	1.2447	1.3876	1.5460	1.7216	1.9161	2.1315	2.3699	2.6337	2.9253	3.6035	4.4304
23	1.1216	1.1651	1.1875	1.2572	1.4084	1.5769	1.7646	1.9736	2.2061	2.4647	2.7522	3.0715	3.8197	4.7405
24	1.1272	1.1729	1.1964	1.2697	1.4295	1.6084	1.8087	2.0328	2.2833	2.5633	2.8760	3.2251	4.0489	5.0724
25	1.1328	1.1807	1.2054	1.2824	1.4509	1.6406	1.8539	2.0938	2.3632	2.6658	3.0054	3.3864	4.2919	5.4274
26	1.1385	1.1886	1.2144	1.2953	1.4727	1.6734	1.9003	2.1566	2.4460	2.7725	3.1407	3.5557	4.5494	5.8074
27	1.1442	1.1965	1.2235	1.3082	1.4948	1.7069	1.9478	2.2213	2.5316	2.8834	3.2820	3.7335	4.8223	6.2139
28	1.1499	1.2045	1.2327	1.3213	1.5172	1.7410	1.9965	2.2879	2.6202	2.9987	3.4297	3.9201	5.1117	6.6488
29	1.1556	1.2125	1.2420	1.3345	1.5400	1.7758	2.0464	2.3566	2.7119	3.1187	3.5840	4.1161	5.4184	7.1143
30	1.1614	1.2206	1.2513	1.3478	1.5631	1.8114	2.0976	2.4273	2.8068	3.2434	3.7453	4.3219	5.7435	7.6123
32	1.1730	1.2369	1.2701	1.3749	1.6103	1.8845	2.2038	2.5751	3.0067	3.5081	4.0900	4.7649	6.4534	8.7153
34	1.1848	1.2535	1.2892	1.4026	1.6590	1.9607	2.3153	2.7319	3.2209	3.7943	4.4664	5.2533	7.2510	9.9781
36	1.1967	1.2702	1.3086	1.4308	1.7091	2.0399	2.4325	2.8983	3.4503	4.1039	4.8774	5.7918	8.1473	11.4239
38	1.2087	1.2872	1.3283	1.4595	1.7608	2.1223	2.5557	3.0748	3.6960	4.4388	5.3262	6.3855	9.1543	13.0793
40	1.2208	1.3045	1.3483	1.4889	1.8140	2.2080	2.6851	3.2620	3.9593	4.8010	5.8164	7.0400	10.2857	14.9745
48	1.2705	1.3757	1.4314	1.6122	2.0435	2.5871	3.2715	4.1323	5.2136	6.5705	8.2715	10.4013	16.3939	25.7289
50	1.2832	1.3941	1.4530	1.6446	2.1052	2.6916	3.4371	4.3839	5.5849	7.1067	9.0326	11.4674	18.4202	29.4570
60	1.3489	1.4898	1.5657	1.8167	2.4432	3.2810	4.3998	5.8916	7.8781	10.5196	14.0274	18.6792	32.9877	57.9464
120	1.8194	2.2196	2.4514	3.3004	5.9693	10.7652	19.3581	34.7110	62.0643	110.663	196.768	348.912	1088.19	3357.79
180	2.4541	3.3069	3.8380	5.9958	14.5844	35.3208	85.1718	204.503	488.948	1164.13	2760.15	6517.39	35896.8	·
240	3.3102	4.9268	6.0092	10.8926	35.6328	115.889	374.738	1204.85	3851.98	12246.2	38717.7	·	·	·
300	4.4650	7.3402	9.4084	19.7885	87.0588	380.235	1648.77	7098.51	30346.2	·	·	·	·	·
360	6.0226	10.9357	14.7306	35.9496	212.704	1247.56	7254.23	41821.6	·	·	·	·	·	·

Periods	8%	9%	10%	11%	12%	13%	14%	15%	16%	18%	20%	24%	30%	36%
1	1.0800	1.0900	1.1000	1.1100	1.1200	1.1300	1.1400	1.1500	1.1600	1.1800	1.2000	1.2400	1.3000	1.3600
2	1.1664	1.1881	1.2100	1.2321	1.2544	1.2769	1.2996	1.3225	1.3456	1.3924	1.4400	1.5376	1.6900	1.8496
3	1.2597	1.2950	1.3310	1.3676	1.4049	1.4429	1.4815	1.5209	1.5609	1.6430	1.7280	1.9066	2.1970	2.5155
4	1.3605	1.4116	1.4641	1.5181	1.5735	1.6305	1.6890	1.7490	1.8106	1.9388	2.0736	2.3642	2.8561	3.4210
5	1.4693	1.5385	1.6105	1.6851	1.7623	1.8424	1.9254	2.0114	2.1003	2.2878	2.4883	2.9316	3.7129	4.6526
6	1.5869	1.6771	1.7716	1.8704	1.9738	2.0820	2.1950	2.3131	2.4364	2.6996	2.9860	3.6352	4.8268	6.3275
7	1.7138	1.8280	1.9487	2.0762	2.2107	2.3526	2.5023	2.6600	12.8262	3.1855	3.5832	4.5077	6.2749	8.6054
8	1.8509	1.9926	2.1436	2.3045	2.4760	2.6584	2.8526	3.0590	3.2784	3.7589	4.2998	5.5895	8.1573	11.7034
9	1.9990	2.1719	2.3579	2.5580	2.7731	3.0040	3.2519	3.5179	3.8030	4.4355	5.1598	6.9310	10.6045	15.9166
10	2.1589	2.3674	2.5937	2.8394	3.1058	3.3946	3.7072	4.0456	4.4114	5.2338	6.1917	8.5944	13.7858	21.6466
11	2.3316	2.5804	2.8531	3.1518	3.4785	3.8359	4.2262	4.6524	5.1173	6.1759	7.4301	10.6571	17.9216	29.4393
12	2.5182	2.8127	3.1384	3.4985	3.8960	4.3345	4.8179	5.3503	5.9360	7.2876	8.9161	13.2148	23.2981	40.0375
13	2.7196	3.0658	3.4523	3.8833	4.3635	4.8980	5.4924	6.1528	6.8858	8.5994	10.6993	16.3863	30.2875	54.4510
14	2.9372	3.3417	3.7975	4.3104	4.8871	5.5348	6.2613	7.0757	7.9875	10.1472	12.8392	20.3191	39.3738	74.0534
15	3.1722	3.6425	4.1772	4.7846	5.4736	6.2543	7.1379	8.1371	9.2655	11.9737	15.4070	25.1956	51.1859	100.713
16	3.4259	3.9703	4.5950	5.3109	6.1304	7.0673	8.1372	9.3576	10.7480	14.1290	18.4884	31.2426	66.5417	136.969
17	3.7000	4.3276	5.0545	5.8951	6.8660	7.9861	9.2765	10.7613	12.4677	16.6722	22.1861	38.7408	86.5042	186.278
18	3.9960	4.7171	5.5599	6.5436	7.6900	9.0243	10.5752	12.3755	14.4625	19.6733	26.6233	48.0386	112.455	253.338
19	4.3157	5.1417	6.1159	7.2633	8.6128	10.1974	12.0557	14.2318	16.7765	23.2144	31.9480	59.5679	146.192	344.540
20	4.6610	5.6044	6.7275	8.0623	9.6463	11.5231	13.7435	16.3665	19.4608	27.3930	38.3376	73.8641	190.050	468.574
21	5.0338	6.1088	7.4002	8.9492	10.8038	13.0211	15.6676	18.8215	22.5745	32.3238	46.0051	91.5915	247.065	637.261
22	5.4365	6.6586	8.1403	9.9336	12.1003	14.7138	17.8610	21.6447	26.1864	38.1471	55.2061	113.574	321.184	866.674
23	5.8715	7.2579	8.9543	11.0263	13.5523	16.6266	20.3616	24.8915	30.3762	45.0076	66.2474	140.831	417.539	1178.68
24	6.3412	7.9111	9.8497	12.2392	15.1786	18.7881	23.2122	28.6252	35.2364	53.1090	79.4968	174.631	542.801	1603.00
25	6.8485	8.6231	10.8347	13.5855	17.0001	21.2305	26.4619	32.9190	40.8742	62.6686	95.3962	216.542	705.641	2180.08
26	7.3964	9.3992	11.9182	15.0799	19.0401	23.9905	30.1666	37.8568	47.4141	73.9490	114.475	268.512	917.333	2964.91
27	7.9881	10.2451	13.1100	16.7386	21.3249	27.1093	34.3899	43.5353	55.0004	87.2598	137.371	332.955	1192.53	4032.28
28	8.6271	11.1671	14.4210	18.5799	23.8839	30.6335	39.2045	50.0656	63.8004	102.967	164.845	412.864	1550.29	5483.90
29	9.3173	12.1722	15.8631	20.6237	26.7499	34.6158	44.6931	57.5755	74.0085	121.501	197.814	511.952	2015.38	7485.10
30	10.0627	13.2677	17.4494	22.8923	29.9599	39.1159	50.9502	62.2118	85.8499	143.371	237.376	634.820	2620.00	10143.0
32	11.7371	15.7633	21.1138	28.2056	37.5817	49.9471	66.2148	87.5651	115.520	199.629	341.822	976.099	4427.79	18760.5
34	13.6901	18.7284	25.5477	34.7521	47.1425	63.7774	86.0528	115.805	155.443	277.964	492.224	1500.85	7482.97	34699.5
36	15.9682	22.2512	30.9127	42.8181	59.1356	81.4374	111.834	153.152	209.164	387.037	708.802	2307.71	12646.2	64180.1
38	18.6253	26.4367	37.4043	52.7562	74.1797	103.987	145.340	202.543	281.452	538.910	1020.67	3548.33	21372.1	·
40	21.7245	31.4094	45.2593	65.0009	93.0510	132.782	188.884	267.864	378.721	750.378	1469.77	5455.91	36118.9	
48	40.2106	62.5852	97.0172	149.797	230.391	352.992	538.807	819.401	1241.61	2820.57	6319.75	30495.9	·	·
50	46.9016	74.3575	117.391	184.565	289.002	450.736	700.233	1083.66	1670.70	3927.36	9100.44	46890.4	·	·
60	101.257	176.031	304.482	524.057	897.597	1530.05	2595.92	4384.00	7370.20	20555.1	56347.5	·	·	·
120	10253.0	30987.0	92709.1	·	·	·	·	·	·	·	·	·	·	·
180	·	·	·	·	·	·	·	·	·	·	·	·	·	·
240	·	·	·	·	·	·	·	·	·	·	·	·	·	·
300	·	·	·	·	·	·	·	·	·	·	·	·	·	·
360	·	·	·	·	·	·	·	·	·	·	·	·	·	·

*$FV_{k,n} \geq 100,000$

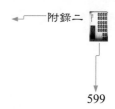
附 表 二

複利現值

$$PV_{k,n} = (1+k)^{-n}$$

INTEREST RATES

Periods	0.5%	0.67%	0.75%	1%	1.5%	2%	2.5%	3%	3.5%	4%	4.5%	5%	6%	7%
1	0.9950	0.9934	0.9926	0.9901	0.9852	0.9804	0.9756	0.9709	0.9662	0.9615	0.9569	0.9524	0.9434	0.9346
2	0.9901	0.9868	0.9852	0.9803	0.9707	0.9612	0.9518	0.9426	0.9335	0.9246	0.9157	0.9070	0.8900	0.8734
3	0.9851	0.9803	0.9778	0.9706	0.9563	0.9423	0.9286	0.9151	0.9019	0.8890	0.8763	0.8638	0.8396	0.8163
4	0.9802	0.9738	0.9706	0.9610	0.9422	0.9238	0.9060	0.8885	0.8714	0.8548	0.8386	0.8227	0.7921	0.7629
5	0.9754	0.9673	0.9633	0.9515	0.9283	0.9057	0.8839	0.8626	0.8420	0.8219	0.8025	0.7835	0.7473	0.7130
6	0.9705	0.9609	0.9562	0.9420	0.9145	0.8880	0.8623	0.8375	0.8135	0.7903	0.7679	0.7462	0.7050	0.6663
7	0.9657	0.9546	0.9490	0.9327	0.9010	0.8706	0.8413	0.8131	0.7860	0.7599	0.7348	0.7107	0.6651	0.6227
8	0.9609	0.9482	0.9420	0.9235	0.8877	0.8535	0.8207	0.7894	0.7594	0.7307	0.7032	0.6768	0.6274	0.5820
9	0.9561	0.9420	0.9350	0.9143	0.8746	0.8368	0.8007	0.7664	0.7337	0.7026	0.6729	0.6446	0.5919	0.5439
10	0.9513	0.9357	0.9280	0.9053	0.8617	0.8203	0.7812	0.7441	0.7089	0.6756	0.6439	0.6139	0.5584	0.5083
11	0.9466	0.9295	0.9211	0.8963	0.8489	0.8043	0.7621	0.7224	0.6849	0.6496	0.6162	0.5847	0.5268	0.4751
12	0.9419	0.9234	0.9142	0.8874	0.8364	0.7885	0.7436	0.7014	0.6618	0.6246	0.5897	0.5568	0.4970	0.4440
13	0.9372	0.9172	0.9074	0.8787	0.8240	0.7730	0.7254	0.6810	0.6394	0.6006	0.5643	0.5303	0.4688	0.4150
14	0.9326	0.9112	0.9907	0.8700	0.8118	0.7579	0.7077	0.6611	0.6178	0.5775	0.5400	0.5051	0.4423	0.3878
15	0.9279	0.9051	0.8940	0.8613	0.7999	0.7430	0.6905	0.6419	0.5969	0.5553	0.5167	0.4810	0.4173	0.3624
16	0.9233	0.8991	0.8873	0.8528	0.7880	0.7284	0.6736	0.6232	0.5767	0.5339	0.4945	0.4581	0.3936	0.3387
17	0.9187	0.8932	0.8807	0.8444	0.7764	0.7142	0.6572	0.6050	0.5572	0.5134	0.4732	0.4363	0.3714	0.3166
18	0.9141	0.8873	0.8742	0.8360	0.7649	0.7002	0.6412	0.5874	0.5384	0.4936	0.4528	0.4155	0.3503	0.2959
19	0.9096	0.8814	0.8676	0.8277	0.7536	0.6864	0.6255	0.5703	0.5202	0.4746	0.4333	0.3957	0.3305	0.2765
20	0.9051	0.8756	0.8612	0.8195	0.7425	0.6730	0.6103	0.5537	0.5026	0.4564	0.4146	0.3769	0.3118	0.2584
21	0.9006	0.8698	0.8548	0.8114	0.7315	0.6598	0.5954	0.5375	0.4856	0.4388	0.3968	0.3589	0.2942	0.2415
22	0.8961	0.8640	0.8484	0.8034	0.7207	0.6468	0.5809	0.5219	0.4692	0.4220	0.3797	0.3418	0.2775	0.2257
23	0.8916	0.8583	0.8421	0.7954	0.7100	0.6342	0.5667	0.5067	0.4533	0.4057	0.3634	0.3256	0.2618	0.2109
24	0.8872	0.8526	0.8358	0.7876	0.6995	0.6217	0.5529	0.4919	0.4380	0.3901	0.3477	0.3101	0.2470	0.1971
25	0.8828	0.8470	0.8296	0.7798	0.6892	0.6095	0.5394	0.4776	0.4231	0.3751	0.3327	0.2953	0.2330	0.1842
26	0.8784	0.8413	0.8234	0.7720	0.6790	0.5976	0.5262	0.4637	0.4088	0.3607	0.3184	0.2812	0.2198	0.1722
27	0.8740	0.8358	0.8173	0.7644	0.6690	0.5859	0.5134	0.4502	0.3950	0.3468	0.3047	0.2678	0.2074	0.1609
28	0.8697	0.8302	0.8112	0.7568	0.6591	0.5744	0.5009	0.4371	0.3817	0.3335	0.2916	0.2551	0.1956	0.1504
29	0.8653	0.8247	0.8052	0.7493	0.6494	0.5631	0.4887	0.4243	0.3687	0.3207	0.2790	0.2429	0.1846	0.1406
30	0.8610	0.8193	0.7992	0.7419	0.6398	0.5521	0.4767	0.4120	0.3563	0.3083	0.2670	0.2314	0.1741	0.1314
32	0.8525	0.8085	0.7873	0.7273	0.6210	0.5306	0.4538	0.3883	0.3326	0.2851	0.2445	0.2099	0.1550	0.1147
34	0.8440	0.7978	0.7757	0.7130	0.6028	0.5100	0.4319	0.3660	0.3105	0.2636	0.2239	0.1904	0.1379	0.1002
36	0.8356	0.7873	0.7641	0.6989	0.5851	0.4902	0.4111	0.3450	0.2898	0.2437	0.2050	0.1727	0.1227	0.0875
38	0.8274	0.7769	0.7528	0.6852	0.5679	0.4712	0.3913	0.3252	0.2706	0.2253	0.1878	0.1566	0.1092	0.0765
40	0.8191	0.7666	0.7416	0.6717	0.5513	0.4529	0.3724	0.3066	0.2526	0.2083	0.1719	0.1420	0.0972	0.0668
48	0.7871	0.7269	0.6986	0.6203	0.4894	0.3865	0.3057	0.2420	0.1918	0.1522	0.1209	0.0961	0.0610	0.0389
50	0.7793	0.7173	0.6883	0.6080	0.4750	0.3715	0.2909	0.2281	0.1791	0.1407	0.1107	0.0872	0.0543	0.0339
60	0.7414	0.6712	0.6387	0.5504	0.4093	0.3048	0.2273	0.1697	0.1269	0.0951	0.0713	0.0535	0.0303	0.0173
120	0.5496	0.4505	0.4079	0.3030	0.1675	0.0929	0.0517	0.0288	0.0161	0.0090	0.0051	0.0029	0.0009	0.0003
180	0.4075	0.3024	0.2605	0.1668	0.0686	0.0283	0.0117	0.0049	0.0020	0.0009	0.0004	0.0002	0.0000	0.0000
240	0.3021	0.2030	0.1664	0.0918	0.0281	0.0086	0.0027	0.0008	0.0003	0.0001	0.0000	0.0000	0.0000	0.0000
300	0.2240	0.1362	0.1063	0.0505	0.0115	0.0026	0.0006	0.0001	0.0000	0.0000	0.0000	0.0000	0.0000	0.0000
360	0.1660	0.0914	0.0679	0.0278	0.0047	0.0008	0.0001	0.0000	0.0000	0.0000	0.0000	0.0000	0.0000	0.0000

Periods	8%	9%	10%	11%	12%	13%	14%	15%	16%	18%	20%	24%	30%	36%
1	0.9259	0.9174	0.9091	0.9009	0.8929	0.8850	0.8772	0.8696	0.8621	0.8475	0.8333	0.8065	0.7692	0.7353
2	0.8573	0.8417	0.8264	0.8116	0.7972	0.7831	0.7695	0.7561	0.7432	0.7182	0.6944	0.6504	0.5917	0.5407
3	0.7938	0.7722	0.7513	0.7312	0.7118	0.6931	0.6750	0.6575	0.6407	0.6086	0.5787	0.5245	0.4552	0.3975
4	0.7350	0.7084	0.6830	0.6587	0.6355	0.6133	0.5921	0.5718	0.5523	0.5158	0.4823	0.4230	0.3501	0.2923
5	0.6806	0.6499	0.6209	0.5935	0.5674	0.5428	0.5194	0.4972	0.4761	0.4371	0.4019	0.3411	0.2693	0.2149
6	0.6302	0.5963	0.5645	0.5346	0.5066	0.4803	0.4556	0.4323	0.4104	0.3704	0.3349	0.2751	0.2072	0.1580
7	0.5835	0.5470	0.5132	0.4817	0.4523	0.4251	0.3996	0.3759	0.3538	0.3139	0.2791	0.2218	0.1594	0.1162
8	0.5403	0.5019	0.4665	0.4339	0.4039	0.3762	0.3506	0.3269	0.3050	0.2660	0.2326	0.1789	0.1226	0.0854
9	0.5002	0.4604	0.4241	0.3909	0.3606	0.3329	0.3075	0.2843	0.2630	0.2255	0.1938	0.1443	0.0943	0.0628
10	0.4632	0.4224	0.3855	0.3522	0.3220	0.2946	0.2697	0.2472	0.2267	0.1911	0.1615	0.1164	0.0725	0.0462
11	0.4289	0.3875	0.3505	0.3173	0.2875	0.2607	0.2366	0.2149	0.1954	0.1619	0.1346	0.0938	0.0558	0.0340
12	0.3971	0.3555	0.3186	0.2858	0.2567	0.2307	0.2076	0.1869	0.1685	0.1372	0.1122	0.0757	0.0429	0.0250
13	0.3677	0.3262	0.2897	0.2575	0.2292	0.2042	0.1821	0.1625	0.1452	0.1163	0.0935	0.0610	0.0330	0.0184
14	0.3405	0.2992	0.2633	0.2320	0.2046	0.1807	0.1597	0.1413	0.1252	0.0985	0.0779	0.0492	0.0254	0.0135
15	0.3152	0.2745	0.2394	0.2090	0.1827	0.1599	0.1401	0.1229	0.1079	0.0835	0.0649	0.0397	0.0195	0.0099
16	0.2919	0.2519	0.2176	0.1883	0.1631	0.1415	0.1229	0.1069	0.0930	0.0708	0.0541	0.0320	0.0150	0.0073
17	0.2703	0.2311	0.1978	0.1696	0.1456	0.1252	0.1078	0.0929	0.0802	0.0600	0.0451	0.0258	0.0116	0.0054
18	0.2502	0.2120	0.1799	0.1528	0.1300	0.1108	0.0946	0.0808	0.0691	0.0508	0.0376	0.0208	0.0089	0.0039
19	0.2317	0.1945	0.1635	0.1377	0.1161	0.0981	0.0829	0.0703	0.0596	0.0431	0.0313	0.0168	0.0068	0.0029
20	0.2145	0.1784	0.1486	0.1240	0.1037	0.0868	0.0728	0.0611	0.0514	0.0365	0.0261	0.0135	0.0053	0.0021
21	0.1987	0.1637	0.1351	0.1117	0.0926	0.0768	0.0638	0.0531	0.0443	0.0309	0.0217	0.0109	0.0040	0.0016
22	0.1839	0.1502	0.1228	0.1007	0.0826	0.0680	0.0560	0.0462	0.0382	0.0262	0.0181	0.0088	0.0031	0.0012
23	0.1703	0.1378	0.1117	0.0907	0.0738	0.0601	0.0491	0.0402	0.0329	0.0222	0.0151	0.0071	0.0024	0.0008
24	0.1577	0.1264	0.1015	0.0817	0.0659	0.0532	0.0431	0.0349	0.0284	0.0188	0.0126	0.0057	0.0018	0.0006
25	0.1460	0.1160	0.0923	0.0736	0.0588	0.0471	0.0378	0.0304	0.0245	0.0160	0.0105	0.0046	0.0014	0.0005
26	0.1352	0.1064	0.0839	0.0663	0.0525	0.0417	0.0331	0.0264	0.0211	0.0135	0.0087	0.0037	0.0011	0.0003
27	0.1252	0.0976	0.0763	0.0597	0.0469	0.0369	0.0291	0.0230	0.0182	0.0115	0.0073	0.0030	0.0008	0.0002
28	0.1159	0.0895	0.0693	0.0538	0.0419	0.0326	0.0255	0.0200	0.0157	0.0097	0.0061	0.0024	0.0006	0.0002
29	0.1073	0.0822	0.0630	0.0485	0.0374	0.0289	0.0224	0.0174	0.0135	0.0082	0.0051	0.0020	0.0005	0.0001
30	0.0994	0.0754	0.0573	0.0437	0.0334	0.0256	0.0196	0.0151	0.0116	0.0070	0.0042	0.0016	0.0004	0.0001
32	0.0852	0.0634	0.0474	0.0355	0.0266	0.0200	0.0151	0.0114	0.0087	0.0050	0.0029	0.0010	0.0002	0.0001
34	0.0730	0.0534	0.0391	0.0288	0.0212	0.0157	0.0116	0.0086	0.0064	0.0036	0.0020	0.0007	0.0001	0.0000
36	0.0626	0.0449	0.0323	0.0234	0.0169	0.0123	0.0089	0.0065	0.0048	0.0026	0.0014	0.0004	0.0001	0.0000
38	0.0537	0.0378	0.0267	0.0190	0.0135	0.0096	0.0069	0.0049	0.0036	0.0019	0.0010	0.0003	0.0000	0.0000
40	0.0460	0.0318	0.0221	0.0154	0.0107	0.0075	0.0053	0.0037	0.0026	0.0013	0.0007	0.0002	0.0000	0.0000
48	0.0249	0.0160	0.0103	0.0067	0.0043	0.0028	0.0019	0.0012	0.0008	0.0004	0.0002	0.0000	0.0000	0.0000
50	0.0213	0.0134	0.0085	0.0054	0.0035	0.0022	0.0014	0.0009	0.0006	0.0003	0.0001	0.0000	0.0000	0.0000
60	0.0099	0.0057	0.0033	0.0019	0.0011	0.0007	0.0004	0.0002	0.0001	0.0000	0.0000	0.0000	0.0000	0.0000
120	0.0001	0.0000	0.0000	0.0000	0.0000	0.0000	0.0000	0.0000	0.0000	0.0000	0.0000	0.0000	0.0000	0.0000
180	0.0000	0.0000	0.0000	0.0000	0.0000	0.0000	0.0000	0.0000	0.0000	0.0000	0.0000	0.0000	0.0000	0.0000
240	0.0000	0.0000	0.0000	0.0000	0.0000	0.0000	0.0000	0.0000	0.0000	0.0000	0.0000	0.0000	0.0000	0.0000
300	0.0000	0.0000	0.0000	0.0000	0.0000	0.0000	0.0000	0.0000	0.0000	0.0000	0.0000	0.0000	0.0000	0.0000
360	0.0000	0.0000	0.0000	0.0000	0.0000	0.0000	0.0000	0.0000	0.0000	0.0000	0.0000	0.0000	0.0000	0.0000

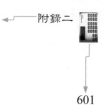

附 表 三

年金終值

$$FVFA_{k,n} = \sum_{i=1}^{n}(1+k)^{n-i}$$

INTEREST RATES

Periods	0.5%	0.67%	0.75%	1%	1.5%	2%	2.5%	3%	3.5%	4%	4.5%	5%	6%	7%
1	1.0000	1.0000	1.0000	1.0000	1.0000	1.0000	1.0000	1.0000	1.0000	1.0000	1.0000	1.0000	1.0000	1.0000
2	2.0050	2.0067	2.0075	2.0100	2.0150	2.0200	2.0250	2.0300	2.0350	2.0400	2.0450	2.0500	2.0600	2.0700
3	3.0150	3.0200	3.0226	3.0301	3.0452	3.0604	3.0756	3.0909	3.1062	3.1216	3.1370	3.1525	3.1836	3.2149
4	4.0301	4.0402	4.0452	4.0604	4.0909	4.1216	4.1525	4.1836	4.2149	4.2465	4.2782	4.3101	4.3746	4.4399
5	5.0503	5.0671	5.0756	5.1010	5.1523	5.2040	5.2563	5.3091	5.3625	5.4163	5.4707	5.5256	5.6371	5.7507
6	6.0755	6.1009	6.1136	6.1520	6.2296	6.3081	6.3877	6.4684	6.5502	6.6330	6.7169	6.8019	6.9753	7.1533
7	7.1059	7.1416	7.1595	7.2135	7.3230	7.4343	7.5474	7.6625	7.7794	7.8983	8.0192	8.1420	8.3938	8.6540
8	8.1414	8.1892	8.2132	8.2857	8.4328	8.5830	8.7361	8.8923	9.0517	9.2142	9.3800	9.5491	9.8975	10.2598
9	9.1821	9.2483	9.2748	9.3685	9.5593	9.7546	9.9545	10.1591	10.3685	10.5828	10.8021	11.0266	11.4913	11.9780
10	10.2280	10.3054	10.3443	10.4622	10.7027	10.9497	11.2034	11.4639	11.7314	12.0061	12.2882	12.5779	13.1808	13.8164
11	11.2792	11.3741	11.4219	11.5668	11.8633	12.1687	12.4835	12.8078	13.1420	13.4864	13.8412	14.2068	14.9716	15.7836
12	12.3356	12.4499	12.5076	12.6825	13.0412	13.4121	13.7956	14.1920	14.6020	15.0258	15.4640	15.9171	16.8699	17.8885
13	13.3972	13.5329	13.6014	13.8093	14.2368	14.6803	15.1404	15.6178	16.1130	16.6268	17.1599	17.7130	18.8821	20.1406
14	14.4642	14.6231	14.7034	14.9474	15.4504	15.9739	16.5190	17.0863	17.6770	18.2919	18.9321	19.5986	21.0151	22.5505
15	15.5365	15.7206	15.8137	16.0969	16.6821	17.2934	17.9319	18.5989	19.2957	20.0236	20.7841	21.5786	23.2760	25.1290
16	16.6142	16.8254	16.9323	17.2579	17.9324	18.6393	19.3802	20.1569	20.9710	21.8245	22.7193	23.6575	25.6725	27.8881
17	17.6973	17.9376	18.0593	18.4304	19.2014	20.0121	20.8647	21.7616	22.7050	23.6975	24.7417	25.8404	28.2129	30.8402
18	18.7858	19.0572	19.1947	19.6147	20.4894	21.4123	22.3863	23.4144	24.4997	25.6454	26.8551	28.1324	30.9057	33.9990
19	19.8797	20.1842	20.3387	20.8109	21.7967	22.8406	23.9460	25.1169	26.3572	27.6712	29.0636	30.5390	33.7600	37.3790
20	20.9791	21.3188	21.4912	22.0190	23.1237	24.2974	25.5447	26.8704	28.2797	29.7781	31.3714	33.0660	36.7856	40.9955
21	22.0840	22.4609	22.6524	23.2392	24.4705	25.7833	27.1833	28.6765	30.2695	31.9692	33.7831	35.7193	39.9927	44.8652
22	23.1944	23.6107	23.8223	24.4716	25.8376	27.2990	28.8629	30.5368	32.3289	34.2480	36.3034	38.5052	43.3923	49.0057
23	24.3104	24.7681	25.0010	25.7163	27.2251	28.8450	30.5844	32.4529	34.4604	36.6179	38.9370	41.4305	46.9958	53.4361
24	25.4320	25.9332	26.1885	26.9735	28.6335	30.4219	32.3490	34.4265	36.6665	39.0826	41.6892	44.5020	50.8156	58.1767
25	26.5591	27.1061	27.3849	28.2432	30.0630	32.0303	34.1578	36.4593	38.9499	41.6459	44.5652	47.7271	54.8645	63.2490
26	27.6919	28.2868	28.5903	29.5256	31.5140	33.6709	36.0117	38.5530	41.3131	44.3117	47.5706	51.1135	59.1564	68.6765
27	28.8304	29.4754	29.8047	30.8209	32.9867	35.3443	37.9120	40.7096	43.7591	47.0842	50.7113	54.6691	63.7058	74.4838
28	29.9745	30.6719	31.0282	32.1291	34.4815	37.0512	39.8598	42.9309	46.2906	49.9676	53.9933	58.4026	68.5281	80.6977
29	31.1244	31.8763	32.2609	33.4504	35.9987	38.7922	41.8563	45.2189	48.9108	52.9663	57.4230	62.3227	73.6398	87.3465
30	32.2800	33.0889	33.5029	34.7849	37.5387	40.5681	43.9027	47.5754	51.6227	56.0849	61.0071	66.4388	79.0582	94.4608
32	34.6086	35.5382	36.0148	37.4941	40.6883	44.2270	48.1503	52.5028	57.3345	62.7015	68.6662	75.2988	90.8898	110.218
34	36.9606	38.0203	38.5646	40.2577	43.9331	48.0338	52.6129	57.7302	63.4532	69.8579	77.0303	85.0670	104.184	128.259
36	39.3361	40.5356	41.1527	43.0769	47.2760	51.9944	57.3014	63.2759	70.0076	77.5983	86.1640	95.8363	119.121	148.913
38	41.7354	43.0845	43.7798	45.9527	50.7199	56.1149	62.2273	69.1594	77.0289	85.9703	96.1382	107.710	135.904	172.561
40	44.1588	45.6675	46.4465	48.8864	54.2679	60.4020	67.4026	75.4013	84.5503	95.0255	107.030	120.800	154.762	199.635
48	54.0978	56.3499	57.5207	61.2226	69.5652	79.3535	90.8596	104.408	120.388	139.263	161.588	188.025	256.565	353.270
50	56.6452	59.1104	60.3943	64.4632	73.6828	84.5794	97.4843	112.797	130.998	152.667	178.503	209.348	290.336	406.529
60	69.7700	73.4769	75.4241	81.6697	96.2147	114.052	135.992	163.053	196.517	237.991	289.498	353.584	533.128	813.520
120	163.879	182.946	193.514	230.039	331.288	488.258	734.326	1123.70	1744.69	2741.56	4350.40	6958.24	18119.8	47954.1
180	290.819	346.038	378.406	499.580	905.625	1716.04	3366.87	6783.45	13941.4	29078.2	61314.4	·	·	·
240	462.041	589.020	667.887	989.255	2308.85	5744.44	14949.5	40128.4	·	·	·	·	·	·
300	692.994	951.026	1121.12	1878.85	5737.25	18961.7	65910.7	·	·	·	·	·	·	·
360	1004.52	1490.36	1830.74	3494.96	14113.6	62328.1	·	·	·	·	·	·	·	·

Periods	8%	9%	10%	11%	12%	13%	14%	15%	16%	18%	20%	24%	30%	36%
1	1.0000	1.0000	1.0000	1.0000	1.0000	1.0000	1.0000	1.0000	1.0000	1.0000	1.0000	1.0000	1.0000	1.0000
2	2.0800	2.0900	2.1000	2.1100	2.1200	2.1300	2.1400	2.1500	2.1600	2.1800	2.2000	2.2400	2.3000	2.3600
3	3.2464	3.2781	3.3100	3.3421	3.3744	3.4069	3.4396	3.4725	3.5056	3.5724	3.6400	3.7776	3.9900	4.2096
4	4.5061	4.5731	4.6410	4.7097	4.7793	4.8498	4.9211	4.9934	5.0665	5.2154	5.3680	5.6842	6.1870	6.7251
5	5.8666	5.9847	6.1051	6.2278	6.3528	6.4803	6.6101	6.7424	6.8771	7.1542	7.4416	8.0484	9.0431	10.1461
6	7.3359	7.5233	7.7156	7.9129	8.1152	8.3227	8.5355	8.7537	8.9775	9.4420	9.9299	10.9801	12.7560	14.7987
7	8.9228	9.2004	9.4872	9.7833	10.0890	10.4047	10.7305	11.0668	11.4139	12.1415	12.9159	14.6153	17.5828	21.1262
8	10.6366	11.0285	11.4359	11.8594	12.2997	12.7573	13.2328	13.7268	14.2401	15.3270	16.4991	19.1229	23.8577	29.7316
9	12.4876	13.0210	13.5795	14.1640	14.7757	15.4157	16.0853	16.7858	17.5185	19.0859	20.1989	24.7125	32.0150	41.4350
10	14.4866	15.1929	15.9374	16.7220	17.5487	18.4197	19.3373	20.3037	21.3215	23.5213	25.9587	31.6434	42.6195	57.3516
11	16.6455	17.5603	18.5312	19.5614	20.6546	21.8143	23.0445	24.3493	25.7329	28.7551	32.1504	40.2379	56.4053	78.9982
12	18.9771	20.1407	21.3843	22.7132	24.1331	25.6502	27.2707	29.0017	30.8502	34.9311	39.5805	50.8950	74.3270	108.437
13	21.4953	22.9534	24.5227	26.2116	28.0291	29.9847	32.0887	34.3519	36.7862	42.2187	48.4966	64.1097	97.6250	148.475
14	24.2149	26.0192	27.9750	30.0949	32.3926	34.8827	37.5811	40.5047	43.6720	50.8180	59.1959	80.4961	127.913	202.926
15	27.1521	29.3609	31.7725	34.4054	37.2797	40.4175	43.8424	47.5804	51.6595	60.9653	72.0351	100.815	167.286	276.979
16	30.3243	33.0034	35.9497	39.1899	42.7533	46.6717	50.9804	55.7175	60.9250	72.9390	87.4421	126.011	218.472	377.692
17	33.7502	36.9737	40.5447	44.5008	48.8837	53.7391	59.1176	65.0751	71.6730	87.0680	105.931	157.253	285.014	514.661
18	37.4502	41.3013	45.5992	50.3959	55.7497	61.7251	68.3941	75.8364	84.1407	103.740	128.117	195.994	371.518	700.939
19	41.4463	46.0185	51.1591	56.9395	63.4397	70.7494	78.9692	88.2118	98.6032	123.414	154.740	244.033	483.973	954.277
20	45.7620	51.1601	57.2750	64.2028	72.0524	80.9468	91.0249	102.444	115.380	146.628	186.688	303.601	630.165	1298.82
21	50.4229	56.7645	64.0025	72.2651	81.6987	92.4699	104.768	118.810	134.841	174.021	225.026	377.465	820.215	1767.39
22	55.4568	62.8733	71.4027	81.2143	92.5026	105.491	120.436	137.632	157.415	206.345	271.031	469.056	1067.28	2404.65
23	60.8933	69.5319	79.5430	91.1479	104.603	120.205	138.297	159.276	183.601	244.487	326.237	582.630	1388.46	3271.33
24	66.7648	76.7898	88.4973	102.174	118.155	136.831	158.659	184.168	213.978	289.494	397.484	723.461	1806.00	4450.00
25	73.1059	84.7009	98.3471	114.413	133.334	155.620	181.871	212.793	249.214	342.603	471.981	898.092	2348.80	6053.00
26	79.9544	93.3240	109.182	127.999	150.334	176.850	208.333	245.712	290.088	405.272	567.377	1114.63	3054.44	8233.09
27	87.3508	102.723	121.100	143.079	169.374	200.841	238.499	283.569	337.502	479.221	681.853	1383.15	3971.78	11198.0
28	95.3388	112.968	134.210	159.817	190.699	227.950	272.889	327.104	392.503	566.481	819.223	1716.10	5164.31	15230.3
29	103.966	124.135	148.631	178.397	214.583	258.583	312.094	377.170	456.303	669.447	984.068	2128.96	6714.60	20714.2
30	113.283	136.308	164.494	199.021	241.333	293.199	356.787	434.745	530.312	790.948	1181.88	2640.92	8729.99	28172.3
32	134.214	164.037	201.138	247.324	304.848	376.516	465.820	577.100	715.747	1103.50	1704.11	4062.91	14756.0	52109.8
34	158.627	196.982	245.477	306.837	384.521	482.903	607.520	765.365	965.270	1538.69	2456.12	6249.38	24939.9	96384.6
36	187.102	236.125	299.127	380.164	484.463	618.749	791.673	1014.35	1301.03	2144.65	3539.01	9611.28	42150.7	·
38	220.316	282.630	364.043	470.511	609.831	792.211	1031.00	1343.62	1752.82	2988.39	5098.37	14780.5	71237.0	·
40	259.057	337.882	442.593	581.826	767.091	1013.70	1342.03	1779.09	2360.76	4163.21	7343.86	22728.8	·	·
48	490.132	684.280	960.172	1352.70	1911.59	2707.63	3841.48	5456.00	7753.78	15664.3	31593.7	·	·	·
50	573.770	815.084	1163.91	1668.77	2400.02	3459.51	4994.52	7217.72	10435.6	21813.1	45497.2	·	·	·
60	1253.21	1944.79	3034.82	4755.70	7471.64	11761.9	18535.1	29220.0	46057.5	·	·	·	·	·
120	·	·	·	·	·	·	·	·	·	·	·	·	·	·
180	·	·	·	·	·	·	·	·	·	·	·	·	·	·
240	·	·	·	·	·	·	·	·	·	·	·	·	·	·
300	·	·	·	·	·	·	·	·	·	·	·	·	·	·
360	·	·	·	·	·	·	·	·	·	·	·	·	·	·

*FVFA$_{k,n}$ ≥ 100,000

附 表 四

年金現值

$$PVFA_{k,n} = \sum_{i=1}^{n} (1+k)^{-i}$$

INTEREST RATES

Periods	0.5%	0.67%	0.75%	1%	1.5%	2%	2.5%	3%	3.5%	4%	4.5%	5%	6%	7%
1	0.9950	0.9934	0.9926	0.9901	0.9852	0.9804	0.9756	0.9709	0.9662	0.9615	0.9569	0.9524	0.9434	0.9346
2	1.9851	1.9802	1.9777	1.9704	1.9559	1.9416	1.9274	1.9135	1.8997	1.8861	1.8727	1.8594	1.8334	1.8080
3	2.9702	2.9604	2.9556	2.9410	2.9122	2.8839	2.8560	2.8286	2.8016	2.7751	2.7490	2.7232	2.6730	2.6243
4	3.9505	3.9342	3.9621	3.9020	3.8544	3.8077	3.7620	3.7171	3.6731	3.6299	3.5875	3.5460	3.4651	3.3872
5	4.9259	4.9015	4.8894	4.8534	4.7826	4.7135	4.6458	4.5797	4.5151	4.4518	4.3900	4.3295	4.2124	4.1002
6	5.8964	5.8625	5.8456	5.7955	5.6972	5.6014	5.5081	5.4172	5.3286	5.2421	5.1579	5.0757	4.9173	4.7665
7	6.8621	6.8170	6.7946	6.7282	6.5982	6.4720	6.3494	6.2303	6.1145	6.0021	5.8927	5.7864	5.5824	5.3893
8	7.8230	7.7652	7.7366	7.6517	7.4859	7.3255	7.1701	7.0197	6.8740	6.7327	6.5959	6.4632	6.2098	5.9713
9	8.7791	8.7072	8.6716	8.5660	8.3605	8.1622	7.9709	7.7861	7.6077	7.4353	7.2688	7.1078	6.8017	6.5152
10	9.7304	9.6429	9.5996	9.4713	9.2222	8.9826	8.7521	8.5302	8.3166	8.1109	7.9127	7.7217	7.3601	7.0236
11	10.6770	10.5724	10.5207	10.3676	10.0711	9.7868	9.5142	9.2526	9.0016	8.7605	8.5289	8.3064	7.8869	7.4987
12	11.6189	11.4958	11.4349	11.2551	10.9075	10.5753	10.2578	9.9540	9.6633	9.3851	9.1186	8.8633	8.3838	7.9427
13	12.5562	12.4130	12.3423	12.1337	11.7315	11.3484	10.9832	10.6350	10.3027	9.9856	9.6829	9.3936	8.8527	8.3577
14	13.4887	13.3242	13.2430	13.0037	12.5434	12.1062	11.6909	11.2961	10.9205	10.5631	10.2228	9.8986	9.2950	8.7455
15	14.4166	14.2293	14.1370	13.8651	13.3432	12.8493	12.3814	11.9379	11.5174	11.1184	10.7395	10.3797	9.7122	9.1079
16	15.3399	15.1285	15.0243	14.7179	14.1313	13.5777	13.0550	12.5611	12.0941	11.6523	11.2340	10.8378	10.1059	9.4466
17	16.2586	16.0217	15.9050	15.5623	14.9076	14.2919	13.7122	13.1661	12.6513	12.1657	11.7072	11.2741	10.4773	9.7632
18	17.1728	16.9089	16.7792	16.3983	15.6726	14.9920	14.3534	13.7535	13.1897	12.6593	12.1600	11.6896	10.8276	10.0591
19	18.0824	17.7903	17.6468	17.2260	16.4262	15.6785	14.9739	14.3238	13.7098	13.1339	12.5933	12.0853	11.1581	10.3356
20	18.9874	18.6659	18.5080	18.0456	17.1686	16.3514	15.5892	14.8775	14.2124	13.5903	13.0079	12.4622	11.4699	10.5940
21	19.8880	19.5357	19.3628	18.8570	17.9001	17.0112	16.1845	15.4150	14.6980	14.0292	13.4047	12.8212	11.7641	10.8355
22	20.7841	20.3997	20.2112	19.6604	18.6208	17.6580	16.7654	15.9369	15.1671	14.4511	13.7844	13.1630	12.0416	11.0612
23	21.6757	21.2579	21.0533	20.4558	19.3309	18.2922	17.3321	16.4436	15.6204	14.8568	14.1478	13.4886	12.3034	11.2722
24	22.5629	22.1105	21.8891	21.2434	20.0304	18.9139	17.8850	16.9355	16.0584	15.2470	14.4955	13.7986	12.5504	11.4693
25	23.4456	22.9575	22.7188	22.0232	20.7196	19.5235	18.4244	17.4131	16.4815	15.6221	14.8282	14.0939	12.7834	11.6536
26	24.3240	23.7988	23.5422	22.7952	21.3986	20.1210	18.9506	17.8768	16.8904	15.9828	15.1466	14.3752	13.0032	11.8258
27	25.1980	24.6346	24.3595	23.5596	22.0676	20.7069	19.4640	18.3270	17.2854	16.3296	15.4513	14.6430	13.2105	11.9867
28	26.0677	25.4648	25.1707	24.3164	22.7267	21.2813	19.9649	18.7641	17.6670	16.6631	15.7429	14.8981	13.4062	12.1371
29	26.9330	26.2896	25.9759	25.0658	23.3761	21.8444	20.4535	19.1885	18.0358	16.9837	16.0219	15.1411	13.5907	12.2777
30	27.7941	27.1088	26.7751	25.8077	24.0158	22.3965	20.9303	19.6004	18.3920	17.2920	16.2889	15.3725	13.7648	12.4090
32	29.5033	28.7312	28.3557	27.2696	25.2671	23.4683	21.8492	20.3888	19.0689	17.8736	16.7889	15.8027	14.0840	12.6466
34	31.1955	30.3320	29.9128	28.7027	26.4817	24.4986	22.7238	21.1318	19.7007	18.4112	17.2468	16.1929	14.3681	12.8540
36	32.8710	31.9118	31.4468	30.1075	27.6607	25.4888	23.5563	21.8323	20.2905	18.9083	17.6660	16.5469	14.6210	13.0352
38	34.5299	33.4707	32.9581	31.4847	28.8051	26.4406	24.3486	22.4925	20.8411	19.3679	18.0500	16.8679	14.8460	13.1935
40	36.1722	35.0090	34.4469	32.8347	29.9158	27.3555	25.1028	23.1148	21.3551	19.7928	18.4016	17.1591	15.0463	13.3317
48	42.5803	33.0000	40.1848	37.9740	34.0426	30.6731	27.7732	25.2667	23.0912	21.1951	19.5356	18.0772	15.6500	13.7305
50	44.1428	42.4013	41.5664	39.1961	34.9997	31.4236	28.3623	25.7298	23.4556	21.4822	19.7620	18.2559	15.7619	13.8007
60	51.7256	49.3184	48.1734	44.9550	39.3803	34.7609	30.9087	27.6756	24.9447	22.6235	20.6380	18.9293	16.1614	14.0392
120	90.0735	82.4215	78.9417	69.7005	55.4985	45.3554	37.9337	32.3730	28.1111	24.7741	22.1093	19.9427	16.6514	14.2815
180	118.504	104.641	98.5934	83.3217	62.0956	48.5844	39.5304	33.1703	28.5130	24.9785	22.2142	19.9969	16.6662	14.2856
240	139.581	119.554	111.145	90.8194	64.7957	49.5686	39.8933	33.3057	28.5640	24.9980	22.2216	19.9998	16.6667	14.2857
300	155.207	129.565	119.162	94.9466	65.9009	49.8685	39.9757	33.3286	28.5705	24.9998	22.2222	20.0000	16.6667	14.2857
360	166.792	136.283	124.282	97.2183	66.3532	49.9599	39.9945	33.3325	28.5713	25.0000	22.2222	20.0000	16.6667	14.2857

Periods	8%	9%	10%	11%	12%	13%	14%	15%	16%	18%	20%	24%	30%	36%
1	0.9259	0.9174	0.9091	0.9009	0.8929	0.8850	0.8772	0.8696	0.8621	0.8475	0.8333	0.8065	0.7692	0.7353
2	1.7833	1.7591	1.7355	1.7125	1.6901	1.6681	1.6467	1.6257	1.6052	1.5656	1.5278	1.4568	1.3609	1.2760
3	2.5771	2.5313	2.4869	2.4437	2.4018	2.3612	2.3216	2.2832	2.2459	2.1743	2.1065	1.9813	1.8161	1.6735
4	3.3121	3.2397	3.1699	3.1024	3.0373	2.9745	2.9137	2.8550	2.7982	2.6901	2.5887	2.4043	2.1662	1.9658
5	3.9927	3.8897	3.7908	3.6959	3.6048	3.5172	3.4331	3.3522	3.2743	3.1272	2.9906	2.7454	2.4356	2.1807
6	4.6229	4.4859	4.3553	4.2305	4.1114	3.9975	3.8887	3.7845	3.6847	3.4976	3.3255	3.0205	2.6427	2.3388
7	5.2064	5.0330	4.8684	4.7122	4.5638	4.4226	4.2883	4.1604	4.0386	3.8115	3.6064	3.2423	2.8024	2.4550
8	5.7466	5.5348	5.3349	5.1461	4.9676	4.7988	4.6389	4.4873	4.3436	4.0776	3.8372	3.4212	2.9247	2.5404
9	6.2469	5.9952	5.7590	5.5370	5.3282	5.1317	4.9464	4.7716	4.6065	4.3030	4.0310	3.5655	3.0190	2.6033
10	6.7101	6.4177	6.1446	5.8892	5.6502	5.4262	5.2161	5.0188	4.8332	4.4941	4.1925	3.6819	3.0915	2.6495
11	7.1390	6.8052	6.4951	6.2065	5.9377	5.6869	5.4527	5.2337	5.0286	4.6560	4.3271	3.7757	3.1473	2.6834
12	7.5361	7.1607	6.8137	6.4924	6.1944	5.9176	5.6603	5.4206	5.1971	4.7932	4.4392	3.8514	3.1903	2.7084
13	7.9038	7.4869	7.1034	6.7499	6.4235	6.1218	5.8424	5.5831	5.3423	4.9095	4.5327	3.9124	3.2233	2.7268
14	8.2442	7.7862	7.3667	6.9819	6.6282	6.3025	6.0021	5.7245	5.4675	5.0081	4.6106	3.9616	3.2487	2.7403
15	8.5595	8.0607	7.6061	7.1909	6.8109	6.4624	6.1422	5.8474	5.5755	5.0916	4.6755	4.0031	3.2682	2.7502
16	8.8514	8.3126	7.8237	7.3792	6.9740	6.6039	6.2651	5.9542	5.6685	5.1624	4.7296	4.0333	3.2832	2.7575
17	9.1216	8.5436	8.0216	7.5488	7.1196	6.7291	6.3729	6.0472	5.7487	5.2223	4.7746	4.0591	3.2948	2.7629
18	9.3719	8.7556	8.2014	7.7016	7.2497	6.8399	6.4674	6.1280	5.8178	5.2732	4.8122	4.0799	3.3037	2.7668
19	9.6036	8.9501	8.3649	7.8393	7.3658	6.9380	6.5504	6.1982	5.8775	5.3162	4.8435	4.0967	3.3105	2.7697
20	9.8181	9.1285	8.5136	7.9633	7.4694	7.0248	6.6231	6.2593	5.9288	5.3527	4.8696	4.1103	3.3158	2.7718
21	10.0168	9.2922	8.6487	8.0751	7.5620	7.1016	6.6870	6.3125	5.9731	5.3837	4.8913	4.1212	3.3198	2.7734
22	10.2007	9.4424	8.7715	8.1757	7.6446	7.1695	6.7429	6.3587	6.0113	5.4099	4.9094	4.1300	3.3230	2.7746
23	10.3711	9.5802	8.8832	8.2664	7.7184	7.2297	6.7921	6.3988	6.0442	5.4321	4.9245	4.1371	3.3254	2.7754
24	10.5288	9.7066	8.9847	8.3481	7.7843	7.2829	6.8351	6.4338	6.0726	5.4509	4.9371	4.1428	3.3272	2.7760
25	10.6748	9.8226	9.0770	8.4217	7.8431	7.3300	6.8729	6.4641	6.0971	5.4669	4.9476	4.1474	3.3286	2.7765
26	10.8100	9.9290	9.1609	8.4881	7.8957	7.3717	6.9061	6.4906	6.1182	5.4804	4.9563	4.1511	3.3297	2.7768
27	10.9352	10.0266	9.2372	8.5478	7.9426	7.4086	6.9352	6.5135	6.1364	5.4919	4.9636	4.1542	3.3305	2.7771
28	11.0511	10.1161	9.3066	8.6016	7.9844	7.4412	6.9607	6.5335	6.1520	5.5016	4.9697	4.1566	3.3312	2.7773
29	11.1584	10.1983	9.3696	8.6501	8.0218	7.4701	6.9830	6.5509	6.1656	5.5098	4.9747	4.1585	3.3317	2.7774
30	11.2578	10.2737	9.4269	8.6938	8.0552	7.4957	7.0027	6.5660	6.1772	5.5168	4.9789	4.1601	3.3321	2.7775
32	11.4350	10.4062	9.5264	8.7686	8.1116	7.5383	7.0350	6.5905	6.1959	5.5277	4.9854	4.1624	3.3326	2.7776
34	11.5869	10.5178	9.6086	8.8293	8.1566	7.5717	7.0599	6.6091	6.2098	5.5356	4.9898	4.1639	3.3329	2.7777
36	11.7172	10.6118	9.6765	8.8786	8.1924	7.5979	7.0790	6.6231	6.2201	5.5421	4.9929	4.1649	3.3331	2.7777
38	11.8289	10.6908	9.7327	8.9186	8.2210	7.6183	7.0937	6.6338	6.2278	5.5452	4.9951	4.1655	3.3332	2.7778
40	11.9246	10.7574	9.7791	8.9511	8.2438	7.6344	7.1050	6.6418	6.2335	5.5482	4.9966	4.1659	3.3332	2.7778
48	12.1891	10.9336	9.8969	9.0302	8.2972	7.6705	7.1296	6.6585	6.2450	5.5536	4.9992	4.1665	3.3333	2.7778
50	12.2335	10.9617	9.9148	9.0417	8.3045	7.6752	7.1327	6.6605	6.2463	5.5541	4.9995	4.1666	3.3333	2.7778
60	12.3766	11.0480	9.9672	9.0736	8.3240	7.6873	7.1401	6.6651	6.2492	5.5553	4.9999	4.1667	3.3333	2.7778
120	12.4988	11.1108	9.9999	9.0909	8.3333	7.6923	7.1429	6.6667	6.2500	5.5556	5.0000	4.1667	3.3333	2.7778
180	12.5000	11.1111	10.0000	9.0909	8.3333	7.6923	7.1429	6.6667	6.2500	5.5556	5.0000	4.1667	3.3333	2.7778
240	12.5000	11.1111	10.0000	9.0909	8.3333	7.6923	7.1429	6.6667	6.2500	5.5556	5.0000	4.1667	3.3333	2.7778
300	12.5000	11.1111	10.0000	9.0909	8.3333	7.6923	7.1429	6.6667	6.2500	5.5556	5.0000	4.1667	3.3333	2.7778
360	12.5000	11.1111	10.0000	9.0909	8.3333	7.6923	7.1429	6.6667	6.2500	5.5556	5.0000	4.1667	3.3333	2.7778

國家圖書館出版品預行編目資料

會計學／馬嘉應著. －－六版. －－臺北市：五
南圖書出版股份有限公司, 2023.03
面；　公分
ISBN 978-626-343-838-5（平裝）

1.CST: 會計學

495.1　　　　　　　　　　　112001769

1G67

會計學(第六版)

作　　　者 ―	馬嘉應
責任編輯 ―	唐　筠
文字校對 ―	許宸瑞、黃志誠
封面設計 ―	姚孝慈
發 行 人 ―	楊榮川
總 經 理 ―	楊士清
總 編 輯 ―	楊秀麗
副總編輯 ―	張毓芬

出 版 者 ― 五南圖書出版股份有限公司

地　　　址：106台北市大安區和平東路二段339號4樓

電　　　話：(02)2705-5066　　傳　　真：(02)2706-6100

網　　　址：https://www.wunan.com.tw

電子郵件：wunan@wunan.com.tw

劃撥帳號：01068953

戶　　　名：五南圖書出版股份有限公司

法律顧問　林勝安律師

出版日期　2003年 4 月初版一刷
　　　　　2005年10月二版一刷
　　　　　2008年 1 月三版一刷
　　　　　2012年 9 月四版一刷
　　　　　2016年 9 月五版一刷
　　　　　2023年 3 月六版一刷

定　　　價　新臺幣620元

經典永恆・名著常在

五十週年的獻禮——經典名著文庫

五南，五十年了，半個世紀，人生旅程的一大半，走過來了。

思索著，邁向百年的未來歷程，能為知識界、文化學術界作些什麼？

在速食文化的生態下，有什麼值得讓人雋永品味的？

歷代經典・當今名著，經過時間的洗禮，千錘百鍊，流傳至今，光芒耀人；

不僅使我們能領悟前人的智慧，同時也增深加廣我們思考的深度與視野。

我們決心投入巨資，有計畫的系統梳選，成立「經典名著文庫」，

希望收入古今中外思想性的、充滿睿智與獨見的經典、名著。

這是一項理想性的、永續性的巨大出版工程。

不在意讀者的眾寡，只考慮它的學術價值，力求完整展現先哲思想的軌跡；

為知識界開啟一片智慧之窗，營造一座百花綻放的世界文明公園，

任君遨遊、取菁吸蜜、嘉惠學子！